B. Buchmayr

Werkstoff- und Produktionstechnik mit Mathcad

Springer

Berlin
Heidelberg
New York
Barcelona
Hongkong
London
Mailand
Paris
Tokio

Engineering ONLINE LIBRARY

http://www.springer.de/engine-de/

B. Buchmayr

Werkstoff- und Produktionstechnik mit Mathcad

Modellierung und Simulation in Anwendungsbeispielen

Mit 290 Abbildungen

 Springer

Ao. Univ.-Prof. Dipl.-Ing. Dr. mont. Bruno Buchmayr
TU Graz (u. Montanuniversität Leoben)
Institut für Werkstoffkunde
Schweißtechnik und spanlose Formgebungsverfahren
Kopernikusgasse 24/1
A - 8010 Graz
Österreich
E-mail: buchmayr@weld.tu-graz.ac.at

ISBN 3-540-43014-8 Springer-Verlag Berlin Heidelberg New York

Die Deutsche Bibliothek - CIP-Einheitsaufnahme

Buchmayr, Bruno:
Werkstoff- und Produktionstechnik mit Mathcad : Modellierung und Simulation in Anwendungsbeispielen /
Bruno Buchmayr. - Berlin ; Heidelberg ; New York ; Barcelona ; Hongkong ; London ; Mailand ; Paris ; Tokio :
Springer, 2002

Springer-Verlag Berlin Heidelberg New York
ein Unternehmen der BertelsmannSpringer Science+Business Media GmbH

http://www.springer.de

© Springer-Verlag Berlin Heidelberg 2002

Einbandgestaltung: medio Technologies AG, Berlin
Satz: Daten vom Autor
Gedruckt auf säurefreiem Papier   SPIN: 10859485   7/3020/M - 5 4 3 2 1 0

Geleitwort

Der Werkstoffwissenschaft verdanke ich viele schöne Stunden: Bei einem Problem, über das man lange gegrübelt hat, fügen sich plötzlich alle Teile zusammen; „ein Licht geht auf"; „genau so muss es sein!" – Und dann sofort der Prüfgedanke: Wenn das so ist, dann müsste doch eine Änderung den und den Effekt bringen – und der kleine Triumph, wenn sich das bewahrheitet, und der große, wenn es auch in der Fabrik klappt!

Zu erkennen, wie die Natur funktioniert (und mit ihr die Technik); wie wir sie durch unser Verständnis lenken können – und solche Erkenntnis weitergeben zu dürfen an Studenten, um sich dann mit ihnen zu freuen, wenn bei ihnen „das Licht aufgeht" ... das gehört zu den schönsten Augenblicken im Leben eines Technikers, eines Forschers, eines Lehrers.

Warum sind solche Augenblicke so selten, vor allem während des Studiums? Unser traditionelles Studium vermittelt *Wissen*, aber zur Problemlösung braucht man *Können*. Können entsteht aus Wissen durch Training: wiederholte Übung, die uns ganze Denkabläufe zum Bild werden lässt, so dass wir dann imstande sind, verschiedene Denkmodule frei miteinander zu verbinden, sie aufeinanderzusetzen, bis wir die Ebene der Kreativität erreichen.

In der Werkstoffforschung hat sich jüngstens neben dem Experiment und der Theorie das Computer-Modellieren als eine neue Methode etabliert. Um einen Vorgang rechnerisch nachzubilden, muss man eine klare Vorstellung von den zugrundeliegenden physikalischen Mechanismen und ihren Wechselwirkungen haben. Diese Vorstellungen entstammen der theoretischen Werkstoffwissenschaft. Wenn ein darauf begründetes Computermodell die Wirklichkeit richtig abbildet, dürfen wir sagen, dass wir den Vorgang in seinen wesentlichen Zügen verstanden, ihn auf bekannte Mechanismen und Wirkensweisen zurückgeführt haben. Damit haben wir eine viel sicherere Position, als wenn wir den Prozess bloß durch Erfahrung beherrschen – denn wenn etwas schief geht, verstehen wir jetzt, warum, und können gezielt abhelfen. Wissen ist zu Können geworden, und Können sichert uns die Herrschaft über unsere Fabrikationsprozesse.

So hat das Computer-Modellieren die Wissenschaft von den Werkstoffen und ihrem Verhalten bei der Produktion und im Einsatz durch und durch revolutioniert. Prof. Bruno Buchmayr gehört zu den Pionieren dieser neuen Wissenschaftssparte. Aus seiner reichen Erfahrung in der Erforschung des Werkstoffverhaltens an der Grundlagenfront und in der Lösung praktischer Betriebs- und Produktionsprobleme hat er jetzt ein Studienmittel völlig neuer Art geformt: Es ist ein knappes Lehrbuch, begleitet von einem umfangreichen Programmsystem, das dem Leser an jedem Punkt erlaubt, mit dem Gelernten noch während des Lernens am Computer zu experimentieren. Was passiert, wenn ich den Walzprozess bei höherer Temperatur beginne? Wenn ich schneller kühle, stärker verforme? Wenn ich den Gehalt an Mangan senke und Chrom zusetze? Dieses Experimentieren am Computer erzeugt genau das Können, das das Wissen erst praktisch nutzbar macht.

Das Werk ist keine Sammlung von Computer-Rezepten. Überall stellt es zuerst das Verständnis der werkstoffwissenschaftlichen Grundlagen her (auch darin schon unterstützt von Computer-Demonstrationen). Der Leser wird ermutigt, die Gleichungen, die den Prozess beschreiben, selber auszudenken oder für andere Prozessvarianten weiterzuentwickeln. So führt das Lernen unmittelbar hinüber in die Arbeitsweise, die der Ingenieur im Betrieb oder der Forscher im Labor verwendet. Wer sich auf diese Weise – durch Nachdenken und dann per Mausklick – ein Wissensgebiet angeeignet hat, ist optimal vorbereitet, sein Können in der Praxis einzusetzen.

Lehrbücher mit beigefügten Beispiel-Disketten gibt es schon länger. Aber ich kenne keines, das in so umfassender Weise ein großes Lehrgebiet von den Verständnisgrundlagen bis zu allen denkbaren praktischen Anwendungen entwickelt, um den Studenten dann als ausgewachsenen Könner, wohlversehen mit allem Berufswerkzeug, zu entlassen.

Möge das Werk viele Leser und Anwender finden – es wird ihnen das Erlebnis vermitteln, wie Wissen sich zu Können wandelt und aus Können Sicherheit wird.

Glück auf!

Hellmut Fischmeister

Dr. phil., tekn.dr. h.c. (Stockholm), Dr. tech. e.h. (Graz); ehem. o. Prof. der Metallkunde, Chalmers University of Technology, Montanuniversität Leoben; emeritus Direktor am Max-Planck-Institut für Metallforschung, Hon.-Professor der Metallkunde an der Universität Stuttgart und an der Technischen Universität Graz.

Vorwort

Das theoretische Grundlagenwissen und der Fortschritt in der Hard- und Softwaretechnik machen es möglich, experimentelle Untersuchungen durch Computermodelle zu ersetzen. Aufgrund der Vorteile, die diese Methode aufweist, hat sich die Modellierung in allen Wissensbereichen etabliert. Während ursprünglich die Kenntnis von Programmiersprachen und numerischen Algorithmen Grundvoraussetzung für die Lösung komplexer Anwendungsfälle waren, so ist der Programmieraufwand heute dank Computeralgebrasystemen wie Mathcad u.a. drastisch reduziert. Der Aufwand beschränkt sich auf die Vorgabe der grundlegenden Gleichungen, der Eingabedaten und auf die Festlegung des Lösungsweges bzw. auf die Kopplung mit anderen Modellansätzen. Programme, die etwa 100 Seiten Quellcode in herkömmlichen Programmiersprachen umfassen, können mit Computeralgebrasystemen auf wenigen Seiten dargestellt werden.

Der Einsatz der Computeralgebra bietet insbesondere bei der schnellen Prototypentwicklung wesentliche Vorteile, aber auch in der Ausbildung. Die klare Schreibweise, verbunden mit erklärenden Kommentaren und Diagrammen fokussiert den Blick auf das Wesentliche. Umständliche Statements zur Gestaltung von Benutzeroberflächen entfallen völlig. Der Ingenieur kann sich ganz seiner eigentlichen Aufgabe, nämlich der Analyse, Reduktion auf das Wesentliche, Modellformulierung, Lösung und Verifikation einer realen Problemstellung widmen.

Thematisch orientiert sich das Buch nach den wesentlichen Inhalten der beiden Fachbereiche Werkstoff- und Fertigungstechnik, wobei die Grundlagen und die Berechnungsansätze erläutert und für jedes Kapitel mit Mathcad-Beispielen ergänzt werden. Die dem Buch beiliegende CD enthält über 150 Beispiele, die alle lauffähig und für Parameterstudien sofort einsatzbereit sind. Dem Anwender steht es aber auch frei, die Beispiele zu modifizieren und zu erweitern. Im Text sind die Mathcad-Programme durch einen Balken und eine seitliche Doppellinie gekennzeichnet.

Den Studierenden eröffnet sich mit dieser Darstellung eine neue Art des Lernens und inkludiert auch die Möglichkeit des Experimentierens mit vorbereiteten numerischen Modellen. Es stellt so eine sinnvolle Erweiterung reiner Lehrbuchtexte dar. Die klare, stets nachvollziehbare Behandlung der Problemansätze und Berechnungsschritte stellt ein Bindeglied zwischen den Grunderfordernissen einer quantitativen Werkstofftechnik und den großen, aber dem Benutzer zumeist undurchsichtigen Finite-Elemente-Programmen in diesem Bereich dar.

Der Autor verwendet das intelligente Berechnungsprogramm Mathcad sowohl für die Vorlesungen „Angewandte EDV-Methoden" und „Mathematische Modellierung werkstoffkundlicher Vorgänge und Verarbeitungstechnologien" an der TU Graz, sowie „Modellierung werkstoffkundlicher Prozesse" an der Montanuniversität Leoben, als auch für die Lösung industrieller Probleme.

Das Buch richtet sich daher insbesondere an Lehrer von technischen Lehrgängen, an Dozenten von Fachhochschulen und Universitäten, ebenso wie an technisch-wissenschaftliches Personal im Bereich Werkstoffforschung und Prozessentwicklung. Meine Leser möchte ich herzlich um Kommentare und Anregungen bitten, damit dieses moderne Konzept weiter optimiert werden kann.

Meinen Kollegen am Institut für Werkstofftechnik, Schweißtechnik und Spanlose Formgebungsverfahren der TU Graz möchte ich für ihre Anregungen und Mithilfe bei der Entstehung dieses Buches danken. Mein ganz besonderer Dank gilt meiner Familie, die meine Arbeit mit viel Geduld und Verständnis unterstützt hat. Der Fachredaktion des Springer-Verlages danke ich für die gute Zusammenarbeit.

Graz, im Januar 2002   Bruno Buchmayr

Inhalt

1 Einführung in die werkstofftechnische Modellierung

Für die Entwicklung von Konstruktionswerkstoffen unter Berücksichtigung der Herstell- und Verarbeitungstechnologien spielt das mathematische Modellieren der eigenschaftsbestimmenden Vorgänge eine besondere Rolle. Basierend auf mechanismengerechten Ansätzen können die Gefügeentwicklung und die resultierenden Eigenschaften unter Berücksichtigung der Verarbeitungseinflüsse beschrieben werden. Im Folgenden werden die Grundprinzipien und das enorme Potenzial dieser Methode für die Praxis näher beschrieben.

1.1 Prinzip der mathematischen Modellierung

Ein mathematisches Modell ist eine Näherungsdarstellung eines Systems oder eines Prozesses in mathematischer Form, d.h. maßgebende Systemelemente werden durch logische und mathematische Beziehungen verknüpft. Im Bild 1.1.1 ist das prinzipielle Vorgehen bei der Lösung eines Problems mittels mathematischer Modellierung dargestellt. Anknüpfungspunkte zwischen der mathematischen Welt und der Realwelt sind einerseits die systemanalytische Aufbereitung und andererseits der Vergleich und die Interpretation der Ergebnisse. Ausgehend von einer klaren Formulierung der Entwicklungsziele, erfordert die Konzeptentwicklung sowohl detailliertes Wissen über die zu betrachtende Technologie, ein tiefes metallkundliches Grundlagenwissen, als auch gute Kenntnisse über numerische Methoden, um die physikalischen Modellvorstellungen in ein Computermodell umsetzen zu können.

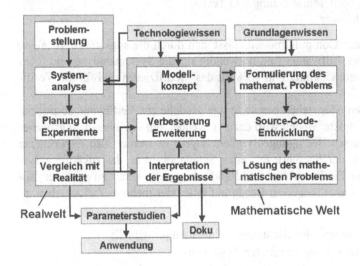

Bild 1.1.1. Kopplung und Vorgangsweise bei der Behandlung realer Probleme mittels mathematischer Modelle

Ganz allgemein versteht man also unter einem Modell ein abstrahiertes Abbild eines Systems, in dem gewisse Objekte samt ihren Wechselwirkungen durch eine plausible Abgrenzung von ihrer Umgebung (d.h. der komplexen Realwelt) zu einer Gesamtheit zusammengefasst werden. Nachdem Systeme meist sehr komplex sind und unterschiedliches Verhalten zeigen, s. Tabelle 1.1.1, kommt zur Abstraktion noch eine Reduktion auf die wesentlichen Parameter und Wechselwirkungen des Systems hinzu.

Tabelle 1.1.1. Klassifizierung und Merkmale realer Systeme bzw. der damit verbundenen Modelle

Reale Systeme oder Modelle können sein:	
offen	*(weitgehend) abgeschlossen*
es bestehen Wechselwirkungen mit der Umgebung	es bestehen (so gut wie) keine Wechselwirkungen mit der Umgebung
dynamisch	*statisch*
Systemgrößen verändern sich im Laufe der Zeit	Systemgrößen sind unveränderlich
kontinuierlich	*diskret*
Systemgrößen ändern sich kontinuierlich, d.h. in beliebig kleinen Zeitabschnitten, wie z.B. Temperaturänderungen	Systemgrößen ändern sich sprunghaft nach bestimmten endlichen Zeitabschnitten
determiniert	*stochastisch*
unter identischen Bedingungen sind identische Folgezustände reproduzierbar	auch bei identischen Bedingungen sind Folgezustände nur durch Wahrscheinlichkeitsaussagen beschreibbar
stabil	*instabil*
bei „normalen" Änderungen von Systemgrößen bleibt das System stabil	schon bei „sehr kleinen" Änderungen von Systemgrößen kann das System „kippen"
adaptiv	*nicht adaptiv*
passen sich den Umgebungsbedingungen durch Änderung der Systemstruktur an	die Systemstruktur bleibt unverändert

Die Modellentwicklung gliedert sich meist in fünf Basisschritten:
1. Phänomenidentifizierung und Darstellung des Modellierungsproblems
2. Definition des mathematischen Modells
3. Mathematische Problemanalyse, Formulierung und Lösungsentwicklung
4. Entwurf des Computerprogramms, Weiterentwicklung und Testen
5. Modellvalidation, Anpassung und Einsatz

Der Aufwand für die Entwicklung eines Computermodells lässt sich durch die sog. *40-20-40 Regel* charakterisieren, das bedeutet, 40% des Aufwands sind notwendig für die Systemanalyse und Konzepterstellung, 20% für die Programmentwicklung und 40% für das Modifizieren und für die Verifikation des Modells.

Ist eine Modellbildung abgeschlossen oder stehen bereits fertige Modelle zur Verfügung, so beginnt der *Prozess der Simulation*, d.h. das abstrakte Modell wird dazu verwendet, um ein System zu analysieren und dessen Verhalten unter bestimmten Bedingungen vorherzusagen. Es werden also Experimente am Computer (= Computersimulationen) durchgeführt. Ziel einer Simulation ist es, das zukünftige Systemverhalten bzw. das Wechselspiel der Einflussgrößen und Randbedingungen derart zu studieren, sodass es bspw. möglich wird, optimale Einstellungen in Bezug auf eine oder mehrere Zielvorgaben zu finden.

Hinsichtlich der Anwendung mathematischer Modelle unterscheidet man prinzipiell:
- *Analysemodelle* (→ besseres Verständnis von vernetzten Systemen)
- *Progrosemodelle* (→ Vorhersage von Ereignissen oder zukünftigen Zuständen)
- *Entwurfsmodelle* (→ CAD, Verfahrenskonzepte, Auslegungsentwürfe)
- *Optimierungsmodelle* (→ Auffinden optimaler Parametereinstellungen unter geg. Restriktionen)
- *Trainings-Simulation* (→ Üben von Verhaltensweisen, Leitstand-, Flugzeugsimulation etc.)
- *Regel/Steuerungsmodelle* (→ Simulation von Regelstrecken, Automatisierungskonzepte)
- *General-Purpose-Modelle* (→ Lösungsansätze für bestimmte Bereiche, z.B. FE-Programme)
- *Spezialanwendungen* (→ Modelle für spez. Phänomene, z.B. Schädigungs-, Versetzungsmodell)

Die fundamentalen Bausteine für die Modellbildung in der Werkstoffkunde und bei der Werkstoffverarbeitung sind in Tabelle 1.1.2 dargestellt.

Tabelle 1.1.2. Basisbausteine mathematischer Modelle in der Werkstofftechnik

Komponente	Anwendung	Beispiele
Navier-Stokes-Gleichung	Strömungsvorgänge	Sekundärmetallurgie
Fourier-Gleichung	Wärmeleitung, Temperaturfeld	Abkühlvorgänge
Fick'sche Gesetze	Diffusionsvorgänge	Nitrieren, Umwandlungen
Konvektionsgleichung	Wärme-/Stofftransport	Abscheidung im Verteiler
Maxwell Gleichungen	Elektromagnet. Felder	Elektromagnet. Rühren
Thermodynamik	Zustandsdiagramme	Metall/Schlacke Reaktion
Kinetische Ansätze	Reaktionskinetik	Reaktionen im Hochofen
+ Erhaltungssätze (Energie, Masse, Impuls)		
+ Anfangs- und Randbedingungen		

1.2 Bedeutung der metallkundlichen Modellierung

Die vom Anwender geforderten Werkstoffeigenschaften, wie Festigkeit, Zähigkeit, Schweißbarkeit etc., hängen in erster Linie von der chemischen Zusammensetzung und der Mikrostruktur ab, wobei das Gefüge wiederum sehr sensibel von der chemischen Zusammensetzung und von den Verarbeitungsbedingungen beeinflusst wird, s. Bild 1.2.1. Grundvoraussetzung für jede Werkstoffentwicklung bildet daher ein tiefes Wissen über die gefüge- und eigenschaftsbestimmenden, metallphysikalischen Vorgänge. Durch die mikrostrukturelle Modellierung können werkstoffkundliche Phänomen ursachengerecht beschrieben, relevante Einflussgrößen erfasst und Effekte hinsichtlich Zeit und Raum skaliert werden. Unter besonderer Berücksichtigung der Verarbeitungstechnologie können sowohl Werkstoffe, Produkte als auch Verarbeitungsprozesse optimiert werden, weshalb diese Methode in zunehmendem Maße als Entwicklungswerkzeug in den F&E-Abteilungen Verwendung findet.

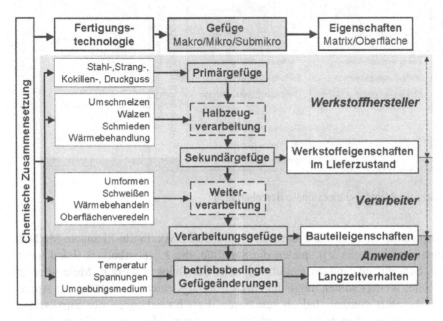

Bild 1.2.1. Einfluss der Fertigungsstufen und -parameter auf die Gefügeausbildung und damit auf die mechanischen Eigenschaften metallischer Strukturwerkstoffe

1.2.1 Übliche Betrachtungsweisen und Diskretisierung

Bei der Behandlung von eigenschaftsbestimmenden Vorgängen sind je nach gewünschter Modellinformation unterschiedliche Modellansätze üblich, s. Bild 1.2.2 und 1.2.3.

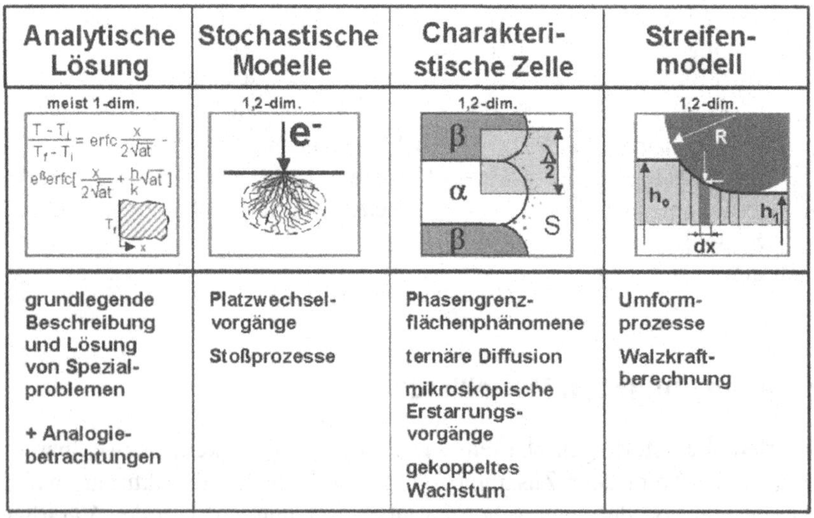

Analytische Lösung	Stochastische Modelle	Charakteristische Zelle	Streifenmodell
meist 1-dim.	1,2-dim.	1,2-dim.	1,2-dim.
$\frac{T - T_i}{T_f - T_i} = \text{erfc} \frac{x}{2\sqrt{at}} -$ $e^{\beta}\text{erfc}[\frac{x}{2\sqrt{at}} + \frac{h\sqrt{at}}{k}]$	e^-	β α $\frac{\lambda}{2}$ β S	R h_o h_1 dx
grundlegende Beschreibung und Lösung von Spezialproblemen + Analogiebetrachtungen	Platzwechselvorgänge Stoßprozesse	Phasengrenzflächenphänomene ternäre Diffusion mikroskopische Erstarrungsvorgänge gekoppeltes Wachstum	Umformprozesse Walzkraftberechnung

Bild 1.2.2. Unterschiedliche Modellansätze, je nach Problem und Aussagekraft

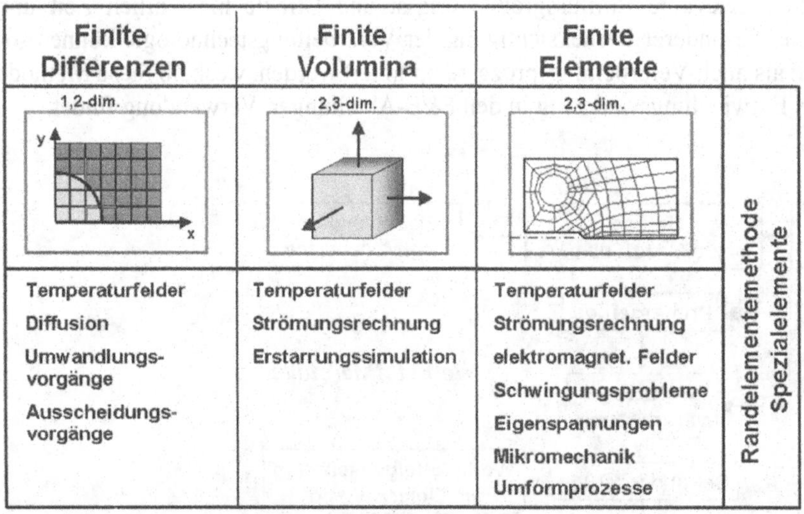

Finite Differenzen	Finite Volumina	Finite Elemente	Randelementemethode Spezialelemente
1,2-dim.	2,3-dim.	2,3-dim.	
y, x			
Temperaturfelder Diffusion Umwandlungsvorgänge Ausscheidungsvorgänge	Temperaturfelder Strömungsrechnung Erstarrungssimulation	Temperaturfelder Strömungsrechnung elektromagnet. Felder Schwingungsprobleme Eigenspannungen Mikromechanik Umformprozesse	

Bild 1.2.3. Diskrete Ansätze für 2- und 3-dimensionale Berechnungen

Bei den Diskretisierungsverfahren (Finite-Differenzen-Methdode(FDM), Finite-Elemente-Methode (FEM), Finite-Volumina-Verfahren (FVV)) spielen die Stabilität, die Adaptierbarkeit (lokal unterschiedliche Gitter- bzw. Netzfeinheit) und der Einsatz schneller Gleichungslöser (z.B. Mehrgitterverfahren) eine wichtige Rolle. Weiters sollten mögliche Diskretisierungsfehler, die sich aus der Approximation ergeben, stets beachtet werden. Jedoch resultieren die Abweichungen der Simulationsergebisse vom realen Systemverhalten nicht so sehr von der numerischen Behandlung, sondern vielmehr aus zu sehr vereinfachten Modellannahmen.

1.3 Einsatz und Ziele metallkundlicher Modellrechnungen

Prinzipiell lässt sich festhalten, dass all jene Phänomene, für die fundamentale Grundgesetze wie Fourier-, Fick-, Navier-Stokes-Gleichung etc. gelten bzw. physikalisch fundierte Modellvorstellungen existieren, ohne Probleme mittels numerischer Methoden behandelt werden können. Ein zusätzlicher Vorteil ergibt sich aus der Möglichkeit, durch Computermodelle mehrere Phänomene zu koppeln und daher sehr komplexe Vorgänge ursachengerecht zu behandeln. Fundamentale Module, wie jene für die Berechnung transienter Temperaturverteilungen, des thermodynamischen Gleichgewichtes bzw. diffusionsgesteuerter Vorgänge lassen sich wie Modellbausteine je nach Anwendungsfall zusammensetzen. Tabelle 1.3.1 gibt einen Überblick moderner Modellanwendungen im Bereich der Stahlherstellung.

Tabelle 1.3.1. Anwendungsbeispiele für Modellrechnungen im Stahlwerk und in der Weiterverarbeitung

Produktions-phase	Betrieb/Prozess	Problemstellung	Modellansatz
Reduktions-phase	Sinteranlage	Reaktionskinetik	Strömung in Schüttungen
	Hochofen	Kühlkastenanordnung	Wärme- u. Stoffaustausch
	Corex-Verfahren	Gestellverschleiß	Thermodynamik
Flüssig-phase	LD-Konverter	Reaktionskinetik	Metall/Schlacke-Reaktionen
	Sekundärmetallurgie	Entgasung	Strömungsvorgänge
	Vakuumentgasung	Durchmischung	turbulent Strömung mit
	Verteiler	Einschlussabscheidung	dispergierten Teilchen
Erstarrung	Stranggießen	Temperaturführung / Kühltech-	Temperaturfeldberechnung
	Dünnbrammenguss	nologie	Makro-/Mikroerstarrung
	Gießrad	Erstarrungsfront	Erstarrungssimulation
	ES-Umschmelzen	Seigerungsverhalten	Erstarrungssimulation
	Stahlgießerei	Primärgefügeausbildung	Strömungsdynamik, Fehler-
		Formfüllung, Lunker, Heißrisse	kriterien
Umformung	Grobblechwalzen	Kornfeinung	Kinetik der Karbonitride
	Warmbreitband	TMB-Optimierung	Rekristallisationskinetik
	Kaltband	Textureinstellung	Texturbildung (ODF)
	Drahtwalzen	Stelmorkühlung	Umwandlungskinetik
	Schmieden	Stofffluss, Vorformoptimierung	Umformsimulation
Wärme-behandlung	Kühlen n. Walzen	Kopfgehärtete Schiene	Umwandlungskinetik
	Weichglühen	Erweichungsgrad	Einformungskinetik
	Vergüten	Eigenspannungen/Verzug	FEM Eigenspannungen
Weiterver-arbeitung	Blechumformung	Wanddickenverteilung, Fehler	Tiefziehsimulation
	Schweißen	Schweißeignung, Vorwärmung	WEZ-Modell
	Beschichten	Betriebsverhalten	OT/Schädigungsmodelle
Auslegung	statisch	Kerbeinfluss	Elasto-plastische FEM
	dynamisch	Ermüdungsfestigkeit	Manson-Coffin-Ansatz
	fehlertolerant	Bruchmechanik	Lebensdauerberechnung

Für die werkstoffherstellende und -verarbeitende Industrie hat das metallkundliche Modellieren strategische Bedeutung hinsichtlich

- Verbesserung der Festigkeits- und Zähigkeitseigenschaften von Konstruktionswerkstoffen,
- Verbesserung der Verarbeitungseigenschaften,
- Optimierung der Herstell- und Verarbeitungstechnologien,
- Erkennen von Entwicklungsreserven metallischer Werkstoffe,
- Verkürzung der Entwicklungszeiten bzw. raschere Produktentwicklung, s. Bild 1.3.1,

- Qualitätssicherung,
- Wissensgenerierung und Wissenstransfer, sowie
- Vernetzung unterschiedlicher Fachbereiche, z.B. Konstruktion, Werkstofftechnik und Fertigung

Moderne Unternehmen, insbesondere jene mit hohem Anteil an Ingenieurleistungen, begründen ihren Erfolg vielfach mit dem Einsatz moderner Modellierungswerkzeuge. Begriffe wie *„Virtual Manufacturing"* oder *„Intelligent Materials Processing"* sind inzwischen fixe Bestandteile der Firmenstrategien.

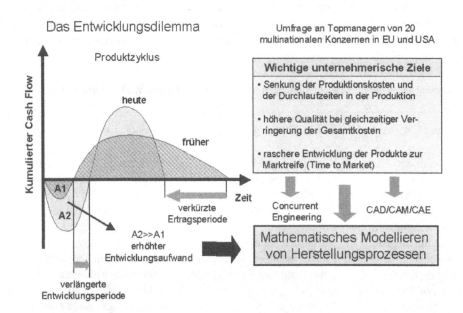

Bild 1.3.1. Das Entwicklungsdilemma bei der Produktentwicklung

Weiterführende Literatur

R.J.Arsenault, J.R.Beeler jr., D.M.Esterling (eds.): Computer simulation in materials science, AMS International, Ohio, 1988

J.R.Boehmer: Methodik computergestützter Prozessmodellierung, Oldenburg Verlag, München, Wien, 1997

B.Buchmayr: Computer in der Werkstoff- und Schweißtechnik – Anwendung von mathematischen Modellen, Fachbuchreihe Schweißtechnik Bd.112, DVS-Verlag Düsseldorf, 1991

F.Esser, B.Esser: Computer-Anwendung in der Metallurgie, VEB Dt.Verlag für Grundstoffindustrie, Leipzig, 1990

B.Gimpel: Qualitätsoptimierte Prozesse, VDI Verlag, Düsseldorf, 1991

O.Grong: Metallurgical Modelling of Welding, The Institute of Materials, 1997

D.Raabe: Microstructure Simulation in Materials Science, Shaker, Aachen, 1997

D.Radaj: Schweißprozesssimulation – Grundlagen und Anwendungen, Fachbuchreihe Schweißtechnik, Band 141, DVS-Verlag, 1999

J.Szekely, W.E.Wahnsiedler: Mathematical Modeling Strategies in Materials Processing, John Wiley, New York, 1988

C.M.Sellars: Modelling microstructural development during hot rolling. Mat. Science and Technology 6, 1990, 11, 1072-1081

E.Schütt, T.Nietsch, A.Rogowski: Prozessmodelle, Bilanzgleichungen in der Verfahrenstechnik und Energietechnik, VDI Verlag, Düsseldorf, 1990

D.J.Srolovitz (ed.): Computer Simulation of Microstructural Evolution, The Metall. Soc. of AIME, 1986

2 Numerische Algorithmen und Computeralgebrasysteme

Kapitel-Übersicht

Übersicht der Mathcad-Programme in diesem Kapitel

Abschn.	Programm	Inhalt	Zusatzfile
2.5	Lin_Gl_Sys	lineares Gleichungssystem (Matrixinvertierung)	
2.5	*Gauss.pas*	*Gauß-Elimination in Turbo-Pascal*	
2.5	*Gauss.for*	*Gauß-Elimination in Fortran*	
2.6	Root	Nullstelle einer Funktion mit „root"-Funktion	
2.6	Inthalb	Intervallhalbierungsmethode	Inthalb.bmp
2.6	Fixpkt	Fixpunkt-Methode	Fixpkt.bmp
2.6	newt_r	Newton-Raphson-Methode	
2.6	newton_prog	Newton-Raphson-Methode (mit Programming Tool)	
2.6	Lin_sys	lineares Gleichungssystem (Fachwerkskräfte)	
2.6	nl_gls	nichtlineares Gleichungssystem (given-find-Prozedur)	
2.6	HV_Rm	lineare Regression und Spline Interpolation	HV_Rm.dat
2.6	HV_WEZ	nichtlineare Regression	HV_WEZ.dat
2.6	nlinreg	Nichtlineare Regression - Wirbelbildung an Flügelspitze	nlinreg.dat
2.6	Ms_Temp	Lineare multiple Regression (Martensit-Starttemperatur)	Ms_Temp.dat
2.6	Kurv_disk	Kurvendiskussion	
2.6	best_integral	Bestimmtes Integral (symbolisch und numerisch)	
2.6	Runge_Kutta	Lösung einer gewöhnlichen Differentialgleichung	
2.6	fftfilt	FFT-Analyse verrauschter Signale	

2.1 Numerische Algorithmen

Zur computergestützten Lösung metallkundlicher und verarbeitungstechnologischer Probleme ist das Wissen über numerische Algorithmen Voraussetzung. Grundlegende numerische Methoden, die häufig für technische Problemstellungen benötigt werden, sind daher in Tabelle 2.1.1 zusammengefasst. Dabei ist hervorzuheben, dass die wichtigste Eigenschaft eines guten numerischen Verfahrens seine *numerische Stabilität* ist. Einige Programmbeispiele werden im Abschnitt 2.6 gegeben.

Tabelle 2.1.1. Nützliche numerische Algorithmen für viele technische Anwendungsfälle

Gleichungslösung	*Lösung gewöhnlicher Diff.Gleichungen*
- Intervallhalbierungsmethode	- Euler-Methode
- Fixpunktmethode	- modifizierte Euler-Methode
- Newton Methode	- Runge-Kutta-Methode
- quadratische Interpolation	- Milne-Methode
- Bairstow Methode	- Adams-Bashforth-Methode
Lösung linearer Gleichungssyteme	- Prädiktor-Korrektor-Methode
- Gauß-Eliminationsverfahren	*Lösung partieller Differentialgleichungen*
- Gauß-Seidel-Iterationsverfahren	- implizite finite Differenzen
- LU-(Cholesky-)Matrixzerlegung	- explizite finite Differenzen
- Konjugierte Gradientenmethode	- Crank-Nicolson-Verfahren
Eigenwertprobleme	- Finite-Elemente-Methode
- Jacobi-Verfahren	- Finite-Volumina-Methode
- QR-Zerlegung	*Optimierungsverfahren*
Interpolation	- Simplex-Methode
- Newton-Gregory (dividierte Diff.)	- Gradientenmethode
- Lagrange-Polynome	*Regressionsanalyse*
- Gauß'sche Interpolation	- lineare Regression
- Aitken-Neville-Algorithmus	- nichtlineare Regression
- kubische Spline-Interpolation	- Tschebyschev-Polynom
- Fourier-Interpolation	- lineare multiple Regression
Nichtlineare Gleichungssysteme	- ausgleichender Spline
- Newton-Raphson-Methode	*Sonstige Algorithmen*
- Methode des steilsten Abstiegs	- Monte-Carlo-Simulation
- Levenberg-Marquardt-Methode	- Neuronale Netzwerke
Differentiation	- Clusteranalyse
- interpolierende Polynome	- Varianzanalyse
- Ridder-Methode	- Schnelle Fourier-Transformation (FFT)
Integration (Quadratur)	- Randelement-Methode
- Trapezregel	- simulated annealing
- Simpson-Regeln	- Inverse Probleme (Regularisierung)
- Romberg-Verfahren	- Zellulare Automaten
- Gaußsche-Quadratur	- Genetische Algorithmen

2.1.1 Software-Bibliotheken

Software-Bibliotheken enthalten Algorithmen aus allen wichtigen Bereichen der numerischen Mathematik. Sie verkürzen ganz wesentlich die Entwicklungszeit und sind intensiv geprüfte sowie effi-

ziente bzw. robuste Routinen. Es gibt SW-Bibliotheken für alle wichtigen Programmiersprachen, wie Fortran, Turbo Pascal und C++. Einige bekannte Numerik-Bibliotheken sind:
- IMSL (International Mathematical and Statistical Libraries vonVisual Numerics)
- NAG (The Numerical Algorithms Group, UK)
- MINPACK (Routinen für nichtlineare Minimierungsaufgaben)
- EISPACK (Routinen für Eigenwerte und Eigenvektoren)
- LAPACK (früher LINPACK, Routinen für lineare Gleichungssysteme)
- USC (Numerische Algorithmen für C und C++)

Eine übersichtliche Unterstützung bei der Auswahl mathematischer Software für naturwissenschaftliche Anwendungen und für das Ingenieurwesen bietet GAMS (Guide to Available Mathematical Software), das vom amerikanischen NIST unter http://gams.nist.gov/ eingerichtet wurde.

Die NAG Fortran Library ist eine Sammlung von über 1100 Unterprogrammen zur Lösung mathematischer und statistischer Probleme. Sie enthält z.B. Lösungsroutinen für gewöhnliche und partieller Differentialgleichungen, Optimierung, Transformation (Laplace, Fourier etc.), nichtlineare Gleichungen, Integralgleichungen, Kurven- und Flächenanpassungen, lineare Algebra, Zufallszahlengenerierung, Korrelations- und Regressionsanalyse, Multivariate Methoden u.v.a.m.

Diese Numerik-Bibliotheken beinhalten zu jedem Unterprogramm folgende Informationen:
- Beschreibung des Algorithmus bzw. Angabe der verwendeten Literatur
- Beschreibung von vordefinierten Funktionen
- Beschreibung der Ein- und Ausgabeparameter inklusive Spezifikation der Datentypen
- Syntax des Prozedur-Aufrufes
- Hinweise auf die erreichbare Genauigkeit
- Kommentare
- Anwendungsbeispiele

2.2 Entwicklung der Berechnungswerkzeuge

Vor etwa 30 Jahren nahm der Taschenrechner Einzug in die Büros der Ingenieure, und ist seither unverzichtbar. Keiner möchte heutzutage noch eine Quadratwurzel „zu Fuß" rechnen. Mit Anfang der 80er Jahre nahm dann der PC Einzug (IBM-8080) in die Berechnungsabteilungen und ihre Leistungsfähigkeit hat bis heute rasant zugenommen. So finden sich auf einem bereits betagten „486"-Prozessor mit einer Größe eines Fingernagels etwa eine Million Transistoren. Auch die Taktfrequenzen sind enorm gestiegen; moderne PCs haben heute bereits mehr als 1 GHz.

Neben diesen Hardware-Entwicklungen wurden auch im Softwarebereich beachtenswerte Fortschritte erzielt. War früher FORTRAN die dominierende Programmiersprache in der technischwissenschaftlichen Welt, so stellen heute objektorientierte Sprachen wie TurboPascal, Delphi oder C++ den Stand der Technik dar. Auch die Art und Weise der Generierung des Quellcodes hat sich revolutionär weiterentwickelt. Während früher die Anweisungen zeilenweise eingegeben werden mussten, so stehen heute sog. CASE-Entwicklungswerkzeuge zur Verfügung.

Bild 2.2.1 gibt einen gerafften Überblick über die Entwicklung der Hard- und Software in den letzten Jahrzehnten. Mit der Entwicklung von logischen Programmiersprachen, wie LISP und PROLOG, war es dann möglich, Expertensysteme zu entwickeln, die, basierend auf Regeln und anderen Formen der Wissensrepräsentation, in der Lage sind, Problemlösungen selbst abzuleiten. Mit Hilfe dieser Sprachen gelang es Anfang der achtziger Jahre, Regeln für das Differenzieren und Integrieren in ein Programm einzubinden, das somit in der Lage war, „symbolisch" zu rechnen. Das erste Programm der Computeralgebra war MACSYMA, das am MIT in Cambridge/Mass. entwickelt wurde. Erste größere Erfolge verzeichneten die beiden Programme REDUCE und DERIVE. Im Laufe der Zeit konnten immer umfangreichere und leistungsfähigere Systeme entwickelt werden.

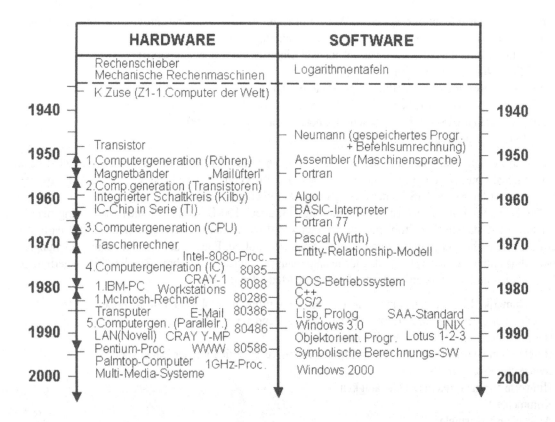

Bild 2.2.1. Überblick der rasanten Entwicklungen im Bereich der Hard- und Software

2.3 Computeralgebrasysteme (CAS)

Im Gegensatz zur numerischen Mathematik mit ihrer Gleitkomma-Arithmetik und ihren Rundungs-
fehlern führen Computeralgebrasysteme (CAS) exakte, algebraische und symbolische Rechnungen
durch. Computeralgebrasysteme überstreichen den Bereich zwischen Algebra und Informatik. Für die
Integration werden bspw. Verfahren verwendet, die auf grundlegenden Arbeiten von R.H.Risch aus
den späten 60er Jahren beruhen und die Sätze und Verfahren von Liouville und Hermite (vor etwa
150 Jahren veröffentlicht) beinhalten.

Kennzeichnend für moderne CAS ist, dass sie mehrere Fähigkeiten aufweisen, wie

- Symbolisches Rechnen (Umformung von Termen, Gleichungslösung, Infinitesimalrechnung,
  Vektorrechnung, Geometrie u.a.m.)
- Grafik (2D, 3D, Animationen, grafische Objekte)
- Programmiermöglichkeit innerhalb des Arbeitsblattes
- Bibliotheken über Konstanten, Funktionen und Algorithmen und zusätzliche „elektronische Bü-
  cher"
- Benutzerschnittstelle in Form eines Arbeitsblattes mit Eingabe-, Ausgabe-, Rechen-, Text- und
  Grafikbereichen
- Benutzerfreundliche Menüs und Werkzeugpaletten, sowie kontextspezifische Hilfe.

Man könnte ein modernes CAS auch als ein elektronisches Mathematikbuch bezeichnen, dessen Rechenleistung weit über die Schulmathematik der Oberstufe hinausgeht, jedoch so einfach zu bedienen
ist wie moderne Taschenrechner.

Tabelle 2.3.1. Übersicht moderner mathematischer Berechnungs- und Simulationsprogramme

Software	Hersteller / Anbieter	Internet-Adresse
AXIOM	NAG, The Numerical Algorithms Group Ltd, UK	extweb.nag.com
DERIVE	Soft Warehouse, Inc., Honolulu, Hawaii	www.derive.com
Scientific Notebook	Mac Kichan Software Inc.	www.mackichan.com
Macsyma	Macsyma Inc., Arlington, MA, USA	www.macsyma.com
Maple	University of Waterloo, Canada	www.maplesoft.com
Mathview	ein Ableger von Maple	www.calculus.net
Mathematica	Wolfram Res.Inc., Champaign, Ill.	www.wolfram.com
Mathcad	MathSoft, Inc., Cambridge, MA	www.mathsoft.com
MATLAB	The Math Works Inc., South Natick, MA	www.mathworks.com
MuPAD	Uni Paderborn	www.mupad.de
Simulink	The Math Works Inc., South Natick, MA	www.mathworks.com
ACSL	Aegis Research, Huntsville, USA	www.acslsim.com
ESL	ISIM, Int.Simulation Ltd., Salford, UK	www.isim.com

Tabelle 2.3.1 gibt einen Überblick der zur Zeit verfügbaren mathematischen Berechnungs- und Simulationssysteme für PCs. Die mathematisch leistungsfähigsten Systeme sind zur Zeit wohl Mathematica, Maple, Matlab und Mathcad. Ausführlichere Programmbeschreibungen finden sich in der Schrifttumsübersicht zu diesem Abschnitt. Abschließend sei jedoch angemerkt, dass Computeralgebrasysteme zwar die Programmierung wesentlich erleichtern und beschleunigen, jedoch bei größeren Anwendungen (bspw. bei FE-Rechnungen) bald an ihre Leistungsgrenze stoßen. Mittlerweile ist auch mit CAS eine automatische Codegenerierung bspw. in C++ möglich.

2.4 Einführung in Mathcad

Am Beispiel der Software MathCad soll die Leistungsfähigkeit moderner Berechnungswerkzeuge vorgestellt werden. MathCad ist eine Mathematiksoftware, deren Oberfläche einem Notizzettel entspricht und alle gängigen elementaren Funktionen enthält. Numerische Algorithmen, wie bspw. zur Lösung von Differentialgleichungen, werden mit einfachen Funktionsaufrufen im Hintergrund ausgeführt. Gleichungslösung, Differenzieren, bestimmte und unbestimmte Integrale werden symbolisch durchgeführt. Aufgrund der grafischen Oberfläche können mathematische Ausdrücke in der vertrauten Notation geschrieben werden. Zweidimensionale kartesische und polare Graphen, dreidimensionale Flächendarstellungen und Höhenschichtlinien-Diagramme können sehr einfach erzeugt werden.

Das herausragendste Merkmal von MathCad ist aber die Fähigkeit, Berechnungen, erläuternde Kommentare und illustrierende Grafiken in ein Dokument zusammenzufassen bzw. auszudrucken und so den Lösungsweg nachvollziehbar darzustellen. Weitere wichtige Programmeigenschaften sind in Tabelle 2.4.1 angeführt.

Tabelle 2.4.1. Charakteristische Eigenschaften des Computeralgebra-Systems „MathCad"

Benutzeroberfläche	*Symbolische Berechnungen*
- flexible Anordnung von Text, Gleichungen und Diagrammen in einem Dokument möglich - einfache Formelgenerierung - volle Windows-Kompatibilität - automatische Fehlerprüfung - vollständiges griech. Alphabet - kontextspezifische Online-Hilfe	- symbolische Integration und Differentiation - Matrizeninvertierung, Determinantenberechnung etc. - Faktorisierung und Vereinfachung mathemat. Ausdrücke - eingebaute Gleichungslöser
Rechenleistung	*Grafik*
- 15 digits Rechengenauigkeit - diverse Gleichungslöser - Ableitungen/Integralrechnung - statistische Funktionen - Vektoren/Matrizenoperationen - komplexe Zahlen und Funktionen - trigonometrische / Bessel Funktionen	- einfache Diagrammerstellung - kartesische, polare Diagramme, Oberflächen-/Konturplots - lineare oder logarithmische Achsen - Darstellung mehrerer Funktionen in einem Diagramm - Grafikimport über Clipboard

Eine weitere Unterstützung für MathCad-Benutzer sind die zusätzlich angebotenen elektronischen Handbücher mit Hunderten von mathematischen und physikalischen Standardformeln, Konstanten und Diagrammen. Hervorzuheben sind die digitalen Beispielsammlungen für Werkstofftechnik, Thermodynamik, numerische Algorithmen, Differentialgleichungen, Statistik und Formeln der Festigkeitslehre.

2.4.1 Kurzübersicht

Ein typisches Mathcad-Dokument kann sich aus den Bereichen Text, Grafik und dem rechnerischen Arbeitsbereich zusammensetzen. Die Benutzeroberfläche und die Bedienungselemente sind in Bild 2.4.1 dargestellt. Durch Eingabe des Anführungszeichens wird ein Textbereich definiert, durch Anklicken des Grafikmenüs aus der Mathcad-Tool-Zeile (s. Bild 2.4.2) kann eine der sechs vorgegebenen Grafikpaletten gewählt werden. Im übrigen Arbeitsbereich können Zuweisungen, Funktionen oder mathematische Operatoren eingegeben werden. Durch Anklicken einer der acht Optionen öffnen sich die entsprechenden Untermenüs, s. Bild 2.4.3.

Eine Besonderheit bei Mathcad betrifft das Gleichheitszeichen, das in vier Formen auftreten kann:
:=   bedeutet eine Variablen- bzw. Wertzuweisung
=   wird zur Ausgabe von Ergebnissen verwendet und
≡   wird beim symbolischen Rechnen und als Muss-Bedingung z.B. beim Lösen von Gleichungssystemen benötigt.
≡   Globale Definition von Variablen

Im Folgenden werden einige einfache Beispiele zur Bedienung und zur Darstellung der Möglichkeiten von Mathcad gezeigt. Weiter Unterstützung findet der Anwender durch kontextspezifische Hilfe und durch das Ressource-Center, indem zahlreiche Beispiele über die wichtigsten Berechnungsaufgaben vorgegeben sind. Außerdem stehen für viele Fachbereiche eigene elektronische Handbücher zur Verfügung.

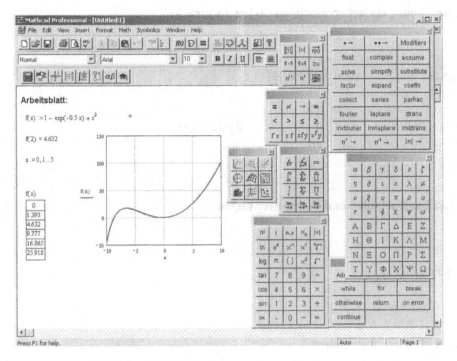

Bild 2.4.1. Arbeitsblatt des CAS Mathcad 7

Bild 2.4.2. Hauptauswahlleiste in der Mathcad-User-Schnittstelle

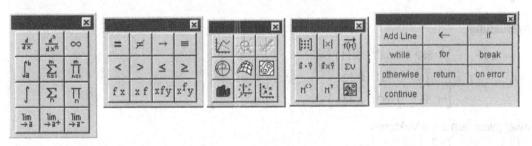

Bild 2.4.3. Mathcad-Untermenüs (Paletten und Operatoren) zu Bild 2.4.2

2.4.1.1   Direkte Berechnung einfacher mathematischer Ausdrücke

$$\frac{\sqrt[3]{20} \cdot 1.734^{0.75}}{2.22} = 1.848 \qquad\qquad \tanh(2.7) = 0.991$$

$$\int_0^1 x \cdot \exp(-x)\, dx = 0.264 \qquad\qquad \int_0^1 \int_0^x \left(x^2 + y^2\right) dy\, dx = 0.333$$

2.4.1.2   Eingabe von Laufvariablen und Wertzuweisungen

$$i := 1, 2.. \ 100$$

$$\text{Sum} := \sum_i i \qquad \text{Sum} = 5.05 \bullet 10^3$$

2.4.1.3 Vektoren und Matrizenoperationen

$$\qquad\qquad \text{Zuweisung} \qquad\qquad\qquad \text{Multiplikation} \qquad \text{Determinante}$$

$$A := \begin{bmatrix} 2 & 1 & 0 \\ -2 & 7 & -4 \\ 3 & 0 & 3 \end{bmatrix} \quad b := \begin{bmatrix} 3 \\ 2 \\ 1 \end{bmatrix} \qquad A \cdot b = \begin{bmatrix} 8 \\ 4 \\ 12 \end{bmatrix} \qquad |A| = 36$$

Invertierung

$$C := A^{-1} \qquad C = \begin{bmatrix} 0.583 & -0.083 & -0.111 \\ -0.167 & 0.167 & 0.222 \\ -0.583 & 0.083 & 0.444 \end{bmatrix} \qquad C \cdot A = \begin{bmatrix} 1 & 0 & 0 \\ 0 & 1 & 0 \\ 0 & 0 & 1 \end{bmatrix}$$

Winkel zwischen zwei Vektoren

$$v := \begin{bmatrix} 1 \\ 2 \\ 3 \end{bmatrix} \quad u := \begin{bmatrix} 1 \\ 2 \\ 1 \end{bmatrix} \qquad \text{Winkel} := a\cos\left(\frac{v \cdot u}{|v| \cdot |u|}\right) \qquad \text{Winkel} = 29.206 \cdot \deg$$

2.4.1.4   Definition von Funktionen

$$f(x, y) := x \cdot y^2 + \sinh\left(y^{-2\,x}\right)$$

$$f(4, 2.2) = 19.362$$

$$f(3, 3) = 27.001$$

2.4.1.5   Implementierte Funktionen und Unterprogramme

Mit der Tastenkombination CTRL+F werden in der Arbeitsfläche die in Mathcad implementierten Funktionen und Unterprogramme zu numerischen Algorithmen dargestellt.

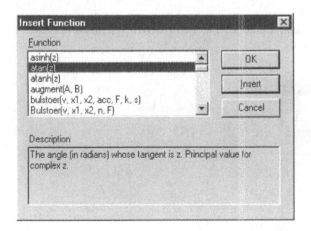

2.4.1.6   Grafische Darstellungsarten

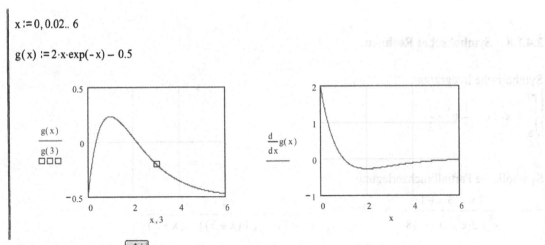

$x := 0, 0.02 .. 6$

$g(x) := 2 \cdot x \cdot \exp(-x) - 0.5$

Über die Grafikpalette ⊞ sind auch andere Darstellungsformen, wie

- ⊕ Kreisdiagramme

- 🗺 3D-Flächendiagramme

- 🗔 Konturdiagramme

- 📊 3D-Säulendiagramme

- ✣ 3D-Streuungsdiagramme

- ⊞ Vektorfelddarstellung

sofort anwählbar.

2.4.1.7   Arbeiten mit Einheiten (Dimensionen)

$$v := 60 \cdot \frac{km}{hr} \qquad v = 16.667 \cdot \frac{m}{sec} \qquad t := 10 \cdot sec \qquad s := v \cdot t \qquad s = 546.807 \cdot ft$$

Mit der Tastenkombination CTRL+U kann auf eine Einheiten-Palette im MKS-System zurückgegriffen werden.

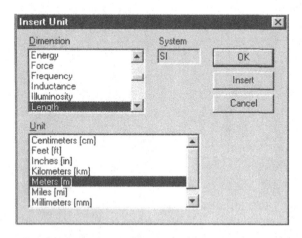

2.4.1.8   Symbolisches Rechnen

Symbolische Integration:

$$\int_a^b x^2 \, dx \rightarrow \frac{1}{3} \cdot b^3 - \frac{1}{3} \cdot a^3$$

Symbolische Partialbruchzerlegung:

$$\text{aus} \qquad \frac{2 \cdot x^2 - 3 \cdot x + 1}{x^3 + 2 \cdot x^2 - 9 \cdot x - 18} \qquad \text{wird} \qquad \frac{1}{(3 \cdot (x-3))} + \frac{14}{(3 \cdot (x+3))} - \frac{3}{(x+2)}$$

Lösung von Gleichungen:

$$a \cdot x^2 + b \cdot x + c \qquad \text{führt zur Lösung}$$

$$\begin{bmatrix} \frac{1}{(2 \cdot a)} \cdot \left(-b + \sqrt{b^2 - 4 \cdot a \cdot c} \right) \\ \frac{1}{(2 \cdot a)} \cdot \left(-b - \sqrt{b^2 - 4 \cdot a \cdot c} \right) \end{bmatrix}$$

Lösung von Gleichungssystemen, wie bspw. der Schnittpunkt eines Kreises mit einer Geraden:

Given

$$x^2 + y^2 = r^2 \qquad y = a \cdot x + b$$

$$\text{Find}(x, y) \rightarrow \begin{bmatrix} \dfrac{1}{\left[2 \cdot \left(1 + a^2\right) \right]} \cdot \left(-2 \cdot a \cdot b + 2 \cdot \sqrt{r^2 - b^2 + a^2 \cdot r^2} \right) & \dfrac{1}{\left[2 \cdot \left(1 + a^2\right) \right]} \cdot \left(-2 \cdot a \cdot b - 2 \cdot \sqrt{r^2 - b^2 + a^2 \cdot r^2} \right) \\[2em] \dfrac{1}{2} \cdot \dfrac{a}{\left(1 + a^2\right)} \cdot \left(-2 \cdot a \cdot b + 2 \cdot \sqrt{r^2 - b^2 + a^2 \cdot r^2} \right) + b & \dfrac{1}{2} \cdot \dfrac{a}{\left(1 + a^2\right)} \cdot \left(-2 \cdot a \cdot b - 2 \cdot \sqrt{r^2 - b^2 + a^2 \cdot r^2} \right) + b \end{bmatrix}$$

2.4.1.9 Datenaustausch

Die Fähigkeit des Mathcad-Systems verknüpfte oder eingebettete Objekte zu verwenden (OLE), ermöglicht einen flexiblen Datenaustausch mit anderen Komponenten bzw. Programmen, wie EXCEL, MATLAB, AXUM u.a. Daten können eingegeben werden durch:

- Eintippen in die sog. Input-Tabelle,
- Einlesen von Textfiles mit dem Befehl readprn(file),
- Übernahme des Clipboard-Inhaltes mit dem Befehl PASTE,
- Einlesen von Grafiken im Bitmap- oder im Autocad-Format oder durch
- Einlesen von Grafiken als Pixelmatrix (im Grauwert- oder im RGB-Code).

2.4.1.10 Programmierbarkeit

If-Anweisungen, For- bzw. While-Schleifen, Abbruchkriterien u.a.m. können über die Programmierpalette [⊞] direkt ins Arbeitsblatt eingebaut werden.

Beispiel: Berechnung von Primzahlen

$$\text{findeteiler}(a, b) := \begin{vmatrix} a & \text{if } b \cdot b > a \\ \text{otherwise} \\ \quad \begin{vmatrix} b & \text{if } \mod(a, b) = 0 \\ \text{findeteiler}(a, b + 1) & \text{otherwise} \end{vmatrix} \end{vmatrix}$$

$$\text{Primzahlen}(N) := \begin{vmatrix} j \leftarrow 0 \\ \text{for } i \in 2 .. N \\ \quad \begin{vmatrix} Z \leftarrow \text{findeteiler}(i, 2) \\ \text{if } Z = i \\ \quad \begin{vmatrix} A_j \leftarrow Z \\ j \leftarrow j + 1 \end{vmatrix} \end{vmatrix} \\ A \end{vmatrix}$$

$$\text{Primzahlen}(30) = $$

	0
0	2
1	3
2	5
3	7
4	11
5	13
6	17
7	19
8	23
9	29

Ferner besteht die Möglichkeit Funktionen in C und C++ zu programmieren.

2.4.1.11   Erstellen von Animationen

Über die Variable FRAME können Funktionen und Grafiken im zeitlichen Verlauf animiert werden. In den „Quick Sheets" sind einige Beispiele dargestellt.

2.4.1.12   Hilfestellungen durch das System

Mathcad bietet dem Benutzer neben einem Tutorium eine umfangreiche Hilfe (Funktionstaste F1), auch kontextbezogen (Shift F1), sowie Anwendungsbeispiele in Form der „Quick Sheets", die auch in das Arbeitsblatt kopiert werden können, s. Bild 2.4.4. Eine ausführliche Beschreibung zur Bedienung des SW-Paketes Mathcad ist in den Anleitungen des Herstellers zu finden.

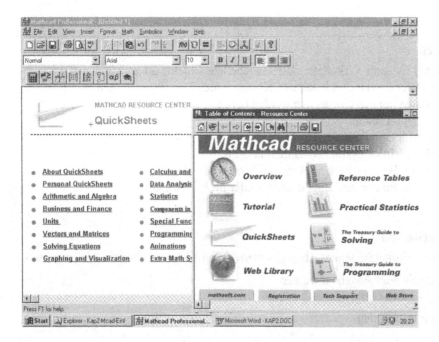

Bild 2.4.4. Oberfläche von Mathcad 7 mit dem Resource Center inkl. „Quick Sheets"

2.4.2   Leistungsmerkmale von Mathcad

- **Mathematische Funktionalität**
- Behandlung realer, imaginärer und komplexer Zahlen und Dimensionen
- Operatoren und fix eingebaute Funktionen zur Manipulation von Zahlen, Vektoren und Matrizen
- Numerische Systemlösung und Minimierung
- Ableitungen, Integrale, Summen und Produkte
- Trigonometrie, hyperbolische, Exponential und Bessel Funktionen
- Fast Fourier Transformation (FFT)
- Symbolische Berechnungen und sofortige Ausführung bei Änderungen
- Symbolische Lösungen von Einzelgleichungen oder von Gleichungssystemen
- Symbolische Integration und Differentiation, Grenzwertberechnungen und Reihenentwicklungen
- Erweiterung, Vereinfachung und Faktorisierung von mathematischen Ausdrücken
- Laplace, z, Fourier integrale Transformation und ihre Inversen
- Matrix-Invertierung, Transponierung and Determinantenberechnung, sowie Eigenwerte und
- Eigenvektoren

- 20 Operatoren zur Manipulation von Matrizen
- Spezielle Funktionen der linearen Algebra, inkl. Cholesky-, QR-, LU- und SV-Zerlegung
- 13 Löser für gewöhnliche und partielle Differentialgleichungen, sowie für Randwertaufgaben
- 64 statistische Funktionen unterstützen normale und fortgeschrittene Analysemethoden inkl.
- Parametrische/nicht-parametrische Hypothesenprüfung, Varianzanalyse, Monte-Carlo-Methode
- Berechnung von Häufigkeitsverteilungen und Histogramm-Darstellung
- Kurvenanpassung und 2D-Interpolation
- Ausgleichsfunktionen zur Glättung von Zeitreihen und eine adaptive „Least-squares"-Methode

- **MathConnex**
- Verknüpfung mit speziellen Komponenten, wie Ein- und Ausgabetabellen, Datenaustausch mit Excel, MATLAB
- Integration und Management von Berechnungen und Daten zwischen verschiedenen Anwenderprogrammen

- **Programmierfunktionen**
- Diverse Operatoren zur Programmerstellung
- Definition lokaler Variablen und komplexer Datenstrukturen
- Berechnungsschleifen, rekursive Berechnungen und Verzweigungen
- Ausführliche Fehlererkennungs- und -erläuterungsroutinen
- Programme können auch symbolische Ausdrücke beinhalten

- **Erweiterungsfähigkeit**
- Aufbau eigener Berechnungsbibliotheken
- Vom Benutzer definierbare Notationen
- Einbau eigener C oder C++ Programme
- Erweiterte Funktionalität durch Anbindung von speziellen Zusatzpaketen
- Zugriff auf das Programm Axum mit zusätzlichen grafischen Darstellungsmöglichkeiten

- **Automatische Konvertierung von Dimensionen**
- Automatische Dimensionskontrolle und Umrechnung in Einheiten (vom Benutzer definierbar)
- Vollständiges SI-Einheitensystem

- **Benutzbarkeit im Betriebssystem**
- Windows NT & WINDOWS 95, 98 kompatibel und kontextbezogene Menüs
- OLE 2 Unterstützung, d.h. direkte Aktivierung von anderen Programmen und volle „Drag-and-drop"-Funktionalität

- **Formatierungs- und Dokumenterstellungsfunktionen**
- Rechtschreibprüfung
- Leichte Eingabe und Modifizierung von Gleichungen
- Dokumentvorlagen und Formatierungshilfen
- Einbindung von Gleichungen in den Text und farbige Hintergrundhinterlegung

- **Internetanbindung**
- Suche und Einbindung von Mathcad-Programmen in das aktuelle Arbeitsblatt
- Definition von Querverbindungen im Internet oder lokal
- MAPI-based E-mail Austausch
- Mit der „Join the Collaboratory" besteht die Möglichkeit zum internationalen Erfahrungs- und Programmaustausch

- **Hilfestellung**
- 300 vorbereitete „QuickSheets" geben Hilfe bei der Lösung von analytischen Problemen
- On-line Hilfe, Tutorsystem geben weitere Unterstützung, vor allem für Anfänger
- Tipps auf der Hersteller-Homepage (www.mathsoft.com)

- **Grafische Darstellungen**
- „QuickPlot" zur raschen Darstellung von Funktionen
- Interaktive 2D- und 3D-Diagrammdarstellungen, wie X-Y-, Streuungs-, Balken-, Polar-, Vektor- und Konturdiagramme
- Zoom-Funktion
- Animationsmöglichkeit (AVI-files) und
- Einbindung von Bildern (Bitmaps, Autocad, Axum, Visio)

2.4.3   Leistungsgrenzen von Mathcad

- Bei Erstellung größerer Modelle wird die geringe Rechengeschwindigkeit deutlich merkbar
- Probleme bei partiellen Differentialgleichungen
- Schwierige Einbindung in andere kommerzielle Programme
- Mehrfachindizierung (>2) nicht möglich
- Geringe grafische Funktionalität
- Geringere mathematische Leistungsfähigkeit im Vergleich zu Mathematica
- Keine Funktionen zur mathematischen Behandlung von Textfeldern

2.5 Vergleich konventioneller Programmiersprachen mit Mathcad Programmen

Am Beispiel der Lösung eines linearen Gleichungssystems soll die Eleganz und Einfachheit von Computeralgebrasystemen demonstriert werden. Als Lösungsalgorithmus wird die Gauß-Eliminationsmethode betrachtet. Zunächst wird ein Pascal-Programm, dann ein Fortran-Programm und schließlich im Bild 2.5.1 ein Mathcad-Programm für den selben Zweck gezeigt.

Pascal-Programm   ⊟ Gauss.pas

```
program GAUSS;
{ GAUSS ELIMINATIONSVERFAHREN mit RÜCKWÄRTSSUBSTITUTION
   zur Lösung eines linearen Gleichungssystems mit n Unbekannten
Eingabe:   Anzahl der Unbekannten und Gleichungen n in einer Matrix
           A = (A(I,J)) wobei 1<=I<=n und 1<=J<=n+1.

   A[1,1] X[1] + A[1,2] X[2] +...+ A[1,n] X[n] = A[1,n+1]
   A[2,1] X[1] + A[2,2] X[2] +...+ A[2,n] X[n] = A[2,n+1]
     .
   A[n,1] X[1] + A[n,2] X[2] +...+ A[n,n] X[n] = A[n,n+1]

Ausgabe:  Lösungsvektor x(1), x(2),...,x(n) oder Fehlermeldung
                                                                    }
const
   ZERO = 1.0E-15;
var
   A : array [ 1..12, 1..13 ] of real;
   X : array [ 1..12 ] of real;
   C,XM,SUM : real;
   FLAG,N,M,I,J,ICHG,NN,IP,JJ,K,L,KK : integer;
```

```
    OK : boolean;
    AA : char;
    NAME : string [ 14 ];
    INP,OUP : text;
procedure INPUT;
    begin
        writeln('Lösung eines linearen Gleichungssystems.');
        writeln ('Eingabe über Datenfile in der Form: ');
        writeln('A(1,1), A(1,2), ..., A(1,N+1), A(2,1), A(2,2), ...,
A(2,N+1),');
        writeln ('..., A(N,1), A(N,2), ..., A(N,N+1) '); writeln;
        write ('Soviele Matrixelemente wie gewünscht in einer Zeile, ');
        writeln ('jedoch mit Leerzeichen getrennt ');
        writeln; writeln;
        OK := false;
          begin
              writeln ('Name des Datenfiles - z.B. C:\Daten.txt');
              readln ( NAME );
              assign ( INP, NAME );
              reset ( INP );
              OK := false;
              while ( not OK ) do
                  begin
                      writeln ('Anzahl der Gleichungen als Integer. ');
                      readln ( N );
                          begin
                              for I := 1 to N do
                                  for J := 1 to N + 1 do read ( INP, A[I,J] );
                              OK := true;
                              close ( INP )
                          end
                  end
          end
    end;
procedure OUTPUT;
    begin
        writeln ('Ausgabe:');
        writeln ('1...Bildschirm ');
        writeln ('2...in Datenfile ');
        writeln ('Eingabe 1 oder 2 ');
        readln ( FLAG );
        if ( FLAG = 2 ) then
            begin
                writeln ('Name des Ausgabefiles - z.B. C:\output.txt');
                readln ( NAME );
                assign ( OUP, NAME )
            end
        else assign ( OUP, 'CON' );
        rewrite ( OUP );
        writeln(OUP,'GAUSS ELIMINATION');
        writeln(OUP);
        writeln ( OUP, ' Das Gleichungssystem ');
        for I := 1 to N do
            begin
                for J := 1 to M do write ( OUP, A[I,J]:12:8 );
                writeln ( OUP )
            end;
        writeln ( OUP ); writeln ( OUP );
        writeln ( OUP, 'hat den Lösungsvektor: ');
        for I := 1 to N do write ( OUP, '':2, X[I]:12:8 );
        writeln ( OUP ); writeln ( OUP );
```

```
        writeln ( OUP, 'Anzahl der Zeilenvertauschungen= ',ICHG);
        close ( OUP )
  end;
  begin
     INPUT;
     if ( OK ) then
         begin
{            SCHRITT 1                                              }
             NN := N - 1;
             M := N + 1;
             ICHG := 0;
             I := 1;
             while ( OK ) and ( I <= NN ) do
                 begin
{                    SCHRITT 2                                      }
{                    use IP instead of p                            }
                     IP := I;
                     while ( abs( A[IP,I] ) <= ZERO ) and ( IP <= N ) do
                        IP := IP + 1;
                     if ( IP = M ) then OK := false
                     else
                         begin
{                            SCHRITT 3                              }
                             if ( IP <> I ) then
                                 begin
                                     for JJ := 1 to M do
                                         begin
                                            C := A[I,JJ];
                                            A[I,JJ] := A[IP,JJ];
                                            A[IP,JJ] := C
                                         end;
                                     ICHG := ICHG + 1
                                 end;
{                            SCHRITT 4                              }
                             JJ := I + 1;
                             for J := JJ to N do
                                 begin
{                                    SCHRITT 5                      }
                                     XM := A[J,I] / A[I,I];
{                                    SCHRITT 6                      }
                                     for K := JJ to M do
                                        A[J,K] := A[J,K] - XM * A[I,K];
                                     A[J,I] := 0.0
                                 end
                         end;
                     I := I + 1
                 end;
             if ( OK ) then
                 begin
{                    SCHRITT 7                                      }
                     if ( abs( A[N,N] ) <= ZERO ) then OK := false
                     else
                         begin
{                            SCHRITT 8                              }
{                            Rückwärtssubstitution                  }
                             X[N] := A[N,M] / A[N,N];
{                            SCHRITT 9                              }
                             for K := 1 to NN do
                                 begin
                                     I := NN - K + 1;
                                     JJ := I + 1;
```

```
                              SUM := A[I,M];
                              for KK := JJ to N do
                                 SUM := SUM - A[I,KK] * X[KK];
                              X[I] := SUM / A[I,I]
                         end;
{                      SCHRITT 10                                          }
{                      Ende der Prozedur                                   }
                       OUTPUT
                 end
           end;
        if ( not OK ) then writeln ('Gleichungssystem ist singulär')
      end
   end.
```

Fortran Programm   🖫 Gauss.for

```
C***********************************************************************
C  GAUSS ELIMINATION MIT RÜCKWÄRTSSUBSTITUTION                        *
C***********************************************************************
C
C     ZUR LÖSUNG DES LINEAREN GLEICHUNGSSYSTEMS MIT N UNBEKANNTEN
C
C     A(1,1) X(1) + A(1,2) X(2) + ... + A(1,N) X(N) = A(1,N+1)
C     A(2,1) X(1) + A(2,2) X(2) + ... + A(2,N) X(N) = A(2,N+1)
C     .
C     .
C     A(N,1) X(1) + A(N,2) X(2) + ... + A(N,N) X(N) = A(N,N+1)
C
C     EINGABE: ANZAHL DER UNBEKANNTEN UND GLEICHUNGEN N IN DER FORM:
C              A = (A(I,J)) WOBEI 1<=I<=N AND 1<=J<=N+1.
C
C     AUSGABE: LÖSUNGSVEKTOR X(1),X(2),...,X(N) ODER FEHLERMELDUNG.
C
C     INITIALISIERUNG
      DIMENSION A(10,11), X(10)
      CHARACTER NAME*14,NAME1*14,AA*1
      INTEGER INP,OUP,FLAG
      LOGICAL OK
      OPEN(UNIT=5,FILE='CON',ACCESS='SEQUENTIAL')
      OPEN(UNIT=6,FILE='CON',ACCESS='SEQUENTIAL')
      WRITE(6,*) 'Gauss Eliminationsmethode.'
      WRITE(6,*) 'Die Matrix wird von einem Textfile eingelesen, in der'
      WRITE(6,*) 'Reihenfolge A(1,1), A(1,2), ..., A(1,N+1), A(2,1),'
      WRITE(6,*) ' A(2,2), ..., A(2,N+1)..., A(N,1), A(N,2),'
      WRITE(6,*) ' ..., A(N,N+1) '
      WRITE(6,*) 'Eingabe der Matrixelemente durch Leertaste getrennt,'
      OK = .FALSE.
      WRITE(6,*) 'Name des Eingabefiles, z.B. a:\INPUT.TXT'
      WRITE(6,*) ' '
      READ(5,*)  NAME
      INP = 4
      OPEN(UNIT=INP,FILE=NAME,ACCESS='SEQUENTIAL')
      OK = .FALSE.
9     IF (OK) GOTO 11
      WRITE(6,*) 'Anzahl der Unbekannten (Integer)'
      WRITE(6,*) ' '
      READ(5,*) N
      IF (N .GT. 0) THEN
         M = N+1
         READ(INP,*) ((A(I,J), J=1,M),I=1,N)
```

```
                OK = .TRUE.
                CLOSE(UNIT=INP)
           ELSE
                WRITE(6,*) 'Die Zahl muss positiv sein'
                ENDIF
                GOTO 9
           ENDIF
11         IF( .NOT. OK) GOTO 400
           WRITE(6,*) 'Ausgabe: '
           WRITE(6,*) '1...Bildschirm '
           WRITE(6,*) '2...in Datenfile '
           WRITE(6,*) 'Geben Sie 1 oder 2 ein'
           WRITE(6,*) ' '
           READ(5,*) FLAG
           IF ( FLAG .EQ. 2 ) THEN
                WRITE(6,*) 'Name des Ausgabefiles'
                WRITE(6,*) ' '
                READ(5,*) NAME1
                OUP = 3
                OPEN(UNIT=OUP,FILE=NAME1,STATUS='NEW')
           ELSE
                OUP = 6
           ENDIF
           WRITE(OUP,*) 'GAUSS ELIMINATION'
C          ICHG Zähler für die Anzahl der Zeilenvertauschungen
           ICHG = 0
           WRITE(OUP,3)
           WRITE(OUP,4) ((A(I,J),J=1,M),I=1,N)
C          SCHRITT 1
C          ELIMINATIONSVERFAHREN
           NN = N-1
           DO 10 I=1,NN
C               SCHRITT 2
                IP = I
100             IF (ABS(A(IP,I)).GE.1.0E-20 .OR. IP.GT.N) GOTO 200
                    IP = IP+1
                GOTO 100
200             IF(IP.EQ.N+1)THEN
C                    GLEICHUNGSSYSTEM HAT SINGULÄRE LÖSUNG
                     WRITE(OUP,5) ((A(I,J),J=1,M),II=1,N)
                     GOTO 400
                END IF
C               SCHRITT 3
                IF(IP.NE.I) THEN
                     DO 20 JJ=1,M
                         C = A(I,JJ)
                         A(I,JJ) = A(IP,JJ)
20                   A(IP,JJ) = C
                     ICHG = ICHG+1
                END IF
C               SCHRITT 4
                JJ = I+1
                DO 30 J=JJ,N
C                    SCHRITT 5
                     XM = A(J,I)/A(I,I)
C                    SCHRITT 6
                     DO 40 K=JJ,M
40                   A(J,K) = A(J,K)-XM*A(I,K)
30              A(J,I) = 0
10         CONTINUE
C          SCHRITT 7
```

```
          IF(ABS(A(N,N)).LT.1.0E-20) THEN
C             GLEICHUNGSSYSTEM HAT SINGULÄRE LÖSUNG
              WRITE(OUP,5)((A(I,J),J=1,M),I=1,N)
              GOTO 400
          END IF
C         SCHRITT 8
C         BEGINN DER RÜCKWÄRTSSUBSTITUTION
          X(N) = A(N,N+1)/A(N,N)
C         SCHRITT 9
          L = N-1
          DO 15 K=1,L
              I = L-K+1
              JJ = I+1
              SUM = A(I,N+1)
              DO 16 KK=JJ,N
16            SUM = SUM-A(I,KK)*X(KK)
15        X(I) = SUM/A(I,I)
          WRITE(OUP,6)((A(I,J),J=1,M),I=1,N)
C         SCHRITT 10
C         ALGORITHMUS VOLLSTÄNDIG BEENDET
          WRITE(OUP,7)(X(I),I=1,N)
          WRITE(OUP,8) ICHG
400       CLOSE(UNIT=5)
          CLOSE(UNIT=OUP)
          IF(OUP.NE.6) CLOSE(UNIT=6)
          STOP
5         FORMAT(1X,'DAS GLEICHUNGSSYSTEM IST SINGULÄR')
4         FORMAT(1X,5(3X,E15.8))
6         FORMAT(1X,'DAS GLEICHUNGSSYSTEM:',/,(5(3X,E15.8)))
7         FORMAT(1X,'HAT DEN LÖSUNGSVEKTOR',4(3X,E15.8))
8         FORMAT(1X,'ANZAHL VON ZEILENVERTAUSCHUNGEN = ',3X,I2)
3         FORMAT(1X,'EINGABEDATEN:',/)
          END
```

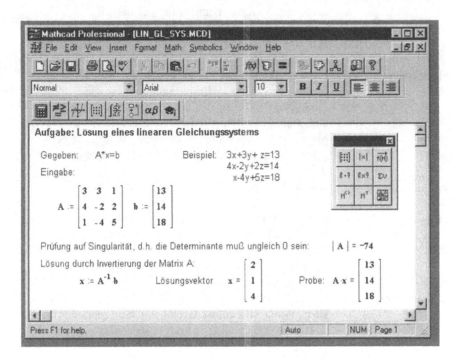

Bild 2.5.1. Mathcad-Oberfläche mit Anweisungen zur Lösung eines linearen Gleichungssystems

2.5.1   Resümee aus dem Programmvergleich

Es ist aus dem direkten Vergleich offensichtlich, welchen Nutzen und welche Zeitersparnis die Verwendung eines Computeralgebrasystems mit sich bringt. Bei einem Programmieraufwand von drei Seiten Programmcode kann auch damit gerechnet werden, dass sich Fehler einschleichen und sich dadurch der Zeitaufwand weiter erhöht. Die in Mathcad angebotenen numerischen Routinen sind bestens getestet und auch robust. Die Ergebnisse können direkt in ein Textverarbeitungsprogramm übernommen werden. Das Nachvollziehen des eigentlichen Rechenganges wird aufgrund der Klarheit des Mathcad-Programmes sehr erleichtert.

Durch die neue Möglichkeit von Mathcad, mit dem Modul „Connex" Daten mit anderen Programmen auszutauschen, wurde die Flexibilität weiter erhöht. Die Ergebnisse aus externen, umfangreichen Programmen können ebenfalls in die Mathcad-Arbeitsoberfläche übernommen werden. Zusammenfassend ergeben sich beim Einsatz von CAS für den technischen Anwender die in Tabelle 2.5.1 aufgelisteten Vorteile.

Tabelle 2.5.1. Vorteile bei der betrieblichen Nutzung eines Computeralgebra-Systems

Vorteile durch CAS	Erläuterung
1. Arbeiten mit gewohnter Notation	Gewohnte Schreibweise von griechischen Buchstaben, Formeln, Kommentare, Grafiken und Animationen in einem Dokument
2. Einbindung von Zeichnungen	Visio- und AutoCAD-Zeichnungen, sowie Bitmaps können direkt ins Arbeitsblatt übernommen werden und erleichtern damit eine saubere Dokumentation.
3. Leichte Nachvollziehbarkeit des Rechenganges	Alle Rechenschritte sind übersichtlich und daher leicht nachzuvollziehen; Formatanweisungen und Details entfallen.
4. Leichter Austausch der Arbeitsblätter	Datentransfer durch E-Mail, Intra- und Internet, d.h. exzellente Voraussetzungen für Teamarbeit
5. Automatische Überprüfung der Einheiten	SI-Einheiten aber auch andere können verwendet werden; durch interne Checks sind Umrechnungsfehler ausgeschlossen.
6. Automatische Fehlererkennung	Hervorhebung von fehlerbehafteten Eingaben und kontextspezifische Erläuterungen, sowie Hilfe-Funktion.
7. Höhere Produktivität	Üblicherweise 30% Produktivitätssteigerung im Vergleich zur herkömmlichen Programmierung, da geringerer Programmieraufwand durch implementierte Routinen.
8. Direkte Einbindung in andere Dokumente	Durch OLE, Einbindung in EXCEL, Word u.a.
9. Leichtere Editierbarkeit	Werden Variablen verändert, so berechet Mathcad automatisch die daraus resultierenden Änderungen.
10. Festlegung eines betrieblichen Standards	Durch die Netzwerkfähigkeit und exzellente Dokumentation werden übersichtliche betriebliche Standards gesetzt.
11. Wissensbasis für ganze Abteilungen	Durch gemeinsame Wissensbasis, zusätzlich unterstützt durch elektronische Handbücher, kann die Produktivität und Qualität in der Praxis erhöht werden.

2.6 Numerik mit Mathcad

Die folgenden Beispiele sollen die Leistungsfähigkeit von Mathcad im Bereich der Numerischen Mathematik demonstrieren. Dabei werden einige Algorithmen, die in Tabelle 2.1.1 aufgelistet sind, sowohl mit den in Mathcad implementierten Routinen, als auch mit der Möglichkeit der direkten Programmierung in Mathcad verwirklicht. Weitere Anwendungsbeispiele werden in den fachspezifischen Kapiteln gezeigt. Sämtliche Programme sind von der beiliegenden CD aktivierbar.

2.6.1 Lösung einer nichtlinearen Gleichung

2.6.1.1 Lösung mit der Mathcad-Routine „root"

Die in Mathcad eingebaute Routine root(f(x),x) bzw. Wurzel(f(x),x) stellt die schnellste und bequemste Art und Weise der Nullstellenfindung dar. Intern wird dazu die Sekanten-Methode verwendet. Bei mehrfachen Nullstellen ist es nützlich, zunächst den Graphen darzustellen, um naheliegende Schätzwerte eingeben zu können. Zur Nullstellenfindung von Polynomen gibt es den Befehl polyroots(v), indem die Koeffizienten beginnend mit dem konstanten Wert als Vektor v eingegeben werden müssen. Zur Lösung von linearen und nichtlinearen Gleichungssystemen stehen auch andere Routinen zur Verfügung, die später noch behandelt werden.

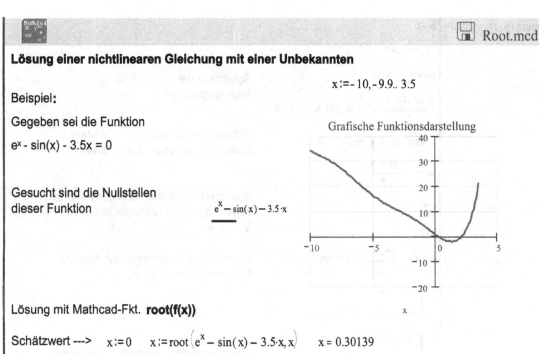

Root.mcd

Lösung einer nichtlinearen Gleichung mit einer Unbekannten

$$x := -10, -9.9 .. 3.5$$

Beispiel:

Gegeben sei die Funktion

$e^x - \sin(x) - 3.5x = 0$

Gesucht sind die Nullstellen
dieser Funktion
$$e^x - \sin(x) - 3.5 \cdot x$$

Grafische Funktionsdarstellung

Lösung mit Mathcad-Fkt. **root(f(x))**

Schätzwert ---> $x := 0$ $x := \mathrm{root}\left(e^x - \sin(x) - 3.5 \cdot x, x\right)$ $x = 0.30139$

$x := 2$ $x := \mathrm{root}\left(e^x - \sin(x) - 3.5 \cdot x, x\right)$ $x = 2.10901$

Probe: $e^x - \sin(x) - 3.5 \cdot x = -5.95176 \cdot 10^{-5}$

Bem.: Durch Verkleinerung der Systemgröße TOL (Standardeinstellung ist 0,001) kann die Genauigkeit der Lösung noch weiter verbessert werden.

2.6.1.2   Lösung mit der Intervallhalbierungsmethode

                                                    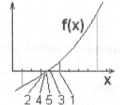 inthalb.mcd

Intervallhalbierungsmethode zur Nullstellenfindung

Ein ausreichend großer Intervallbereich wird halbiert und das Vorzeichen des Produktes $f(X_{links}) \cdot f(X_m)$ oder jenes von $f(X_{rechts}) \cdot f(X_m)$ geprüft. Dann wird jenes Intervall halbiert, bei dem das Vorzeichen negativ ist und erneut ein Mittelwert gebildet. Dieser Algorithmus wird solange wiederholt, bis eine gewünschte Genauigkeitsgrenze erreicht ist.

Funktion: $f(x) := \exp(x) - \sin(x) - 7 \cdot x$

linke u. rechte Intervallgrenze:

$x\_li := 2$ $x\_re := 5$

Erste Näherung durch Intervallhalbierung:

$$xm := \frac{x\_li + x\_re}{2} \qquad xm = 3.5$$

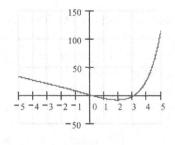

Algorithmus für die Intervallhalbierung , wobei auch die Sequenz der Näherungswerte gespeichert wird:

$interh(x\_re, x\_li) :=$

$i \leftarrow 0$	
$up_i \leftarrow x\_re$	
$down_i \leftarrow x\_li$	Speichern der Intervallgrenzen
$\dfrac{x\_re + x\_li}{2}$ if $f(x\_re) \cdot f(x\_li) < 0$	
break if $f(x\_re) \cdot f(x\_li) > 0$	Abbruch wenn keine oder mehrere Nullstellen im gewählten Intervall
$xm \leftarrow \dfrac{x\_re + x\_li}{2}$	
$s_i \leftarrow xm$	Speichern der ersten und der weiteren Näherungen der Nullstelle in einem Vektor s
$xrr \leftarrow x\_li$	
while $\left\|\dfrac{xm - xrr}{xrr}\right\| \geq .00001$	Abbruch wenn vorgegebene relative Genauigkeit erreicht ist.
$\quad xrr \leftarrow xm$	
$\quad x\_re \leftarrow xm$ if $f(xm) \cdot f(x\_li) < 0$	
$\quad up_{i+1} \leftarrow x\_re$	
$\quad x\_li \leftarrow xm$ if $f(xm) \cdot f(x\_li) > 0$	Festlegung der neuen Intervallgrenzen
$\quad down_{i+1} \leftarrow x\_li$	
$\quad xm \leftarrow \dfrac{x\_re + x\_li}{2}$	
$\quad s_{i+1} \leftarrow xm$	Ermittlung und Speicherung der neuen Nullstellen-Näherung
$\quad i \leftarrow i + 1$	Erhöhung des Zählers
$(s \ up \ down \ i)$	Liste der Übergabewerte

| | (Fortsetzung) | 🖫 inthalb.mcd |

Die Matrix Lsg enthält alle Näherungen und Intervall-Ober- und
-Untergrenzen, sowie die Anzahl der Interationen

$Lsg := interh(x\_re, x\_li)$

$Lsg = \begin{bmatrix} \{17,1\} & \{17,1\} & \{17,1\} & 16 \end{bmatrix}$ $N\_Iter := Lsg_{0,3}$

Anzahl der Iterationen $N\_Iter = 16$

Vektor der Näherungslösungen: $Lsg_{0,0} =$

	0
0	3.5
1	2.75
2	3.125
3	2.938
4	3.031
5	3.078
6	3.055
7	3.066
8	3.072
9	3.069
10	3.071
11	3.072
12	3.071

Grafische Darstellung des Konvergenzverhaltens

$i := 0.. \ Lsg_{0,3}$ Iterationszähler

$xNull := Lsg_{0,0}$ $xo := Lsg_{0,1}$ $xu := Lsg_{0,2}$

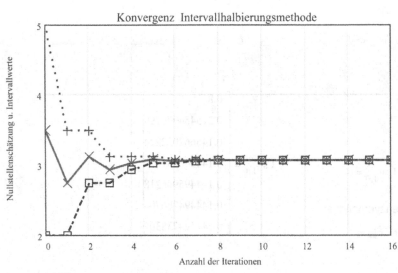

Konvergenz Intervallhalbierungsmethode

Nullstellenschätzung u. Intervallwerte (y-axis)

Anzahl der Iterationen (x-axis)

✕✕ Nullstellennäherung
+ + obere Interallgrenze
⊟ ⊟ untere Intervallgrenze

Lösungswert $xNull_{N\_Iter} = 3.071$

Vergleich mit dem Ergebnis bei Verwendung der root-Funktion

$x := 3$ Schätzwert

$x := root(\exp(x) - \sin(x) - 7 \cdot x, x)$ $x = 3.071$

2.6.1.3 Fixpunkt-Methode

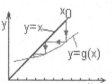 fixpkt.mcd

Fixpunkt-Methode zur Nullstellenfindung

Durch Umformen von f(x) in x=g(x) kann iterativ die Nullstelle gefunden werden. Die Konvergenzbedingung lautet: $|\,g(x)\,| < 1$

$$f(x) := \exp(x) - \sin(x) - 7 \cdot x \qquad \text{-->} \qquad g(x) := \frac{\exp(x) - \sin(x)}{7}$$

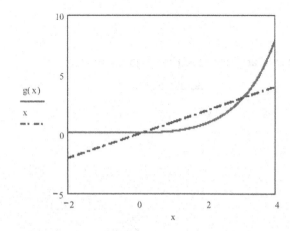

Genauigkeitsschranke: $eps := 10^{-6}$

Startwert für Nullpunkt: $xstart := 0.8$

$$fixpkt := \begin{array}{|l} n \leftarrow 0 \\ x_n \leftarrow xstart \\ Abw_n \leftarrow 1 \\ while \ \left| \ Abw_n \ \right| > eps \\ \qquad \begin{array}{|l} n \leftarrow n+1 \\ x_n \leftarrow g\left(x_{n-1}\right) \\ Abw_n \leftarrow \left| \ x_n - x_{n-1} \ \right| \end{array} \\ \begin{bmatrix} n \\ x \\ Abw \end{bmatrix} \end{array}$$

$Lsg := fixpkt$

Anzahl der Iterationen: $Lsg_{0,0} = 6$

$$Lsg_{1,0} = \begin{bmatrix} 0.8 \\ 0.215454976799 \\ 0.146662032274 \\ 0.144546531827 \\ 0.144495965218 \\ 0.144494766708 \\ 0.144494738307 \end{bmatrix}$$

Darstellung des Konvergenzverhaltens

$$i := 0.. \ Lsg_{0,0} \qquad xN := Lsg_{1,0}$$

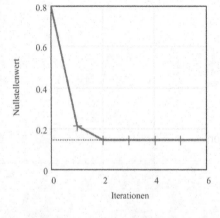

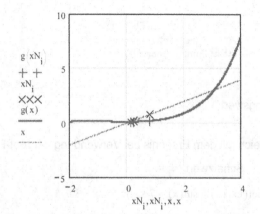

Bemerkung: 2. Nullstelle kann aufgrund des Konvergenzkriteriums nicht gefunden werden.

2.6.1.4 Nullstellenfindung mit der Newton-Methode

Zur Anwendung dieser Methode werden zwei Möglichkeiten der Lösung dargestellt. Erstens der direkte iterative Weg und zweitens die Ausnutzung der Programmiermöglichkeit in Mathcad.

  💾 newt_r.mcd

Nullstellenbestimmung mit der Newton-Raphson-Methode

Gegeben sei die Funktion: $f(x) := \exp(x) - \sin(x) - 7 \cdot x$

Mit Verwendung des symbolischen Rechenmoduls lässt sich die 1. Ableitung der Funktion sofort bestimmen (dazu muss der Cursor hinter ein x in der obigen Gleichung und mit Menüpunkt Symbolics-Variable-Differentiate erhält man sofort den entsprechenden Ausdruck, indem nur mehr die Funktionsbezeichnung geändert werden muss):

1. Ableitung von f(x)

$fstrich(x) := \exp(x) - \cos(x) - 7$

Anzahl der gewünschten Iterationen

$Niter := 8$ $i := 0..\ Niter$

Eingabe eines Schätzwertes für die Lösung

$x_0 := 3$

Eingabe des Newton-Raphson-Algorithmus

$$x_{i+1} := x_i - \frac{f\left(x_i\right)}{fstrich\left(x_i\right)}$$

Ergebnis: $x_{Niter} = 3.071$

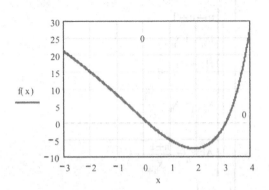

Darstellung des Konvergenzverhaltens:

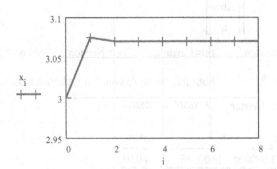

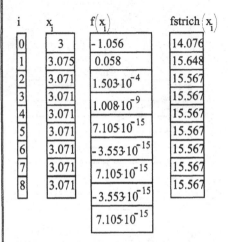

i	x_i	$f\left(x_i\right)$	$fstrich\left(x_i\right)$
0	3	-1.056	14.076
1	3.075	0.058	15.648
2	3.071	$1.503 \cdot 10^{-4}$	15.567
3	3.071	$1.008 \cdot 10^{-9}$	15.567
4	3.071	$7.105 \cdot 10^{-15}$	15.567
5	3.071	$-3.553 \cdot 10^{-15}$	15.567
6	3.071	$7.105 \cdot 10^{-15}$	15.567
7	3.071	$-3.553 \cdot 10^{-15}$	15.567
8	3.071	$7.105 \cdot 10^{-15}$	

d.h. bereits nach der 2.Iteration ist der Nullstellenwert bereits annähernd erreicht. Nach der 5.Iteration ist der Fehler bereits in der Größenordnung von 10^{15}.
Im Allgemeinen konvergiert diese Methode quadratisch.

Zur Auffindung der zweiten Nullstelle muss ein anderer Startwert für x_0 (z.B. $x_0 = 0$) eingegeben werden.

2.6.1.5   Programmierte Newton-Raphson-Methode

                                              🖫 newton_prog.mcd

Programmierte Newton-Raphson-Methode zur Nullstellenfindung

Gegeben: f(x) $f(x) := \exp(x) - \sin(x) - 7 \cdot x$

Gesucht: x für f(x)=0.

1. Ableitung: $f1(x) := \dfrac{d}{dx} f(x)$ Startwert: $x0 := 3$

$$
\text{Newton} := \begin{vmatrix} x_1 \leftarrow x0 \\[4pt] n \leftarrow 0 \\[4pt] Abw_n \leftarrow \varepsilon + 1 \\[4pt] \text{while } |Abw_n| > \varepsilon \\ \qquad \begin{vmatrix} n \leftarrow n + 1 \\[4pt] fx_n \leftarrow f(x_n) \\[4pt] f1x_n \leftarrow f1(x_n) \\[4pt] x_{n+1} \leftarrow x_n - \dfrac{fx_n}{f1x_n} \\[6pt] Abw_n \leftarrow \dfrac{x_{n+1} - x_n}{x_{n+1}} \end{vmatrix} \\[10pt] \begin{bmatrix} x \\ fx \\ f1x \\ Abw \\ n \end{bmatrix} \end{vmatrix}
$$

Funktionsdarstellung

$f(x)$

Übergabevektor

$x := \text{Newton}_0$ $fx := \text{Newton}_1$ $f1x := \text{Newton}_2$ $Abw := \text{Newton}_3$

$\varepsilon \equiv 10^{-10}$ Abbruch, wenn Abweichung kleiner als ε.

$n := 1 .. \text{Newton}_4$ Anzahl der Iterationen

n	x_n	fx_n	Abw_n
1	3.000000	-1.055583	0.02
2	3.074994	0.058248	-0.00
3	3.071272	0.000150	$-3.14 \cdot 10^{-6}$
4	3.071262	$1.008399 \cdot 10^{-9}$	$-2.11 \cdot 10^{-11}$

Konvergenzverhalten

Abw_n

Lösung: $x_{(\text{Newton}_4)} = 3.071262$

Probe: $f\left[x_{(\text{Newton}_4)} \right] = 0.000000$

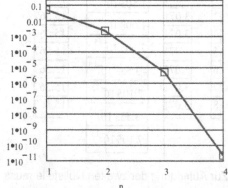

2.6.2 Lösung linearer Gleichungssysteme

Typische Anwendungsfälle für lineare Gleichungssysteme sind:
- Elektrische Schaltkreise (Kirchhoff'sches Gesetz)
- Massenbilanzen
- Fachwerkberechnungen
- Gekoppelte Federsysteme
- Elastische Finite-Elemente-Methode

  lin_sys.mcd

Fachwerkträger bzw. Lösung eines linearen Gleichungssystems
Gegeben: ein Fachwerk mit drei äußeren Kräften (s.Bild)
Gesucht: Stabkräfte und Auflagerkräfte
Gleichgewichtsbedingung: Summe der Horizontal- und Vertikalkräfte in jedem Knoten (I bis V) = 0

$ORIGIN := 1$

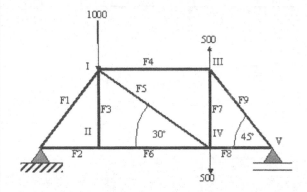

z.B. Herleitung der 1. Zeile:

F1·sin(45°) - F4 - F5 ·cos(30°) = 0

2.Zeile (Knoten I, senkrecht):

F1·cos(45°) + F3 + F5 ·cos(60°) = -1000

F1 F2 F3 F4   F5   F6 F7 F8 F9   äußere Kräfte   Knoten in Richtung

$$F := \begin{bmatrix} \sin\left(\frac{\pi}{4}\right) & 0 & 0 & -1 & -\cos\left(\frac{\pi}{6}\right) & 0 & 0 & 0 & 0 \\ 0.707 & 0 & 1 & 0 & 0.5 & 0 & 0 & 0 & 0 \\ 0 & 1 & 0 & 0 & 0 & -1 & 0 & 0 & 0 \\ 0 & 0 & 1 & 0 & 0 & 0 & 0 & 0 & 0 \\ 0 & 0 & 0 & 0 & 0 & 0 & 0 & 0 & 0.707 \\ 0 & 0 & 0 & 1 & 0 & 0 & 0 & 0 & -0.707 \\ 0 & 0 & 0 & 0 & 0.866 & 1 & 0 & -1 & 0 \\ 0 & 0 & 0 & 0 & -0.5 & 0 & -1 & 0 & 0 \\ 0 & 0 & 0 & 0 & 0 & 0 & 0 & 1 & 0.707 \end{bmatrix}$$

$$\text{Fext} := \begin{bmatrix} 0 \\ -1000 \\ 0 \\ 0 \\ 500 \\ 0 \\ 0 \\ -500 \\ 0 \end{bmatrix}$$

I......horizontal
I......vertikal
II.....horizontal
II.....vertikal
III....vertikal
III....horizontal
IV....horizontal
IV....vertikal
V.....horizontal

Überprüfen bzgl. Singularität, d.h.Determinante
darf nicht Null sein.

$|F| = 0.683$ d.h. nicht singulär

Mit der Routine **lsolve(A,b)** kann das lineare
Gleichungssytem **Ax=b** gelöst werden.

$Fx := lsolve(F, Fext)$

Lösungsvektor =
Stabkräfte 1 bis 9

$$Fx = \begin{bmatrix} -637.817 \\ 450.977 \\ 0 \\ 500 \\ -1.098 \bullet 10^3 \\ 450.977 \\ 1.049 \bullet 10^3 \\ -500 \\ 707.214 \end{bmatrix}$$

Auflagerkraft
im Loslager

$Fb := Fx_9 \cdot \cos\left(\frac{\pi}{4}\right)$

$Fb = 500.076$

2.6.3   Lösung nichtlinearer Gleichungssysteme

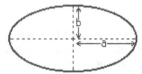 nl_gls.mcd

Lösung eines nichtlinearen Gleichungssystems

Gesucht wird der Schnittpunkt einer Geraden mit einer Ellipse:

Halbachsen der Ellipsen: $a := 5$ $b := 3$

Gerade durch den Ursprung mit Steigung 0,5.

 Vorgabe von Startwerten: $x := 3$ $y := 2$

  Given

  $$\frac{x^2}{a^2} + \frac{y^2}{b^2} = 1$$

  $$y = 0.5 \cdot x$$

  $$S := Find(x, y)$$

Schnittpunktkoordinaten

  $$S = \begin{bmatrix} 3.841 \\ 1.921 \end{bmatrix}$$

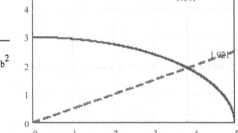

2.6.4   Lineare Regression und Spline-Interpolation

 HV_Rm.mcd

Die Anwendung der linearen Regression mit den Mathcad-Befehlen „intercept" und „slope" ergibt für die eingelesene Härtevergleichstabelle die Ausgleichsgerade Rm= -5 + 3.23·HV10, wobei der größte absolute Fehler bei 6 HV-Einheiten liegt. Bei Verwendung der kubischen Spline-Interpolation ist jedenfalls immer sichergestellt, dass die Ausgleichskurve stets durch die eingelesenen Wertepaare verläuft. Ein Nachteil ist aber, dass es keine explizite Darstellung gibt.

2.6.5   Multiple lineare Regression

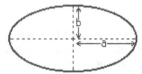 Ms_Temp.mcd

Ermittlung der Martensit-Starttemperatur durch Auswertung experimenteller Daten. Die Ms-Temperatur wird als Funktion der chemischen Zusammensetzung eines Stahles in der Form

  $$Ms = a_0 + \sum_{i=1}^{n} a_i \cdot c_i \,,$$

wobei c_i für die Gewichtsprozente der Legierungselemente steht. Das Ergebnis zeigt den dominanten Einfluss des Kohlenstoffgehaltes.

2.6.6 Nichtlineare Regression

Hier werden zwei unterschiedliche Lösungswege, erstens die Mathcad-interne Prozedur „genfit" und zweitens die Ableitung der Fehlerquadratsumme nach den unbekannten Parametern, aufgezeigt.

 🖫 HV_WEZ.mcd

Nichtlineare Regression/WEZ-Härte

Bei einer Schweißnaht aus dem Baustahl St52 wurde die Aufhärtung in der Wärmeeinflusszone in Abhängigkeit von der Abkühlzeit zwischen 800 und 500 °C gemessen. Die Daten sollen mit einem Ansatz beschrieben werden, der den Kurvenverlauf recht gut wiedergeben kann. Aus Erfahrung scheint ein arctan-Ansatz geeignet zu sein.

Einlesen der Daten vom File: $data := READPRN("HV\_WEZ.prn")$ $t85 := data^{<0>}$ $HV := data^{<1>}$

Gewählter Ansatz: $HV = a_1 + a_2 \cdot arctan(a_3 \cdot log(t85) + a_4)$ $length(HV) = 17$

$$S := \begin{bmatrix} 300 \\ -150 \\ 4 \\ 0 \end{bmatrix}$$ Schätzwerte für die unbekannten Parameter a_i

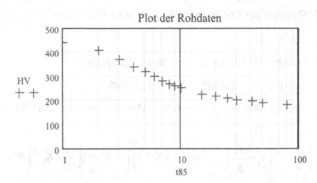

Plot der Rohdaten

$$F(x,a) := \begin{bmatrix} a_0 + a_1 \cdot atan\left(a_2 \cdot log(x) + a_3\right) \\ 1 \\ atan\left(a_2 \cdot log(x) + a_3\right) \\ \dfrac{a_1 \cdot log(x)}{1 + \left(a_2 \cdot log(x) + a_3\right)^2} \\ \dfrac{a_1}{1 + \left(a_2 \cdot log(x) + a_3\right)^2} \end{bmatrix}$$

Hier muss ein Vektor definiert werden,
1.Zeile der gewählte Ansatz
2.Zeile Ableitung nach 1.Unbekannten
3.Zeile Ableitung nach 2.Unbekannten usw.

Zur Ermittlung der Ableitung kann der symbolische Prozessor verwendet werden.

$Koeff := genfit(t85, HV, S, F)$ Mathcad-Prozedur "genfit"

$t := 1, 1.5 .. 90$ $HV\_ber(t) := F(t, Koeff)_0$

Die angepassten Parameter a_i sind:

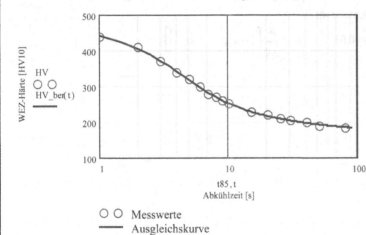

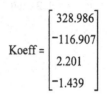
$$Koeff = \begin{bmatrix} 328.986 \\ -116.907 \\ 2.201 \\ -1.439 \end{bmatrix}$$

t85, t
Abkühlzeit [s]

○ ○ Messwerte
───── Ausgleichskurve
━━━━━ Ausgleichskurve

nlinreg.mcd

Nichtlineare Regression

ORIGIN:= 1

Auswertung von Messwerten aus Windkanalversuchen: x=R/C y=v_Θ/v_∞ , wobei R der Abstand vom Wirbelzentrum an der Flügelspitze,

 C die Profilsehne,

 v_Θ die Tangentialgeschwindigkeit und

 v_∞ die Anströmgeschwindigkeit ist.

Quelle der Daten:
C.F.Gerald, P.O.Wheatley,
Applied Numerical Analysis

Ges. : Die Werte sollen mit dem Ansatz g(x)= A/x ·(1-exp(-λ·x²)) beschrieben werden.
 Ermittle A und λ durch Minimierung der Gauß'schen Fehlerquadratsumme.

1. Einlesen der Wertepaare vom ASCII-File nlinreg.dat

 data := READPRN("nlinreg.dat")

 $X := data^{<1>}$ $Y := data^{<2>}$ $n := rows(data)$ $n = 21$

2. Eingabe der Schätzwerte für die Parameter A und λ:

 A := 0.05 λ := 2

3. Lösung des nichtlinearen Gleichungssystems:

 GIVEN   (=Mathcad Lösungsblock)

 Partielle Ableitung nach A mit symbolischen Mathcad-Prozessor)

$$\sum_{i=1}^{n} -2 \cdot \left[Y_i - \frac{A}{X_i} \cdot \left[1 - \exp\left[-\lambda \cdot (X_i)^2 \right] \right] \right] \cdot A \cdot X_i \cdot \exp\left[-\lambda \cdot (X_i)^2 \right] = 0$$

 Partielle Ableitung nach Lambda

$$\sum_{i=1}^{n} -2 \cdot \frac{\left[Y_i - \frac{A}{X_i} \cdot \left[1 - \exp\left[-\lambda \cdot (X_i)^2 \right] \right] \right]}{X_i} \cdot \left[1 - \exp\left[-\lambda \cdot (X_i)^2 \right] \right] = 0$$

	X =			Y =	
1	0.73		1	0.078	
2	0.78		2	0.079	
3	0.81		3	0.064	
4	0.86		4	0.079	
5	0.875		5	0.068	
6	0.89		6	0.07	
7	0.95		7	0.07	
8	1.02		8	0.068	
9	1.03		9	0.068	
10	1.055		10	0.079	
11	1.135		11	0.058	
12	1.14		12	0.068	
13	1.245		13	0.058	
14	1.32		14	0.051	
15	1.385		15	0.058	

 vec := FIND(A,λ)   A := vec_1 λ := vec_2 Fehlerquadratsumme:

Ergebnis   vec = $\begin{bmatrix} 0.077 \\ 2.317 \end{bmatrix}$ $S := \sum_{i=1}^{n} \left[Y_i - \left[\frac{A}{X_i} \cdot \left[1 - \exp\left[-\lambda \cdot (X_i)^2 \right] \right] \right] \right]^2$ $S = 4.995 \cdot 10^{-4}$

Grafische Darstellung der Ausgleichskurve:

i := 1,2.. n   j := 1,2.. 100 $xx_j := j \cdot 0.03$ $g_j := \frac{A}{xx_j} \cdot \left[1 - \exp\left[-\lambda \cdot (xx_j)^2 \right] \right]$

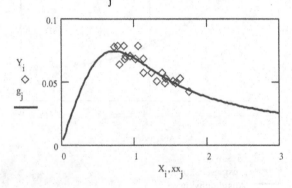

2.6.7 Differentiation

🖫 kurv-disk.mcd

Bild 2.6.2 zeigt das Ergebnis der Kurvendiskussion mit der Ermittlung der Nullstellen, Extremwerte, Wendepunkte, Pole und Asymptoten für die Funktion

$$f(x) = \frac{x^3 - 2x^2 - 13x - 10}{4x^2 - 36}$$

Für die Berechnung der Ableitungen und der Nullstellen wird die symbolische Rechenleistung von Mathcad genutzt:

$$f_x(x) := \frac{\left(3 \cdot x^2 - 4 \cdot x - 13\right)}{\left(4 \cdot x^2 - 36\right)} - 8 \cdot \frac{\left(x^3 - 2 \cdot x^2 - 13 \cdot x - 10\right)}{\left(4 \cdot x^2 - 36\right)^2} \cdot x \qquad \text{symbolisch abgeleitet}$$

$$f_x(x) := \frac{1}{4} + \frac{5}{\left[3 \cdot (x - 3)^2\right]} - \frac{2}{\left[3 \cdot (x + 3)^2\right]} \qquad \begin{array}{l}\text{Vereinfachung durch Partial-}\\ \text{bruchzerlegung (symbolisch)}\end{array}$$

$$f_{xx}(x) := \frac{-10}{\left[3 \cdot (x - 3)^3\right]} + \frac{4}{\left[3 \cdot (x + 3)^3\right]} \qquad \text{2.Ableitung symbolisch abgeleitet}$$

$$f_{xxx}(x) := \frac{10}{(x - 3)^4} - \frac{4}{(x + 3)^4} \qquad \text{3.Ableitung symbolisch abgeleitet}$$

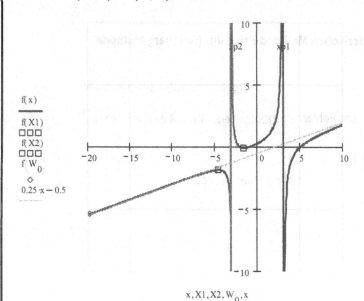

Ergebnisse:

Definitionsmenge:
$D_f = R \setminus \{-3,3\}$

Nullstellen:
N1(5/0)   N2(-2/0)   N3(-1/0)

Extremwerte:
T(-1.578/-0.062)
H(-4.545/-1.847)

Wendepunkt:
W(-19.8/-5.42)

Asymptotengleichung:
y=0.25x-0.5

—— f(x)
☐☐☐ Extremwert
☐☐☐ Extremwert
◇ Wendepunkt
---- Asymptote

Bild 2.6.2. Ergebnis der Kurvendiskussion einer gebrochenen rationalen Funktion

2.6.8   Berechnung eines bestimmten Integrals

Best_Integral.mcd

Berechnung eines bestimmten Integrals

Gegeben sei eine stetige Funktion f(x) und die Integrationsgrenzen a und b.

Gesucht: $\int_a^b f(x)\,dx$

Beispiel: $f(x) := x \cdot \exp(-x)$

$a := 0 \qquad b := 4$

a) Symbolische Integration

Bem.:Zum Generieren des Platzhalters für ein bestimmtes Integral drücke Shift+&

$\int_a^b x \cdot \exp(-x)\,dx$

Grafische Darstellung der Funktion f(x)

Durch Markieren des obigen Ausdrucks und Aufruf der Menüoption "Symbolics/Evaluate/Symbolically ergibt sich das Ergebnis:

$RESsymbol := (-\exp(-b) \cdot b - \exp(-b) + \exp(-a) \cdot a + \exp(-a))$ $RESsymbol = 0.908$

b) Lösung mit der internen, numerischen Mathcad-Prozedur (Romberg-Methode)

$RESRomberg := \int_a^b f(x)\,dx$ Ergebnis: $RESRomberg = 0.908$

abs.Fehler: $|RESRomberg - RESsymbol| = 5.192 \cdot 10^{-11}$

c) Lösung mit Simpson 1/3-Regel

Anzahl der Intervalle: $n := 50$ Schrittweite: $h := \dfrac{b-a}{n}$

Laufvariable: $i := 1 .. n + 1$

Stützstellen: $x_i := a + (i-1) \cdot h$

$k(i) := \begin{vmatrix} 4 & \text{if } \mod(i,2) = 0 \\ 2 & \text{if } \mod(i,2) = 1 \\ 1 & \text{if } i = 1 \\ 1 & \text{if } i = n + 1 \end{vmatrix}$

$I := \dfrac{h}{3} \cdot \left[\sum_i \left(k(i) \cdot f(x_i) \right) \right]$ Ergebnis: $I = 0.908$

abs.Fehler: $|I - RESsymbol| = 6.86 \cdot 10^{-7}$

2.6.9 Lösung gewöhnlicher Differentialgleichungen

Zur Lösung gewöhnlicher Differentialgleichungen bietet Mathcad mehrere Routinen an, wie die Runge-Kutta-Methode mit konstanter Schrittweite (=rkfixed), sowie die Routinen Bulstoer, Stiffb, Stiffr und Rkadapt. Im Folgenden wird die Runge-Kutta-Methode 4.Ordnung zur Lösung eines Problems aus dem Bereich Reaktionskinetik angewandt.

  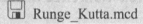 🖫 Runge_Kutta.mcd

Runge-Kutta-Methode 4.Ordnung zur Lösung von Anfangswertproblemen

Gegeben sei eine zweistufige Reaktion A ---> B ---> C, wobei jede Reaktion mit einer Reaktionsgeschwindigkeit 1.Ordnung abläuft. Die Anfangskonzentration von A und B sei bekannt, ebenso die Reaktionsraten.
Zu lösen ist das Gleichungssystem

$$dc_A/dt = -k1 \cdot c_A$$

$$dc_B/dt = k1 \cdot c_A - k2 \cdot c_B$$

Anfangskonzentration von A und B: Reaktionsraten:

$$y := \begin{bmatrix} 2.0 \\ 0 \end{bmatrix}$$
          $k1 := 0.5$ $k2 := 1.5$

Die Ableitung werden in einem Vektor D vorgegeben:

$$D(t, y) := \begin{bmatrix} -k1 \cdot y_0 \\ k1 \cdot y_0 - k2 \cdot y_1 \end{bmatrix}$$

Lösung mit der implementierten Routine rkfixed mit den Argumenten Anfangskonzentrationen, Start- und Endzeit, Anzahl der Zwischenschritte und dem Ableitungsvektor D.

$$S := rkfixed(y, 0, 10, 50, D)$$

Die Lösungsmatrix L enthält nun für jeden Zeitschritt das Wertetripel Zeit, Konzentration A und Konzentration B.

S =

	0	1	2
0	0	2	0
1	0.2	1.81	0.164
2	0.4	1.637	0.27
3	0.6	1.482	0.334
4	0.8	1.341	0.369
5	1	1.213	0.383
6	1.2	1.098	0.383

Grafische Ergebnisdarstellung: $k := 0.. 50$

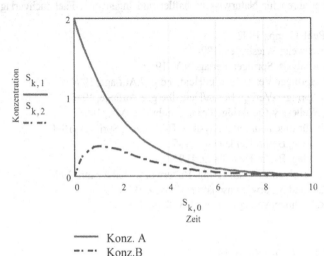

——— Konz. A

-·-·- Konz.B

fftfilt.mcd

Dieses Beispiel zeigt den Einsatz der Schnellen-Fourier-Transformation (FFT) zur Filterung von verrauschten Signalen.

Weiterführende Literatur

zu Abschnitt 2.1 (Numerische Algorithmen)

M.Abramowitz, I.A.Stegun: Handbook of Mathematical Functions, Dover Publ., New York, 1970

W.F.Ames: Numerical Methods for Partial Differential Equations, Academic Press, New York, 1977

K.E.Atkinson: An Introduction to Numerical Analysis, J.Wiley, New York, 1985

J.Becker, H.-J.Dreyer, W.Haake, R.Nabert: Numerische Mathematik für Ingenieure, B.G.Teubner, Stuttgart, 1985

W.Böhm, G.Gose: Einführung in die Methoden der Numerischen Mathematik, Vieweg, Braunschweig, 1977

P.Deuflhard, A.Hohmann: Numerische Mathematik – Eine algorithmisch orientierte Einführung, Walter de Gruyter, Berlin, New York, 1991

G.Engeln-Müllges, F.Reutter: Formelsammlung zur numerischen Mathematik mit Turbo-Pascal, BI-Wissenschaftsverlag, 1991

G.Engeln-Müllges, F.Reutter: Numerische Mathematik für Ingenieure, VDI, Springer, 6.Aufl. 1999

G.Engeln-Müllges: Numerik-Algorithmen, Ratgeber zur Auswahl und Nutzung, Springer-Verlag, 1996

G.Engeln-Müllges, F.Uhlig: Numerical Algorithms with Fortran, Springer, 1996

J.D.Faires, R.L.Burden: Numerische Methoden, Spektrum Akad. Verlag, Heidelberg, 1994

J.H.Ferziger: Numerical Methods for Engineering Applications, John Wiley & Sons, 2.Aufl., 1998

G.E.Forsythe, M.A.Malcolm, C.B.Moler: Computer Methods for Mathematical Computations, Prentice Hall Inc., Englewood Cliffs, N.J., 1977

G.Fulford, P.Forrester, A.Jones: Modelling with differential and difference equations, Cambridge Uni. Press, 1977

C.F.Gerald, P.O.Wheatly: Applied Numerical Analysis, 4.Ed., Addison Wesley, 1989

G.Hämmerlin, K.H.Hoffmann: Numerische Mathematik, Springer Verlag, 4.Aufl., 1994

H.Kiesewetter, G.Maeß: Elementare Methoden der numerischen Mathematik, Springer Verlag, Wien, 1974

M.Mayr, U.Thalhofer: Numerische Lösungsverfahren in der Praxis, FEM-BEM-FDM, Hanser, 1993

R.Mohr: Numerische Methoden in der Technik, Vieweg, 1998

G.D.Smith: Numerische Lösung von partiellen Differentialgleichungen, Braunschweig, 1970

W.H.Press, B.P.Flannery, S.A.Teukolsky, W.T.Vetterling: Numerical Recipies - The Art of Scientific Computing, Cambridge University Press, Cambridge, 1986

H.J.Scheibl: Numerische Methoden für den Ingenieur, Expert Verlag, 2.Aufl., 1994

H.R.Schwarz: Numerische Mathematik, Teubner Verlag, Stuttgart, 1988

H.Schwetlick, H.Kretzschmar: Numerische Verfahren für Naturwissenschaftler und Ingenieure, Fachbuchverlag, Leipzig, 1991

R.Sedgewick: Algorithmen, Addison-Wesley Publ. Comp., 1992

H.Späth: Numerik, Vieweg Verlagsges., Braunschweig, Wiesbaden, 1994

J.Stoer, R.Bulirsch: Introduction to Numerical Analysis, Springer Verlag, N.Y.,1980

J.Stoer, R.Bulirsch: Numerische Mathematik 1, Springer-Verlag, Berlin/Heidelberg, 7.Auflage, 1994

J.Stoer, R.Bulirsch: Numerische Mathematik 2, Springer-Verlag, Berlin/Heidelberg, 3.Auflage, 1990

G.Strang: Introduction to applied mathematics, Wellesley-Cambridge Press, Cambridge, MA, 1986

W.Törnig, P.Spellucci: Numerische Mathematik für Ingenieure und Physiker, Bd.1 und 2, Springer, 1990

C.Überhuber: Computer-Numerik 1, Springer-Verlag, Berlin/Heidelberg, 1995

C.Überhuber: Computer-Numerik 2, Springer-Verlag, Berlin/Heidelberg, 1995

S.M.Walas: Modeling with differential equations in chemical engineering, Butterworth-Heinemann, 1991

F.Weller: Numerische Mathematik für Ingenieure und Naturwissenschafter, Vieweg, 1996

D.Werner (Hrsg.): Taschenbuch der Informatik, Fachbuchverlag Leipzig, 2.Auflage, 1995

zu Abschnitt 2.2 (Programmiersprachen)

E.Bappert: Erstellen modularer Software, VDI-Verlag Düsseldorf, 1993

T.Jedl, A.v.Recken: Objektorientiertes Programmieren mit C++, Hanser, 2.Aufl., 1993

C.Klawun: Boland Turbo Pascal 7.0, Addison-Wesley, 1996

R.Marty: Methodik der Programmierung in Pascal, Springer, 4.Aufl., 1994

B.Stroustrup: Die C++ Programmiersprache, Addison-Wesley, 1997

W.Weber, K.Hainer: Programmiersprachen für Mikrocomputer, Teubner, Stuttgart, 1980

zu Abschnitt 2.3 (Computeralgebrasysteme)

Allgemeine Literatur und Einführung

H.Benker: Mathematik mit dem PC. Vieweg, Braunschweig, (1994).

H.Benker: Ingenieurmathematik mit Computeralgebra-Systeme, Vieweg, 1998

S.Braun, H.Häuser: Computeralgebra im industriellen Einsatz - ein konkretes Problem. Spektrum der Wissenschaft, 1996, Heft 3, S.93-95

B.Buchberger et.al.: Rechnerorientierte Verfahren, B.G.Teubner, Stuttgart, 1986

B.Buchmayr, A. Samoilov: Modellierung metallkundlicher Probleme mittels Computeralgebra. Berg- und Hüttenmännische Monatshefte BHM 140, 1995, Heft 9, S.409-417

D.V.Chudnovsky, R.D.Jenks: Computer Algebra, Springer Verlag, Berlin, Heidelberg, New York, 1993

J.H.Davenport, Y.Siret, E.Tournier: Computer Algebra, Systems and Algorithms for Algebraic Computation, Academic Press, London, 1988

W.Gander, J.Hrebicek: Solving problems in scientific computing using Maple and Matlab. Springer Verlag, Berlin, 2.Auflage, 1995

J.Gathen, J.Gerhard: Modern Computer Algebra, Cambridge Univ. Press, 1998

J.Grabmeier: Computeralgebra – eine Säule des Wissenschaftlichen Rechnens, it+ti-Informationsdienst und Technische Informatik 37, 1995, (6), 5-20

D.Harper, C.Wooff, D.Hodgkinson: A guide to computer algebra systems, J.Wiley & Sons, New York, 1991

C.Hermann: Mathematica, Probleme, Beispiele, Lösungen, Int. Thomson Publ., Bonn, Albany, 1995

J.Herzberger: Einführung in das wissenschaftliche Rechnen, Addison-Wesley, Bonn, Paris, Reading, 1997

H.Heugl, W.Klinger, J.Lechner: Mathematikunterricht mit Computeralgebra-Systemen, Addison-Wesley, 1996

B.Kutzler, B.Wall, F.Winkler: Mathematische Expertensysteme, Praktisches Arbeiten mit den Computer-Algebra-Systemen MACSYMA, Mathematica und DERIVE., expert verlag, K&S 430, 1993

C.C.Mei: Mathematical Analysis in Engineering, Cambridge Univ. Press, 1994

U.Schwardmann: Computeralgebra-Systeme, Programme für Mathematik mit dem Computer, Addison-Wesley, Bonn, Paris, Reading, 1995

M.J.Wester (ed.): Computer Algebra Systems: A practical guide, John Wiley & Sons, Chicester, UK, 1999

Literatur über Mathematica

W.Burkhardt: Erste Schritte mit Mathematica, Springer Verlag, 1996

R.E.Crandall: Mathematica for the sciences, Addison-Wesley Publ. Comp., Redwood City, 1991

A.Fischer, S.Lindek, E.H.K.Stelzer: Mathematica für Physiker, Addison-Wesley, Bonn, Paris, Reading, 1996

R.Gaylord, K.Nishidate: Modeling Nature, Cellular Automata Simulation with Mathematica, Springer Verlag, Berlin, 1996

M.Kofler: Mathematica – Einführung und Leitfaden für den Praktiker, Addison-Wesley, 1992

R.Kragler: Mathematica für Ingenieure, Addison-Wesley, Bonn, Paris, Reading, 1996

W.Strampp, V.Ganzha: Differentialgleichungen mit Mathematica, Vieweg Verlagsges., Braunschweig, Wiesbaden, 1995

S.Wolfram: Mathematica - Ein System für Mathematik auf dem Computer. Addison-Wesley. 2nd ed., MA, 1992

S.Wolfram: Das Mathematica Buch, Addison-Wesley, 1997

Literatur über Maple

M.Abell, J.Braselton: The Maple V Handbook, Academic Press, 1994

J.Borgert, H.Schwarze: Maple in der Physik: Von der grafischen Veranschaulichung zum physikalischen Verständnis, Addison-Wesley, Bonn, Paris, Reading, 1995

W.Burkhardt: Erste Schritte mit Maple, Springer Verlag, Berlin, Heidelberg, New York, 2.Aufl., 1996

E.Fiume: Scientific Computing – Eine Einführung in numerische, grafische und symbolische Methoden mit Beispielen in Maple und C, dpunkt Verlag, 1996

J.S.Devitt, K.M.Heal, M.L.Hansen, K.M.Rickard: Einführung in Maple V, Springer, 1996

A.Heck: Introduction to Maple, Springer Verlag, Berlin, 2.Auflage, 1996

E.Kamerich, J.A.Yorke: A guide to Maple, Springer Verlag, Berlin, Heidelberg, New York, 1998

Waterloo Maple Inc.: Einführung in Maple V, Springer Verlag, Berlin, Heidelberg, New York, 1996
W.Werner: Mathematik lernen mit Maple, dpunkt Verlag, Heidelberg, 1998
T.Westermann: Mathematik für Ingenieure mit Maple, Bd.1 u. 2, Springer, 1996
J.Zachary: Introduction to Scientific Programming Computational Problem Solving Using Maple and C, Springer Verlag, Berlin, Heidelberg, New York, 1996

Literatur über Matlab
F.Bachmann, R.Schärer, L.S.Willimann: Mathematik mit Matlab, vdf Hochschulverlag, Zürich, 1996
O.Bender: MATLAB und SIMULINK lernen, Grundlegende Einführung, Addison-Wesley, München, 2000
A.Biran, M.Breiner: Matlab für Ingenieure, Addison Wesley, 1995
J.Hoffmann: Matlab und Simulink: Beispielorientierte Einführung in die Simulation dynamischer Systeme, Addison-Wesley, München, 1997

Literatur über Macsyma
S.Braun, H.Häuser: Macsyma Version 2, Addison-Wesley, Bonn, Paris, Reading, 1994

Literatur über Derive
W.Köpf, A.Ben-Israel, B.Gilbert: Mathematik mit DERIVE, Vieweg, Braunschweig, Wiesbaden, 1994
B.Kutzler: Mathematik am PC - Einführung in Derive. SoftWarehouse GmbH, Hagenberg, 1994.

zu Abschnitt 2.4 (Einführung in Mathcad)
H.Benker: Statistik mit Mathcad und Matlab, Springer Verlag, Berlin, 2001
G.Born, O.Lorenz: Mathcad - Probleme, Beispiele, Lösungen. Int. Thomson Publ., Hamshire, UK, 1995
M.Hörhager, H.Partoll: Mathcad 5.0/PLUS 5.0 - Bedienung und Anwendung in Ausbildung und Praxis. Addison-Wesley Publ. Comp., Reading, MA, 1994
W.Z.Black, J.G.Hartley: Thermodynamics, 3rd Ed., HarperCollins, 1996
G.Born, O.Lorenz: Mathcad - Probleme, Beispiele, Lösungen, International Thomson Publishing 1995
K.P.DesRues: Explorations in Mathcad, Addison-Wesley, Reading, MA, 1997
D.Donnelly: Mathcad for Introductory Physics, Addison-Wesley, Reading, MA, 1992
G.Fowles, G.Cassiday: Analytical Mechanics, 5th Ed., Saunders College Publishing, Phila., PA., 1993
O.Georg: Elektromagnetische Felder und Netzwerke, Anwendungen in Mathcad und PSpice, Springer Verlag, Berlin, 1999
K.Habenicht, M.Weissenböck (Hrsg): Mathematik mit Mathcad, ADIM Band 73, Arbeitsgemeinschaft für Didaktik, Informatik und Mikroelektronik, Wien, 1998
J.Holler: Mathcad Applications for Analytical Chemistry, Saunders College Publ. Comp., New York, 1992
M.Hörhager, H.Partoll: Mathcad 6.0/PLUS 6.0: Bedienung und Anwendung in Ausbildung und Praxis, Addison-Wesley Deutschland GmbH, 1996
M.Hörhager, H.Partoll: Problemlösungen mit Mathcad für Windows, Addison-Wesley, 1995
R.Krishna, R. Taylor: Multicomponent Mass Transfer, John Wiley & Sons, Inc., New York, 1993
J.King: Mathcad for Engineers [Supplement to The Engineer's Toolkit], Addison-Wesley, Reading, MA, 1995
Mathsoft Inc.: Mathcad User's Guide Mathcad 7 Professional, 1997
R.J.Miech: Calculus with Mathcad, Wadsworth and Brooks Cole Publishers, Boston, 1991
J.H.Noggle: Physical Chemistry using Mathcad, Pike Creek, Newark, DE, 1996
G.J.Porter, D.R. Hill: Interactive Linear Algebra in Mathcad, Springer-Verlag, New York, 1996
J.W.Rowell: Mathematical Modeling with Mathcad, Addison-Wesley, Reading, MA, 1990
J.C.Russ: Materials Science: A Multimedia Approach, PWS Publishing, 1996
J.M.Smith,H.C.Van Ness, M.M. Abbot: Introduction to Chemical Engineering Thermodynamics, Fifth Edition, McGraw-Hill, New York, 1996
V.Sperlich: Übungsaufgaben zur Thermodynamik mit Mathcad 8, Fachbuchverlag Leipzig, 2001
S.Wieder: Introduction to Mathcad for Scientists and Engineers, McGraw-Hill, New York, 1991

3 Metallkundliche Berechnungsansätze

Kapitel-Übersicht

Übersicht der Mathcad-Programme im Abschnitt 3.1

Abschn.	Programm	Inhalt	Zusatzfile
3.1.1	Atome	Anzahl der Atome, theoretische Dichte, Leerstellendichte	
3.1.1	Kristallo	Kristallografische Berechnungen	
3.1.2	Bragg	Bragg'sche Gleichung, Beugung	
3.1.2	Stereoproj	Stereografische Projektion	

3.1   Atomarer Aufbau und Kristallstruktur

3.1.1   Gefüge metallischer Werkstoffe

Makroskopisch sehen metallische Werkstoffe homogen aus, obwohl sie mikroskopisch aus mehreren Gefügekomponenten bestehen, s. Bild 3.1.1. Das Gefüge wird bestimmt durch die Größe, Form, Verteilung und gegenseitige Anordnung der Kristallite (Körner) bzw. Phasen.

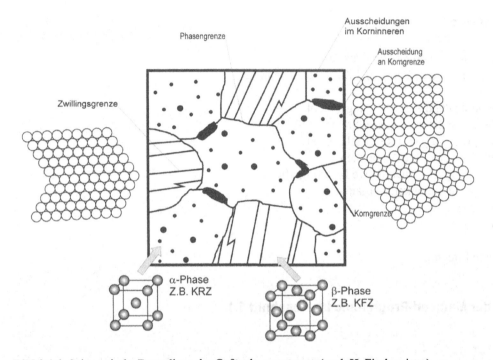

Bild 3.1.1. Schematische Darstellung der Gefügekomponenten (nach H. Fischmeister)

Während sich Körner durch ihre Kristallorientierung differenzieren, unterscheiden sich Phasen durch ihre chemische Zusammensetzung bzw. auch durch ihre Kristallstruktur. In der Grundmasse (Matrix) können Teilchen (Ausscheidungen, Einschlüsse etc.) eingelagert sein. Zusätzlich treten in einem Gefüge Baufehler auf, wie Leerstellen, Fremdatome, Versetzungen (Linienfehler), Stapelfehler, Zwillinge u.a.m. Beispiele für wichtige Phasen in Stählen sind:
- Ferrit = Fe (krz)
- Austenit = Fe (kfz)
- Martensit = tetragonal
- Zementit = Fe_3C (Zementit),
- Karbide MC (M = V, Ti)
- Sulfide = (Fe, Mn) S
- Oxide = Al_2O_3, (Fe, Mn) O
- Silikate = Fe_2SiO_4

3.1.1.1   Kristallstrukturen

3.1.1.1.1   Raumgitter

Eine bestimmte Kristallstruktur wird durch eine *Elementarzelle,* s. Bild 3.1.2 a, beschrieben. Die Geometrie der Elementarzelle ist durch die Angabe der Gittervektoren a, b, c und die Winkel α, β, γ eindeutig bestimmt. Die periodische Wiederholung der Elementarzelle ergibt das *Raumgitter*, Bild 3.1.2b. Insgesamt kennt man 7 *Kristallsysteme.* Neben dem einfachen (primitiven) Translationsgitter gibt es noch jene die basis-, flächen- oder raumzentriert sind. Daraus resultieren insgesamt 14 Elementarzellentypen (=Bravais-Gitter), s. Tabelle 3.1.1.

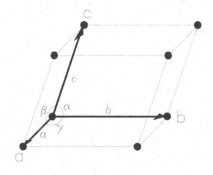

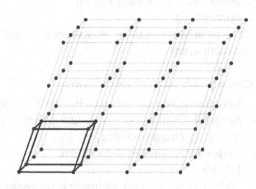

Bild 3.1.2a. Die Elementarzelle des Raumgitters

Bild 3.1.2b. Raumgitter

Tabelle 3.1.1. Klassifizierung der Translationsgitter anhand der Kristallsysteme

Kristallsystem	Gitterparameter	Translationsgitter	Beispiele
kubisch	3 gleiche Achsen unter rechten Winkeln a=b=c, $\alpha=\beta=\gamma=90°$	einfach kubisch, kubisch raumzentriert, kubisch flächenzentriert	Na, α-Fe, Mo, β-Ti Al, Cu, Ni, Ag, Au, γ-Fe
hexagonal	2 gleiche Achsen unter 120°, 3. Achse rechtwinkelig a=b≠c, $\alpha=\beta=90°,\gamma=120°$	einfach hexagonal	Mg, Zn, Cd, α-Ti, Co
tetragonal	3 Achsen unter rechten Winkeln, davon 2 gleich, a=b≠c, $\alpha=\beta=\gamma=90°$	einfach tetragonal, tetragonal raumzentriert	Martensit, Sn
orthorhombisch (rhombisch)	3 ungleiche Achsen unter rechten Winkeln a≠b≠c, $\alpha=\beta=\gamma=90°$	einfach orthorhombisch, rhombisch raumzentriert, orthorh. basiszentriert, orthorh. flächenzentriert	S, Ga
rhomboedrisch (trigonal)	3 gleiche, gleichgeneigte Achsen a=b=c, $\alpha=\beta=\gamma+90°$	einfach rhomboedrisch	B
monoklin	3 ungleiche Achsen, 1 Winkel≠90°, a≠b≠c,$\alpha=\gamma=90°≠\beta$	einfach monoklin, monoklin basiszentriert	Se
triklin	3 ungleiche Achsen unter ungleichen Winkeln a≠b≠c, $\alpha≠\beta≠\gamma≠90°$	einfach triklin	Sb, Sm

        🖫 Atome.mcd

Dieses Programm enthält einfache Berechnungen zum atomaren Aufbau von Metallen, wie bspw. die Berechnung der theoretischen Dichte.

3.1.1.1.2   Kristallografische Ebenen und Richtungen (Miller'sche Indizes)

Scharen paralleler Ebenen in einem Raumgitter nennt man *Netzebenen*. Sie haben Einfluss auf:
- Plastizität (Gleitebenen sind bevorzugt Netzebenen mit niedrigen *Miller'schen Indizes*)
- Ausscheidung kohärenter Phasen
- Texturbildung
- Phasenwachstum (z.B. Gusseisenmodifikation: GG ↔ GGG)
- Magnetisierung

Indizierung kristallografischer Ebenen:

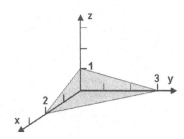

Bild 3.1.3. Netzebene (3 2 6)

- Koordinatensystem = Hauptachse der Elementarzelle
- Achsenabschnitte in der x-, y- und z-Richtung:
  2 3 1 (Achsenabschnitte)
- Bilden der reziproken Zahlenwerte
- 1/2 1/3 1
- Multiplizieren mit dem kleinsten gemeinsamen Nenner
  3 2 6 = Miller'sche Indizes der im
  Bild 3.1.3 eingezeichneten Ebene (3 2 6)

Schreibweise: (h k l) Indizes einer Netzebene
                 {h k l} Gesamtheit der aus Symmetriegründen gleichwertigen Netzebenen

Indizierung von Richtungen:
Miller'sche Indizes entsprechen den Koordinaten der Vektoren des Koordinatensystems.

Schreibweise: [h k l]   Indizierung einer Richtung
                <h k l> Indizierung aller gleichwertigen Richtungen

Besonderheiten im kubischen System:
Die Ebenenindizes entsprechen dem Normalvektor der Ebene.
Der Netzebenenabstand zweier benachbarter paralleler Netzebenen errechnet sich aus

$$d = \frac{a}{\sqrt{h^2 + k^2 + l^2}}$$

wobei a die Gitterkonstante (Länge einer Würfelkante) ist.

     Kristallo.mcd

In diesem Programm werden kristallografische Berechnungen durchgeführt.

3.1.2   Methoden der Strukturuntersuchung

Wellen etwa gleicher Wellenlänge wie der Gitterabstand der Netzebenen werden am Kristallgitter gebeugt. Die Reflexionen geben Aufschluss über den Netzebenenabstand und über die Gitterkonstante. Prinzipiell unterscheidet man zwischen dem *Laue-* (für Einkristalle) und dem *Debye-Scherrer-Verfahren*. Feinstrukturuntersuchungen werden angewandt für:
- Identifizierung unbekannter Substanzen
- Kristallstrukturbestimmung (Gitterkonstante, Gittertyp)
- Bestimmung von Löslichkeitsgrenzen
- Messung von Eigenspannungen
- Texturmessung

3.1.2.1 Röntgenbeugung

Die Bragg'sche Bedingung, s. Bild 3.1.4, beschreibt die Bedingungen für Verstärkung (Bragg'sche Bedingung erfüllt) bzw. Auslöschung der Röntgenstrahlung bei Beugung am Kristallgitter. Sie lautet:

$$n \cdot \lambda = 2d \cdot \sin \Theta$$

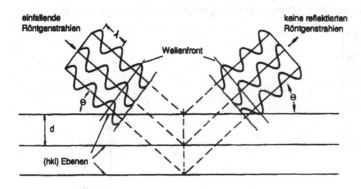

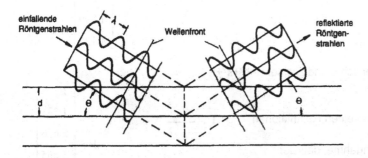

Bild 3.1.4. Beugung von Röntgenstrahlen am Kristallgitter

3.1.2.2 Stereografische Projektion

Zur Beschreibung von Vorzugsorientierungen (Texturen) kristalliner Werkstoffe verwendet man *Polfiguren*. Dabei denkt man sich eine den Kristall umgebende Kugel, wobei die Durchstoßpunkte der Richtungsvektoren projiziert werden. Vereinfachend wird nur die obere Kugelfläche auf einen ebenen Kreis abgebildet. Als Bezugsrichtung der Textur wählt man meistens charakteristische Richtungen des Werkstückes, wie die Drahtachse oder die Walzrichtung eines Bleches. Bei einer regellosen Orientierung sind die Durchstoßpunkte der Normalen gleichmäßig verteilt. Im Falle einer Textur dagegen häufen sich die Durchstoßpunkte an einigen Stellen.

Texturen entstehen nicht allein bei einer plastischen Verformung (durch Ausrichtung bzw. Drehung der Kristallite im Polykristall), sondern auch bei der Rekristallisation, Erstarrung oder auch bei der elektrolytischen Abscheidung.

Derartige Auswertungen sind insbesondere bei kaltgewalzten Feinblechen zur Beurteilung der Tiefziehbarkeit von Bedeutung. Bei Blechen wird die Textur durch die Angabe (hkl) [uvw] gekennzeichnet, wobei (hkl) die parallel zur Walzebene liegende Gitterebene und [uvw] die in Walzrichtung liegende Gitterrichtung ist. Die ideale Lage (*Würfeltextur*) ist somit mit (100) [001] gegeben. Für die Kennzeichnung von Drahttexturen genügt die Angabe der parallel zur Drahtachse liegenden Richtung [uvw], da die Verteilung senkrecht dazu meist regellos ist. Man spricht in diesem Fall von einer *Fasertextur*.

Phasenidentifizierung mittels Röntgenbeugung

Ein kubischer Kristall gibt Bragg'sche Beugungen bei folgenden Winkeln:
20.27, 23.58, 34.45, 41.55, 43.85, 53.13.
Welches Kristallgitter (krz, kfz oder kub. primitiv) liegt vor?
Wie groß ist der Gitterabstand, wenn die Wellenlänge der Röntgenstrahlung 1.8 Angstrom ist.

Eingabedaten: $\lambda := 1.8$
$$\theta := \begin{bmatrix} 20.27 \\ 23.58 \\ 34.45 \\ 41.55 \\ 43.85 \\ 53.13 \end{bmatrix}$$
$$length(\theta) = 6$$

$i := 0, 1 .. \, length(\theta) - 1$

Bragg'sche Beziehung:

$$d_i := \frac{\lambda}{2 \cdot \sin\left(\theta_i \cdot \frac{\pi}{180}\right)}$$

Netzebenenabstände
$$d = \begin{bmatrix} 2.598 \\ 2.25 \\ 1.591 \\ 1.357 \\ 1.299 \\ 1.125 \end{bmatrix}$$

Die Summe der Quadrate der Miller'schen Indizes sei $H = h^2 + k^2 + l^2$.

Annahme eines primitiven Gitters
Die Miller'schen Indizes unterliegen keinen Restriktionen
und H kann sein 1, 2, 3,4, 5, 6, ...
Berechne die H-Werte unter der Annahme, daß der
größte Netzebenenabstand die Gitterkonstante ist.
d(h,k,l)=a/H^0.5

$$H_i := \frac{(d_0)^2}{(d_i)^2}$$

$$H = \begin{bmatrix} 1 \\ 1.333 \\ 2.666 \\ 3.665 \\ 3.999 \\ 5.332 \end{bmatrix}$$

Da die Quadratsummen keine geraden Zahlen sind, ist der Kristall nicht primitiv kubisch.

Durch Multiplikation mit dem Faktor 3 ergeben sich Integer-Werte:

$$H_i := \frac{3 \cdot 2.598^2}{(d_i)^2}$$

$$H = \begin{bmatrix} 3 \\ 4 \\ 8 \\ 10.998 \\ 11.998 \\ 15.999 \end{bmatrix}$$

Die korrespondierenden Miller'schen Indizes sind:

1, 1, 1
2, 0, 0
2, 2, 0
3, 1, 1
2, 2, 2
4, 0, 0

Diese Wertetripel der Miller'schen Indizes sind entweder alle
gerade oder alle ungerade, d.h. das vorliegende. Kristallgitter
ist kubisch flächenzentriert.

Den kleinsten Netzebenenabstand haben die (1,1,1) Ebenen,
sodass sich die Gitterkonstante a ergibt aus:

$$a := \frac{\lambda \cdot \sqrt{3}}{2 \cdot \sin\left(20.27 \frac{\pi}{180}\right)}$$

$$a = 4.5$$

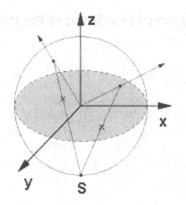

🖫 Stereoproj.mcd

Stereografische Projektion (Polfiguren kubischer Systeme)

Berechnung des Winkels zwischen zwei Vektoren:

$$\text{ang}(a,b) := \text{acos}\left(\frac{a \cdot b}{|a| \cdot |b|}\right)$$

Ermittlung des Winkels zwischen dem Pol und [001] und des Rotationswinkels des Vektors mit der x-Achse.

$$\alpha_1(\text{hkl}) := \text{ang}\left((0\ \ 0\ \ 1)^T, \text{hkl}\right)$$

$$\beta(\text{hkl}) := \text{angle}\left(\text{hkl}_1, \text{hkl}_2\right) - \frac{\pi}{2}$$

Korrektur für all jene Punkte, die ober- oder unterhalb der Ebene liegen.

$$\alpha(\text{hkl}) := \text{if}\left(\text{hkl}_3 < 0, \pi - \alpha_1(\text{hkl}), \alpha_1(\text{hkl})\right)$$

Transformation der sphärischen Koordinaten in projizierte kartesische Koordinaten.

$$x(\text{hkl}) := \tan\left(\frac{\alpha(\text{hkl})}{2}\right) \cdot \cos(\beta(\text{hkl}))$$

$$y(\text{hkl}) := \tan\left(\frac{\alpha(\text{hkl})}{2}\right) \cdot \sin(\beta(\text{hkl}))$$

Darstellung der Richtung hkl mit der stereografischen Projektion:

$$\phi := 0, \frac{\pi}{36} .. 2 \cdot \pi \qquad\qquad \text{hkl} := (1\ \ 1\ \ -1)^T$$

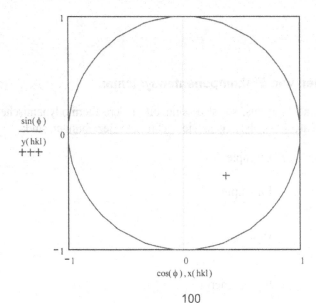

010

$$\frac{\sin(\phi)}{y(\text{hkl})}$$
+++

100

3.2   Chemische Thermodynamik und Zustandsdiagramme

Übersicht der Mathcad-Programme in diesem Abschnitt

Abschn.	Programm	Inhalt	Zusatzfile
3.2.3	CVD	Ermittlung der Reaktionstemperatur für TiN-Abscheidung	
3.2.6	Al-Energie	Energiebedarf zum Aufschmelzen von Aluminium	
3.2.6	Ph_dia1	Zustandsdiagramm mit vollständiger Mischbarkeit	
3.2.6	Ph_dia2	Eutektisches Zweistoffsystem	
3.2.6	Zementit	Löslichkeit von Kohlenstoff im Ferrit	
3.2.6	Fe_Fe3C	Eisen-Kohlenstoffsystem	
3.2.7	TiCN	Gleichgewichtskonzentration und -menge an TiCN	

3.2.1   Thermodynamische Grundlagen

Der Energiezustand eines Legierungssystems wird durch die *Freie Gibbs'sche Energie G* mit

$$G = E + p \cdot V - T \cdot S = H - T \cdot S$$

beschrieben, wobei E die innere Energie, $p V$ die Volumenänderungsarbeit und S die Entropie ist. Entsprechend dieser Bedingung zeichnen sich Gleichgewichtsphasen durch eine niedrige Enthalpie H und eine hohe Entropie S aus. Dies trifft vor allem auf feste Phasen bei niedrigen Temperaturen aufgrund der hohen Bindungskräfte zu. Bei hohen Temperaturen dominiert der Entropie-Term (größere Beweglichkeit der Atome und damit auch eine geringere Ordnung). Insgesamt nimmt daher der Ordnungs- und Gleichgewichtszustand in der Reihenfolge fest-flüssig-gasförmig ab.

Ein System ist dann im Gleichgewicht, wenn ein minimaler Energiezustand vorliegt, d.h. eine Umwandlung in einen anderen möglichen Zustand zu keiner Senkung von G führt. Die Gleichgewichtsbedingung lautet daher

$$dG = 0 \, .$$

3.2.2   Thermodynamische Funktionen von Einkomponentensystemen

Geht man von der Gibbs'schen Energiebetrachtung aus, so ist es sinnvoll, andere thermodynamische Größen durch G auszudrücken und in einer Datenbank abzulegen. Die wichtigsten Beziehungen sind:

$$S = -(\partial G / \partial T)_p \qquad \text{... Entropie}$$

$$H = G + T \cdot S = G - T \cdot \left(\frac{\partial G}{\partial T}\right)_p \qquad \text{... Enthalpie}$$

$$V = \left(\frac{\partial G}{\partial p}\right)_T \qquad \text{... Volumen}$$

$$E = G - T \cdot \left(\frac{\partial G}{\partial T}\right)_p - \left(\frac{\partial G}{\partial p}\right)_T \qquad \text{... Innere Energie}$$

$$C_p = -T \cdot \left(\frac{\partial^2 G}{\partial T^2}\right)_p \qquad \text{... spezifische Wärme bei konstantem Druck}$$

Für die meisten metallkundlichen Anwendungen der Thermodynamik kann der Druck als konstant vorausgesetzt werden. Wesentlich bedeutungsvoller ist aber die Abhängigkeit der thermodynamischen Größen von der Temperatur. Diese Abhängigkeiten sind in Bild 3.2.1 schematisch dargestellt.

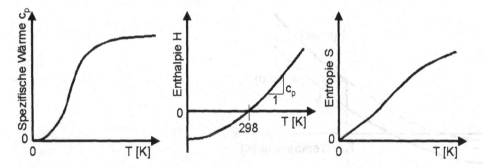

Bild 3.2.1. Temperaturabhängigkeit thermodynamischer Größen (schematisch)

Bild 3.2.2 stellt den Zusammenhang $G = H - T \cdot S$ dar. Deutlich erkennbar ist der typische, mit der Temperatur fallende Verlauf der Gibbs'schen Energie, die Steigung der Kurve beträgt -S. Da die spezifische Wärme bei konstantem Druck c_p die erste partielle Ableitung der Enthalpie nach der Temperatur ist, ist c_p in dieser Darstellung natürlich auch die Steigung der Enthalpiekurve.

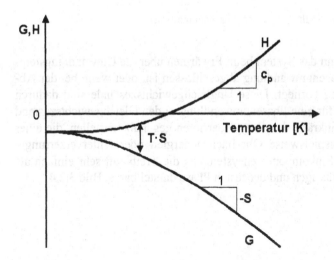

Bild 3.2.2. Zusammenhang zwischen Gibbs'scher Energie, Enthalpie und Entropie (schematisch)

Die Größen G, H und S werden üblicherweise auf den Referenzzustand ($p = 101325\,Pa$ und $T = 298\,K$) bezogen. Die Referenzgröße für H ist 0. Bei der Verwendung konkreter Werte für diese Größen werden diese mit ΔG, ΔH und ΔS bezeichnet, was die Differenz zu den Werten beim Referenzpunkt darstellt. In der Literatur wird das "Δ" häufig der Einfachheit halber weggelassen, auch wenn der genannte Differenzbetrag gemeint ist.

3.2.3 Phasenumwandlung in Einkomponentensystemen und deren Treibkräfte

Die bisher dargestellten Beziehungen ermöglichen es, eine Phasenumwandlung in einem Einkomponentensystem aus thermodynamischer Sicht darzustellen. In Bild 3.2.3 ist die Phasenumwandlung vom festen in den flüssigen Zustand (oder umgekehrt) anhand des Verlaufs der Enthalpie und der Gibbs'schen Energie schematisch dargestellt. Da das System immer einem möglichst niedrigen Energieniveau zustrebt, wird der Phasenübergang im Punkt e stattfinden, wo sich die G-Kurven schneiden. Im Unterschied zu den später behandelten Mehrkomponentensystemen läuft bei diesem Einkomponentensystem die gesamte Phasenumwandlung bei einer konstanten Temperatur ab. Die *latente Schmelzwärme L* ist in dieser Darstellung als Differenz der Enthalpien von flüssiger und fester Phase gezeigt.

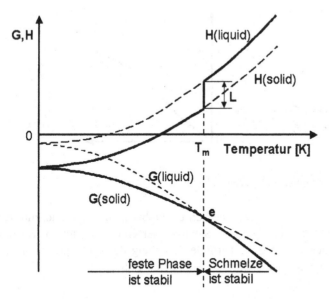

Bild 3.2.3. Energiezustände bei der Phasenumwandlung fest - flüssig (schematisch)

Ungleichgewichtszustände liegen vor, wenn das System beim Erwärmen über die Umwandlungstemperatur hinaus erhitzt wird, bevor die Phasenumwandlung abgeschlossen ist, oder wenn bei der Abkühlung eine entsprechende Unterkühlung vorliegt. Diese Ungleichgewichtszustände sind dadurch gekennzeichnet, dass es treibende Kräfte für eine Phasenumwandlung in den Gleichgewichtszustand gibt. Allgemein betrachtet sind diese Treibkräfte den Energiebarrieren gegenüberzustellen, die einer Phasenumwandlung entgegenwirken (beispielsweise Oberflächenenergien oder Gitterverzerrungsenergien). Im Falle der Erstarrung eines Einkomponentensystems ist die Treibkraft sehr einfach als Differenz der Gibbs'schen Energien der flüssigen und der festen Phase darstellbar, s. Bild 3.2.4.

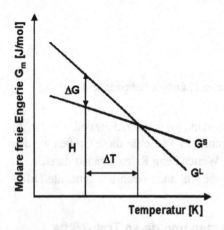

Bild 3.2.4. Treibkraft ΔG der Erstarrung bei Unterkühlung ΔT

Im Folgenden wird die chemische Thermodynamik zur Ermittlung der Gleichgewichtstemperatur bei der chemischen Dampfabscheidung (CVD) von Ti-Karbid angewandt. Diese für die Oberflächentechnik wichtige Reaktion führt zu harten, verschleißbeständigen Dünnschichten auf Werkzeugen.

CVD.mcd

Chemische Dampfphasenabscheidung von TiC

Die Abscheidung von TiC in CVD-Reaktoren verläuft über die Reaktion

$TiCl_4(g) + CH_4(g) = TiC(s) + 4 HCl(g)$

Die thermodynamischen Standarddaten (H_0, s_0) sind vorhanden. Zu bestimmen ist, bei welcher Temperatur die Reaktion nach rechts abläuft.

ORIGIN := 1

$kJ \equiv 1000 \cdot joule$

Zur mathematischen Behandlung kann die obige Gleichung in die Form

$TiC(s) + 4HCl(g) - TiCl4(s) - CH(g) = 0$ bzw. allgemein in $\Sigma\, v_i\, A_i = 0$ umgeformt werden, wobei im gegebenen Fall gilt:

$A_1 = TiCl_4(g)$, $v = -1$

$A_2 = CH_4(g)$, $v = -1$

$A_3 = TiC(s)$, $v = 1$

$A_4 = HCl(g)$, $v = 4$

Anzahl der Reaktanten : $\quad N := 4$

Eingabe der Koeffizienten v,
Eingabe der Enthalpie-Werte H_0,
Eingabe der Entropie-Werte s_0

$$v := \begin{bmatrix} -1 \\ -1 \\ 1 \\ 4 \end{bmatrix} \qquad H := \begin{bmatrix} -763.2 \\ -74.8 \\ -184.1 \\ -92.3 \end{bmatrix} \cdot \frac{kJ}{mole} \qquad s := \begin{bmatrix} 353.1 \\ 186.2 \\ 24.2 \\ 186.8 \end{bmatrix} \cdot \frac{joule}{mole \cdot K}$$

Berechnung der freien Energie ΔG für die obige Reaktion:

Bildungswärme bei 25°C: $\quad \Delta H298 := \sum_{i=1}^{N} v_i \cdot H_i \qquad \Delta H298 = 284.7 \cdot \frac{kJ}{mole}$

Standardentropie bei 25°C: $\quad \Delta s := \sum_{i=1}^{N} v_i \cdot s_i \qquad \Delta s = 232.1 \cdot \frac{joule}{mole \cdot K} \qquad \Delta s = 55.436 \cdot \frac{cal}{mole \cdot K}$

$TGlgew\_°C := \dfrac{\Delta H298}{\Delta s \cdot K} - 273$

$T := 0, 25 .. 1200$

$TGlgew\_°C = 953.626$

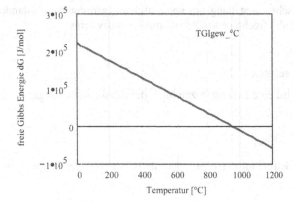

Bem.: Bei diesen hohen Temperaturen würde sich Methan in Ruß zersetzen, was nur mit entsprechend hohem Wasserstoff-Partialdruck vermieden werden kann. Durch den hohen Volumenstrom wird auch das HCl sehr rasch aus dem Reaktionsraum transportiert.

Ref.: thermodynam. Daten nach Cox, Wagman, Medvedev: CODATA Key Values for Thermodynamics, Hemisphere Publ. Corp., New York, 1984

3.2.4   Binäre Systeme

Für die verständliche Darstellung der thermodynamischen Verhältnisse für Mehrphasensysteme wird aus Gründen der Anschaulichkeit zunächst das binäre System betrachtet. Wie später gezeigt wird, gelten diese Betrachtungen sinngemäß auch für Systeme mit mehr als zwei Komponenten. Es soll wieder die Bestimmung des Gleichgewichtszustandes von vordringlichem Interesse sein, daher geht es zunächst darum, die zu minimierende freie Gibbs'sche Energie für das Zweikomponentensystem zu bestimmen. Als erster Schritt werden die Gibbs'schen Energien der beteiligten Komponenten summiert, damit ergibt sich unter Verwendung der molaren Anteile X_A und X_B der beiden Komponenten A und B ($X_A + X_B = 1$) für die molare Gibbs'sche Energie der ungemischten Komponenten

$$G_1 = X_A \cdot G_A + X_B \cdot G_B .$$

Es lässt sich leicht nachvollziehen, dass dieser geordnete Zustand nicht stabil sein kann, denn die beiden Komponenten haben das Bestreben sich zu vermischen und damit einen niedrigeren Ordnungs- und Energiezustand zu erlangen. Um diesen Energiezustand quantifizieren zu können, wird die Veränderung der freien Gibbsschen Energie durch die Vermischung der beiden Komponenten als ΔG_{mix} definiert:

$$\Delta G_{mix} = \Delta H_{mix} - T \cdot \Delta S_{mix}$$

Dieser Sachverhalt kann anhand von Bild 3.2.5 nachvollzogen werden: Der unstabile, ungemischte Zustand ist links dargestellt, rechts ist der stabilere, gemischte Zustand gezeigt. Für die Berechnung von ΔG_{mix} gibt es mehrere Ansätze, die in den nun folgenden Abschnitten näher beschrieben werden sollen.

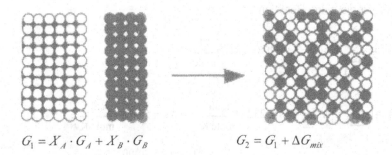

$$G_1 = X_A \cdot G_A + X_B \cdot G_B \qquad\qquad G_2 = G_1 + \Delta G_{mix}$$

Bild 3.2.5. Schematische Darstellung des ungemischten (geordneten) Zustandes (links) und des gemischten (ungeordneten) Zustandes (rechts) eines Zweikomponentensystems

3.2.4.1   Ideale Lösungen

Als ideale Lösung wird eine Lösung bezeichnet, bei der die Mischungsenthalpie ΔH_{mix} gleich null ist. Damit ergibt sich für ΔG_{mix}:

$$\Delta G_{mix} = -T \cdot \Delta S_{mix}$$

Eine detailliertere Betrachtung ist mit der statistischen Thermodynamik mit Hilfe der Boltzmann-Gleichung

$$S = k \cdot \ln \omega$$

möglich. k ist die Boltzmann-Konstante und ω ist ein Maß für die Zufälligkeit. Die Entropie S setzt sich aus einem thermischen und einem Ordnungsanteil zusammen. Für den thermischen Anteil beschreibt ω die Anzahl der Möglichkeiten, die thermische Energie unter den Atomen aufzuteilen. Geht man von adiabatischen Bedingungen aus, so entfällt der thermische Anteil, und der Ordnungsanteil beschreibt dann die Anzahl der möglichen Atomanordnungen.

Im Falle des ungemischten Zustandes gibt es keine Freiheit, die Atome umzuordnen, ω_{mix} ist in diesem Fall gleich eins und für die Mischungsentropie ΔS_{mix} ergibt sich

$$\Delta S_{mix} = k \cdot \ln 1 = 0$$

Dieses Ergebnis wurde mit der grundsätzlichen Betrachtung binärer Systeme im vorhergehenden Abschnitt bereits vorweggenommen. Im Falle der Mischung der beiden Komponenten und unter der Annahme, dass alle Anordnungen von A und B gleich wahrscheinlich sind, ergibt sich für ω :

$$\omega = \frac{(N_A + N_B)!}{N_A! \cdot N_B!}$$

N_A und N_B sind jeweils die Anzahl der Atome der Komponente A bzw. B. Es sollen molare Größen bestimmt werden, daher ist die Stoffmenge, mit der gerechnet wird, gleich $1\ mol$. Die Summe aus N_A und N_B ist damit gleich der Avogadro-Zahl N_a:

$$N_A + N_B = N_a \qquad N_A = X_A \cdot N_a \qquad N_B = X_B \cdot N_a$$

Wird für N! die Stirling-Näherung verwendet und die Boltzmann-Konstante durch die allgemeine Gaskonstante R ausgedrückt:

$$\ln N! \cong N \cdot \ln(-N) \qquad N_a \cdot k = R$$

so ergibt sich

$$\Delta S_{mix} = -R \cdot (X_A \cdot \ln X_A + X_B \cdot \ln X_B)$$

$$\Delta G_{mix} = R \cdot T \cdot (X_A \cdot \ln X_A + X_B \cdot \ln X_B)$$

$$G = X_A \cdot G_A + X_B \cdot G_B + R \cdot T \cdot (X_A \cdot \ln X_A + X_B \cdot \ln X_B)$$

Eine grafische Darstellung des typischen Verlaufs der Gibbs'schen freien Energie in einem einphasigen Zweikomponentensystem ist in Bild 3.2.6 für zwei verschiedene, aber konstante Temperaturen gezeigt.

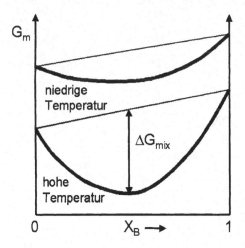

Bild 3.2.6. Verlauf der freien Gibbs'schen Energie in einem einphasigen Zweikomponentensystem (isothermer Schnitt bei zwei verschiedenen Temperaturen, schematisch)

3.2.5 Das chemische Potenzial

Das *chemische Potenzial*μ_A (= *die partielle molare freie Energie*) der Komponente *A* beschreibt, wie sich die gesamte freie Energie *G'* eines Systems durch die Zugabe der differentiell kleinen Menge dn_A mol der Komponente A zu einer Phase des Systems verändert:

$$dG = \mu_A \cdot dn_A \quad (\text{T, p, } n_B \text{ konstant})$$

$$\mu_A = \left(\frac{\partial G'}{\partial n_A}\right)_{T,p,n_B}$$

Das chemische Potenzial μ_A ist abhängig von der aktuellen chemischen Zusammensetzung, daher muss die zugegebene Menge dn_A so klein sein, dass sich die Gesamtzusammensetzung nicht wesentlich ändert. Bei Berücksichtigung beider Komponenten des binären Systems ergibt sich für konstanten Druck und konstante Temperatur mit

$$dG = \mu_A \cdot dn_A + \mu_B \cdot dn_B.$$

Eine entsprechende Erweiterung auf Multikomponentensysteme ist möglich. Fügt man einem System genau 1 mol Atome hinzu, wobei das Verhältnis der hinzugefügten Atome exakt dem ursprünglichen Verhältnis entspricht, muss sich die freie Energie des Systems exakt um die molare freie Gibbs'sche Energie *G* erhöhen. Damit lässt sich die molare Gibbs'sche Energie mit Hilfe der chemischen Potenziale der Einzelkomponenten ausdrücken:

$$G = \mu_A \cdot X_A + \mu_B \cdot X_B \quad J\,mol^{-1}$$

Mit dieser Kenntnis lassen sich die chemischen Potenziale bei einer bestimmten Zusammensetzung, die durch X_B charakterisiert ist, mittels einer Tangentenkonstruktion grafisch bestimmen, wie im Bild 3.2.7 gezeigt ist. Damit ergeben sich für die chemischen Potenziale μ_A und μ_B in einer idealen Lösung folgende Ausdrücke:

$$\mu_A = G_A + R \cdot T \cdot \ln X_A$$

$$\mu_B = G_B + R \cdot T \cdot \ln X_B$$

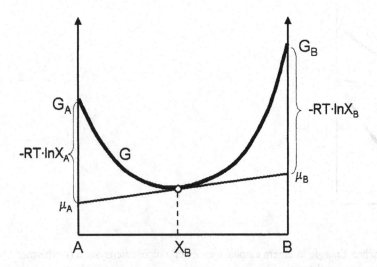

Bild3.2.7. Tangentenkonstruktion für die chemischen Potenziale in einer binären Legierung und Zusammenhang zwischen der freien Gibbs'schen Energie und den chemischen Potenzialen

3.2.5.1 Reguläre Lösungen

Für reguläre Lösungen wird ein zusätzlicher Term der Beschreibung der idealen Lösung hinzugefügt. Dieser Exzess-Term gibt die Abweichung vom Verhalten der idealen Lösung an und soll im Fall der regulären Lösung die Interaktionen zwischen den beteiligten Komponenten beschreiben:

$$G = {}^{id}G + {}^{E}G$$

Im Falle einer binären Phase wäre der einfachste Fall eines Exzess-Terms.

$$^{E}G = X_A \cdot X_B \cdot L_{AB}$$

Eine Erweiterung auf Multikomponentensysteme ergibt einen Exzessterm.

$$^{E}G = \sum_i \sum_{j \neq i} X_i \cdot X_j \cdot L_{ij}$$

Die Indizes i und j bezeichnen hier die einzelnen beteiligten Komponenten. Die Wechselwirkungsparameter L_{ij} können selbst Funktionen der Phasenzusammensetzung sein. Um dies zu berücksichtigen, kann der Exzess-Term für ein binäres (Sub-) System folgendermaßen erweitert werden:

$$^{E}G^{ij} = X_i \cdot X_j \sum_n \left(X_i - X_j \right)^n \cdot L_{ij}{}^n$$

Diese Art der Darstellung wird *Redlich-Kister*-Polynom genannt. Gegenüber anderen Ansätzen (z.B. Legendre-Polynome) besteht hier der Vorteil, dass einerseits die Molanteile direkt verwendet werden können und es andererseits leicht möglich ist, von binären Systemen auf Multikomponentensysteme zu extrapolieren. Die Anzahl der Terme in einem Redlich-Kister-Polynom kann beliebig hoch gewählt werden, die Anpassung an experimentelle Daten gelingt um so besser, je höher die Ordnung des Polynoms ist. Sundman schlägt jedoch vor, in metallischen Systemen nicht mehr als drei Koeffizienten zu verwenden und sich in nicht-metallischen Systemen auf vier Koeffizienten zu beschränken, da es sonst durch die sinkende Signifikanz der einzelnen Koeffizienten zu Problemen bei der Extrapolation auf Systeme höherer Ordnung kommen kann. Das liegt daran, dass die zugrundeliegenden Daten immer beschränkt sind und es häufig möglich ist, das binäre System mit verschiedenen Sätzen von Koeffizienten zu beschreiben, die bei der Extrapolation zu unterschiedlichen Ergebnissen führen.

3.2.5.2 Aktivitäten

Zur Beschreibung des chemischen Potenzial in nicht-idealen Lösungen werden anstelle der Molanteile die Aktivitäten a_A und a_B der Komponenten A und B als äquivalente Größen eingeführt:

$$\mu_A = G_A + R \cdot T \cdot \ln a_A$$

$$\mu_B = G_B + R \cdot T \cdot \ln a_B$$

Chemisches Potenzial und Aktivitäten sind nicht nur reine Rechengrößen, sie geben auch Hinweise darüber, wie groß die Neigung einer Komponente ist, eine Lösung zu verlassen. Geringe Aktivität und geringes chemisches Potenzial bedeuten, dass die Tendenz zum Verlassen der Lösung ebenfalls gering ist. Auf die Bedeutung dieser Größen bei der Beurteilung von Gleichgewichtszuständen wird in den folgenden Abschnitten noch näher eingegangen werden.

3.2.5.3 Reale Lösungen, Untergittermodell

Viele Substanzen können mit den bisher dargestellten Ansätzen gut angenähert werden, für viele andere Stoffe zeigt es sich jedoch, dass diese Modelle nicht ausreichen, um die thermodynamischen Eigenschaften ausreichend zu beschreiben. Im Falle der metallischen Werkstoffe ist zu berücksichtigen, dass die

Atome stets in einer geordneten Struktur (Kristallgitter) vorliegen. Hier sind wiederum mehrere Fälle zu unterscheiden:
- Interstitielle Lösungen
- Substitutionelle Lösungen
- Intermetallische Verbindungen mit spezifischer Kristallstruktur

Hillert stellte das sogenannte Untergittermodell vor, welches dadurch charakterisiert ist, dass sich die Atome in mehreren Untergittern anordnen können. Das wird am leichtesten anhand eines konkreten Beispiels verständlich: Andersson beschreibt die Modellierung der Phasen in einem Fe-C-Cr-System. Für Ferrit und Austenit werden jeweils zwei Untergitter verwendet, eines für das Metall und eines für die Anordnung der interstitiellen Atome. Die Anzahl der Gitterplätze, an denen sich in den beiden Untergittern Atome anordnen können, verhalten sich bei Austenit im Verhältnis 1:1, d.h. im Metall-Untergitter stehen genauso viele Gitterplätze zur Verfügung wie im Untergitter für die interstitiellen Atome. Im Ferrit beträgt dieses Verhältnis 1:3, es sind drei mal so viele interstitielle Gitterplätze vorhanden. Wie leicht zu erkennen ist, müssen nicht immer alle Gitterplätze besetzt sein. Um diese Tatsache berücksichtigen zu können, führt man Leerstellen als zusätzliche „Elemente" („*Vacancies*", *Va*) ein, die die freien Gitterplätze belegen. Die chemische Zusammensetzung jedes Untergitters wird in „*site fractions*" *(y)* angegeben, wobei die Summe der *site fractions* eines Untergitters 1 ergibt.

Es können auch mehr als zwei Untergitter benötigt werden, um eine Phase thermodynamisch beschreiben zu können. Beispielsweise werden für die $M_{23}C_6$ - Phase vier metallische Untergitter (mit 48, 32, 8 und 4 Gitterplätzen) und ein Untergitter für den Kohlenstoff (24 Gitterplätze) verwendet. Der allgemeine Ansatz für das Untergittermodell lautet:

$$G = \frac{\sum_s a_s \cdot \sum_i y_i^s \cdot G_i}{\sum_s a_s} + R \cdot T \cdot \sum_s a_s \cdot \sum_i y_i^s \ln(y_i^s) + {}^E G$$

Dieser Ausdruck hat prinzipiell den gleichen Aufbau wie die entsprechende Gleichung für die allgemeine reguläre Lösung: Es werden die Gibbs'schen Energien der einzelnen Atome (1. Summand) mit der Mischungsentropie (2. Summand, äquivalent zur idealen Lösung,) und einem Exzess-Term summiert. Der Index *s* bezeichnet hier das jeweils betroffene Untergitter, a_s gibt die Anzahl der Gitterplätze im Untergitter an. Die restlichen Formelzeichen sind bereits aus den vorangegangenen Ausführungen bekannt.

Der Exzess-Term ${}^E G$ wird wiederum mit Hilfe von Wechselwirkungsparametern L_{ij} zwischen den beteiligten Atomen bestimmt, wobei diese Interaktionsparameter wiederum von der chemischen Zusammensetzung abhängen können.

3.2.6 Gleichgewicht in binären Systemen

Treten in einem System mehrere Phasen auf, so kann ebenso die Tangentenkonstruktion für die Ermittlung der Gleichgewichtsbedingungen verwendet werden. Bei einer bestimmten Temperatur ergibt sich der in Bild 3.2.8 dargestellte Zusammenhang der Gibbs'schen Energien für beide Phasen. In diesem Sinne können Zustandsschaubilder auch aus den thermodynamischen Zustandsgrößen abgeleitet werden. Die Freie Enthalpie (Gibbs'sche Energie ΔG) ist ein Maß für die Stabilität einer Phase, sodass aus Freie Enthalpie-Konzentrations-Kurven bei verschiedenen Temperaturen ein Zustandsschaubild abgeleitet werden kann, s. Bild 3.2.9.

Mathematisch bedeutet dies, dass für jede Phase in regulären Lösungen die nichtlineare Gleichung der Gibbs'schen Energie gelten muss. Dies führt dann zu einem nichtlinearen Gleichungssystem, das mit einem entsprechenden Algorithmus und in Abhängigkeit von der Temperatur gelöst werden muss, um die entsprechenden Gleichgewichtszusammensetzungen der Phasen zu erlangen. Gleichzeitig muss die Massenbilanz erfüllt sein.

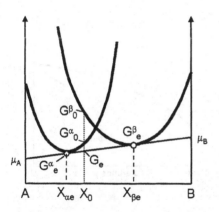

Bild 3.2.8. Gleichgewicht zweier Phasen in einem binären System (Tangentenkonstruktion)

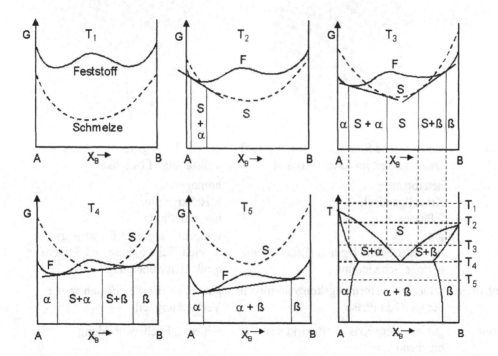

Bild 3.2.9. Zur Ableitung eines Zustandschaubildes aus den Freie Energie-Konzentrations-Kurven

Bei einer Zusammensetzung X_0 wäre der niedrigst mögliche Energiezustand in einem einphasigen System durch G^α_0 gegeben. Das gesamte System läge in diesem Fall als α-Phase vor. Um die freie Gibbssche Energie weiter verringern zu können, muss sich das System in zwei getrennte Phasen teilen. Wie aus der Abbildung ersichtlich ist, liegt der niedrigst mögliche Wert für G, nämlich G_e (Index $_e$ für equilibrium = Gleichgewicht), auf einer gemeinsamen Tangente an die beiden Gibbs-Funktionen. (Man beachte, dass es sich hier um molare Gibbs'sche Energien handelt, daher muss die molare Gibbs'sche Energie beider Phasen auf einer Geraden liegen, die G^α_e und G^β_e verbindet.) Man kann nun die Gleichgewichtsbedingung mit Hilfe der chemischen Potentiale ausdrücken:

$$\mu_A{}^\alpha = \mu_A{}^\beta$$

$$\mu_B{}^\alpha = \mu_B{}^\beta$$

Ein Vergleich der typischen Merkmale von Kristallgemischen und Mischkristallen ist in Bild 3.2.10 dargestellt.

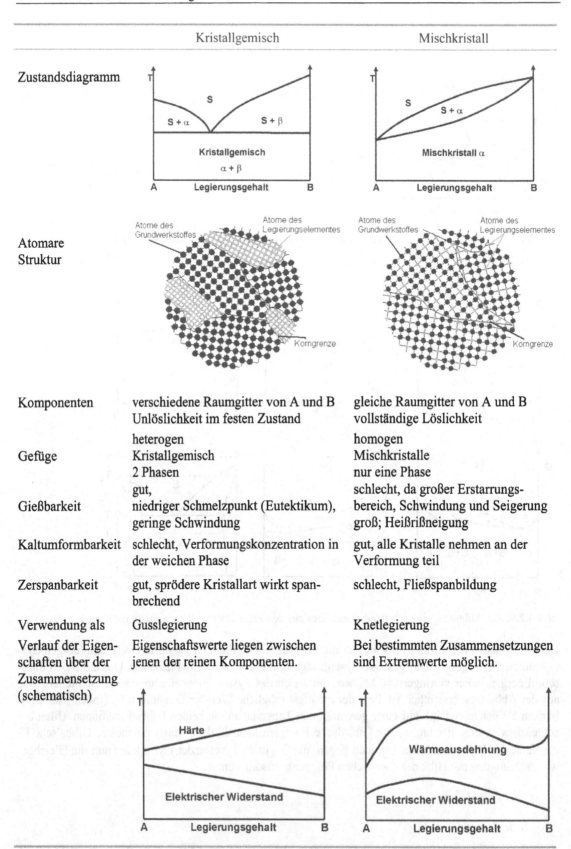

	Kristallgemisch	Mischkristall
Zustandsdiagramm		
Atomare Struktur		
Komponenten	verschiedene Raumgitter von A und B Unlöslichkeit im festen Zustand	gleiche Raumgitter von A und B vollständige Löslichkeit
Gefüge	heterogen Kristallgemisch 2 Phasen	homogen Mischkristalle nur eine Phase
Gießbarkeit	gut, niedriger Schmelzpunkt (Eutektikum), geringe Schwindung	schlecht, da großer Erstarrungsbereich, Schwindung und Seigerung groß; Heißrißneigung
Kaltumformbarkeit	schlecht, Verformungskonzentration in der weichen Phase	gut, alle Kristalle nehmen an der Verformung teil
Zerspanbarkeit	gut, sprödere Kristallart wirkt spanbrechend	schlecht, Fließspanbildung
Verwendung als	Gusslegierung	Knetlegierung
Verlauf der Eigenschaften über der Zusammensetzung (schematisch)	Eigenschaftswerte liegen zwischen jenen der reinen Komponenten.	Bei bestimmten Zusammensetzungen sind Extremwerte möglich.

Bild 3.2.10. Vergleich der Eigenschaften von Kristallgemischen mit jenen von Mischkristallen (schematisch)

3.2.7 Anwendungsbeispiele zur chemischen Thermodynamik

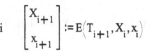 Al-Energie.mcd

In diesem Beispiel wird die Energie zum Aufschmelzen von Aluminium berechnet.

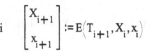 Ph_dia1.mcd

Zustandsdiagramm mit vollständiger Mischbarkeit im festen Zustand

Schmelztemperaturen der Elemente A und B: $T\_fA := 800$ [°K] $T\_fB := 1200$ [°K]

Annahme: Die Entropie beim Schmelzpunkt beider Elemente ist gleich groß
und temperaturunabhängig. $\Delta s\ f := 30$ [J/mol K]

Erstarrungsenthalpien: $\Delta h\_fA := T\_fA \cdot \Delta s\ f$ $\Delta h\_fB := T\_fB \cdot \Delta s\ f$

Gibbs-Energien: $\Delta g\_fA(T) := \Delta h\_fA - T \cdot \Delta s\_f$ $\Delta g\_fB(T) := \Delta h\_fB - T \cdot \Delta s\_f$

Bedingung: Gleichheit der chemischen Potentiale von A und im festen und flüssigen Zustand.
X und x sind die Konzentrationen von A in der Schmelze und im festen Zustand.

Gibbs Energien G für festen (s=solid) und flüssigen (l=liquid) Zustand: Gaskonstante $Rg := 8.31$

$$G\_s(T,X) := Rg \cdot T \cdot ((1-X) \cdot \ln(1-X) + X \cdot \ln(X))$$

$$G\_l(T,X) := (1-X) \cdot (Rg \cdot T \cdot \ln(1-X) + \Delta g\_fB(T)) + X \cdot (Rg \cdot T \cdot \ln(X) + \Delta g\_fA(T))$$

$T := 800 \qquad X := 0, 0.02 .. 1$

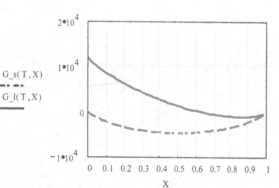

Lösung des nichtlin. Gl.systems

Given

$$Rg \cdot T \cdot \ln(X) - Rg \cdot T \cdot \ln(x) + \Delta g\_fA(T) = 0$$

$$Rg \cdot T \cdot \ln(1-X) - Rg \cdot T \cdot \ln(1-x) + \Delta g\_fB(T) = 0$$

$$E(T,X,x) := Find(X,x)$$

$$\begin{bmatrix} X_0 \\ x_0 \end{bmatrix} := E(810, 0.9, 0.9) \qquad \text{Startwert} \quad i := 0..79 \quad T_0 := 800 \quad T_{i+1} := 805 + 5 \cdot i \qquad \begin{bmatrix} X_{i+1} \\ x_{i+1} \end{bmatrix} := E(T_{i+1}, X_i, x_i)$$

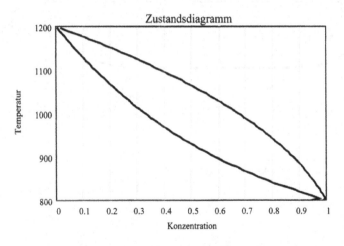

💾 Ph_dia2.mcd

Zweistoffsystem mit Eutektikum

Schmelztemperaturen der Elemente A und B: $T\_fA := 800$ [°K] $T\_fB := 1200$ [°K]

Annahme: Die Entropie beim Schmelzpunkt beider Elemente wird wieder gleich groß und temperaturunabhängig angenommen. $\Delta s\_f := 10$ [J/mol K]

Schmelzenthalpien: $\Delta h\_fA := T\_fA \cdot \Delta s\_f$ $\Delta h\_fB := T\_fB \cdot \Delta s\_f$

Gibbs-Bildungsenergien: $\Delta g\_fA(T) := \Delta h\_fA - T \cdot \Delta s\_f$ $\Delta g\_fB(T) := \Delta h\_fB - T \cdot \Delta s\_f$

Bedingung: Gleichheit der chemischen Potentiale von A und im festen und flüssigen Zustand. X und x sind die Konzentrationen von A in der Schmelze und im festen Zustand.

Wechselwirkungsparameter der regulären Lösung: $\omega\_l := -5000$ $\omega\_s := 15000$

Gibbs-Energien der festen und flüssigen Phase: $Rg := 8.31$

$$G\_s(T,X) := Rg \cdot T \cdot ((1-X) \cdot \ln(1-X) + X \cdot \ln(X)) + \omega\_s \cdot X \cdot (1-X)$$

$$G\_l(T,X) := (1-X) \cdot (Rg \cdot T \cdot \ln(1-X) + \Delta g\_fB(T)) + X \cdot (Rg \cdot T \cdot \ln(X) + \Delta g\_fA(T)) + \omega\_l \cdot X \cdot (1-X)$$

$Ts := 1000$ $X := 0, 0.01 .. 1$

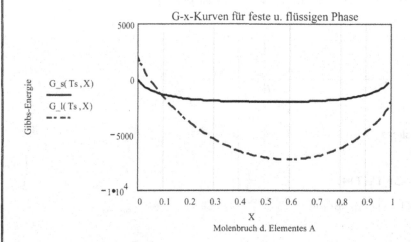

G-x-Kurven für feste u. flüssigen Phase

Molenbruch d. Elementes A

$Ts := 870$ $X := 0, 0.01 .. 1$

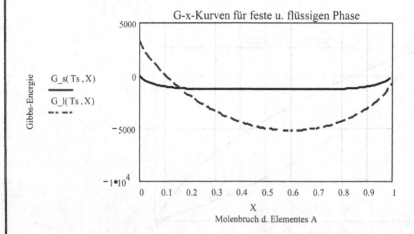

G-x-Kurven für feste u. flüssigen Phase

Molenbruch d. Elementes A

(Fortsetzung)   Ph_dia2.mcd

Die Bedingung, dass die chemischen Potentiale der festen und flüssigen Phasen von A und B gleich sein müssen, wird durch die Konstruktion der gemeinsamen Tangente sichergestellt.

Lösung des nichtlinearen Gleichungssytems mit dem Lösungsblock:

Given

$$Rg \cdot T \cdot \ln(X) + \Delta g\_fA(T) + (1 - X)^2 \cdot \omega\_l = Rg \cdot T \cdot \ln(x) + (1 - x)^2 \cdot \omega\_s$$

$$Rg \cdot T \cdot \ln(1 - X) + \Delta g\_fB(T) + X^2 \cdot \omega\_l = Rg \cdot T \cdot \ln(1 - x) + x^2 \cdot \omega\_s$$

$$E(T, X, x) := Find(X, x)$$

$$T_0 := 1190 \qquad T1_0 := 790$$

$$\begin{bmatrix} X_0 \\ x_0 \end{bmatrix} := E(T_0, 0.01, 0.01) \qquad i := 0..68 \qquad T_{i+1} := 1190 - 10 \cdot i \qquad \begin{bmatrix} X1_0 \\ x1_0 \end{bmatrix} := E(T1_0, 0.991, 0.991)$$

$$\begin{bmatrix} X_{i+1} \\ x_{i+1} \end{bmatrix} := E(T_{i+1}, X_i, x_i) \qquad j := 0..55 \qquad T1_{j+1} := T1_0 - 5 \cdot j \qquad \begin{bmatrix} X1_{j+1} \\ x1_{j+1} \end{bmatrix} := E(T1_{j+1}, X1_j, x1_j)$$

Given

$$Rg \cdot T \cdot \ln(X) + (1 - X)^2 \cdot \omega\_s = Rg \cdot T \cdot \ln(x) + (1 - x)^2 \cdot \omega\_s$$

$$Rg \cdot T \cdot \ln(1 - X) + X^2 \cdot \omega\_s = Rg \cdot T \cdot \ln(1 - x) + x^2 \cdot \omega\_s$$

$$S(T, X, x) := Find(X, x) \qquad T2_0 := 550 \qquad k := 0..20 \qquad T2_{k+1} := T2_0 - 10 \cdot k$$

$$\begin{bmatrix} X2_0 \\ x2_0 \end{bmatrix} := S(T2_0, 0.01, 0.99) \qquad \begin{bmatrix} X2_{k+1} \\ x2_{k+1} \end{bmatrix} := S(T2_{k+1}, 0.99, 0.01)$$

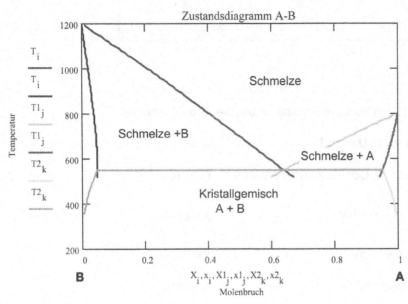

💾 Zementit.mcd

Mathematische Beschreibung des Zweistoffsystems Fe-Fe₃C mit einem C-Gehalt bis 0,02%

1.) Löslichkeitsprodukt von Fe_3C:

Löslichkeitsprodukt : log(wc)=-5620/T+3.92

wc...Kohlenstoffgeh. in Gewichtsprozent

Tsol....Löslichkeitstemperatur

L_i...Koeffizienten des Löslichkeitsproduktes

$$L_1 := -5620 \qquad L_2 := 3.92$$

$$K(wc) := \log(wc) \qquad Lp(T) := \frac{L_1}{T + 273} + L_2$$

Berechnung der Löslichkeitskurve:

$$T := 600$$

Startwert für iterative Nullstellensuche

$$Tsol(wc) := root(K(wc) - Lp(T), T)$$

Nullstellenfindung

Darstellung der Löslichkeitskurve:

$$i := 0 .. 38 \qquad wc_i := 0.001 + 0.0005 \cdot i$$

Laufvariablen

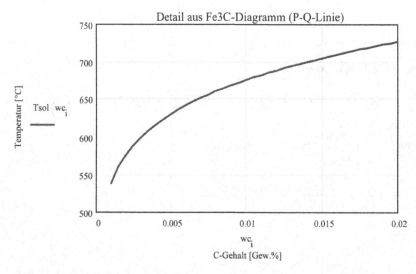

Detail aus Fe3C-Diagramm (P-Q-Linie)

Umrechnung zwischen Löslichkeitsprodukt und Gibbs'scher Bildungsenergie:

R...Allgemeine Gaskonstante [J/mol*K]

$$R := 8.314$$

CC...Umrechnungskoeff. von Gew.% auf Konzentration

$$CC := 100 \cdot \frac{12}{55}$$

X...Gesamtkohlenstoffkonzentration

$$X(wc) := \frac{wc}{CC}$$

XM...Kohlenstoffgehalt der Matrix

$$XM := 0.00001$$

fcem...Mengenanteil des Zementits

$$fcem := 0.0001$$

Mathematisches Modell:

ΔG...Gibbs'sche Bildungsenergie $\qquad \Delta G(X,T) := R \cdot (T + 273) \cdot \ln(X)$

A, B...Koeffizienten der Gibbs'schen Bildungsenergie: $\quad \Delta G = A + B \cdot T$

$\quad A := L_1 \cdot R \cdot \ln(10) \qquad\qquad A = -1.07588 \cdot 10^5$

$\quad B := R \cdot \ln(10) \cdot \left(L_2 - \log(CC) \right) \quad B = 49.41334$

Startwerte $\qquad T := 500$

$\qquad\qquad\qquad wc := 0.01 \qquad\qquad$ Kohlenstoffgehalt

Definition des Gleichungssystems:

Given

$\quad \Delta G(XM, T) - (A + B \cdot (T + 273)) \equiv 0$

$\quad X(wc) - (XM + 0.25 \cdot fcem) \equiv 0$

$Res(T, wc) := minerr(XM) \qquad$ Lösung des Gleichungssystems nach XM.
Aus Stabilitätsgründen wird die Routine Minerr gewählt, die die Lösung nach dem Kriterium der kleinsten Fehlerquadrate sucht und nicht mit dem Näherungsverfahren "FIND".

Die Funktion Res(T,wc) wurde definiert um mehrere Funktionswerte errechnen zu können

Ergebnis: Kohlenstoffgehalt der Matrix: $\qquad Res(T, wc) = 2.04553 \cdot 10^{-5}$

$\quad T := 400, 405.. 750 \qquad$ **Temperatur als Laufvariable** $\qquad\qquad Tsol(wc) = 676.32121$

$\quad Fcem(T, wc) := if((X(wc) - Res(T, wc) < 0), 0, 4 \cdot X(wc) - 4 \cdot Res(T, wc))$

Oberhalb der Löslichkeitstemperatur wird der Zementitgehalt auf Null gesetzt, da der Ansatz oberhalb dieser Temperatur nicht mehr gültig ist.

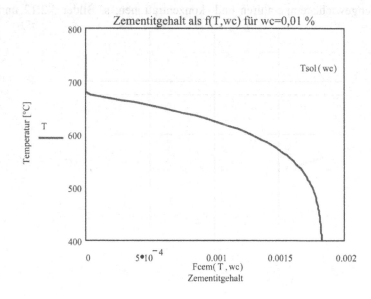

Zementitgehalt als f(T,wc) für wc=0,01 %

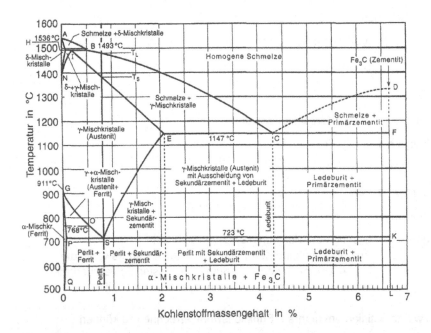

⊟ G_FeC.mcd

Dieses Programm berechnet den Phasenübergang von Austenit zu Ferrit und Zementit im metastabilen Eisenkohlenstoff-Diagramm, s. Bild 3.2.11.

Bild 3.2.11. Zustandsschaubild des Eisen-Kohlenstoffsystems

Die Berechnung erfolgt mit dem Untergitter-Modell und den realen Daten aus der SGTE-Datenbank. Mit diesen Daten werden zunächst die Gibbs-Energien der beteiligten Phasen Austenit, Ferrit und Zementit berechnet, wobei auch der magnetische Term berücksichtigt wird. Im Lösungsabschnitt werden die chemischen Potenziale des Eisens im Austenit und im Ferrit, sowie die chemischen Potenziale des Zementits im Austenit und Ferrit gleichgesetzt. Durch simultane Lösung dieser Gleichungen ergeben sich die Gleichgewichtstemperaturen und -konzentrationen, s. Bilder 3.2.12 und 3.2.13.

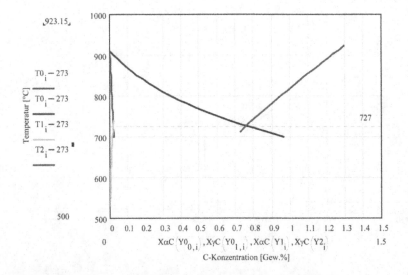

Bild 3.2.12. Berechneter Ausschnitt aus dem Fe-Fe₃C-Diagramm

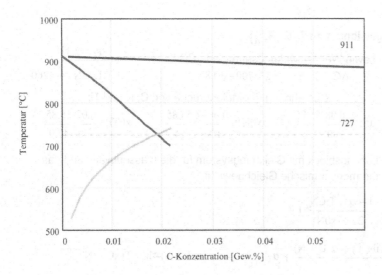

Bild 3.2.13. Berechneter Ausschnitt (Tertiärzementitbereich des Fe-Fe₃C-Diagrammes)

Die G-x-Kurven der beteiligen Phasen und die gemeinsame Tangente (Gleichgewicht der chemischen Potenziale) bei der eutektoiden Temperatur zeigt Bild 3.2.14.

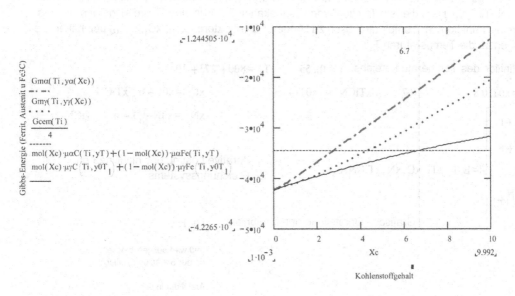

Bild 3.2.14. Darstellung der G-x-Kurven bei der eutektoiden Temperatur im Program G_FeC.mcd

3.2.8 Anwendungsbeispiel über ein Mehrstoffsystem

Technische Legierungen sind üblicherweise Mehrstoffsysteme. Diese folgen den gleichen Gesetzmäßigkeiten wie Zweistofflegierungen, sind jedoch entsprechend komplizierter zu beschreiben. Die numerische Stabilität des verwendeten Gleichungslösers wird zunehmend bedeutungsvoller.

Das folgende Beispiel zeigt die Gleichgewichtsberechnung für die Ausscheidung von unstöchiometrischem Ti-Karbonitrid $Ti(C_\alpha, N_{1-\alpha})$ im Austenit. Das zu lösende nichtlineare Gleichungssystem umfasst fünf Gleichungen, drei für die Massenbilanzen und zwei für die chemischen Potenziale von TiC und TiN. Dieses Beispiel hat große Bedeutung für die Optimierung der Mikrolegierungselemente in Feinkornbaustählen.

⊞ TiCN.mcd

Thermodynamisches Gleichgewicht   von Ti($C_\alpha N_{1-\alpha}$)

Gibbs-Energie für TiC und TiN, sowie Wechselwirkungsenergie L_CN:

$R := 8.31$

$\Delta G\_TiC(T) := -197800 + 28.3 \cdot T$ $\Delta G\_TiN(T) := -275700 + 30.8 \cdot T$

$L\_CN := -4260$

Chem.Zusammensetzung: Berechnung der Molenbrüche von C, N und Ti:
C=0.08%, N=0.032%,
Ti=0.02%

$x0C := \dfrac{0.08}{100} \cdot \dfrac{55.85}{12}$ $x0N := \dfrac{0.0032}{100} \cdot \dfrac{55.85}{14}$ $x0Ti := \dfrac{0.02}{100} \cdot \dfrac{55.85}{47.9}$

Given

$\dfrac{xTi}{x0Ti} + \dfrac{1}{2} \cdot \dfrac{xTiCN}{x0Ti} = 1$

Lösungsblock mit Gleichungssystem für die Massenbilanz und das thermodynamische Gleichgewicht

$\dfrac{xC}{x0C} + \dfrac{\alpha}{2} \cdot \dfrac{xTiCN}{x0C} = 1$ $\dfrac{xN}{x0N} + \dfrac{1-\alpha}{2} \cdot \dfrac{xTiCN}{x0N} = 1$

$$\dfrac{\alpha \cdot \Delta G\_TiC(T) + (1-\alpha) \cdot (\Delta G\_TiN(T) + \alpha \cdot L\_CN)}{R \cdot T} + \alpha \cdot \ln\left(\dfrac{\alpha}{1-\alpha}\right) + \ln(1-\alpha) = \ln\left(xTi \cdot xC^{\alpha} \cdot xN^{1-\alpha}\right)$$

$$\dfrac{(\Delta G\_TiN(T) - \Delta G\_TiC(T)) + (2 \cdot \alpha - 1) \cdot L\_CN}{R \cdot T} + \ln\left(\dfrac{1-\alpha}{\alpha}\right) = \ln\left(\dfrac{xN}{xC}\right)$$

$E(T, xTi, xC, xN, xTiCN, \alpha) := Find(xTi, xC, xN, xTiCN, \alpha)$

Im Gleichungssystem sind die Molenbrüche von Ti, C und N, die im Austenit gelöst sind, der Molenbruch von Ti($C_\alpha N_{1-\alpha}$) und die "site fraction" von C unbekannt. Die Funktion E wird eingeführt um das System als Funktion der Temperatur lösen zu können. Die Vektoren xTi_i, xC_i, ..., α_i beinhalten die Lösungen für die Temperaturen T_i.

Definition des Temperaturbereichs: $i := 0..55$ $T_i := 800 + 273 + 10 \cdot i$

$xTi_0 := x0Ti \cdot 0.8$ $\alpha_0 := 0.7$ $xTiCN_0 := (x0Ti - xTi_0) \cdot 2$ $xC_0 := x0C - \alpha_0 \cdot xTiCN_0$

$$\begin{bmatrix} xTi_{i+1} \\ xC_{i+1} \\ xN_{i+1} \\ xTiCN_{i+1} \\ \alpha_{i+1} \end{bmatrix} := E\left(T_i, xTi_i, xC_i, xN_i, xTiCN_i, \alpha_i\right)$$

$xN_0 := x0N - (1 - \alpha_0) \cdot xTiCN_0$

Iterative Lösung des nichtlinearen Gleichungssystems

Grafische Darstellung der Ergebnisse: $i := 1..53$

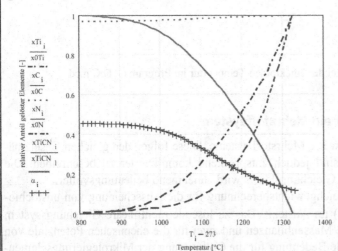

(i=0 wird ausgeschlossen, da nur Schätzung vorliegt)

Anteil der in der Matrix gelösten Elemente in Bezug auf ihren Gesamtgehalt, sowie relative Menge an Ti($C_\alpha N_{1-\alpha}$) und Verteilungsfaktor α als Funktion der Austenitisierungstemperatur.

3.2.9 Mächtigere Rechnerprogramme zur Ermittlung von Phasengleichgewichten

Da sich sämtliche extensiven Zustandsgrößen durch die Gibbs'sche Energie ausdrücken lassen, reicht es, Datenbanken anzulegen, die die notwendigen Funktionen enthalten, um die Gibbs'sche Energie aller beteiligten Phasen in Abhängigkeit von Druck, Temperatur und Zusammensetzung anzugeben. Die ersten derartigen Berechnungen wurden von Kaufman und Hillert angestellt, die unter dem Namen *CALPHAD* (<u>Cal</u>culation of <u>Ph</u>ase <u>D</u>iagrams) in die Literatur eingingen. Erst im Jahre 1990 wurde von Sundman (KTH Stockholm) ein umfassendes Rechenprogramm (*ThermoCalc*) entwickelt, das die thermodynamischen nichtlinearen Gleichungen lösen kann. Die *SGTE* (<u>S</u>cientific <u>G</u>roup <u>T</u>hermodata <u>E</u>urope), welche aus 8 Organisationen besteht, hat es sich zur Aufgabe gemacht, die notwendigen Datenbanken zu erstellen, zu warten und laufend zu erweitern. Für spezielle Anwendungsbereiche werden von unabhängigen Organisationen weitere Datenbanken angeboten. Neben *ThermoCalc* sind im Laufe des letzten Jahrzehnts zahlreiche ähnliche Programme entstanden, wie

- Chemsage, Lehrstuhl für Theoretische Hüttenkunde, RWTH Aachen
- F*A*C*T, Centre de Recherche en Calcul Thermodynamique, Ecole Polytechnique Montreal
- GEMINI, THERMODATA, Saint Martin d'Heres, Frankreich
- MTDATA, National Physical Laboratory, Teddington, England und
- MATCALC, TU Graz.

Vielversprechend ist auch das MAP (Materials Algorithms Project), initiiert von Harry Bhadeshia in Cambridge, wo Rechenprogramme für wissenschaftliche Projekte kostenlos über das Internet angeboten werden.

3.2.10 ThermoCalc-Anwendungsbeispiel

Die Thermocalc-Ergebnisse zur Ermittlung des Einflusses der Härtetemperatur auf die Menge ungelöster Karbide und auf die Martensitstarttemperatur zeigen die Bilder 3.2.15 und 3.2.16. Dargestellt sind ein quasi-binärer Schnitt durch das Mehrkomponentensystem, die Phasenmengen und die Änderung der chemischen Zusammensetzung des Austenits als Funktion der Temperatur.

Warmarbeitsstahl
X40CrMoV-5-1 / Wkst.Nr.1.2344

Chemische Zusammensetzung in Gew.%:
C = 0,43
Si = 0,90
Mn = 0,37
Cr = 4,98
Mo = 1,22
Ni = 0,27
W = 0,05
V = 1,03
Errechnete Zusammensetzung des Austenits bei 1020°C (=Härtetemperatur):
C=0,32%; Cr=4,96%; Mo=1,12%, V=0,58%
→ Martensitstarttemperatur

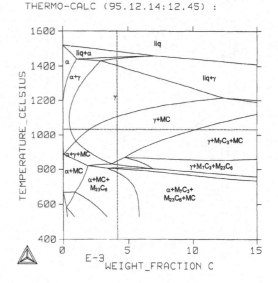

a) Eingabedaten für die thermodynamische Berechnung und errechnete chemische Zusammensetzung des Austenits bei der Härtetemperatur

b) Schnitt durch das Mehrkomponentensystem. Stabile Phasenfelder als Funktion des Kohlenstoffgehaltes. Punktiert eingezeichnet ist der aktuelle C-Gesamtgehalt

Bild 3.2.15. ThermoCalc-Berechnungen für den Warmarbeitsstahl X40CrMoV 5-1 (Teil 1)

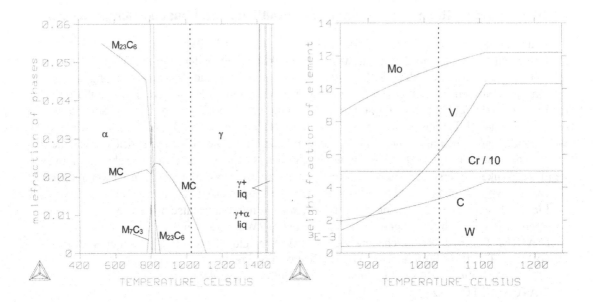

a) Phasenmengen als Funktion der Temperatur   b) Zusammensetzung des Austenits als Funktion der Temperatur

Bild 3.2.16. ThermoCalc-Berechnungen für den Warmarbeitsstahl X40CrMoV 5-1 (Teil 2)

Das abschließende Beispiel in Bild 3.2.17 zeigt Gleichgewichtsberechnungen für einen warmfesten, martensitischen Stahlgusstyp mit 10%Cr, 1%W, 1%Mo und Nb-Zusatz, der neuerdings für moderne Dampfturbinengehäuse mit hohen Frischdampftemperaturen verwendet wird. Die Berechnungen dienen zur Abschätzung der Phasen, die sich nach langer Betriebszeit einstellen, wobei angenommen wird, dass dann der Gleichgewichtszustand erreicht ist.

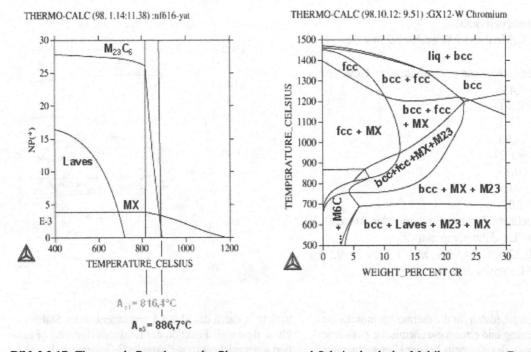

Bild 3.2.17. Thermocalc-Berechnung der Phasenmengen und Schnitt durch das Multikomponenten-Zustandschaubild eines warmfesten 10% Cr-Stahles (ähnlich zu Stahltyp P92)

3.3 Diffusion

Übersicht der Mathcad-Programme in diesem Abschnitt

Abschn.	Programm	Inhalt	Zusatzfile
3.3.1	Arrhenius	Ermittlung der Aktivierungsenergie	Diff_Cu_Ni.txt
3.3.2	Diffkoeff	Diffusionskoeffizienten unterschiedlicher Metalle	
3.3.2	Diffus	Diffusion zweier semi-infiniter Körper	
3.3.2	Diffgame	Grafische Darstellung der Platzwechselvorgänge	
3.3.4	aufkohl	Aufkohlungsprofil (analytische Berechnung)	
3.3.4	Einsatz	Aufkohlungsprofil (mit FDM berechnet)	
3.3.4	Zunderdicke	Zunderdicke beim Glühen	
3.3.4	homogen	Homogenisierungsglühen	
3.3.5	randwa	„Random-walk"-Simulation	

3.3.1 Thermisch aktivierte Vorgänge

Die thermodynamische Betrachtung eines Systems gibt nur Aufschluss darüber, ob eine Phase unter den gegebenen Bedingungen (Konzentration, Temperatur, Druck = konstant) stabil ist. Treten Phasenänderungen auf, so lässt sich aus dem Energiegewinn die Treibkraft ΔG für eine Umwandlung angeben. Wie rasch die Phasenänderung abläuft, ist dann von der Geschwindigkeit der notwendigen Platzwechsel abhängig, die im Allgemeinen thermisch aktiviert ablaufen. Die Geschwindigkeit k der Platzwechselvorgänge kann quantitativ durch die *Arrheniusgleichung*

$$k = A_o \exp(-\frac{Q}{R \cdot T})$$

beschrieben werden. A_o ist eine Konstante, Q die Aktivierungsenergie, R die Gaskonstante und T die absolute Temperatur in Kelvin. Durch Logarithmieren ergibt sich

$$\ln k = \ln A_o - \frac{Q}{RT},$$

d.h. bei grafischer Auftragung von *ln k* über *1/T* kann aus experimentellen Daten die Konstante A_0 und die Aktivierungsenergie Q ermittelt werden.

Diese Platzwechselvorgänge werden als Diffusion bezeichnet, wobei zwischen Selbstdiffusion (Wanderung gittereigener Atome) und Fremddiffusion unterschieden wird. Je nach Art der Platzwechselvorgänge unterscheidet man unterschiedliche Mechanismen, wie
- Selbstdiffusion über Leerstellen und Zwischengitteratome
- Diffusion von Substitutionsatomen
- Korngrenzendiffusion
- Diffusion entlang von Versetzungen und
- Oberflächendiffusion.

🖫 Arrhenius.mcd

Bestimmung der Aktivierungsenergie der Diffusion   ORIGIN:= 1

Gegeben sind Diffusionswerte für die Diffusion von Cu in Ni als Funktion der Temperatur.
(Datenquelle: H.Helfmeier, M.Feller-Kniepmeier: J. of Appl.Physics, 41, 1970, 3202-3205)

Einheit: D[cm²/s]

Data := READPRN("Diff_Cu_Ni.txt")

$\theta := Data^{<1>} \qquad D := Data^{<2>}$

N := length (D)   N = 6

$$\theta = \begin{bmatrix} 775 \\ 843.3 \\ 903.3 \\ 952 \\ 1 \bullet 10^3 \\ 1.05 \bullet 10^3 \end{bmatrix} \qquad D = \begin{bmatrix} 5.33 \bullet 10^{-14} \\ 3.01 \bullet 10^{-13} \\ 1.26 \bullet 10^{-12} \\ 3.34 \bullet 10^{-12} \\ 9 \bullet 10^{-12} \\ 2.32 \bullet 10^{-11} \end{bmatrix}$$

Zeichne die Rohdaten, D über θ und bestimme die Aktivierungsenergie durch lineare Regression.

Plot der Rohdaten: i := 1.. N

$R \equiv 8.31441 \cdot \dfrac{joule}{K \cdot mole}$

$kJ \equiv 1000 \cdot joule$

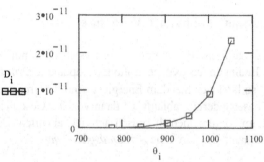

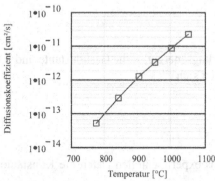

Umformung der Daten für die Bestimmung der Aktivierungsenergie.

$vx_i := \dfrac{1}{(\theta_i + 273.15) \cdot K} \qquad vy_i := \ln(D_i)$

$lnA := intercept (vx, vy)$ $Q := -R \cdot slope (vx, vy)$

$Do := exp(lnA) \cdot \dfrac{cm^2}{sec}$ $Do = 0.246 \bullet \dfrac{cm^2}{sec}$ $Q = 254.388 \bullet \dfrac{kJ}{mole}$ **Aktivierungsenergie**

Korrelationskoeffizient: corr(vx, vy) = ⁻0.9999

(Fortsetzung)   🖫 Arrhenius.mcd

Darstellung der Meßdaten und der Regressionsgeraden: $T := 1000 \cdot K, 1050 \cdot K .. 1400 \cdot K$

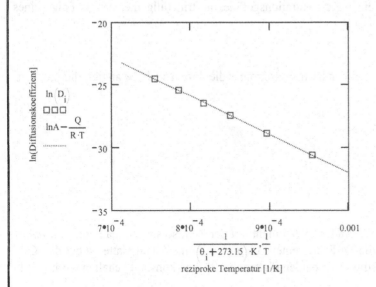

Zusätzliche Auswertungen: - Diffusionsweg nach einer Stunde $t := 1 \cdot hr$

                  - Anzahl der Platzwechsel/s

$j := 1, 2 .. 10$ $TT_j := 600 + j \cdot 50$ **Gitterkonstante von Ni:**

$$a := 0.3524 \cdot 10^{-9} \cdot m$$

$$Dk_j := Do \cdot \exp\left[\frac{-Q}{R \cdot \left(TT_j + 273.15\right) \cdot K}\right] \qquad xDiff_j := \sqrt{2 \cdot Dk_j \cdot t} \qquad f_j := \frac{6 \cdot Dk_j}{a^2}$$

$$out_{j,1} := TT_j \qquad out_{j,2} := \frac{Dk_j}{\frac{cm^2}{sec}} \qquad out_{j,3} := \frac{xDiff_j}{mm} \qquad out_{j,4} := f_j \cdot sec$$

$out =$

	1	2	3	4
1	650	0	$2.675 \cdot 10^{-5}$	4.803
2	700	$5.458 \cdot 10^{-15}$	$6.269 \cdot 10^{-5}$	26.37
3	750	$2.537 \cdot 10^{-14}$	$1.351 \cdot 10^{-4}$	122.566
4	800	$1.022 \cdot 10^{-13}$	$2.712 \cdot 10^{-4}$	493.696
5	850	$3.636 \cdot 10^{-13}$	$5.116 \cdot 10^{-4}$	$1.757 \cdot 10^{3}$
6	900	$1.161 \cdot 10^{-12}$	$9.143 \cdot 10^{-4}$	$5.609 \cdot 10^{3}$
7	950	$3.372 \cdot 10^{-12}$	$1.558 \cdot 10^{-3}$	$1.629 \cdot 10^{4}$
8	$1 \cdot 10^{3}$	$9.005 \cdot 10^{-12}$	$2.546 \cdot 10^{-3}$	$4.351 \cdot 10^{4}$

3.3.2 Mathematische Beschreibung

Die Diffusion ist ein statistischer Vorgang, bei dem ein makroskopischer Materialfluss durch Wanderung einzelner Atome als Folge eines Konzentrationsgefälles auftritt (allgemeiner: als Folge eines Gradienten im chemischen Potenzial).

3.3.2.1   Stationäre Diffusion

Die Diffusion ist zeitabhängig, wobei der Diffusionsstrom J die Atomanzahl M angibt, die pro Zeiteinheit t durch die Fläche A tritt:

$$J = \frac{M}{A \cdot t}$$

bzw. in differentieller Form

$$J = \frac{1}{A} \frac{dM}{dt}$$

Die Einheit für J beträgt Atome/m²s. Ändert sich J nicht mit der Zeit, so spricht man von *stationärer Diffusion*. Ein Beispiel dafür ist die Diffusion eines Gases durch eine Metallplatte wobei die Konzentration des diffundierenden Mediums an beiden Plattenoberflächen konstant gehalten wird, s. Bild 3.3.1.

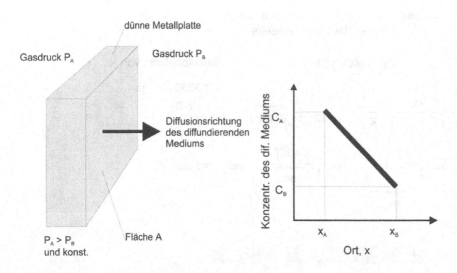

Bild 3.3.1. Stationäre Diffusion durch eine Platte mit Konzentrationsprofil

Wird innerhalb des Festkörpers die Konzentration C über den Ort x aufgetragen erhält man das Konzentrationsprofil. Die Steigung an einem bestimmten Punkt des Konzentrationsprofils ist der Konzentrationsgradient:

$$\text{Konzentrationsgradient} = \frac{dC}{dx}$$

Die Einheit der Konzentration beträgt Atome/m³. Mathematisch kann der stationäre Diffusionsfall mit dem *1. Fick'schen Gesetz* beschrieben werden. Es besagt, dass der Diffusionsstrom dem Konzentrationsgradienten proportional ist:

$$J = \frac{1}{A} \frac{dM}{dt} = -D \frac{dC}{dx}$$

Der *Diffusionskoeffizient D* wird durch

$$D = D_0 \exp\left(-\frac{Q}{RT}\right)$$

beschrieben, wobei D_0 die Diffusionskonstante bzw. der „Frequenzfaktor" ist. Als Faustregel für die Aktivierungsenergie Q gilt für Metalle:

$$\frac{Q}{R \cdot T_m} \approx 18 \div 20$$

Bei hochschmelzenden Metallen tritt merkbare Diffusion also erst bei hoher Temperatur ein. Dies erklärt auch die höhere Stabilität und mögliche Einsatztemperatur hochschmelzender Legierungen. Tabelle 3.3.1 zeigt typische Werte für D_0 und Q einiger bedeutungsvoller Legierungssysteme.

Tabelle 3.3.1. Werte des Frequenzfaktors D_0 und der Aktivierungsenergie Q einiger Diffusionspaare

Diffundierendes Element	Matrixmetall	D_0 [cm²/s]	Q [kJ/mol]
Kohlenstoff	γ-Eisen	0,21	141,5
Kohlenstoff	α-Eisen	0,0079	75,8
Stickstoff	γ-Eisen	0,0034	145
Stickstoff	α-Eisen	0,0047	76,7
Wasserstoff	γ-Eisen	0,0063	43,2
Wasserstoff	α-Eisen	0,0012	15,1
Eisen	α-Eisen	5,8	250,0
Eisen	γ-Eisen	0,58	284,3
Eisen	δ-Eisen	1,9	238,5
Mangan	γ-Eisen	0,35	282,6
Nickel	γ-Eisen	0,5	276,3
Nickel	Nickel	1,9	280
Nickel	Kupfer	2,3	243
Kupfer	Nickel	0,65	258
Kupfer	Kupfer	0,31	200
Kupfer	Aluminium	2,0	141,9
Aluminium	Kupfer	0,045	166
Aluminium	Aluminium	0,10	135
Magnesium	Magnesium	1,0	135
Titan	β-Titan	1,1	251
Zirkon	β-Zirkon	1,34	273
Chrom	Chrom	0,2	309
Blei	Blei	1,37	109
Silizium	Silizium	1800,0	461
Tantal	Tantal	1,2	413
Wolfram	Wolfram	1,88	600
Zink	Kupfer	0,033	159,1
Zink	Zink	0,15	95
Platin	Platin	0,22	278
Silber	Silber (Volumendiffusion)	0,72	188,4
Silber	Silber (Oberflächendiffusion)	0,14	90,0

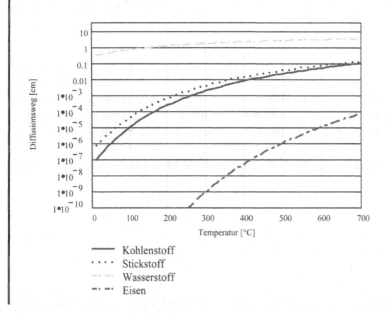

In diesem Programm sind die Diffusionskonstanten von über 20 wichtigen Systemen angegeben.
Diffusionswege von C, N, H und Fe in krz Fe in cm nach einer Stunde

——— Kohlenstoff
· · · · Stickstoff
– – – Wasserstoff
–· –· Eisen

3.3.2.2   Instationäre Diffusion

Die meisten praktischen Diffusionsvorgänge sind instationärer Art. Dabei ist die Konzentration in einem Festkörper sowohl vom Ort (x,y,z) als auch von der Zeit t abhängig. Betrachtet man ein Volumenelement $dV = dx \cdot dy \cdot dz$ eines Festkörpers (s. Bild 3.3.2) mit einem Punkt P(x,y,z) mit bestimmter Konzentration C des diffundierenden Mediums, so wird die Konzentration des Punktes durch die normal zu den Würfelflächen ein- und ausströmenden Diffusionsströme bestimmt.

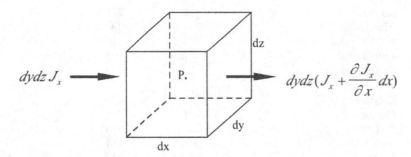

Bild 3.3.2. Diffusionsstrom in einem Volumenelement

Die Änderung der Konzentration im Würfel beträgt dann in x-Richtung:

$$- dxdydz \frac{\partial J_x}{\partial x} \text{ und analog für die y-Richtung}$$

$$- dxdydz \frac{\partial J_y}{\partial y} \text{ und in z-Richtung}$$

$$- dxdydz \frac{\partial J_z}{\partial z}.$$

Andererseits ist die Änderung der Konzentration im Würfel ebenso gegeben durch:

$$dxdydz\frac{\partial C}{\partial t}$$

Damit erhält man sofort

$$\frac{\partial C}{\partial t}+\frac{\partial J_x}{\partial x}+\frac{\partial J_y}{\partial y}+\frac{\partial J_z}{\partial z}=0 \ .$$

Setzt man nun für J_i das 1. Fick'sche Gesetz ein, so erhält man das *2. Fick'sche Gesetz*:

$$\frac{\partial C}{\partial t}=\frac{\partial}{\partial x}\left(D\frac{\partial C}{\partial x}\right)+\frac{\partial}{\partial y}\left(D\frac{\partial C}{\partial y}\right)+\frac{\partial}{\partial z}\left(D\frac{\partial C}{\partial z}\right)$$

Ist der Diffusionskoeffizient von der Konzentration unabhängig so lautet das 2. Fick'sche Gesetz für den eindimensionalen Fall

$$\frac{\partial C}{\partial t}=D\frac{\partial^2 C}{\partial x^2}$$

Es beschreibt die durch einen Diffusionsstrom (*1. Fick'sches Gesetz*) bewirkte zeitliche Konzentrationsänderung in einem Volumenelement. Diese partielle Differentialgleichung 2. Ordnung ist für viele Fälle mit vorgegebenen Randbedingungen lösbar (s. z.B. J. Crank „The Mathematics of Diffusion", s. Literaturabschnitt).

Die Lösung für einen semi-infiniten Festkörper (langer Balken, Länge > 10D·t) mit konstant gehaltener Konzentration an der Oberfläche ist von praktischer Bedeutung, wie z.B. beim Einsatzhärten. Dabei werden folgende Annahmen getroffen: Vor Diffusionsbeginn sind die gelösten, diffundierenden Atome im Festkörper gleichmäßig mit der Konzentration C_0 verteilt. Die Festkörperoberfläche dient als Koordinatenursprung x = 0. Bei Diffusionsbeginn ist die Zeit t = 0. Damit lauten die Randbedingungen:

für t = 0, $C = C_0$ bei $0 \leq x \leq \infty$

für t > 0, $C = C_S$ (konst. Oberflächenkonzentration) bei x = 0 und
                      $C = C_0$ bei x = ∞ .

Für diese Randbedingungen hat die Lösung des 2. Fick'schen Gesetzes folgendes Aussehen:

$$\frac{C_x-C_0}{C_S-C_0}=1-erf\left(\frac{x}{2\sqrt{D\cdot t}}\right)$$

C_x ist die Konzentration am Ort x zur Zeit t (s. Bild 3.3.4). Der Ausdruck

$$erf\left(\frac{x}{2\sqrt{D\cdot t}}\right)$$

stellt das Gauß'sche Fehlerintegral dar, das als bestimmtes Integral

$$erf(z)=\frac{2}{\sqrt{\pi}}\int_0^z e^{-y^2}\,dy$$

definiert ist. Daraus ist zu erkennen, dass die Konzentration C_x allein vom dimensionslosen Parameter $x/\sqrt{D\cdot t}$ abhängt. Vielfach wird daher der Diffusionsweg mit dem Näherungsansatz $x \approx \sqrt{D\cdot t}$ beschrieben.

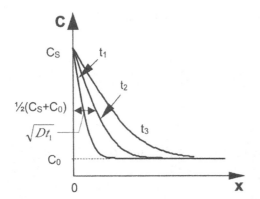

Bild 3.3.4. Konzentrationsprofile durch Diffusion zu den Zeiten $t_1 < t_2 < t_3$ in einem semi-infiniten Festkörper bei konstanter Oberflächenkonzentration C_S

Es gibt Fälle mit ähnlichen Lösungen der Differentialgleichung. Ein Beispiel ist die Entkohlung von Stahl. Die Kohlenstoffkonzentration sinkt dabei an der Oberfläche auf sehr geringe Werte ab, die durch die C-Aktivität in der Umgebung bestimmt sind. Das Kohlenstoffprofil ist gegeben durch

$$C = C_0\, erf\left(\frac{x}{2\sqrt{D \cdot t}}\right)$$

🖳 Diffus.mcd

Werden zwei semi-infinite Körper mit unterschiedlicher Konzentration des diffundierenden Elementes C_1 und C_2 miteinander verbunden und geglüht, so gilt folgende Lösung (s. auch Bild 3.3.5):

$$C = \left(\frac{C_1 + C_2}{2}\right) - \left(\frac{C_1 - C_2}{2}\right) erf\left(\frac{x}{2\sqrt{D \cdot t}}\right)$$

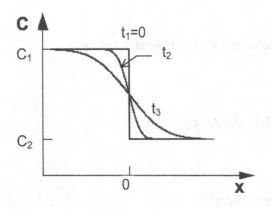

Bild 3.3.5. Konzentrationsprofile durch Diffusion zu den Zeiten $t_3 > t_2 > t_1 = 0$ in zwei miteinander verbundenen semi-infiniten Festkörpern unterschiedlicher Zusammensetzung

🖳 Diffgame.mcd

In diesem Beispiel wird die stochastische Natur der Platzwechselvorgänge illustriert.

3.3.3   Bedeutung der Diffusion

Die Diffusion ist ein wesentlicher Mechanismus bei vielen Herstellungs- und Verarbeitungsprozessen von Werkstoffen. Typische Beispiele sind:

- Aufkohlung von Stählen
- Nitrieren
- Diffusionsglühen (Homogenisieren)
- Entkohlung (Temperguss)
- Innere Oxidation
- Ausscheidungshärtung
- Verzundern
- Versprödung
- Alterung
- Sensibilisierung (Bildung von Korngrenzenkarbiden in austenitischen Stählen)
- Wasserstoffinduzierte Kaltrissbildung beim Schweißen u.a.m.

3.3.4   Anwendungsbeispiele

 🖫 aufkohl.mcd

Analytische Berechnung des C-Profils beim Aufkohlen eines Stahles

Glühtemperatur: $\qquad$ $T := (950 + 273) \cdot K$

Kohlenstoffgehalt des Grundwerkstoffs: $\quad c0 := 0.25$ $\qquad$ $R := 8.314 \dfrac{joule}{mole \cdot K}$

Kohlenstoffgehalt an der Oberfläche: $\quad c := 0.8$

Glühdauer: $\qquad$ $t := 7 \cdot hr$

$D\gamma := 2.2 \cdot 10^{1} \cdot \dfrac{mm^2}{sec} \cdot \exp\left(-\dfrac{145000 \dfrac{joule}{mole}}{R \cdot T}\right)$ $\qquad$ $D\gamma = 1.41 \bullet 10^{-11} \bullet m^2 \bullet sec^{-1}$ $\qquad$ Diffusionskonstante von C im Austenit

$i := 0 .. 40 \qquad x_i := i \cdot 0.1 \cdot mm \qquad cx_i := c - (c - c0) \cdot erf\left(\dfrac{x_i}{2 \cdot \sqrt{D\gamma \cdot t}}\right)$

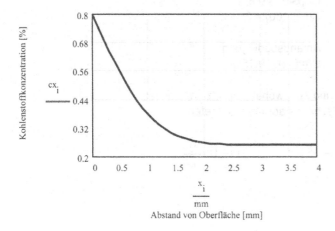

Abstand von Oberfläche [mm]

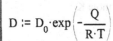

Finite-Differenzen-Methode für Diffusionsvorgänge

Anwendungsfall: Einsatzhärten (Diffusion von Kohlenstoff in Austenit)
Problemstellung: Durch numerisches Lösen der Diffusionsgleichung (= partielle Dgl. 2. Ordnung) soll der Kohlenstoffgehalt als Funktion der Tiefe für verschiedene Aufkohlzeiten ermittelt werden.

2. Fick'sches Gesetz (1-dim.): $dc/dt = D \cdot d^2c/dx^2$

Berechnung des Diffusionskoeffizienten D:

D_0 Diffusionskonstante ("Frequenzfaktor")
Q   Aktivierungsenergie
R   Gaskonstante
T   Aufkohltemperatur

$$D_0 := 0.21 \cdot \frac{cm^2}{sec} \qquad Q := 141.5 \cdot 10^3 \cdot \frac{joule}{mole}$$

$$R := 8.314 \frac{joule}{mole \cdot K} \qquad T := (850 + 273.15) \cdot K$$

aufgekohlte Bauteile

$$D := D_0 \cdot \exp\left(-\frac{Q}{R \cdot T}\right)$$

$$D = 5.511 \bullet 10^{-12} \bullet m^2 \bullet sec^{-1}$$

Berechnung mittels Finite-Differenzen-Methode

Festlegung der Anfangs- und Randbedingungen

$x := 1 .. 99$	Ortsvariable
$t := 0 .. 1000$	Zeitvariable
$c_{t,0} := 0.8$	Randbedingungen: $C(t,x=0) = 0.8\%$ $C(t,x=100) = 0.15\%$
$c_{t,100} := 0.15$	
$c_{0,x} := 0.15$	Anfangsbedingung: $C(t=0,x) = 0.15\%$

Wahl der Iterationsschritte für Ort und Zeit, wobei darauf zu achten ist, dass r<0.5 bleibt, da sonst numerische Instabilitäten auftreten.

$$\Delta h := \frac{1.5}{100} \cdot mm \qquad \Delta t := 15 \cdot sec \qquad r := D \cdot \frac{\Delta t}{\Delta h^2}$$

$$r = 0.367$$

(Fortsetzung)   💾 Einsatz.mcd

Iterationsvorschrift: $c_{t+1,x} := c_{t,x} + r \cdot \left(c_{t,x-1} - 2 \cdot c_{t,x} + c_{t,x+1} \right)$

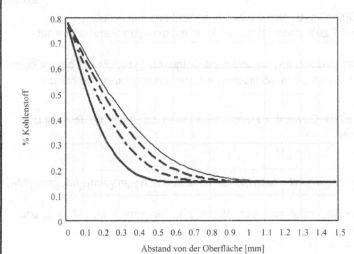

─────── C-Konzentration nach 4 Stunden
─ ─ ─ ─ C-Konzentration nach 3 Stunden
─ · ─ · C-Konzentration nach 2 Stunden
─────── C-Konzentration nach 1 Stunde

Vergleich mit der analytischen Lösung

$Ks := c_{1,0}$ $K_0 := c_{1,100}$ **Übernahme der Startwerte aus der numerischen Lösung**

$t1 := 1000 \cdot \Delta t$ $y := 0, 0.01 .. 1.5$

$$K(y) := \left(1 - \mathrm{erf}\left(\frac{y \cdot mm}{2 \cdot \sqrt{D \cdot t1}} \right) \right) \cdot (Ks - K_0) + K_0$$

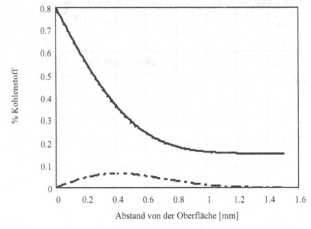

─────── Analytische Lösung (4 Stunden)
· · · · Finite Differenzenmethode (4 Stunden)
─ · ─ · Differenz obiger Kurven (Fehler x 10)

🖫 zunderdicke.mcd

Zunderdicke bei Glühen von Stählen $kJ := 1000 \cdot joule$ $R := 8.314 \dfrac{joule}{mole \cdot K}$

Bei sehr hohen Temperaturen T>1000 °C setzt sich die Zunderschicht aus den Anteilen $FeO:Fe_3O_4:Fe_2O_3$ im Verhältnis 95:4:1 zusammen, d.h. man kann mit geringem Fehler mit einer reinen Wüstit-Schicht rechnen.

Das Wachstum der Zunderschicht kann durch das parabolische Zeitgesetz $(\Delta m/A)^2 = kp \cdot t$ beschrieben werden, wobei $kp = ke \cdot \exp(-Q/RT)$ ist. ke ist die parabolischen Wachstumskonstante und hat die Einheit $[(g_{O2})^2/(cm^4 \cdot s)]$.

Nachdem es experimentell leichter ist die Gewichtszunahme zu messen, soll auch die Umrechnung auf die Zunderdicke behandelt werden.

Reaktiongleichungen:

$Fe^{2+} + O^{2-}$ --> FeO, d.h. ein Mol Fe reagiert mit einem Mol Sauerstoff, d.h. $n_{Fe} = n_O = m_{Fe}/M_{Fe} = m_O/M_O$, wobei M das Molekulargewicht ist.

Die Gewichtszunahme entspricht der Sauerstoffmasse im Wüstit, d.h. $\Delta m = m_O = m_{Fe} \cdot M_O/M_{Fe}$ und damit ergibt sich die FeO-Masse mit

$m_{FeO} = m_{Fe} + m_O = m_O(1 + M_{Fe}/M_O) = \Delta m(1 + M_{Fe}/M_O)$.

Die Umrechnung von Δm auf Oxidschichtdicke erfolgt mit: $m_{FeO} = \rho_{FeO} \cdot V_{FeO} = \rho_{FeO} \cdot A_{FeO} \cdot x_{FeO}$.

Damit ergibt sich die Beziehung $x_{FeO} = \Delta m(1 + M_{Fe}/M_O)/(A_{FeO} \rho_{FeO})$

Für Wüstit gilt: Aktivierungsenergie $Q := 125 \cdot \dfrac{kJ}{mole}$ Dichte $\rho_{FeO} := 7.75 \cdot \dfrac{gm}{cm^3}$

parabolische Oxidationskonstante $k_e := 11 \cdot \dfrac{kg^2}{m^4 \cdot sec}$

Molekulargewichte: $M_{Fe} := 55.85 \dfrac{gm}{mole}$ $M_O := 16 \cdot \dfrac{gm}{mole}$

Annahme für eine Stossofenglühung:

$T := (1200 + 273) \cdot K$ $t := 120 \cdot min$

Spezifische Gewichtszunahme: $\Delta m\_A := \sqrt{k_e \cdot \exp\left(\dfrac{-Q}{R \cdot T}\right) \cdot t}$ $\Delta m\_A = 0.171 \bullet \dfrac{gm}{cm^2}$

Zunderschichtdicke: $xFeO := \dfrac{\Delta m\_A \cdot \left(1 + \dfrac{M_{Fe}}{M_O}\right)}{\rho_{FeO}}$ $xFeO = 0.991 \circ mm$

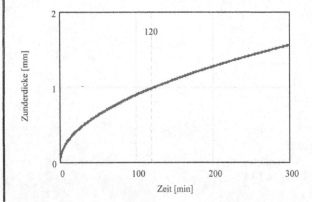

homogen.mcd

Homogenisierungsglühen zum Konzentrationsausgleich

In Gussblöcken treten bei der dendritischen Erstarrung Seigerungen langsam diffundierender Elemente auf, d.h. die zuletzt erstarrten Bereiche sind mit Elementen wie Cr, Mo etc. angereichert. Damit ergibt sich entlang der Dendritenarme eine Konzentrationsverteilung, die als sinusförmig mit $C = Cm + \beta_0 \cdot \sin(\pi \cdot x / 2\lambda)$ angenähert werden darf.

Für diesen Fall lautet die analytische Lösung

$C = Cm + \beta_0 \cdot \sin(\pi \cdot x / \lambda) \exp(-\pi^2 \cdot D \cdot t / \lambda^2)$

$kJ := 1000 \cdot joule$

Annahmen: Seigerung von Cr

$R := 8.314 \dfrac{joule}{mole \cdot K}$

Dendritenarmabstand $\qquad \lambda := 50 \cdot 10^{-3} \cdot mm$

Diffusionsdaten von Cr in γ-Fe: $\quad D0 := 1.8 \cdot 10^4 \cdot \dfrac{cm^2}{sec} \qquad Q := 405 \cdot \dfrac{kJ}{mole}$

mittlere Cr-Konzentration: $\qquad cmean := 0.8$

Amplitude der Cr-Seigerung: $\qquad \beta 0 := 0.5$

Glühtemperatur: $\quad T := (1150 + 273) \cdot K \qquad$ Glühdauer: $\quad t := 10 \cdot hr$

Diffusionskoeffizient: $\quad D := D0 \cdot \exp\left(\dfrac{-Q}{R \cdot T}\right) \qquad\qquad D = 2.445 \cdot 10^{-11} \cdot \dfrac{cm^2}{sec}$

Relaxationszeit: $\qquad \tau := \dfrac{\lambda^2}{\pi^2 \cdot D} \qquad\qquad \tau = 1.036 \cdot 10^5 \cdot sec$

Cr-Amplitude nach Glühung: $\quad \beta := \beta 0 \cdot \exp\left(\dfrac{-t}{\tau}\right) \qquad \beta = 0.353 \qquad \dfrac{\beta}{\beta 0} = 0.706$

$i := 1 .. 100 \qquad x_i := i \cdot 10^{-3} \cdot mm$

$$C_i := cmean + \beta 0 \cdot \sin\left(\pi \cdot \dfrac{x_i}{\lambda}\right) \cdot \exp\left(\dfrac{-t}{\tau}\right) \qquad C0_i := cmean + \beta 0 \cdot \sin\left(\dfrac{\pi \cdot x_i}{\lambda}\right)$$

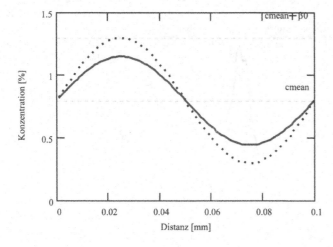

Man sieht, dass für den Konzentrationsausgleich von substitutionellen Legierungselementen sehr hohe Homogenisierungstemperaturen und lange Zeiten notwendig sind.

3.3.5 Monte-Carlo-Simulation der Diffusion

 randwa.mcd

Simulation von Diffusionsvorgängen mittels Monte-Carlo-Berechung

$$\text{InitialVec}(n) := \begin{vmatrix} \text{for } i \in 1..n \\ \quad V_i \leftarrow 0 \qquad\qquad \text{Initialisierung des Vectors V} \\ V \end{vmatrix}$$

$$\text{MC\_Schritt}(V,n) := \begin{vmatrix} p \leftarrow 50 \\ \text{for } i \in 1..n \\ \quad \begin{vmatrix} p \leftarrow p+1 \text{ if } \text{rnd}(1000) \le 500 \\ p \leftarrow p-1 \text{ if } \text{rnd}(1000) > 500 \\ p \leftarrow 1 \text{ if } p < 1 \\ p \leftarrow 100 \text{ if } p > 100 \\ V_p \leftarrow V_p + 1 \end{vmatrix} \\ V \end{vmatrix}$$

$$\text{Iteration}(V,n,m) := \begin{vmatrix} \text{for } i \in 1..m \\ \quad V \leftarrow \text{MC\_Schritt}(V,n) \\ V \end{vmatrix}$$

$V := \text{InitialVec}(100)$

$dx := 300$

$n := 20$

$V := \text{Iteration}(V, dx, n)$

$x := 1..100$

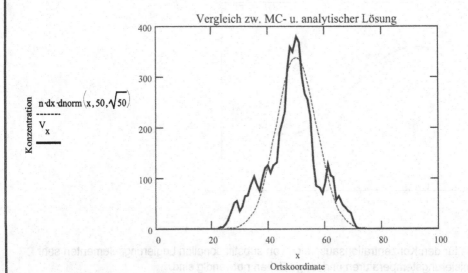

Vergleich zw. MC- u. analytischer Lösung

3.4 Umwandlungs- und Ausscheidungskinetik

Übersicht der Mathcad-Programme in diesem Abschnitt

Abschn.	Programm	Inhalt	Zusatzfile
3.4.4	Nukleation	Keimbildung	
3.4.4	Al-Cu	Aushärtung der Al-Cu-Legierungen	Al-Cu.bmp
3.4.4	Zementitaussch.	Kinetik der Zementitausscheidung	
3.4.4	Alnitrid	Ausscheidungskinetik von AlN im Ferrit	
3.4.4	VC-Diss	Auflösung von VC-Ausscheidungen	
3.4.4	NbC_Aufl	Auflösung von NbC bei hohen Temperaturen	
3.4.4	Ostwald	Teilchenvergröberung / Ostwald-Reifung	Ostwald.bmp

Phasenumwandlungen im festen Zustand sind von großer technischer Bedeutung, da über sie Gefüge und Eigenschaften der Werkstoffe gezielt verändert werden können. Ihre Abhängigkeit von den Zustandsgrößen Temperatur, Konzentration und Druck wird im *Zustandsdiagramm*, die Abhängigkeit von der Abkühlgeschwindigkeit im *Zeit-Temperatur-Umwandlungsschaubild (ZTU)* erfasst, s. Tabelle 3.4.1. Zustandsschaubilder gelten also nur für den thermodynamischen Gleichgewichtszustand bzw. nur für sehr geringe Abkühlgeschwindigkeiten. Bei den meisten technisch interessanten Vorgängen ist jedoch die Kinetik der Phasenumwandlungen von Bedeutung. Die Phasenumwandlung bzw. auch die Ausscheidung von Teilchen erfolgt dabei in drei Phasen:
- Keimbildung
- Wachstum
- Vergröberung

Tabelle 3.4.1. Thermodynamik und Kinetik der Phasenumwandlungen

Grafische Darstellung	Gefügezustand	Einflussgrößen	Beschreibung
Zustandsdiagramm	Gleichgewicht	Temperatur Konzentration Druck	Chemische Thermodynamik
ZTU-Schaubild	Ungleichgewicht	Temperatur-Zeit-Verlauf	Umwandlungskinetik Keimbildung Wachstum
Aushärtungsdiagramm			Ausscheidungskinetik Vergröberung
ZTA-Diagramm			Auflösungskinetik

3.4.1 Keimbildung

Betrachtet man die Umwandlung einer Phase β in eine Phase α, die nach Unterschreitung der Gleichgewichtstemperatur T_e einsetzt, s. Bild 3.4.1a, so ergibt sich die Treibkraft der Umwandlung aus der Differenz der Gibbs'schen Energien bzw. aus der Unterkühlung ΔT. Ob ein Keim der neuen Phase α stabil bleibt, kann durch eine energetische Betrachtung ermittelt werden. Bei Annahme eines kugelförmigen Keimes mit Radius r beträgt der Energiegewinn durch die Umwandlung

$$\Delta G_V = \Delta G \cdot 4 r^3 \pi / 3 .$$

Gleichzeitig erfordert die Schaffung neuer Oberfläche einen Energieaufwand um den Betrag

$\Delta G_S = \gamma \cdot 4r^2\pi$, wobei γ die spezifische Oberflächenenergie ist.

Aus der Bilanzierung beider Terme ergibt sich die Keimbildungsenergie ΔG_K, s. Bild 3.4.1b. Erst nach Erreichen einer kritischen Keimgröße sinkt die Keimbildungsenergie. Der kritische Radius r* ergibt sich durch Ableitung von ΔG_K nach r und Nullsetzen mit

$$r^* = -\frac{2\gamma}{\Delta G_V} = -\frac{2\gamma}{\Delta S} \cdot \frac{1}{\Delta T}$$

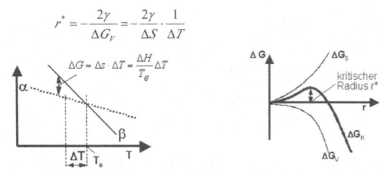

Bild 3.4.1a. Treibkraft der Umwandlung ΔG **Bild 3.4.1b.** Energiebilanz und kritischer Keimradius

Daraus ergibt sich die Anzahl der kritischen Keime mit

$$N(r^*) = N_0 \cdot \exp(-\Delta G_K(r^*)/RT) \quad \text{wobei} \quad \Delta G_K \approx \frac{1}{\Delta T^2} \text{ ist.}$$

Die Keimbildungsrate $\dot{N}$ lässt sich aus der Energiebetrachtung an der Phasengrenze ableiten, s. Bild 3.4.2. Sie ist direkt proportional zur Anzahl der Atome an der Grenzfläche N_S, der Sprungfrequenz ν, dem Anlagerungskoeffizienten η, der Anzahl der kritischen Keime $N(r^*)$ und dem Anteil der Atome mit genügender Energie für den Platzwechsel von der β- zur α-Phase, der durch die Aktivierungsenergie $G_A^{\beta\to\alpha}$ (Diffusionsfähigkeit) bestimmt ist. Damit ergibt sich die *Keimbildungsrate* mit

$$\dot{N} = N(r^*) \cdot \nu \cdot \eta \cdot N_S \cdot \exp(-G_A^{\beta\to\alpha}/RT).$$

Durch Vereinfachung ergibt sich der in Bild 3.4.3 dargestellte Zusammenhang mit zwei geschwindigkeitsbestimmenden Faktoren. Bei geringer Unterkühlung ist der erste Term dominant, d.h. die Keimbildungsrate hängt primär von der Unterkühlung ab. Der zweite Term, in dem die Diffusivität eingeht, wird erst bei wesentlich größerer Unterkühlung wirksam. Aus dem indirekten Zusammenhang zwischen dem Beginn merkbarer Ausscheidung bzw. Umwandlung ergibt sich die Umwandlungs- bzw. Ausscheidungsstartkurve, s. Bild 3.4.3. Aufgrund der charakteristischen Form spricht man auch von einer sog. „C-Kurve".

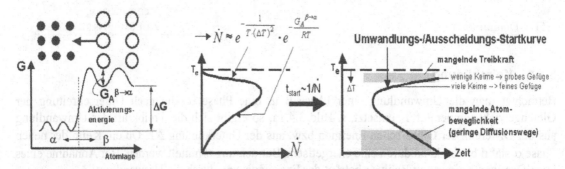

Bild 3.4.2. Energiesituation an der Phasengrenze   **Bild 3.4.3.** Herleitung der Zeit für Umwandlungs- bzw. Ausscheidungsbeginn (ZTU-Schaubild)

Bild 3.4.3 erklärt auch die dominante Wirkung der Unterkühlung auf die Gefügeausbildung. Eine stärkere Unterkühlung führt zu einem kleineren kritischen Keimradius, somit zu einer kürzen Zeit für die Keimbildung und auch zu einer größeren Anzahl von Keimen pro Zeiteinheit. Insgesamt führt dies zu einem wesentlich feineren Gefüge mit verbesserten mechanischen Eigenschaften.

Die Annahme eines kugelförmigen Keims, der sich innerhalb einer Mutterphase bildet (= homogene Keimbildung), trifft eher selten zu. Vielmehr erfolgt eine *heterogene Keimbildung* ausgehend von Phasengrenzen oder artfremden Grenzflächen. Dieser Fall wird im Mathcad-Beispiel „Nucleation" dargestellt.

3.4.2 Wachstumskinetik neugebildeter Phasen

Entsprechend der Darstellungen im Bild 3.4.2 ist die Anlagerung neuer Atome am kritischen Keim proportional der Atomübergänge von der Phase β zur Phase α, wofür jedes Mal die Aktivierungsenergie $\Delta G_A^{\beta \to \alpha}$ aufgewendet werden muss. Mit der Sprungfrequenz ν und der Treibkraft ΔG der Umwandlung ergibt sich die Wachstumsrate ($\sim$ atomarer Nettofluss) mit:

$$\dot{R} = const \cdot \nu \cdot \exp\left(-\frac{\Delta G_A^{\beta \to \alpha}}{RT}\right) \cdot \frac{\Delta G}{RT} \quad \text{bzw. vereinfacht} \quad \dot{R} = const \cdot D \cdot \Delta T,$$

wobei D der Diffusionskoeffizient für Korngrenzendiffusion ist. Die Temperaturabhängigkeit der Wachstumsrate ist daher ähnlich zu jener der Keimbildung, d.h. bei geringer Unterkühlung ergibt sich ein lineares Wachstum ($r \sim t$), d.h. das Volumen nimmt mit t^3 zu.

Fasst man die Keimbildung und das Wachstum einer neuen Phase in einer Gesamtkinetik zusammen, so ergibt sich die sog. *Johnson-Mehl-Avrami-Gleichung* mit

$$f_\alpha = \frac{V_\alpha}{V_\alpha + V_\beta} = 1 - \exp\left(-b \cdot t^n\right),$$

wobei f_α der Volumenanteil oder der Umwandlungsgrad ist. Im Faktor b ist die Keimbildungsrate und die Wachstumsrate inkludiert. Der Exponent n nimmt für gleichmäßig fortlaufende Keimbildung ($N \sim t$) den Wert 5/2 an, während für einmalige (spontane) Keimbildung ($N = const.$) der Exponent n theoretisch gleich 3/2 ist. Ein typischer zeitlicher Verlauf einer Phasenumwandlung ist in Bild 3.4.4 dargestellt.

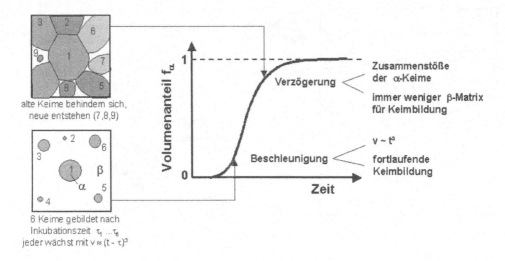

Bild 3.4.4. Gesamtkinetik einer Phasenumwandlung, beschreibbar mit der Johnson-Mehl-Avrami-Gleichung

3.4.3   Ausscheidungshärtung (Aushärtung)

Eine sehr wirksame Methode zur Festigkeitssteigerung besteht in der Behinderung der Versetzungsbewegung durch sehr fein in der Matrix verteilte Teilchen. Voraussetzung für die Möglichkeit einer
Ausscheidungshärtung ist ein Zustandsdiagramm, welches bei höherer Temperatur einen Mischkris-
tallbereich und eine mit sinkender Temperatur abnehmende Löslichkeit für das Legierungselement
aufweist. Die Vorgänge sollen anhand des Zweistoffsystems Al-Cu beschrieben werden, siehe Bild
3.4.5. Wird eine Legierung mit 3% Cu bei Temperaturen von etwa 550 °C geglüht, so bildet sich bei
dieser Temperatur ein homogener Mischkristall. Wird nun langsam auf Raumtemperatur abgekühlt,
so entsteht ein Zweiphasengefüge mit groben Al_2Cu-Ausscheidungen, die hinsichtlich einer Festigkeitssteigerung unwirksam sind. Bei schneller Abkühlung liegt bei Raumtemperatur ein metastabiler,
an Cu-Atomen übersättigter Mischkristall vor. Durch mäßige Erwärmung können die Cu-Atome
diffundieren und Ausscheidungen bilden. Bei diesem Aushärteprozess kann es je nach Auslagerungs-
temperatur und -zeit zu einer homogenen, meist *kohärenten* Ausscheidung im Kristallgitter (keine
Phasengrenzfläche, d.h. gleiche Gitterebenen wie Matrix) oder zu einer heterogenen Keimbildung an
Gitterfehlstellen in *inkohärenter* Form kommen. Bei höheren Auslagerungstemperaturen und längeren Zeiten bilden sich stabilere, gleichgewichtsnahe und grobe Ausscheidungen, die zu starken Fes-
tigkeitsverlusten führen. In diesem Falle spricht man von *Überalterung*.

Die Ausscheidungskinetik als Funktion von Temperatur und Zeit lässt sich im Zeit-Temperatur-
Ausscheidungsschaubild als C-Kurve für den Ausscheidungsbeginn beschreiben. Liegen mehrere
Zwischenformen vor, so kann jeder Phase eine eigene C-Kurve zugeordnet werden; die sich auch
überlappen können. Dies trifft auch beim Al-Cu-System zu. Es bilden sich zunächst einschichtige,
kohärente Atomlagen auf {100}-Ebenen (sog. *Guinier-Preston/GP -Zonen*), dann mehrschichtige,
parallel angeordnete GPII-Zonen, dann eine teilkohärente θ'-Phase und schließlich die Gleichge-
wichtsphase θ (= Al_2Cu). Wird die Wärmebehandlung auf zwei unterschiedlichen Temperaturniveaus
durchgeführt, so können bimodale (grobe und feine) Ausscheidungsstrukturen eingestellt werden.
Dieser Mechanismus wird bspw. bei einigen hochwarmfesten Nickelbasislegierungen genutzt. Er-
gänzend sei hier noch angeführt, dass die Entmischung nach einer Kaltumformung (= Erhöhung der
Leerstellendichte) schneller abläuft.

Direkt mit dem Ausscheidungszustand sind die mechanische Eigenschaften korreliert, die von der
Menge, Größe und Gitterkohärenz der Teilchen abhängen. Der zeitliche Verlauf bei einer Warmaushär-
tung einer AlSiMg-Legierung bei verschiedenen Aushärtungstemperaturen zeigt Bild 3.4.6.

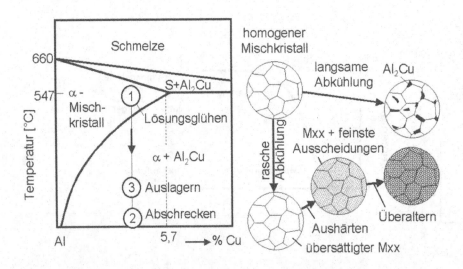

Bild 3.4.5. Prinzip der Ausscheidungshärtung und Gefügezustände in Abhängigkeit der Wärmebehandlung

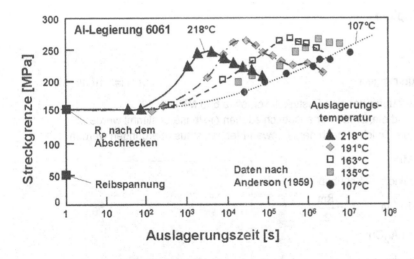

Bild 3.4.6. Einfluss unterschiedlicher Auslagerungstemperaturen und Auslagerungszeiten auf die Höhe der Streckgrenze einer AlMgSi-Legierung

Deutlich erkennbar ist die Ausbildung eines Streckgrenzenmaximums, das mit zunehmender Aushärtetemperatur zu kürzeren Zeiten verschoben ist und geringeren Festigkeitszuwachs zeigt.

3.4.3.1   Aushärtbare Legierungssysteme

Der Aushärtungsmechanismus ist insbesondere für jene Legierungssysteme interessant, die keine polymorphe Umwandlung aufweisen bzw. in einem weichen Zustand vorliegen. Aber auch bei Stählen wird diese Maßnahme zur zusätzlichen Festigkeitssteigerung genutzt. Tabelle 3.4.1 gibt einen Überblick über bedeutungsvolle Legierungssysteme, die meist im ausgehärteten Zustand eingesetzt werden.

Tabelle 3.4.1. Übersicht einiger aushärtbarer Legierungssysteme

Legierungssystem	Ausscheidende Phase	Lösungs-temperatur [°C]	Aushärte-temperatur [°C]	Typische Anwendungen
AlCuMg (2xxx)	GP-Zonen, Al_2Cu $(\Theta'',\Theta',\Theta)$	500	25 od. 160	Flugzeugbau
AlMgSi (6xxx)	Mg_2Si	530	150-170	Stranggussprofile
AlZnMg (Cu) (7xxx)	$MgZn_2$	465	100 + 150	Sportgeräte
Nickelbasislegierungen	$Ni_3(Al,Ti)= \gamma'$	1150	850	Gasturbinenschaufeln
CuBe2	γ	750-900	200-300	Federn
CuCrZr		900-1000	400-500	Punktschweißelektroden
TiAl5Sn2,5 $(\alpha+\beta)$	Intermetall. Phasen	950	450	Feinmech., Medizintechnik
Maraging Stähle	intermetall. Phasen	800-850	450-500	höchstbeanspruchte Teile
Warmfeste Stähle	Mo_2C, V_4C_3	900	550-600	Kraftwerkskomponenten
17-4(7)PH-Stähle	Cu, Ti, Al, Nb, Ta	1050	550	korrosionsbest. Federn
Schnellarbeitsstähle	Sonderkarbide	1150	600	Werkzeuge
AFP-Stähle	V(C,N)	900	600	Pleuel, Schmiedeteile
höherfeste Feinkorn-stähle	Ti(C,N), Nb(C,N),	1200	850, 600	Druckrohrleitungen
Bake-hardening-Stähle	ε-Karbid, Zementit	650	170	Karosseriebleche

3.4.4 Anwendungsbeispiele

🖫 Al-Cu.mcd

Aushärtung von Al-Cu-Legierungen $MPa := 1 \cdot 10^6 \cdot Pa$

Eine Al-Cu-Legierung mit 4% Kupfer hat eine Festigkeit von etwa 600 MPa.
Es soll der Teilchenabstand und die Größe der ausgeschiedenen Θ-Phase bestimmt werden.
Es wird angenommen, dass die Teilchen nach dem Orowan-Mechanismus übergangen werden

Eingabedaten: $Rm := 600 \cdot MPa$

Schubmodul: Burgersvektor: Schubspg.:

$G := 27.6 \cdot 10^9 \cdot Pa$ $b := 0.25 \cdot 10^{-9} \cdot m$ $\tau := \dfrac{Rm}{2}$

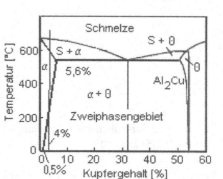

Dichte von Al: Dichte von Al_2Cu:

$\rho\alpha := 2700 \dfrac{kg}{m^3}$ $\rho\theta := 4430 \dfrac{kg}{m^3}$

Teilchenabstand: $\lambda := G \cdot \dfrac{b}{\tau}$ $\lambda = 2.3 \cdot 10^{-8}$ •m

Gewichtsprozent α-Phase: $w\alpha := \dfrac{54 - 4}{54 - 0.5} \cdot 100$ $w\alpha = 93.458$

Gewichtsprozent θ-Phase: $w\theta := \dfrac{4 - 0.5}{54 - 0.5} \cdot 100$ $w\theta = 6.542$

Volumen der α-Phase: $V\alpha := \dfrac{w\alpha \cdot kg}{\rho\alpha}$ $V\alpha = 0.035$•m^3

Volumen der θ-Phase: $V\theta := \dfrac{w\theta \cdot kg}{\rho\theta}$ $V\theta = 1.477 \cdot 10^{-3}$ •m^3

Volumenanteil der θ-Phase: $f := \dfrac{V\theta}{(V\alpha + V\theta)}$ $f = 0.041$

Unter Annahme von kugelförmigen
θ-Ausscheidungen ergibt sich $r := \dfrac{3 \cdot f \cdot \lambda}{4 \cdot (1 - f)}$ $r = 7.359 \cdot 10^{-10}$ •m
der Teilchenradius mit

🖫 Nucleation.mcd

Dieses Mathcad-Programm zeigt die Energiebilanz für die Bildung eines kritischen Keims.

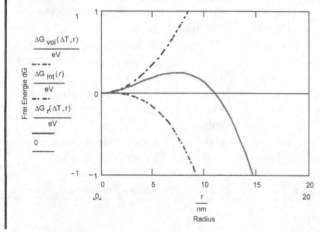

Zementitausscheidung.mcd

In Weiterführung der thermodynamischen Berechnung des Tertiärzementitbereichs (s. Abschn. 3.2) wird in diesem Programm zusätzlich die Kinetik der Zementitausscheidung berechnet. Diese Ausscheidung spielt eine Rolle bei modernen Feinblechen aus sog. bake-hardening-Stählen, die bei der Umformung noch ca. 50 ppm Kohlenstoff in Lösung haben und die beim anschließenden Lackeinbrennlackieren zunächst durch die Wechselwirkung zwischen Versetzungen und dem Kohlenstoff (Cottrell-Effekt) und bei höherer Temperatur und längerer Zeit über die Zementitausscheidung verfestigt werden.

Ausscheidungskinetik des Zementits bei isothermen Bedingungen

Theoretischer Hintergrund: Der Werkstoff wird im Zustand, in dem der C vollständig gelöst ist, auf eine gewünschte Temperatur schnell abgekühlt und dort auf dieser Temperatur gehalten

Dieser Vorgang ist durch 3 Mechanismen definiert:
a) Keimbildung
b) Wachstum
c) Vergröberung (wurde hier nicht berücksichtigt)

Physikalische Grundlagen: - Keimbildungsrate (~ Keime / Zeit und Volumen)
- Keimwachstum
- Df (Treibkraft zur Zementitbildung)

Parameterfestlegung:

Anzahl der Zeitschritte:	$ns := 350$
Zeitintervall in Sekunden:	$dt := 10$

Temperatur:	$T := 200$	$Tsol(wc) = 655.80697$
Ausgangskonzentrat:	$Xc0 := X(wc)$	$X(wc) = 3.3916 \cdot 10^{-4}$
Gleichgewichtskonzentrat.:	$Xce := Res(T, wc)$	$XM = 1 \cdot 10^{-5}$
Keimbildungsparameter:	$\beta := 4.0 \cdot 10^{37}$	
Diffusionskoeffizient:	$D0 := 2 \cdot 10^{-6}$	
Aktivierungsenergie:	$Q := 84000$	
Boltzmannkonstante:	$k := 1.38 \cdot 10^{-23}$	

Diffusivität:	$D(T) := D0 \cdot e^{-\dfrac{Q}{R \cdot (T+273)}}$	$D := D(T)$
Molvolumen:	$vm := 2.5 \cdot 10^{-5}$	
spez. Grenzflächenenergie:	$\sigma := 0.11$	

Zwischenspeichervariablen:

Datenarray:	$A_{ns,2} := 0$
Zementitanteil	$fcem := 0$
Treibkraft	$Df := 0$
aktuelle Kohlenstoffkonzentration in der Matrix	$Xc := 0$
kritische Keimbildungsenergie	$Gkrit := 0$
kritischer Keimradius	$rkrit := 0$

(Fortsetzung) 💾 Zementitausscheidung.mcd

Lösungsalgorithmus zur Bestimmung von fcem in Abhängigkeit der Zeit unter Zuhilfenahme der MathCad-Programmierung:

$$Res(A) := \quad \text{for } i \in 0, 1.. \, ns$$

$$A_{i,0} \leftarrow 0$$

$$A_{i,1} \leftarrow 0$$

$$A_{i,2} \leftarrow 4 \cdot Xc0$$

$$\text{for } i \in 0, 1.. \, ns$$

$$fcem \leftarrow \frac{4}{3} \cdot \frac{\pi}{vm} \cdot \sum_{j=0}^{i} A_{j,0} \cdot \left(A_{j,1}\right)^3$$

$$Xc \leftarrow Xc0 - \frac{1}{4} \cdot fcem$$

$$\text{break if } Xc \leq 0$$

$$\text{for } j \in 0, 1.. \, i$$

$$A_{j,1} \leftarrow \sqrt{\left(A_{j,1}\right)^2 + 2 \cdot (Xc - Xce) \cdot D \cdot dt}$$

$$Df \leftarrow R \cdot (T + 273) \cdot 0.25 \cdot \ln\left(\frac{Xc}{Xce}\right)$$

$$Gkrit \leftarrow 16 \cdot \frac{\pi}{3} \cdot \frac{(\sigma)^3}{Df^2} \cdot vm^2$$

$$rkrit \leftarrow 2 \cdot \frac{\sigma}{Df} \cdot vm$$

$$A_{i,0} \leftarrow \beta \cdot D \cdot (Xc0 - Xce) \cdot e^{-\frac{Gkrit}{k \cdot (T + 273)}}$$

$$A_{i,1} \leftarrow rkrit$$

$$A_{i,2} \leftarrow fcem$$

$$A$$

$$i := 1.. \, ns \qquad fcem := Res(A)$$

Ergebnis: Zementitgehalt in Abhängigkeit der Zeit für T=200 °C

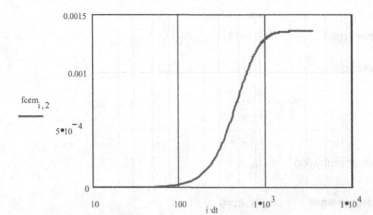

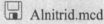

Ausscheidungskinetik von Aluminiumnitrid im Ferrit

$R := 8.31$

Modifizierte Avrami-Gleichung:

$$X = 1 - \exp\left(-K \cdot T \cdot \exp\left(-\frac{U + W(T)}{R \cdot T}\right) \cdot D(T)^{\frac{3}{2}} \cdot t^k\right)$$

wobei X die Phasenmenge, T die abs.Temperatur, U die Aktivierungsenergie für Al-Diffusion in Ferrit, W(T) die Keimbildungsenergie, D(T) der Diffusionskoeffizient, t die Zeit, R die Gaskonstante, k der Avrami-Exponent und K eine Fitkonstante ist.

$$U := 228200 \quad [J/mol] \quad K := 1.19 \cdot 10^{34} \quad k := \frac{3}{2} \quad D(T) := 1.8 \cdot 10^{-4} \cdot \exp\left(-\frac{U}{R \cdot T}\right)$$

Für die Oberflächenenergie wird $\sigma3 = 16/3 \cdot \pi \cdot V_m{}^2 \cdot Na \cdot \sigma^3$ gesetzt, wobei Vm das Molvolumen, Na die Avogadro-Zahl und σ die spezifische Oberflächenenergie zwischen dem Nitrid-Teilchen und dem Ferrit ist.

$$w\_Al := 0.08 \quad [wt\%] \qquad w\_N := 0.006 \quad [wt\%] \qquad \sigma3 := 6.103 \cdot 10^{14}$$

Krit. Keimbildungsenergie:

$$W(T) := \frac{\sigma3}{\left[\ln(10) \cdot \left(5.806 - \frac{13563}{T}\right) - \ln(w\_Al \cdot w\_N)\right]^2 \cdot (R \cdot T)^2}$$

Avrami-Funktion für die AIN-Ausschei-dungskinetik:

$$X(T, t) := 1 - \exp\left(-K \cdot T \cdot \exp\left(-\frac{U + W(T)}{R \cdot T}\right) \cdot D(T)^{\frac{3}{2}} \cdot t^k\right)$$

Betrachtetes Zeitintervall

$$t := 0, 5 .. 100$$

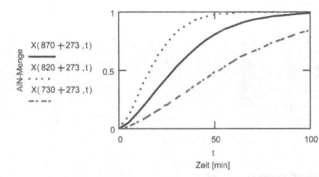

AIN-Menge

X(870 + 273, t)

X(820 + 273, t)

X(730 + 273, t)

t
Zeit [min]

Zeitliche Entwicklung der AIN-Ausscheidungen bei 730, 820 und 870°C.

$$\tau(T, X) := \left(\frac{-\ln(1 - X)}{K \cdot \exp\left(\frac{-U - W(T)}{R \cdot T}\right) \cdot T \cdot D(T)^{\frac{3}{2}}}\right)^{\left(\frac{1}{k}\right)}$$

Die Zeitdauer t bis X Anteile der Ausscheidung bei konstanter Temperatur erreicht sind.

Mit dieser Funktion können die "C-Kurven" für bestimmte Mengenanteile (bspw. 0.1, 0.5 und 0.9) als Funktion der Temperatur graphisch dargestellt werden.

Festlegung des Temperaturbereiches in[K] und der Schrittweite:

$$T := 873, 883 .. 890 + 273$$

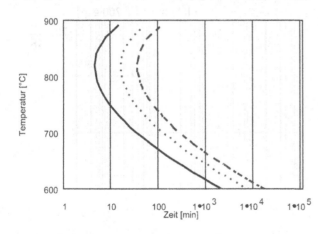

Temperatur [°C]

Zeit [min]

Berechnetes Ausscheidungsdiagramm für AIN in Ferrit

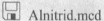

$$\int_0^t \frac{1}{\tau(T(tt),X)}\,dtt = 1$$

Zur Berechnung der Ausscheidungen
bei kontinuierlicher Abkühlung
wird die Avrami-Gl. integriert:

Zur Bestimmung der Ausscheidungsmenge als Funktion der Temperatur und Zeit kann die MathCad-Funktion root (f(x),x) zur Nullstellenbestimmung verwendet werden.

Startwert: x := 0.01

$$Xx(TT,t) := root\left(\int_0^t \frac{1}{\tau(TT(tt),x)}\,dtt - 1, x\right)$$

darin beschreibt TT(tt)
die Kühlkurve

Wir betrachten nun zwei Fälle: a) Abkühlung von Haspeltemperatur 750°C und b) von 700°C.

$$T1(t) := 273 + 750 \cdot exp\left(\frac{t}{-1000}\right) \qquad T2(t) := 273 + 700 \cdot exp\left(\frac{t}{-1000}\right)$$

Nun wird die Ausscheidungsmenge nach einer Kühlzeit von 50, 100, ... , 300 min berechnet.
Die Ausscheidungsmengen werden im Vektor X gespeichert. Zuvor muss noch der Eingabe-
startwert x stets neu definiert werden, da die Funktion root(...) eine iterative Methode ist.

$$i := 1..6 \quad tt(i) := i \cdot 50 \quad x := 0.1 \quad X1_i := Xx(T1, tt(i)) \quad x := 0.02 \quad X2_i := Xx(T2, tt(i))$$

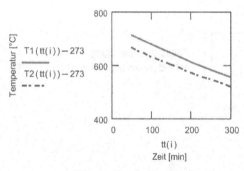

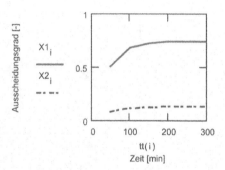

Einfluss der Haspeltemperatur auf den Ausscheidungsgrad von AlN

X(600 + 273, 500) = 0.013   (Bereichsvariable Tc und Kühlkurve T3(t)):

$$Tc := 650, 660..780 \quad x := 0.004 \qquad T3(t) := 273 + Tc \cdot exp\left(\frac{t}{-1000}\right)$$

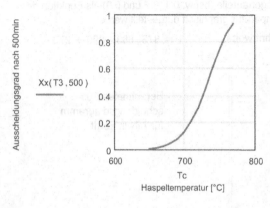

Einfluss der Abkühlrate KR

$$KR := 5, 10..30 \qquad x := 0.9$$

$$T4(t) := 273 + 700 \cdot exp\left(\frac{t}{-700 \cdot \frac{60}{KR}}\right)$$

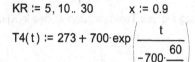

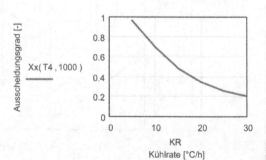

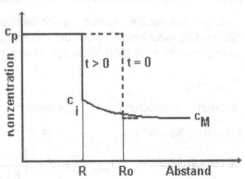

Auflösung von VC-Ausscheidungen

VC-Diss.mcd

Lösung des 2.Fick'schen Gesetzes: $dc/dt = D \cdot d^2c/dx^2$

Randbedingungen: $c(r-R, t) = c1$ $0 < t < \infty$

$\qquad\qquad\qquad c(r, t=0) = c_M$ $r > R$

$\qquad\qquad\qquad c(r=\infty, t) = c_M$ $0 < t < \infty$

Stoffbilanz an der Grenzfläche: $(c_p - c_I) \cdot dR/dt = D \cdot (dc/dr)$

Wenn $(c_p - c_M) >> (C_I - c)$, dann variiert R kaum mit der Zeit.
Für diesen Fall ist die Gesamtauflösungsdauer gleich

$t = R^2/(k \cdot D)$, mit der Übersättigung $k = 2(C_I - C_M)/(c_p - c_M)$.

Beispiel: Bestimme die Zeit für die diffusionskontrollierte Auflösung von 0,5 µm großen
$\qquad\qquad V_4C_3$-Teilchen im Austenit bei 1200°C.

$Q := 263.76$ kJ/mol $A := 2.5 \cdot 10^{-5}$ m²/s $R := 0.5 \cdot 10^{-6}$ $T := 1473$ K $Rg := 8.31$ J/Kmol

Matrixkonz. an Grenzfläche Teilchen/Matrix $c_I := 2.7$ wt.% V

Matrixkonz. weit entfernt vom Teilchen $c_M := 0.12$ wt.% V

V-Konzentration des Teilchens $c_p := 57$ wt.% V

$k := 2 \cdot \dfrac{c_I - c_M}{(c_p - c_M)}$ $k = 0.0907$ $D := A \cdot \exp\left(-\dfrac{Q \cdot 1000}{Rg \cdot T}\right)$ $D = 1.096 \cdot 10^{-14}$

$tD := \dfrac{R^2}{k \cdot D}$ $tD = 251.4482$ $\dfrac{tD}{60} = 4.1908$ min.

Grafische Darstellung der Temperaturabhängigkeit der Auflösung

$i := 1..20$ $TT_i := 1100 + i \cdot 10 + 273$ $DD_i := A \cdot \exp\left(\dfrac{-Q \cdot 1000}{Rg \cdot TT_i}\right)$ $tD_i := \dfrac{R^2}{k \cdot DD_i}$

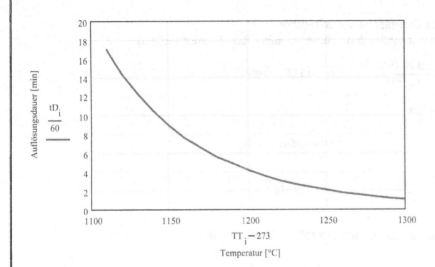

Auflösungsdauer [min] $\dfrac{tD_i}{60}$

$TT_i - 273$
Temperatur [°C]

Auflösung von NbC-Teilchen bei hohen Temperaturen

Aufgabenstellung: Zur Vermeidung der Grobkornbildung von Feinkornbaustählen werden diese mit Nb mikrolegiert. Es soll die Auflösungszeit der feinen Nb-Karbid-Ausscheidungen im Austenitgebiet bei 1300 °C berechnet werden.

Eingabedaten

$R := 8.314$

Stahlzusammensetzung: Temperatur:

$C := 0.08$ $Nb := 0.04$ $T := 1300$

Diffusionskoeffizient $D_{Nb} := 5.9 \cdot 10^4 \cdot \exp\left[\dfrac{-343009}{R \cdot (T + 273)}\right]$ $D_{Nb} = 2.4 \bullet 10^{-7}$ $\dfrac{mm^2}{s}$

Ausgangsgröße des Nb C-Teilchens: $r0 := 100 \cdot 10^{-6}$ [mm]

Atomgewichte: $AGNb := 92.9$ $AGC := 12.0$

Lösungsweg

Die Auflösungsgeschwindigkeit wird von der Diffusion von Nb im Austenit bestimmt und ist abhängig von der Übersättigung bzw. dem Konzentrationsprofil an der Grenzfläche Teilchen/Matrix.

Übersättigung $\alpha = (ci-cm)/(cp-ci)$

Für die allgemeine Teilchenzusammensetzung $Nb_nC_m = nNb + mC$ gilt allgemein für die freie Gibbs-Energie mit [a] für die Aktivität und K für das Löslichkeitsprodukt

$\Delta G° = \Delta H° - T\Delta S° = -RT\ln K = -RT(\ln(10))\log([a_{Nb}]^n \cdot [a_C]^m / a_{NbC})$ wobei $a_{NbC} = 1$

$\log[\%Nb]^n * [\%C]^m = \Delta S°/R*\ln(10) - \Delta H°/RT\ln(10) = A - B/T$ ... Löslichkeitsprodukt

Auflösungstemperatur von NbC: $T = B/(A - \log[\%Nb]*[C])$ $A := 2.26$ $B := 6770$

$Taufl := \dfrac{B}{A - \log(Nb \cdot C)}$ $Taufl - 273 = 1.151 \bullet 10^3$ [°C]

Nb-Konzentration an der Grenzfläche Matrix/Teilchen
(unter der Annahme eines inkohärenten Teilchens - kein Gibbs-Thomson-Effekt)

$ci := \dfrac{\exp(A \cdot \ln(10))}{C} \cdot \exp\left(-\dfrac{B \cdot \ln(10)}{T + 273}\right)$ $ci = 0.113$ Gew.%

Nb-Konzentration im Teilchen

$cp := \dfrac{AGNb}{(AGNb + AGC)} \cdot 100$ $cp = 88.561$ Gew.%

Nb-Übersättigung $\alpha := \dfrac{ci}{cp}$ $\alpha = 1.276 \bullet 10^{-3}$

Auflösungzeit bei Temp. T ergibt sich aus $r^2 = ro^2 - 2\,\alpha \cdot D$, wobei r=0:

$taufl := \dfrac{r0^2}{2 \cdot \alpha \cdot D_{Nb}}$ $taufl = 16.332$ [s]

Ostwald.mcd

Teilchenvergröberung bzw. Ostwald-Reifung

Gesetz nach Wagner, Lifshitz und Slyozov:

$d^3 - d_0^3 = k \cdot t$ mit $k = \alpha \cdot D \cdot \gamma \cdot c_0 \cdot V_m^2 / (R.T)$

α Konstante α = 8/9 für kugelförmige Teilchen, α = 64/9 für würfelförmige Teilchen
D Diffusionskoeffizient der langsamsten Atomsorte im Teilchen
γ spezifische Phasengrenzflächenenthalpie zwischen Matrix u. Teilchen [J/m²]
c_0 Sättigungskonzentration des teilchenbildenden Legierungselements
V_m Molvolumen des Teilchens [m³/mol]

d.h. niedrige Vergröberungsrate beim Legieren von Nibas-Leg. mit Ta, geringer Fehlpassung zwischen γ und γ', sowie geringer Löslichkeit der teilchenbildenden Elemente in der Matrix.

Beispiel: Vergröberung der γ'-Phase (= Ni_3Al) in Nickelbasislegierungen:

aus obiger Gleichung gilt für $k = C \cdot D / T$ mit $D = D_0 \cdot exp(-Q/RT)$. Durch Logarithmieren ergibt sich

$\log(k) = C1 - 0{,}434 \cdot Q/R \cdot 1/T$

Für eine typische Gasturbinen-Schaufel-Legierung wie bspw. IN738LC mit ca. 40 bis 45 Vol.% γ'-Anteil gilt für den monodispersen Dendritenkernbereich:

$\log(k) = 15.89 - 14500 \cdot 1/T$ mit k [nm³/s] und T [K]

Die leicht gekrümmte Kurve kann mit

$\log(k) = -13.96 + 0.00994 \cdot T[C]$ beschrieben werden.

Eingabedaten:

$TC := 900$ [°C] $t := 30000$ [h]

$lgk := -13.96 + 0.00994 \cdot TC$ $k := 10^{lgk}$ $k = 9.683 \cdot 10^{-6}$ [µm³/h]

$d0 := 0.3$ µm

$d := \sqrt[3]{8 \cdot k \cdot t + d0^3}$ $d = 1.33$

Für praktische Fragestellung, wie z.B. Ermittlung der Temperatur aus der Größe der γ'-Phase ergibt sich aus den obigen Gleichungen

$T\ [°C] = 1404 + 100{,}6 \cdot \log[(d^3 - d0^3)/8 \cdot t[h]]$ mit d in µm

(Fortsetzung)   Ostwald.mcd

Grafische Darstellung

a) Teilchengröße nach 30000 h $t = 3 \cdot 10^4$ $d0 = 0.3$ $i := 1 .. 20$ $dT_i := d0 + i \cdot 0.1$

$$TC_i := 1404 + 100.6 \log\left[\frac{\left(dT_i\right)^3 - d0^3}{8 \cdot t}\right]$$

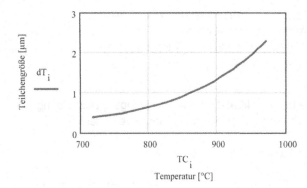

b) Teilchengröße bei 900 °C $j := 0 .. 5$ $tt_j := 10^j$ $k = 9.683 \cdot 10^{-6}$

$$d_j := \sqrt[3]{8 \cdot k \cdot tt_j + d0^3}$$

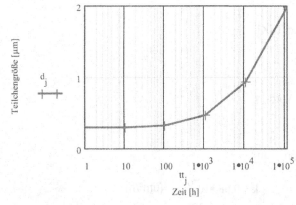

Ausgangsgefüge (kubische γ'-Phase)

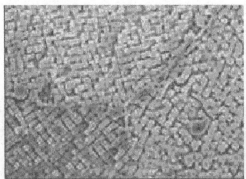

Gefüge nach 25.000 Stunden (runde γ'-Phase) und Karbidvergröberung an der Korngrenze

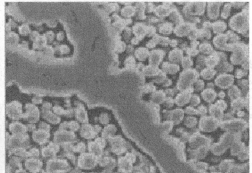

3.5 ZTU-Verhalten niedriglegierter Stähle

Übersicht der Mathcad-Programme in diesem Abschnitt

Abschn.	Programm	Inhalt	Zusatzfile
3.5.2	dilat	Auswertung von Dilatatometerversuchen	vadil03.txt
3.5.3	TTT_CCT	Vorhersage eines kontinuierlichen ZTU-Schaubildes ausgehend von einem isothermen Umwandlungsschaubild	TTT.dat
3.5.4	Umwtemp	Berechnung von Ac3, Ac1, Ps, Bs und Ms als Funktion der chemischen Zusammensetzung	
3.5.4	Mstemp	Berechnung der Martensit-Starttemperatur aus der chemischen Zusammensetzung	Ms_Temp.dat
3.5.4	Martvol	Berechnung der Martensitmenge als Funktion der Unterkühlung	
3.5.4	Avrami	Anpassung der Parameter k und n der Avrami-Gl. an Messdaten	avrami.dat
3.5.4	Perlit	Berechnung der Perlitumwandlung des Perlits	
3.5.4	Jominy	Härte als Funktion des Abstandes von der Stirnfläche	

3.5.1 Isothermes ZTU-Schaubild

Die mathematischen Grundlagen zur Darstellung des Umwandlungsverhaltens von Stählen in Form von *Zeit-Temperatur-Umwandlungs- (ZTU-) Schaubildern* basieren einerseits auf dem thermodynamischen Gleichgewicht und andererseits auf der Keimbildung und dem Wachstum der diffusionskontrolliert ablaufenden Umwandlungen von Austenit in Ferrit, Perlit und Zwischenstufe. Zudem tritt noch der Spezialfall der martensitischen Umwandlung hinzu. Eine Übersichtsdarstellung der wesentlichen Berechnungsschritte zur Ermittlung der Änderungen im Zustandsdiagramm bei niedriglegierten Stählen und in weiterer Folge des isothermen ZTU-Diagrammes zeigt Bild 3.5.1.

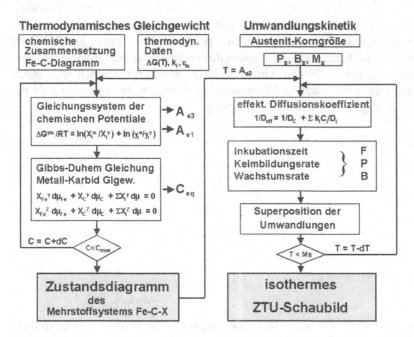

Bild 3.5.1. Flussdiagramm zur Berechnung des Mehrkomponenten-Zustandsdiagramms und des isothermen ZTU-Schaubildes

Eine Gegenüberstellung der Vorgangsweise bei der experimentellen Ermittlung und jener bei der numerischen Berechnung eines isothermen ZTU-Diagrammes zeigt Bild 3.5.2.

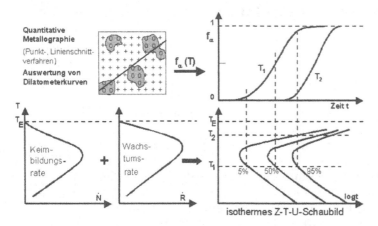

Bild 3.5.2. Experimentelle und numerische Herleitung des isothermen ZTU-Schaubildes

3.5.2 ZTU-Schaubild für kontinuierliche Abkühlung

Viele Wärmebehandlungen lassen sich besser mit dem ZTU-Schaubild für kontinuierliche Abkühlung beschreiben. Je nach Dimension des Bauteils, Abkühlmittel und Position eines zu betrachtenden Punktes im Bauteil ergibt sich jeweils eine typische Kühlkurve. Durch Vergleich mit einem gemessenen kontinuierlichen Schaubild können die Umwandlungspunkte und die resultierende Gefügezusammensetzung abgelesen werden. Zur Ermittlung eines kontinuierlichen ZTU-Schaubildes wird vielfach die Längenänderung (=Dilatation) im Zuge der Abkühlung gemessen.

🖫 dilat.mcd

Dieses Programm soll Unterstützung für die Ermittlung von Umwandlungstemperaturen und der Phasenmengen durch Auswertung von Dilatometerversuchen geben. Nach Glättung der Rohdaten erfolgt eine thermische Analyse und Ermittlung der Umwandlungsstarttemperatur, sowie eine Linearisierung der Ausdehnungskoeffizienten für den Austenit und für den Ferrit. Danach wird durch Anwendung des Strahlensatzes der umgewandelte Phasenanteil als Funktion der Temperatur dargestellt. Die Bilder 3.5.3 bis 3.5.6 zeigen Beispiele der Auswertung.

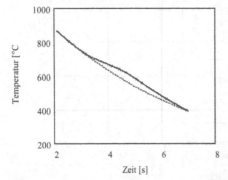

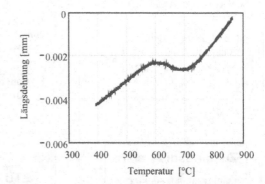

Bild 3.5.3. Thermische Analyse – Vergleich der aktuellen Kühlkurve (durchgezogen) mit einer angepassten Newton-Kühlkurve (=>Umwandlungsstart)

Bild 3.5.4. Eingabedaten und Glättung der Längsdilatation über der Temperatur

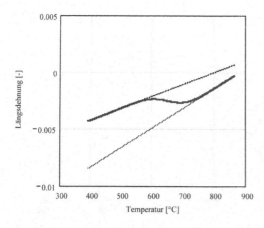

Bild 3.5.5. Anwendung des Strahlensatzes zur Ermittlung der umgewandelten Phasenmenge

Bild 3.5.6. Darstellung der Umwandlungsmenge über der Temperatur

3.5.3 TTT-CCT-Transformation

Nachdem die wesentliche Information über die Umwandlungskinetik, d.h. der Einfluss des Austenitzustandes und der Legierungselemente auf die Keimbildungsrate und die Wachstumsrate, bereits im isothermen ZTU-Schaubild (im engl. Sprachgebrauch TTT-Diagramm) enthalten ist, ist es auch möglich diese Information für die Vorhersage des kontinuierlichen Schaubildes (CCT) zu nutzen. Durch Darstellung der Abkühlkurve als Treppenfunktion wird der kontinuierliche Abkühlverlauf als Summe isothermer Umwandlungen betrachtet. Die weitere Vorgangsweise zur Konvertierung eines isothermen ZTU-Schaubildes in ein kontinuierliches Umwandlungsschaubild ist in Bild 3.5.7 dargestellt.

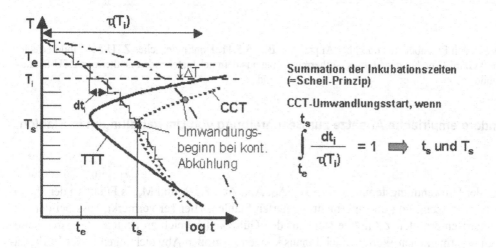

Bild 3.5.7. Transformation des isothermen (TTT) zum kontinuierlichen (CCT) ZTU-Schaubild

Im folgenden Programm „TTT_CCT.mcd" wird die Transformation vom isothermen zum kontinuierlichen ZTU-Schaubild illustriert. Die Daten der Kurven für Umwandlungsbeginn und -ende werden als Eingabedaten von einem File gelesen und mit der Avrami-Funktion ausgewertet, wobei die Temperaturabhängigkeit der Parameter b und n mit einem Polynom 3.Grades beschrieben wird. Danach wird die zuvor dargestellte Prozedur (Summation der Inkubationszeiten) angewandt, um die Umwandlungspunkte für kontinuierliche Abkühlung zu berechnen und das ZTU-Schaubild für diese Kühlbedingungen grafisch darzustellen. Die Bilder 3.5.8 bis 3.5.11 zeigen die Ergebnisse.

TTT_CCT.mcd

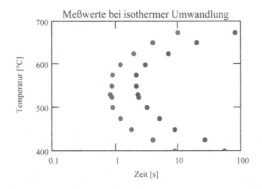

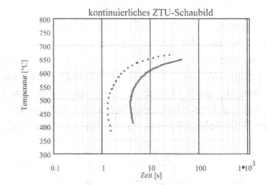

Bild 3.5.8. Eingabedaten über Beginn und Ende bei isothermer Umwandlung

Bild 3.5.9. Temperaturabhängigkeit und Ausgleichpolynome der Parameter n (durchgezogen) und ln (b)

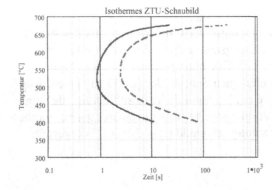

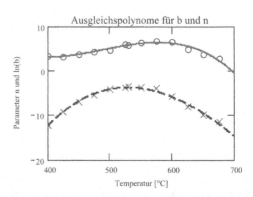

Bild 3.5.10. Mit den Eingabedaten und über Anpassung mit der Avrami-Gleichung erstelltes isothermes ZTU-Schaubild

Bild 3.5.11. Kontinuierliches ZTU-Schaubild errechnet aus dem nebenstehenden isothermen ZTU-Schaubild

3.5.4   Andere empirische Ansätze zur Beschreibung von Umwandlungen in Stählen

 Umwtemp.mcd

Berechnung der Umwandlungstemperaturen T_{liq}, A_{r4}, Ac_3, Ac_1, P_s, B_s und M_s als Funktion der chemischen Zusammensetzung von un- und niedriglegierten Stählen. Hier sei vermerkt, dass bei der Anwendung empirisch ermittelter Ansätze stets auf den Gültigkeitsbereich zu achten ist. Extrapolationen über den ursprünglichen Wertebereich hinaus können zu großen Abweichungen in der Vorhersage führen.

Mstemp.mcd

Ermittlung der Martensitstarttemperatur durch Auswertung experimenteller Daten. Mit Hilfe der multiplen linearen Regressionsrechnung werden die Koeffizienten a_i im Ansatz

$$M_s = \text{konst.} + \sum a_i \cdot (\text{Gew.\% des Elementes i})$$

ermittelt. Bild 3.5.12 zeigt den Vergleich der berechneten mit den gemessenen Ms-Temperaturen.

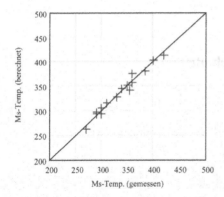

Bild 3.5.12. Vorhersagegenauigkeit der mit multipler Regressionsrechnung ermittelten Ms-Temperatur

Martvol.mcd

Berechnung der Martensitmenge als Funktion der Unterkühlung nach einem Ansatz von Hougardy.

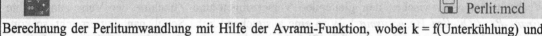

Avrami.mcd

Anpassung der Avrami-Parameter k und n an gemessene Daten.

Perlit.mcd

Berechnung der Perlitumwandlung mit Hilfe der Avrami-Funktion, wobei k = f(Unterkühlung) und n = f(chem. Zusammensetzung) ist, sowie Ermittlung des Perlitlamellenabstandes und der Festigkeit in Abhängigkeit von der Unterkühlung unter A_{c1}, s. Bild 3.5.13 und 3.5.14.

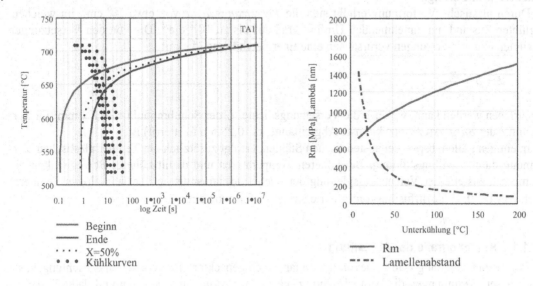

Bild 3.5.13. Berechnetes kontinuierliches ZTU-Schaubild eines perlitischen Stahles

Bild 3.5.14. Perlitlamellenabstand und Festigkeit als Funktion der Unterkühlung

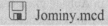

Jominy.mcd

Berechnung der Stirnabschreckkurve (= Härte als Funktion des Stirnflächenabstandes) für eine gegebene chemische Stahlzusammensetzung nach Just.

3.6   Plastizität, Erholung und Rekristallisation

Übersicht der Mathcad-Programme in diesem Abschnitt

Abschn.	Programm	Inhalt	Zusatzfile
3.6.1	Schmid	Schmid-Faktor der Gleitsysteme	
3.6.3	Recovfe	Kinetik der Erholung (Verbundmodell)	Fe_re300..500.prn
3.6.4	Rexx-Kinetik	Kinetik der Rekristallisation	FeMn595.prn

3.6.1   Plastizität

Metalle können sich reversibel (= elastisch) oder irreversibel (= plastisch oder visko-plastisch) verformen. Plastische Verformung erfolgt meist durch ein gestuftes Abgleiten auf günstig orientierten (= dichtgepackten) Gitterebenen durch den Mechanismus des *Versetzungsgleitens*. Makroskopisch ist dies in Form von *Gleitlinien* bzw. *Gleitstufen* an der Oberfläche sichtbar. Die Versetzungsbewegung setzt erst nach Überwindung einer kritischen Schubspannung τ_0 ein. In Einkristallen folgt mit zunehmender Schiebung zunächst ein geringer Anstieg der Schubspannung (Bereich I = easy glide), gefolgt von einem steileren, linearen Anstieg (Verfestigungsbereich II) durch zunehmend stärkere Wechselwirkungen zwischen den gleitenden Versetzungen und Zunahme der Versetzungsdichte (*Frank-Read-Quellen-Mechanismus*). Wird eine ausreichend hohe Schubspannung erreicht, so können die aufgestauten Versetzungen ihre Gleitebenen durch sog. *Quergleiten* verlassen und damit Hindernissen ausweichen, wodurch die weitere Verformung wieder leichter d.h. mit geringerer Festigkeitszunahme erfolgt.

Durch plastische Verformung erhöht sich die *Versetzungsdichte* von etwa 10^6 cm^{-2} im weichen, geglühten Zustand mit zunehmenden Umformgrad auf bis zu 10^{12} cm^{-2}. Die von den Versetzungen erzeugten Gitterverzerrungen verursachen eine Energieerhöhung, die mit

$$E = \rho \frac{G \cdot b^2}{2}$$

beschrieben werden kann, wobei ρ die Versetzungsdichte, G der Schubmodul (= 80 kN/mm² für Ferrit) und b der *Burgersvektor* (= kleinste Abgleitlänge, ca. 0,25 nm für Ferrit) ist.

In einigen Fällen, bspw. bei austenitischen Stählen, erfolgt zusätzlich ein Teil der plastischen Verformung durch Zwillingsbildung. Bei höheren Temperaturen und damit höherer Beweglichkeit der Atome tritt anstelle der Versetzungsgleitung der Klettermechanismus und bei homologen Temperaturen von $T > 0,45 \cdot T_m$ diffusionskontrollierte Kriechverformung ein.

3.6.1.1   Kristallografie der Abgleitung

Die Versetzungsgleitung erfolgt bevorzugt entlang dichtgepackter Gitterebenen und Richtungen, da unter diesen Bedingungen die Atomabstände benachbarter Atome am kleinsten und dadurch der Energieaufwand für eine Abgleitung der Versetzung am geringsten ist. Nachdem die Bindungskräfte in den dichtgepackten Ebenen außerdem am stärksten sind, bleibt der Atomverband beim Abgleiten erhalten.

In Abhängigkeit der Kristallstruktur ergeben sich daher spezifische *Gleitebenen* und *Gleitrichtungen*. Eine Gleitebene und eine zugehörige Gleitrichtung ergeben ein sog. *Gleitsystem*. Im kfz-Gitter besitzt die sog. Oktaederfläche die größte Atombesetzungsdichte. In jeder Oktaederebene sind drei Gitterrichtungen (= Würfelflächendiagonalen) gleichberechtigt, s. Bild 3.6.1. Es ergeben sich somit vier Gleitebenen mit je drei Gleitrichtungen, also insgesamt *12 Gleitsysteme*. Im krz-Gitter erfolgt die Abgleitung in Ebenen, die durch zwei diagonal gegenüberliegende Würfelkanten aufgespannt werden. Der Energieaufwand für die Abgleitung ist jedoch höher als bei kfz-Gitter, da diese Ebenen eine kleinere Packungsdichte aufweisen. Bei hexagonalen Kristallgittern kommt als Gleitebene nur die dichtgepackte Basisebene mit drei gleichberechtigten Gleitrichtungen infrage. Die Kaltumformbarkeit kann daher bei kfz-Gitter mit sehr gut, bei krz-Gitter mit gut und bei hexagonalem Gitter mit gering beurteilt werden.

Wird ein Einkristall durch eine äußere Zugspannung belastet, so wird jenes Gleitsystem, welches als erstes die kritische Schubspannung übersteigt, aktiviert. Diese Gleitbedingung ist abhängig von der relativen Lage des Gleitsystems zur Richtung der äußeren Zugspannung. Die Zerlegung der äußeren Kraft in eine Normal- und eine Schubkraft ergibt die wirksame Schubspannung des Gleitsystems, indem die Schubkraft durch die Gleitfläche dividiert wird, s. Bild 3.6.2. Diese Beziehung lautet:

$$\tau = \sigma \cdot \cos\lambda \cdot \cos\phi = m \cdot \sigma$$

Sie wird auch als *Schmid'sches Schubspannungsgesetz* bezeichnet. Der Faktor m (= *Schmid-Faktor*) hat einen maximalen Wert von 0,5, d.h. eine maximale Schubspannung wird dann erreicht, wenn die Winkel zwischen Zug- und Gleitrichtung und zwischen Zugrichtung und Gleitebenennormale gerade 45 Grad betragen.

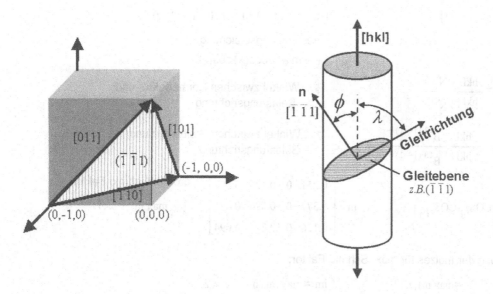

Bild 3.6.1. {111}-Gleitebene mit den drei <110> Gleitrichtungen in einem kfz-Gitter

Bild 3.6.2. Zylindrischer Einkristall mit Gleitsystem und unter Winkel ϕ und λ zur Beanspruchungsrichtung <hkl>

Zusammenfassend kann also festgehalten werden, dass Gleitung in jenem Gleitsystem zuerst einsetzen wird, in dem die Schubspannungskomponente bzw. der Schmid-Faktor den höchsten Wert besitzt. In diesem Gleitsystem wird bei kontinuierlicher Steigerung der äußeren Zugspannung zuerst die kritische Schubspannung erreicht. Die minimale Spannung, die erforderlich ist, um eine Versetzung zu bewegen, wird als *Peierls-Spannung* bezeichnet.

Da mit der Abgleitung auch eine Orientierungsänderung des Kristalls verbunden ist, bestimmt die Wahl der aktivierten Gleitsysteme in einem Vielkristall auch die Entwicklung der *Verformungstextur*, die für viele Anwendungen von Bedeutung ist.

🖫 schmid.mcd

Schmid-Faktor

Betrachtet man einen kfz Einkristall, wobei die hkl-Ebene in Achsrichtung zeigt, so kann durch Anwendung des Schmid-Faktors, $\tau = m \cdot \sigma$, jenes Gleitsystem ermittelt werden, das bei einem Zugversuch zuerst abgleitet.

Richtung der Zugbeanspruchung: $\qquad\qquad$ ORIGIN$:= 1$

$$hkl := \begin{bmatrix} 1 \\ 3 \\ 4 \end{bmatrix}$$

kfz, d.h Gleitebenen = {111} und
$\qquad$ Gleitrichtungen = <110>

im kfz System gibt es 4 Ebenen mit jeweils 3 Richtungen,
d.h. = 12 Gleitsysteme

Die vier Normalvektoren $\qquad\qquad$ Die zugehörigen Gleitrichtungen
auf die Gleitebenen

$$N := \begin{bmatrix} 1 & -1 & 1 & -1 \\ 1 & -1 & -1 & 1 \\ 1 & 1 & 1 & 1 \end{bmatrix} \qquad B := \begin{bmatrix} 1 & -1 & 0 & -1 & 1 & 0 & 1 & -1 & 0 & -1 & 1 & 0 \\ -1 & 0 & 1 & 1 & 0 & -1 & 1 & 0 & -1 & -1 & 0 & 1 \\ 0 & 1 & -1 & 0 & 1 & -1 & 0 & 1 & -1 & 0 & 1 & -1 \end{bmatrix}$$

$i := 1.. 3 \qquad\qquad j := 1.. 4$

Bestimmungsgleichung:

$\tau = m \cdot \sigma = \cos(\phi) \cdot \cos(\lambda) \cdot \sigma$

$$COS\phi_j := \frac{hkl}{|hkl|} \cdot \frac{N^{<j>}}{|N^{<j>}|}$$

ϕ... Winkel zwischen Normalvektor und
$\qquad$ Belastungsrichtung

$$COS\lambda_{i,j} := \frac{hkl}{|hkl|} \cdot \frac{B^{<3 \cdot (j-1)+i>}}{|B^{<3 \cdot (j-1)+i>}|}$$

λ... Winkel zwischen Gleitvektor und
$\qquad$ Belastungsrichtung

$$m_{i,j} := |COS\phi_j \cdot COS\lambda_{i,j}| \qquad m = \begin{bmatrix} 0.251 & 0 & 0.126 & 0.377 \\ 0.377 & 0 & 0.094 & 0.471 \\ 0.126 & 0 & 0.22 & 0.094 \end{bmatrix}$$

größter Schmid-Faktor
$\qquad$ max(m) = 0.471

Ermittlung der Indizes für max. Schmid-Faktor:

$imax_i := if(m_{i,j} = max(m), i, 0) \qquad im := max(imax) \qquad im = 2$

$jmax_j := if(m_{im,j} = max(m), j, 0) \qquad jm := max(jmax) \qquad jm = 4$

$\qquad$ Ergebnis:

$\qquad$ aktive Gleitebene = $\qquad\qquad N^{<jm>} = \begin{bmatrix} -1 \\ 1 \\ 1 \end{bmatrix}$

$\qquad$ aktive Gleitrichtung = $\qquad B^{<3 \cdot (jm-1)+im>} = \begin{bmatrix} 1 \\ 0 \\ 1 \end{bmatrix}$

3.6.2   Eigenschaftsänderungen durch Kaltverformung

Nach einer plastischen Verformung sind folgende Eigenschaftsänderungen zu beobachten:
- Erhöhung der Härte, der Streckgrenze, der Festigkeit, des Streckgrenzenverhältnisses und des elektrischen Widerstands, sowie
- Abnahme der Bruchdehnung, Brucheinschnürung und Zähigkeit, s. Bild 3.6.3.

Die Umformarbeit wird zu mehr als 90% in Wärme umgesetzt und nur ein kleinerer Teil bleibt im Werkstoff als elastische Verzerrungsenergie aufgrund der erhöhten Versetzungsdichte gespeichert. Die Körner sind nach der Kaltverformung längsgestreckt und im geätzten Schliff sind Gleitlinien erkennbar.

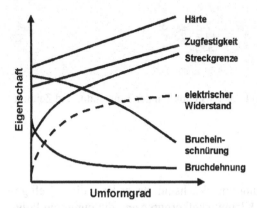

Bild 3.6.3. Eigenschaftsänderungen durch Kaltverformung (schematisch)

3.6.3   Erholung

Durch Temperaturerhöhung und damit Steigerung der Atombeweglichkeit kann durch Umordnung der Gitterfehlstellen der Energieinhalt des kaltverformten Zustandes gesenkt werden. Bei geringer atomarer Mobilität, d.h. bei mäßigen Temperaturen, erfolgt die Energieabsenkung durch Ausheilen (Zwischengitteratome diffundieren in Leerstellen = Rekombination) und Umlagern von Gitterdefekten (Leerstellenkondensation, Vereinigung von Versetzungen mit entgegengesetztem Vorzeichen, Bildung von Kleinwinkelkorngrenzen = Polygonisation).

Erholungsvorgänge können durch Messung des elektrischen Widerstandes oder der magnetischen Eigenschaften beim Aufheizen einer kaltverformten Legierung experimentell verfolgt werden. Die Werte für Festigkeit, Bruchdehnung und innere Spannungen werden nur geringfügig verändert.

 ⊞ Recovfe.mcd

In diesem Programm wird das Verbundmodell nach Nes zur Beschreibung der Streckgrenzenabnahme betrachtet. Nach Nes läuft die Erholung der Subkorngrenzen über Versetzungsdiffusion, und die der freien Versetzungen über Diffusion der Leerstellen über das Gitter ab. Diese veränderlichen Beiträge zur Streckgrenze werden mit dem jeweiligen Volumenanteil gewichtet. Die relative Streckgrenzenänderung als Funktion der Zeit und Temperatur wird durch die Größe R beschrieben. Für die Zeit- und Temperaturabhängigkeit der Streckgrenze ergibt sich

$$\sigma(t, T) = \sigma_0 + (1 - R) \cdot (\sigma_m - \sigma_0)$$

Das Ergebnis dieser Berechnung ist in Bild 3.6.4 dargestellt.

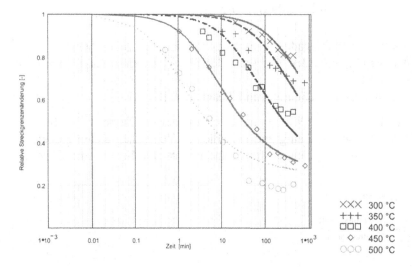

XXX 300 °C
+++ 350 °C
□□□ 400 °C
◇   450 °C
○○○ 500 °C

Bild 3.6.4. Ergebnis der Beschreibung der Streckengrenzenänderung als Funktion der Temperatur und Zeit mit dem Verbundmodell nach Nes

3.6.4 Rekristallisation

Wird die Temperatur weiter erhöht, so setzt Keimbildung und Wachstum neuer Kristallite (Gefügeneubildung) ein. Bevorzugte Keimbildungsstellen sind Kleinwinkelkorngrenzen, die durch die Polygonisation der Versetzungen gebildet werden und Korngrenzentripelpunkte des kaltverformten Gefüges. Verformungsbedingte Eigenschaftsänderungen werden nahezu vollständig abgebaut, s. Bild 3.6.5. Durch diesen Vorgang entsteht ein weiches, wieder gut umformbares Gefüge mit Eigenschaften wie vor der Kaltumformung. Ist die Gefügeneubildung abgeschlossen, so tritt bei weiterer Temperaturerhöhung eine Kornvergröberung ein. Als Hauptfaktoren der Rekristallisationskinetik gelten Glühtemperatur, -zeit und Umformgrad. Die primäre Rekristallisation ist der einzige Weg, um bei nicht umwandlungsfähigen Metallen und Legierungen eine Kornfeinung zu erzielen. Werkstoffbedingte Einflussgrößen sind die chemische Zusammensetzung, die Reinheit, der Ausscheidungszustand und die Ausgangskorngröße vor der Kaltumformung.

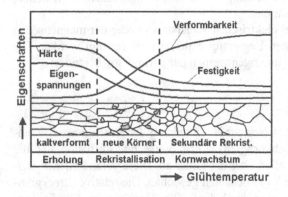

Bild 3.6.5. Eigenschaftsänderungen bei Erwärmung eines kaltverformten Stahles

3.6.4.1 Rekristallisationsschaubild

Im Rekristallisationsschaubild, s. Bild 3.6.6, wird die Korngröße in Abhängigkeit vom Verformungsgrad und der Glühtemperatur dargestellt. Der Verformungsgrad muss einen werkstoffabhängigen

Mindestwert φ_{krit} überschreiten, damit Rekristallisation beginnen kann. Bei $\varphi \approx \varphi_{krit}$ (geringe treibende Kraft) bilden sich wenig Keime, d.h. es entsteht ein Grobkorn. Der kritische Verformungsgrad liegt für Reineisen bei etwa 3%, für Aluminium bei ca. 1,5% und für Magnesium bei ca. 0,2%. Mit zunehmender Verformung sinkt die Mindestglühtemperatur für Rekristallisation. Die Kornvergröberung bei hohen Temperaturen wird auch als *sekundäre Rekristallisation* bezeichnet.

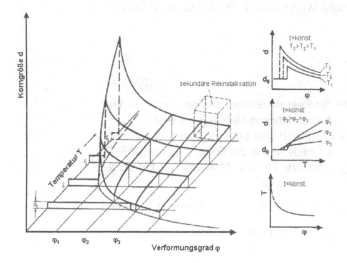

Bild 3.6.6. Rekristallisationsschaubild bei konstanter Glühzeit (schematisch)

3.6.4.2 Rekristallisationstemperatur

Die Rekristallisationstemperatur eines metallischen Werkstoffs, bei der eine vollständige Rekristallisation nach einer Stunde abläuft, ist abhängig vom Werkstoff und vom Gefüge (Verunreinigungen, zweite Phasen etc.). T_{Rexx} sinkt mit steigendem Verformungsgrad. Als Faustformel gilt $T_{Rexx} \approx 0{,}4\ T_S$, s. Tabelle 3.6.1 und Bild 3.6.7. T_{Rexx} bildet auch die Grenze zwischen Kalt- und Warmumformung.

Tabelle 3.6.1. Mittlere Rekristallisations- und Schmelztemperaturen verschiedener Metalle und Legierungen

Metall	T_{Rexx} [°C]	T_m [°C]
Kupfer (99,999%)	120	1083
Desoxyd. Elektrolytkupfer	200	1083
Kupfer + 5 % Zink	300	1080
Kupfer + 5 % Aluminium	290	1080
Kupfer + 2 % Beryllium	370	1080
Aluminium (99,999 %)	80	658
Aluminium (99,0 %)	290	658
Nickel (99,99 %)	370	1452
Nickel (99,0 %)	600	1452
Elektrolyteisen	400	1536
Baustahl	550	1530
Magnesium (99,99 %)	70	650
Magnesium-Legierungen	230	650
Zink	10	419
Zinn	0	232
Blei	0	327
Tantal	1300	3030

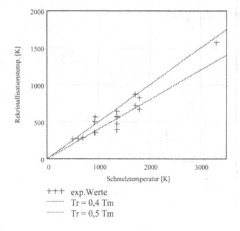

+++ exp.Werte
----- Tr = 0,4 Tm
------- Tr = 0,5 Tm

Bild 3.6.7. Zusammenhang zwischen Schmelz- und Rekristallisationstemperatur

3.6.4.3   Technische Bedeutung der Rekristallisation

Der Mechanismus der Rekristallisation ist bedeutungsvoll für
- die Wiederherstellung der Verformungsfähigkeit kaltverformter Werkstoffe (z.B. Drahtziehen, Tiefziehen etc.),
- die Änderung der Korngröße (das Gefüge wird umso feinkörniger, je höher der Verformungsgrad),
- die Kornfeinung von nicht umwandelnden Werkstoffen (z.B. austenitische Stähle).

     Rexx-Kinetik.mcd

Rekristallisationskinetik   ORIGIN := 1

Die Erfahrung zeigt, dass sich die Kinetik der Rekristallisation, also die Zunahme des
rekristallisierten Anteils X mit der Zeit t, mit einer Johnson-Mehl-Avrami-Gleichung
beschreiben lässt, d.h. $X = 1 - \exp(-(t/\tau)^n)$. Die Reaktionszeit τ ist stark von der
Legierungszusammensetzung und von der Temperatur in der Form $\tau = \tau_0 \cdot \exp(Q/(R \cdot T))$
abhängig. Als Beispiel wird eine zonengeschmelzte Fe- 0,6%Mn-Legierung betrachtet.
Datenquelle: W.C.Leslie, The Physical Metallurgy of steels, McGraw-Hill 1982, S.53

$\text{Temp} := (595 + 273.15) \cdot K$ $\text{data} := \text{READPRN}(\text{"FeMn595.prn"})$ Einlesen der Daten

$\text{Zeit} := \text{data}^{<1>}$ [min] $\text{NZ} := \text{length}(\text{Zeit})$ NZ = 8

$X := \text{data}^{<2>}$ rekristallierter Anteil [-]

Durch zweimaliges Logarithmieren der JMA-Gleichung erhält man die Geradengleichung

$\ln\{\ln[1/(1-X)]\} = n \cdot [\ln(t) - \ln(\tau)]$ **Lineare Regression**

$i := 1.. NZ$ $x_i := \ln(\text{Zeit}_i)$ $y_i := \ln\left(\ln\left(\dfrac{1}{1 - X_i}\right)\right)$ $a := \text{intercept}(x, y)$ $n := \text{slope}(x, y)$

$a = -5.301$ $n = 1.325$

$\tau := \exp\left(\dfrac{-a}{n}\right)$ $\tau = 54.566$

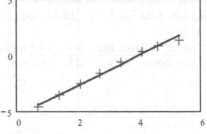

Linearisierte Darstellung der Avrami-Gl.

$tt := 0.. 1000$

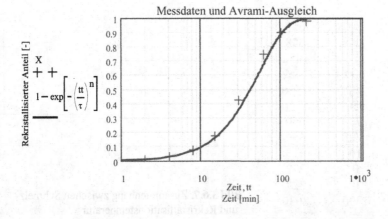

Messdaten und Avrami-Ausgleich

3.7 Einschub über Zelluläre Automaten

Übersicht der Mathcad-Programme in diesem Abschnitt

3.7.1 Einführung

Zelluläre Automaten gehen auf eine Grundidee von J. v. Neumann in den frühen 50er Jahren zurück. Ein zellulärer Automat reagiert in Abhängigkeit von seinem Zustand und dem seiner Umgebung in folgender Form:

$$M = (X, Y, Q, \delta, \lambda) ,$$

wobei X die Eingabemenge, Y die Ausgabemenge, Q die Zustandsmenge, $\delta : Q \times X \to Q$ die Zustandsüberführungsfunktion und $\lambda : Q \times X \to Y$ die Ausgabefunktion ist.

Beispielsweise sei zu einem Zeitpunkt t ein Zustand $q(t)$ und eine Eingabe $x(t)$ gegeben. Dann ergibt sich die Ausgabe mit

$$y(t) = \lambda(q(t), x(t))$$

und der Zustand zum nächsten Zeitpunkt $t + 1$ mit

$$q(t+1) = \delta(q(t), x(t)).$$

Es werden üblicherweise 1-, 2- oder mehrdimensionale Zellen (Gitter) definiert, die triangulär, quadrangulär oder hexagonal sein können. Jede Zelle beinhaltet einen einfachen Automaten, der durch seinen Zustand und eine Zustandsüberführungsfunktion gekennzeichnet ist. Die Nachbarschaft einer Zelle wird bei einem zweidimensionalen Gitter entweder durch die vier direkten Nachbarn (= von-Neumann-Nachbarschaft) oder durch die umgebenden 8 Zellen (= Moore-Nachbarschaft) gebildet.

Mit der Überführungs- oder Transition-Funktion wird der nächste Zustand einer Zelle aufgrund des momentanen eigenen Zustandes und der Zustände der Nachbarzellen entweder deterministisch oder stochastisch verändert. Um Probleme an den Rändern des Gitters zu vermeiden, kann man außerhalb liegende Bereiche in den „Null-Zustand" versetzen. Häufiger wird aber eine Torusbetrachtung angewandt, d.h. die rechten sind mit den linken und die oberen mit den unteren Zellen verbunden. Rechnerisch bedeutet dies, dass die Indizes der Nachbarn mit modulo n berechnet werden.

3.7.2 Eigenschaften Zellulärer Automaten

- Die Zustandsmenge eines zellulären Automaten ist endlich.
- Jede Zelle kann jeden definierten Zustand (was der gesamten *Zustandsmenge* entspricht) annehmen.
- Zelluläre Automaten sind einfache ein- bis dreidimensionale Zellgitter.
- Die Zustandsüberführungsfunktion ist nachbarschaftssensitiv und zeitdiskret.
- Die Aktualisierung der Zustände aller Zellen erfolgt synchron.
- Einfache lokale Regeln führen zu einem komplexen globalen Verhalten.
- Die Anfangsbelegung wird beim Simulationsstart angegeben. Durch sie ist jeder endliche Algorithmus berechenbar.

3.7.3 Anwendungsbeispiele

Das bekannteste Beispiel zellulärer Automaten ist das „Game of Life" von Conway. Es kann wie folgt beschrieben werden:

Moore-Nachbarschaft:

$$I_{i,j} = \{(i, j+1), (i+1, j), (i, j-1), (i-1, j), (i+1, j+1), (i+1, j-1), (i-1, j+1), (i-1, j-1)\}$$

Überführungsfunktion:

$\delta_{i,j} (q_{i,j}, q_{i,j+1}, q_{i+1,j}, q_{i,j-1}, q_{i-1,j}, q_{i+1,j+1}, q_{i+1,j-1}, q_{i-1,j+1}, q_{i-1,j-1})$ =

1, wenn $q_{i,j} = 1$ & (sum = 2 | sum = 3), d.h. eine lebende Zelle bleibt am Leben, wenn 2 oder 3 lebende Nachbarn

0, wenn $q_{i,j} = 1$ & (sum < 2 | sum > 3), d.h. eine lebende Zelle stirbt, wenn weniger als 2 oder mehr als 3 lebende Nachbarn

1, wenn $q_{i,j} = 0$ & sum = 3, d.h. eine tote Zelle wird geboren, wenn genau 3 lebende Nachbarn

0, wenn $q_{i,j} = 0$ & sum ≠ 3, d.h. eine tote Zelle bleibt tot, wenn nicht genau 3 lebende Nachbarn

mit sum = $q_{i,j+1}+q_{i+1,j}+q_{i,j-1}+q_{i-1,j}+q_{i+1,j+1}+q_{i+1,j-1}+q_{i-1,j+1}+q_{i-1,j-1}$, der Summe der lebenden Nachbarn.

Eine bildliche Darstellung der Veränderung des Gitters zeigt Bild 3.7.1.

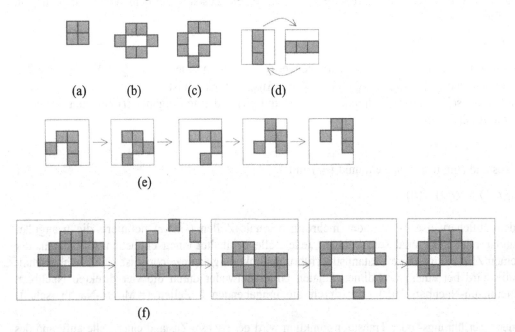

Bild 3.7.1. Entwicklung der Zellenzustände beim „Game of Life"

Dieses einfache Modell ist hochgradig von der Startbelegung abhängig, da sich sehr unterschiedliche und komplexe Zustandsfolgen entwickeln können. Der in der Transition-Funktion implementierte nachbarschaftliche Einfluss ist unabhängig von Raum oder Richtung und greift nur kurzzeitig, da sich die Zustände der benachbarten Zellen auch ständig verändern können und ihre alten Zustände nur noch bedingt Beachtung finden. Nichtsdestotrotz können komplexe Muster durch Zustandsweitergabe (*Propagierung*) und lokal rückgekoppelte Verstärkung bzw. Verbreitung eines Zustandes (*Amplifikation*) entstehen. Eine mögliche Ursache der Verstärkung wird als *Nachbarschaftskohärenzprinzip* (kurz: NCP) bezeichnet, das besagt, dass ein Zustand in einer beliebigen Zelle sich selbst den angrenzenden Zellen aufdrängt und so zu lokalen Zusammenhängen (engl. *patches*) führt.

Als zweites Beispiel wird ein CA-Ansatz für die Entstehung von Lawinen betrachtet. Der Automat hat folgendes Aussehen:

Zustandsmenge $Q_{i,j} = \{1, 2, ..., 8\}$

Von-Neumann-Nachbarschaft $I_{i,j} = \{(i, j+1), (i+1, j), (i, j-1), (i-1, j)\}$

Absorbierende Randbedingung $q_{x,y} = 0$

Zustandsüberführungsfunktion: Zustände größer oder gleich 5 gelten als „überlastet".

$\delta_{i,j} (q_{i,j}, q_{i,j+1}, q_{i+1,j}, q_{i,j-1}, q_{i-1,j})$ =

$q_{i,j} - 4 + \text{sum}$ wenn $(q_{i,j} \geq 5)$, d.h. wenn überlastet

$q_{i,j} + \text{sum}$ in allen sonstigen Fällen, d.h. wenn nicht überlastet

mit

$\text{sum} = \text{anz} \{ q_{k,l} \mid q_{k,l} \geq 5 \ \& \ (k,l) \in I_{i,j} \}$,

ist gleich der Anzahl der überlasteten Nachbarn. Bei kleiner Anregung (einige überlastete Zustände) wird eine Kettenreaktion losgetreten.

Je nach Erregungszustand, der auch durch einen bestimmten Anlass gegeben sein (event-based) können unterschiedliche Verhaltensmuster erzeugt werden. Ganz allgemein können die in Bild 3.7.2 dargestellten Klasen von Automaten unterschieden werden.

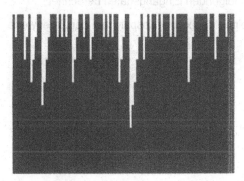

I Homogene Zustände

II Periodische Zyklen

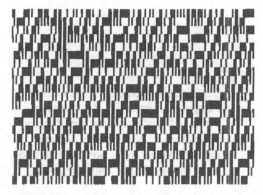

III Chaotisches Verhalten

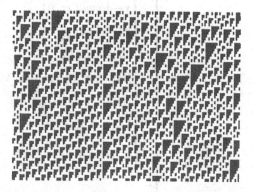

IV komplexe lokale Strukturen (zwischen Chaos und Ordnung)

Bild 3.7.2. Unterschiedliche Klassen von zellulären Automaten

    💾 1Dim_CA.mcd

Als einführendes Beispiel wird ein eindimensionaler Automat betrachtet, wobei über eine 8-bit Codierung von Integerwerten unterschiedliche Muster generiert werden können.

Das folgende Mathcad-Beispiel zeigt eine metallkundliche Anwendung, nämlich für das Wachstum statistisch verteilter Keime. Aus Gründen der Übersichtlichkeit wurden nur die Basisansätze der CA-Simulation verwendet. (ACHTUNG: nur unter Mathcad 2000 lauffähig!)

Im Schrifttum findet man bereits sehr fortgeschrittene CA-Anwendungen in den Bereichen Rekristallisation, Phasenumwandlungen, Erstarrung u.a.m. Eine besonders schöne Anwendung zur Simulation der dendritischen Erstarrung wird im Abschnitt 7.5 (Bild 7.5.2) gezeigt.

CA.mcd

Zellulärer Automat (Cellular Automata CA)

Das folgende Beispiel zeigt die Programmierung eines zwei-dimensionalen, probalistischen CA ohne Zeit- und Ortsskalierung. Simuliert wird das Wachstum von statistisch verteilten Keimen. Der Keimzustand ist durch eine Integer-Zahl [0, .. 36] definiert.

Das Programm gliedert sich in die Definition eines Ausgangszustandes, die Definition einer Wachstumsbedingung und einer Iterationsschleife für die Anzahl der Zeitschritte.

$c := 50$ Anzahl der Zellen in eine Dimension   Aufgrund der beschränkten Rechenkapazität
$Max\ Val := 10$ Integer Wertebereich der Keimzustände   unter MathCad wird die CA Simulation mit
$NK := 50$ Anzahl der Keime   folgenden Eingangsdaten berechnet:

1. *Definition eines Ausgangszustandes* durch Erzeugen einer Matrix zum Abspeichern der Zellenwerte und Verteilen der Keime mittels der rnd-Funktion:

$$
\text{Lattice}(c, NK) := \begin{array}{l}
\text{for } i \in 0, 1 .. c - 1 \\
\quad \text{for } j \in 0, 1 .. c - 1 \\
\qquad L_{i,j} \leftarrow 0.0 \\
\quad \text{for } k \in 0, 1 .. NK - 1 \\
\qquad xr \leftarrow rnd(c) \\
\qquad yr \leftarrow rnd(c) \\
\qquad x \leftarrow round(xr, 0) \\
\qquad y \leftarrow round(yr, 0) \\
\qquad Val \leftarrow rnd(1) \\
\qquad Val \leftarrow round(Val \cdot Max\_Val) \\
\qquad Value \leftarrow round(Val, 0) \\
\qquad L_{x,y} \leftarrow Value \cdot 1.0 \\
\qquad L_{x,y} \leftarrow 1.0 \text{ if } L_{x,y} < 1 \\
L
\end{array}
$$

Der Wertebereich einer Zelle kann im Ausgangszustand [0 .. 36] betragen. Werte > 1 repräsentieren einen wachstumsfähigen Keimzustand. Anstelle einer kristallographischen Orientierung wird hier ein Integer-Wert verwendet.

2. *Definition einer Wachstumsbedingung:*

Bei probalistischen CA's wird für die Wachstumsbedingung eine sogenannte Umgebung verwendet.Dabei werden für die aktuelle Zelle mit den Indizes (i,j) die aktuellen Nachbarschaftsverhältnisse bestimmt. Im vorliegenden Fall wird dabei eine Neumann-Umgebung verwendet (siehe unten). Wenn nun der Wert val(i,j) > 0 ist wird der häufigste Wert der Nachbarn ermittelt und dieser der Zelle (i,j) zugewiesen.

Neumann   Moore

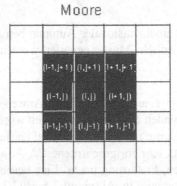

(Fortsetzung)   CA.mcd

Subroutinen:

Subroutine zur Bestimmung
des Wertes für die Zelle (i,j)

$$\text{Wert}(ZV) := \sum_{i=0}^{\text{last}(ZV)} i \cdot \left(ZV_i = \max(ZV) \right)$$

Subroutine für das Suchen der Zellenzustände in der Neumann Umgebung und Abspeichern als Vektor

$\text{Neumann}(\text{oldl}, i, j) :=$ | for $v \in 0, 1 .. \text{Max\_Val} - 1$

    $\text{Val}_v \leftarrow 0.0$ Anzahl der Werte abgespeichert in Vektor

    if $\text{oldl}_{i-1,j} \neq 0.0$ Erzeugen eines Vektors mit einer Anzahl an Zeilen entsprechend dem Wertebereich der Variablen

       | $p \leftarrow \text{round}\left(\text{oldl}_{i-1,j}, 0 \right)$

       | $\text{Val}_{p-1} \leftarrow \text{Val}_{p-1} + 1$ Abfrage für jede einzelne Zelle entstpechend der Neumann-Umgebung d.h. für vier Nachbarn

    if $\text{oldl}_{i+1,j} \neq 0.0$

       | $p \leftarrow \text{round}\left(\text{oldl}_{i+1,j}, 0 \right)$

       | $\text{Val}_{p-1} \leftarrow \text{Val}_{p-1} + 1$

    if $\text{oldl}_{i,j-1} \neq 0.0$

       | $p \leftarrow \text{round}\left(\text{oldl}_{i,j-1}, 0 \right)$

       | $\text{Val}_{p-1} \leftarrow \text{Val}_{p-1} + 1$

    if $\text{oldl}_{i,j+1} \neq 0.0$

       | $p \leftarrow \text{round}\left(\text{oldl}_{i,j+1}, 0 \right)$

       | $\text{Val}_{p-1} \leftarrow \text{Val}_{p-1} + 1$

    if $\text{oldl}_{i-1,j+1} \neq 0.0$

       | $p \leftarrow \text{round}\left(\text{oldl}_{i-1,j+1}, 0 \right)$ 1-te Ecke

       | $\text{Val}_{p-1} \leftarrow \text{Val}_{p-1} + 1$

    if $\text{oldl}_{i+1,j+1} \neq 0.0$

       | $p \leftarrow \text{round}\left(\text{oldl}_{i+1,j+1}, 0 \right)$

       | $\text{Val}_{p-1} \leftarrow \text{Val}_{p-1} + 1$

    if $\text{oldl}_{i+1,j-1} \neq 0.0$

       | $p \leftarrow \text{round}\left(\text{oldl}_{i+1,j-1}, 0 \right)$

       | $\text{Val}_{p-1} \leftarrow \text{Val}_{p-1} + 1$

    if $\text{oldl}_{i-1,j-1} \neq 0.0$

       | $p \leftarrow \text{round}\left(\text{oldl}_{i-1,j-1}, 0 \right)$

       | $\text{Val}_{p-1} \leftarrow \text{Val}_{p-1} + 1$

    $\text{Value} \leftarrow \text{Wert}(\text{Val})$

    $\text{Value} \leftarrow \text{Value} + 1$

    Value

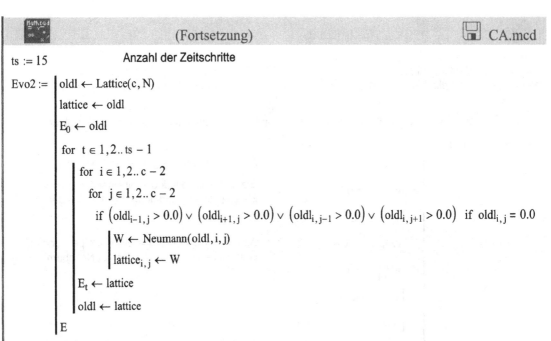

(Fortsetzung)   CA.mcd

$ts := 15$ Anzahl der Zeitschritte

$Evo2 :=$ | $oldl \leftarrow Lattice(c, N)$
$lattice \leftarrow oldl$
$E_0 \leftarrow oldl$
for $t \in 1, 2 .. ts - 1$
   for $i \in 1, 2 .. c - 2$
     for $j \in 1, 2 .. c - 2$
      if $\left(oldl_{i-1,j} > 0.0\right) \vee \left(oldl_{i+1,j} > 0.0\right) \vee \left(oldl_{i,j-1} > 0.0\right) \vee \left(oldl_{i,j+1} > 0.0\right)$ if $oldl_{i,j} = 0.0$
       $W \leftarrow Neumann(oldl, i, j)$
       $lattice_{i,j} \leftarrow W$
   $E_t \leftarrow lattice$
   $oldl \leftarrow lattice$
E

Über zwei For-Schleifen wird das 2D-Feld abgerastert, die Werte für die Zellen ermittelt und erst am Schluss wird das "alte" Gitter wieder aktualisiert.

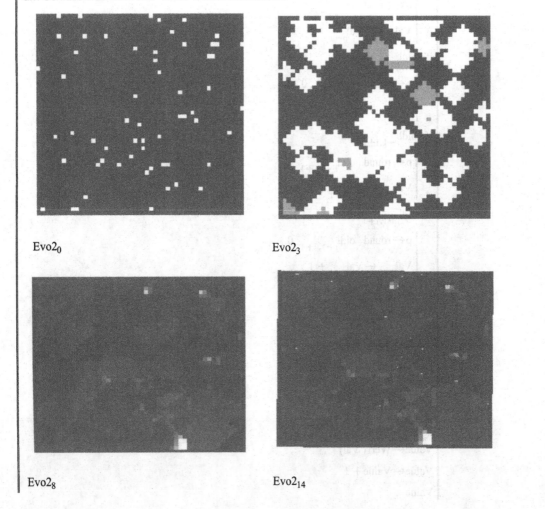

$Evo2_0$

$Evo2_3$

$Evo2_8$

$Evo2_{14}$

3.8 Bildbearbeitung und Quantitative Metallografie

Übersicht der Mathcad-Programme in diesem Abschnitt

Abschn.	Programm	Inhalt	Zusatzfile
3.8.1	kfp	Bildbearbeitung eines Gefügebildes	kfp3.bmp lookup.txt
3.8.2	Qsinter	Porenanteil eines Sinterwerkstoffs	sintwkst.bmp
3.8.2	Qmetzw2	Phasenanteile einer groben und einer feinen Phase	zwphas2.bmp
3.8.2	KG_Best	Bestimmung der Korngröße eines einphasigen Gefüges	KG_2.bmp

3.8.1 Einführung in die Bildverarbeitung

Bei der Bildverarbeitung werden computergerecht dargestellte natürliche Bilder zu neuen Bildern transformiert (Bildbearbeitung) und nach ihren Inhalten und Bedeutungen ausgewertet (Bildanalyse). Die Verarbeitungsschritte der Bildverarbeitung und ihre Einordnung in den gesamten Prozess der Interpretation von Bildern zeigt Bild 3.8.1. Die digitale Bildverarbeitung findet Anwendung in zahlreichen Gebieten, wie der Produktionsautomatisierung, der Qualitätskontrolle, der Medizin, des Umweltschutzes und der Robotik.

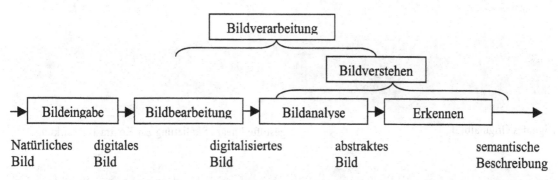

Bild 3.8.1. Phasen der Verarbeitung und Interpretation digitalisierter Bilder

3.8.1.1 Bildbearbeitung

Sie dient der allgemeinen Bildverbesserung, Bildmodifikation und Vorbereitung für die Bildanalyse. Das Ergebnis der Bildbearbeitung ist stets wiederum ein Bild. Je nach Bildtransformation unterscheidet man

- punktweise Transformationen (z.B. Skalierung im Graubereich),
- lokale Transformationen oder Operationen im Ortsbereich (z.B. Rangordnungsoperatoren),
- geometrische Transformationen und
- Transformationen im Frequenzbereich (z.B. Fourier-Transformation).

Durch Streckung und Verschiebung der Grauwerte kann der Kontrast und die Helligkeit angepasst und damit die Bildqualität verbessert werden. Durch Glätten mit bewegtem Mittelwert werden abrupte Grauwertübergänge abgeschwächt und das Bilder weicher dargestellt. Dieser Vorgang entspricht einer Tiefpassfilterung, wodurch ein Rauschen abgeschwächt werden kann. Nachteilig dabei ist jedoch, dass das Bild an Bildschärfe verliert. Durch Kantenverstärkung werden abrupte Grauwertübergänge hervorgehoben und die Bildschärfe erhöht. Dies entspricht einer Hochpassfilterung. In der Regel ist dadurch aber auch eine Verstärkung des Rauschens zu erwarten.

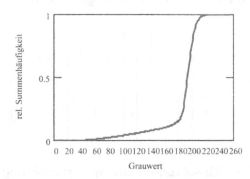 kfp.mcd

Bildbearbeitung, wie Kontrastverstärkung, Glätten und Kantenverstärkung an einem Gefügebild eines Kaltfließpressstahles, s. Bild 3.8.2.

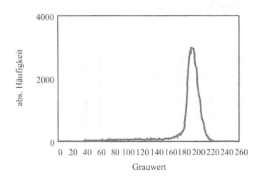

Grauwertverteilung (0 = schwarz, 255 = weiss)

Summenhäufigkeit der Grauwerte

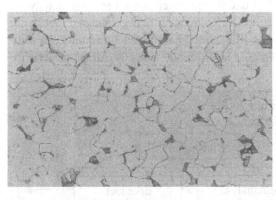

Digitales Originalbild

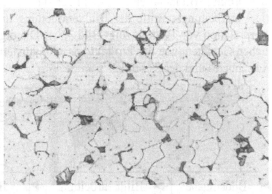

gestufte lineare Skalierung zur Kontrastverstärkung

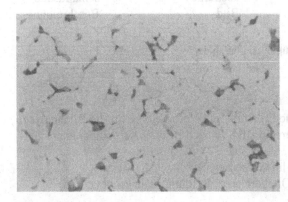

Bild nach Tiefpassfilterung (Weichzeichnung)

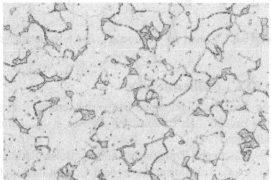

Gradientenbild zur Kantenextraktion

Bild 3.8.2. Bildbearbeitung des Gefügebildes eines Kaltfließpressstahles

3.8.1.2 Bildanalyse

Die Bildanalyse schließt an die Bildbearbeitung an und besteht aus den beiden Phasen *Segmentierung* und *Extraktion*.

1. Segmentierung:

Bei der Segmentierung soll das Bild nach Möglichkeit so in Teilbereiche (Segmente) zerlegt werden, dass diese bedeutungtragende Bildbestandteile darstellen. Als Beispiel sei die Kantenextraktion mittels Hough-Transformation erwähnt. Dazu wird in einem Binärbild die enthaltenen geraden Linien ermittelt und durch jeden Kantenpunkt werden alle möglichen Geraden gelegt. Jeder dieser Geraden wird durch den Abstand vom Koordinatennullpunkt und dem Winkel des Lotes auf die Geraden charakterisiert. Diese beiden Werte werden wiederum als Koordinaten im zweidimensionalen Hough-Raum betrachtet. Jeder Punkt im Hough-Raum entspricht somit einer potentiellen Geraden im Binärbild. Diesen Punkten wird jeweils die Anzahl der Kantenpunkte zugeordnet, die auf dieser Geraden liegen. Wenn die Anzahl genügend hoch ist, wird die Gerade als tatsächlich im Originalbild vorhanden betrachtet.

Bei der Konturverfolgung werden die Punkte der Kantenlinien Punkt für Punkt verfolgt und erfasst. Dazu sind folgende Schritte notwendig:

1.Schritt: Glätten des Bildes und Verstärken der Kanten

2.Schritt: Ermitteln des Anfangspunktes, der mit Sicherheit zu einer Kante gehört

3.Schritt: Suchen eines jeweils benachbarten Kantenpunktes anhand der Grauwertverteilung in der Umgebung des bereits gefundenen Punktes (z.B. durch Auswahl des Nachbarpunktes mit größtem Grauwert). Falls kein Punkt mehr zu finden ist, wird das Verfahren beendet.

4.Schritt: Übertragung des ermittelten Konturpunktes in eine Liste oder in ein Binärbild zur späteren Approximation der Linien durch Polygonzüge oder Splines.

5. Schritt: Berechnungsschleife, d.h. weiter mit Punkt 2.

2.Extraktion:

Bei der nachfolgenden Extraktion werden die Teilbereiche hinsichtlich ihrer gegenseitigen Lage, Ausdehnung, Form und weiterer Eigenschaften und Merkmale beschrieben. Typische Beispiele sind: Erkennen einer Korngrenzenbelegung, einer Gefügetextur oder eines dendritischen Gussgefüges.

3.8.2   Einfache Beispiele zur Quantitativen Metallografie mit Mathcad

Nachdem die mechanischen Eigenschaften neben der chemischen Zusammensetzung insbesondere von der Gefügeausbildung abhängen, kommt der Quantifizierung der Gefügebestandteile eine bedeutende Rolle zu. Im Allgemeinen werden folgende Kenngrößen bestimmt:

- Volumenanteile der ausgeschiedenen Phasen
- mittlere Korngröße und Korngrößenverteilung
- mittlere Abstände von feinen Ausscheidungen
- Größenverteilungen von Ausscheidungen
- Ausrichtung und Form von Phasen (Streckungsverhältnis) u.a.m.

Obwohl bereits sehr komfortable Bildanalysesysteme verfügbar sind, die ein automatisches Erfassen relevanter Gefügeparameter ermöglichen, sollen anhand einiger Mathcad-Beispiele die Grundprinzipien der quantitativen Bildanalyse demonstriert werden. Es ist sicherlich nicht daran gedacht, ein vollständiges System zu ersetzen, es scheint aber aus pädagogischer Sicht interessant, mit den mathematischen Hilfsmitteln, die in Mathcad zur Verfügung stehen, eigene Experimente anzustellen. Die Schwierigkeiten bei der Ermittlung charakteristischer Bildmerkmale werden dabei offensichtlich.

Mathcad stellt für die Behandlung von Gefügebildern mit dem Befehl READBMP ein Werkzeug zur Verfügung mit dem digitalisierte Bilder pixelweise mit Grauwertangabe eingelesen werden können. Sämtliche anderen Funktionen, wie Kontraststeigerung, Separierung individueller Phasen müssen in eigenen Berechnungsschritten definiert werden. Im Folgenden werden einige einfache Beispiele zur Bestimmung der Phasenmengen und Korngrößen gezeigt. Bezüglich einer ausführlichen Behandlung der quantitativen metallographischen Beziehungen sei auf die weiterführende Literatur verwiesen.

Es können mit dem Programm auch Farbbilder verarbeitet werden. Mit der Vielfalt an Filtertechniken kann die Qualität der Bilder mit geringem Aufwand deutlich verbessert werden. Künstliches Einfärben grauer rasterelektronischer Aufnahmen ist genauso möglich, wie das künstlerische Entfremden. Insgesamt fasziniert die Bildverarbeitung durch den Einsatz unterschiedlichster numerischer Methoden. Für eine breite Ausnützung der Möglichkeiten stehen auch spezielle „Tools" zur Verfügung.

Qsinter.mcd

Ermittlung des Porenanteils eines Sinterwerkstoffes

 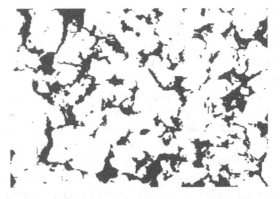

Originalbild
Berechneter Porenanteil = 21%

Binärbild (S/W) nach Schwellwertermittlung entsprechend
der Grauwertverteilung

  qmetzw2.mcd

Bestimmung der Phasenanteile eines synthetischen Gefügebildes mit einer groben und einer feinen
zweiten Phase.

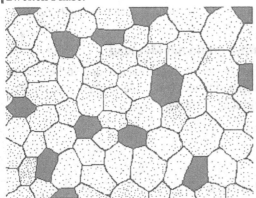

Nach Segmentierung der groben und feinen
Phase über Betrachtung der Nachbarschafts-
grauwerte wird der Phasenanteil durch Summation gleichartiger Bildpunkte ermittelt, wobei
auch Bildpunkte, die zu den Korngrenzen gehören vorher ausgeschlossen werden.

Phasenanteil der groben Phase = 13,7%

Phasenanteil der feinen Phase = 3,2%

  KG_Best.mcd

Ermittlung der Korngröße eines einphasigen Gefüges

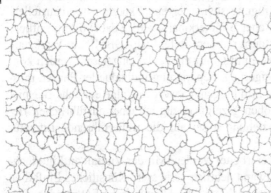

Pixellänge = 1,862 μm
Matrix: 303 Zeilen, 537 Spalten

Geometrischer Mittelwert = 34 μm
Logarithmischer Mittelwert = 27 μm

Originalbild

3.9 Festigkeits- und Zähigkeitsverhalten

Übersicht der Mathcad-Programme in diesem Abschnitt

Abschn.	Programm	Inhalt	Zusatzfile
3.9.1	Zugversuch	Auswertung der Rohdaten eines Zugversuchs	
3.9.2	Festigk	Empirische Ansätze für mechanische Eigenschaften	
3.9.2	Verguet	Mechanische Eigenschaften der Vergütungsstähle	Verguet.prn
3.9.2	Streug	Darstellung der Streuung der Festigkeitswerte	Streug.prn
3.9.4	Iso_v	Auswertung von Kerbschlagbiegeversuchen	isov.dat
3.9.4	FATT	Auswertung der fracture appearance transition Temp.	Fatt.dat

3.9.1 Spannungs-Dehnungs-Diagramm und Zugversuch

Das mechanische Werkstoffverhalten zählt zu den wichtigsten Eigenschaften für die statische Bauteilauslegung und umfasst sowohl die Festigkeit als auch die Zähigkeit bzw. die Bruchdehnung. Gemessen wird das mechanische Verhalten mit dem genormten Zugversuch. Für die Bauteilauslegung wird meist die Streckgrenze herangezogen.

 Zugversuch.mcd

In diesem einfachen Programm werden die Messwerte des Zugversuches ausgewertet.

3.9.2 Mechanismen zur Festigkeitssteigerung bei Metallen

Maßnahmen, die die plastische Verformung bzw. die Bewegung der Versetzungen behindern, führen zu einer Festigkeitssteigerung. Dabei können verschiedene Gitterdefekte festigkeitssteigernd wirken, s. Tabelle 3.9.1.

Tabelle 3.9.1. Gefügeelemente, die die Festigkeit beeinflussen (Grundmechanismen)

Dimension der Hindernisse	Gefügeelement	Härtungsmechanismus
0	gelöste Atome, Punktfehler	Mischkristallhärtung, Bestrahlungsverfestigung
1	Versetzungen	Kaltverfestigung
2	Korngrenzen, Phasengrenzen, Antiphasengrenzen	Feinkornhärtung, Ordnungshärtung
3	Teilchen (β in α) 2 Phasen (β neben α)	Ausscheidungshärtung, Dispersionshärtung, Duplexgefüge
-	Kristallanisotropie	Texturhärtung, orientierte Einkristalle
-	Gefügeanisotropie	Faserverstärkung, gerichtete Körner, Ausscheidungen

Diese Mechanismen können einzeln oder kombiniert in den Konstruktionswerkstoffen genutzt werden. Allgemein gilt, dass mit Ausnahme der Feinkornhärtung die Zähigkeit mit zunehmender Festigkeitssteigerung abnimmt.

3.9.2.1   Mischkristallverfestigung

Der Festigkeitszuwachs lässt sich mit

$$\Delta\sigma_{Mxx} = a \cdot G \cdot \sqrt{c}$$

beschreiben, wobei a eine Konstante, G der Schubmodul $(G = E/2(1+\nu))$ und c die Konzentration des Legierungselementes ist. Die spezifische Härtungswirkung a eines Legierungselementes ist einerseits vom Unterschied der Atomradien (Gitterdehnung) und andererseits vom Schubmodul des Legierungselementes (Gittersteifigkeit/Bindungskraft) abhängig. Die Wirkung einiger Legierungselemente in Eisen ist in Bild 3.9.1 dargestellt. Auffallend ist die hohe Festigkeitszunahme beim Zulegieren von interstitiellen Legierungselementen.

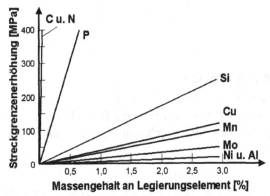

Bild 3.9.1. Festigkeitssteigerung gelöster Legierungselemente in Eisen (nach Pickering)

3.9.2.2   Kaltverfestigung

Kaltverformung bewirkt eine Erhöhung der Versetzungsdichte, wodurch eine gegenseitige Bewegungsbehinderung eintritt und die Streckgrenze ansteigt. Der Anstieg kann mit

$$\Delta\sigma_{v} = a \cdot G \cdot b \cdot \sqrt{\rho} \quad \text{bzw.} \quad \Delta\sigma_{v} = k \cdot \varphi^{n}$$

beschrieben werden, wobei b der Burgersvektor, ρ die Versetzungsdichte, φ der Umformgrad und n der Verfestigungsexponent ($0{,}15 < n < 0{,}4$) ist. Die Verformbarkeit bzw. Plastizität nimmt mit zunehmendem Verformungsgrad jedoch ab.

3.9.2.3   Feinkornhärtung

Korngrenzen stellen für Versetzungen unüberwindliche Hindernisse dar. Der Versetzungsaufstau im Korn ist gegeben durch die halbe Korngröße, d.h. um eine makroskopische Verformung zu erreichen sind höher Schubspannungen notwendig. Dies führt zu der bekannten Beziehung

$$\Delta\sigma_{KG} = k_{y} \cdot \frac{1}{\sqrt{D}} \quad (= \textit{Hall-Petch-Beziehung})$$

wobei D der Korndurchmesser und k_{y} der Korngrenzenwiderstand bzw. die Hall-Petch-Konstante ist. Der Wert von k_{y} variiert für unterschiedliche Legierungssysteme; für Stähle ist k_{y} ca. 18 N/mm$^{3/2}$. Hier sei auch angemerkt sich der Mechanismus der Feinkornhärtung nicht alleine auf die Korngröße beschränkt, sondern sich vielmehr auf die freie Lauflänge der Versetzungen bezieht, d.h. der Gefügefeinheit kommt insgesamt besondere Bedeutung zu. Der Einfluss der Martensitplattenbreite oder des Perlitlamellenabstandes geht ebenso mit der reziproken Wurzel in die Festigkeitssteigerung ein.

3.9.2.4 Teilchenhärtung

Feinstverteilte Ausscheidungen, die nur eine geringe Fehlpassung mit der Matrix aufweisen (kohärente oder teilkohärente Teilchen), werden durch Versetzungen geschnitten. In diesem Fall erhöht sich die Festigkeit um den Beitrag zur Schaffung neuer Phasengrenzflächen bzw. Antiphasengrenzflächen in geordneten Teilchen. Die Spannungserhöhung infolge schneidbarer Teilchen kann mit

$$\Delta\sigma_T = a \cdot G \cdot \sqrt{f \cdot d}$$

beschrieben werden, wobei f der Volumenanteil der Teilchen und d der Teilchendurchmesser ist.

Größere, inkohärente Teilchen werden entsprechend dem *Orowan-Mechanismus* von den Versetzungen umgangen. Die Versetzungslinien biegen sich zwischen den Teilchen soweit durch, bis sich die Abschnitte mit entgegengesetztem Vorzeichen anziehen und unter Auflösung vereinigen. Zurück bleibt ein Versetzungsring um das Teilchen. Der Streckgrenzenanstieg ergibt sich mit

$$\Delta\sigma_T = a \cdot \frac{G \cdot b}{\lambda} = d' \cdot G \cdot b \cdot \frac{\sqrt{f}}{d}$$

wobei λ der Teilchenabstand ist.

Die festigkeitssteigernde Wirkung von Ausscheidungen ist also primär von deren Größe abhängig, wobei die Versetzungen den Weg des geringsten Widerstandes wählen, d.h. es ergibt sich der im Bild 3.9.2 schematisch dargestellte Zusammenhang zwischen dem Streckgrenzenzuwachs und der Teilchengröße. Die optimale Teilchengröße d_0 liegt in der Größenordnung von etwa 10 nm.

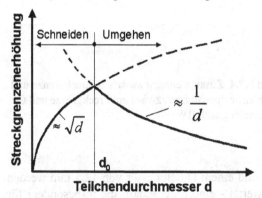

Bild 3.9.2. Schematischer Zusammenhang zwischen Festigkeitszuwachs und Teilchengröße

3.9.2.5 Multiple Festigkeitssteigerung bei Konstruktionswerkstoffen

In Tabelle 3.9.1 wird am Beispiel unterschiedlicher Al-Legierungen gezeigt, wie stark die verschiedenen Mechanismen zur Festigkeitssteigerung (einzeln oder kombiniert) beitragen.

Tabelle 3.9.1. Aluminiumlegierungen mit ihren genutzten festigkeitssteigernden Mechanismen

Legierung	Genutzter festigkeitssteigernder Mechanismus	Streckgrenze [MPa]	Anwendung
Reinaluminium	nur Peierls-Spannung	50	Verpackungen, Kondensatoren
Rein-Al + kaltgezogen	Kaltverfestigung	130	Freileitungsseile
AlMg2,5 (5052)	Mxx	90	Reflektoren
AlMg2,5 HX8 (5052)	Mxx+Kaltverfestigung	250	Fahrzeugbau, Architektur
AlMg1SiCu (6061)	Mxx+Aushärtung	270	Profile
AlZn5,5MgCu (7075)	Mxx+Aushärtung (T6)	500	Flugzeugbau
Al6061 + SiC (MMC)	Mxx+Aush.+Faserverst.	600	Sportartikel, Autorennsport

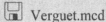 Festigk.mcd

In diesem Programm sind einige empirische Gleichungen zur Abschätzung der mechanischen Eigenschaften von Stählen zusammengestellt.

 Verguet.mcd

Die genormten Daten von 51 Vergütungsstählen werden im Überblick dargestellt. Zwei interessante Zusammenhänge sind in den Bildern 3.9.3 und 3.9.4 hervorgehoben. Zusätzlich wird eine multiple Regressionsanalyse für die Festigkeit als Funktion der chemischer Zusammensetzung durchgeführt.

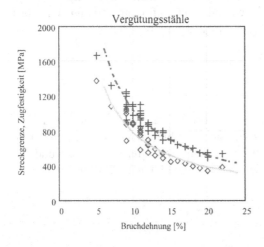

Bild 3.9.3. Darstellung des Zusammenhangs zwischen Streckgrenze bzw. Zugfestigkeit und der Bruchdehnung ($A \cdot R_p = 7800$ bzw. $A \cdot R_m = 10400$)

Bild 3.9.4. Zusammenhang zwischen Streckgrenze und Kohlenstoffgehalt bzw. zwischen Streckgrenze und C-Äquivalent nach IIW

 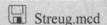 Streug.mcd

124 Betriebsdaten eines Walzdrahtes mit ca. 0,7% C und einem Durchmesser von 12,5 mm werden hinsichtlich des Streuverhaltens der Festigkeit ausgewertet - eine Eigenschaft, die insbesondere für die Rückfederung beim Biegen wichtig ist. Die Häufigkeitsverteilung der Festigkeit zeigt Bild 3.9.5.

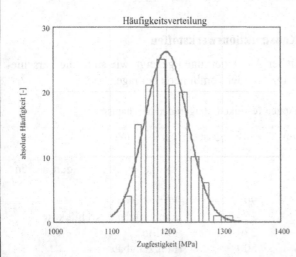

Eutektoider Walzdraht mit 12,5mm Durchmesser

N = 124 Proben

Mittelwert

$R_{mm} = 1.199 \cdot 10^3$

Standardabw.

$\sigma = 37.725$

relative Streuung in %

$\dfrac{\sigma \cdot 100}{R_{mm}} = 3.146$

Bild 3.9.5. Streuung der Zugfestigkeit eines Walzdrahtes mit 0,7%C

3.9.3   Zähigkeitsverhalten

3.9.3.1   Kerbschlagzähigkeit

Der Kerbschlagbiegeversuch nach DIN 50115 ist eine bewährte Methode zur Bestimmung des Zähigkeitsverhaltens, wobei die Kerbschlagarbeit sehr sensibel auf Gefügeänderungen reagiert. Das Ergebnis wird in Form einer A_v-T-Kurve dargestellt, s. Bild 3.9.6. Neben der Kerbschlagarbeit kann noch die Bruchfläche (kristalliner Anteil FR als Kriterium für spröden Bruch) und die laterale Breitung LB zur Beurteilung herangezogen werden, s. Bild 3.9.7.

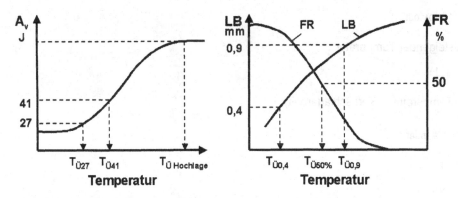

Bild 3.9.6. Kerbschlagarbeit über Temperatur   **Bild 3.9.7.** Auswertung der kristallinen Bruchanteils und der lateralen Breitung

Je nach Betriebstemperatur, Bedeutung für das Bauteil und je nach dem allgemeinen Gefährdungspotential werden Mindestanforderungen hinsichtlich der Kerbschlagarbeit festgelegt. Als werkstoffspezifische Kenngröße wird die sog. *Übergangstemperatur $T_Ü$* angegeben, die jedoch unterschiedlich definiert ist. Für Baustähle wird häufig die Übergangstemperatur T_{27} vereinbart, also jene Temperatur, bei der ein Werkstoff die Kerbschlagarbeit von 27 J sicher erreicht. Häufig wird auch die $T_{50\%}$-Temperatur bzw. *Fracture Appearance Transition Temperature* (FATT) vereinbart, also jene Temperatur bei der der kristalline Fleck die Hälfte der Bruchfläche einnimmt. Detailliertere Aussagen zum Duktil-Spröd-Übergang können mit dem instrumentierten Kerbschlagbiegeversuch erlangt werden. Das typische Aussehen von sog. *Charpy-V-Proben* im Spröd- und Duktilbereich zeigt Bild 3.9.8.

Bild 3.9.8. Charpy-V-Proben, Ausgangszustand und Aussehen bei Spröd- und Duktilbruch

3.9.3.2   Auswertung von Daten des Kerbschlagbiegeversuchs

Im Folgenden wird ein Datensatz (Kerbschlagarbeit über Temperatur) mit einer Ausgleichsfunktion von Hofer und Hung, sowie der kristalline Anteil zur Ermittlung der FATT ausgewertet.

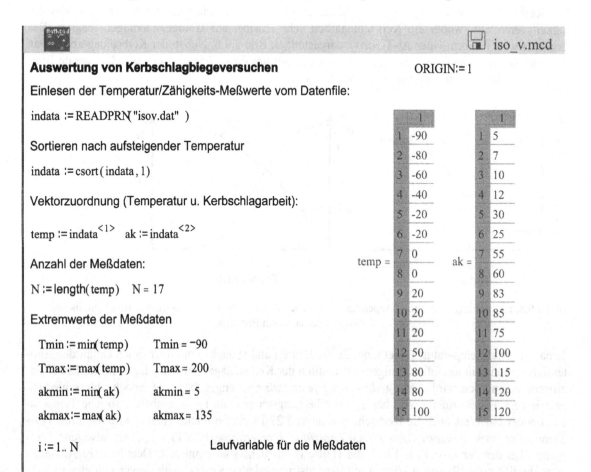

Auswertung von Kerbschlagbiegeversuchen   ORIGIN := 1

Einlesen der Temperatur/Zähigkeits-Meßwerte vom Datenfile:

indata := READPRN("isov.dat")

Sortieren nach aufsteigender Temperatur

indata := csort(indata , 1)

Vektorzuordnung (Temperatur u. Kerbschlagarbeit):

$temp := indata^{<1>}$ $ak := indata^{<2>}$

Anzahl der Meßdaten:

N := length(temp)   N = 17

Extremwerte der Meßdaten

Tmin := min(temp)   Tmin = −90

Tmax := max(temp)   Tmax = 200

akmin := min(ak)   akmin = 5

akmax := max(ak)   akmax = 135

i := 1.. N   Laufvariable für die Meßdaten

	temp		ak
	1		**1**
1	-90	1	5
2	-80	2	7
3	-60	3	10
4	-40	4	12
5	-20	5	30
6	-20	6	25
7	0	7	55
8	0	8	60
9	20	9	83
10	20	10	85
11	20	11	75
12	50	12	100
13	80	13	115
14	80	14	120
15	100	15	120

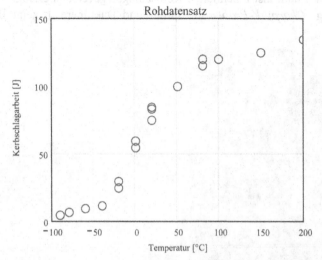

Rohdatensatz

(Fortsetzung)   iso_v.mcd

Analytische Beschreibung nach Hofer, Hung und Günes

Ansatz: $a(T) = \alpha_s + \beta_s \cdot T + [d - \alpha_s + (\beta_d - \beta_s) \cdot T] \cdot 1/(b \cdot sqrt(2\pi)) \cdot INTEGRAL[exp(-(x-T_o)^2)/2b^2 \cdot dx]$

Eingabe des Sprödbereiches, der linear angenähert werden soll

$Ns := 4$ $Xs := submatrix(temp, 1, Ns, 1, 1)$ $Ys := submatrix(ak, 1, Ns, 1, 1)$

$ms := slope(Xs, Ys)$ $ms = 0.139$ $bs := intercept(Xs, Ys)$ $bs = 17.881$

Eingabe des Duktilbereiches, der linear angenähert werden soll

$Nd := 13$ $Xd := submatrix(temp, Nd, N, 1, 1)$ $Yd := submatrix(ak, Nd, N, 1, 1)$

$md := slope(Xd, Yd)$ $md = 0.14$ $bd := intercept(Xd, Yd)$ $bd = 105.956$

Normierung der Daten zur Ermittlung des Übergangsbereiches

$$pd_i := \frac{ak_i - bs - ms \cdot temp_i}{bd - bs + (md - ms) \cdot temp_i}$$

Erste Abschätzung der Parameter To und b

$$To := temp_{Ns} + \frac{temp_{Nd} - temp_{Ns}}{2} \qquad To = 20$$

$$b := \left(temp_{Nd} - temp_{Ns}\right) \cdot \frac{1}{\sqrt{2 \cdot \pi}} \qquad b = 47.873$$

Ermittlung der genauen T_o-, b-Werte durch Minimierung der Summe der Abweichungsquadrate mit Hilfe der Mathcad-Funktion Minerr.

Given

$$\sum_{k=1}^{N} \left(pd_k - pnorm\left(temp_k, To, b\right)\right)^2 = 0 \qquad b \equiv b$$

$a := Minerr(To, b)$ $a = \begin{bmatrix} 6.48 \\ 27.92 \end{bmatrix}$ $To := a_1$ $b := a_2$

Ergebnis: $To = 6.48$ $b = 27.92$

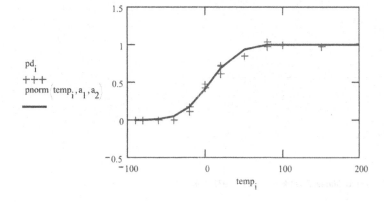

(Fortsetzung)   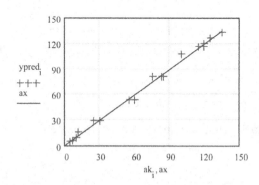 iso_v.mcd

Bestimmung der Übergangstemperatur für eine definierte Kerbschlagarbeit

$A\ddot{U} := 27 \qquad T\ddot{u} := 0$

$T\ddot{U} := \text{root}(bs + ms \cdot T\ddot{u} + (bd - bs + (md - ms) \cdot T\ddot{u}) \cdot \text{pnorm}(T\ddot{u}, To, b) - A\ddot{U}, T\ddot{u})$

Übergangstemperatur bei AÜ: $T\ddot{U} = -23.584$

Standardabweichung der Kerbschlagarbeit $\qquad ax := \begin{bmatrix} 0 \\ akmax \end{bmatrix}$

$i := 1..N \qquad ypred_i := bs + ms \cdot temp_i + \left[bd - bs + (md - ms) \cdot temp_i \right] \cdot \text{pnorm}\left(temp_i, To, b\right)$

$SE := \sum_i \left(ak_i - ypred_i\right)^2 \quad stddev := \sqrt{\dfrac{SE}{N-1}}$

$stddev = 3.717$

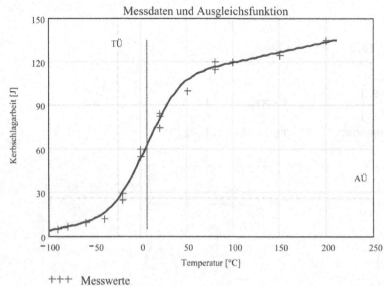

Darstellung der gesamten Kurve

$k := 1..101 \qquad TT_k := Tmin - 10 + \dfrac{((k-1) \cdot (Tmax + 20 - Tmin))}{100}$

$avT_k := bs + ms \cdot TT_k + \left[bd - bs + (md - ms) \cdot TT_k \right] \cdot \text{pnorm}\left(TT_k, To, b\right)$

Messdaten und Ausgleichsfunktion

$To = 6.48$

+++ Messwerte
——— Ausgleichskurve
——— To-Wert

Literaturhinweis: G.Hofer, C.C.Hung, U.Günes: Z.Werkstofftechn.8,1977, 109-111

FATT.mcd

In analoger Weise zum vorigen Mathcad-Beispiel kann auch der kristalliner Anteil der Kerbschlag-biegeprobe ausgewertet und die sog. FATT (fracture appearance transition temperature) ermittelt werden.

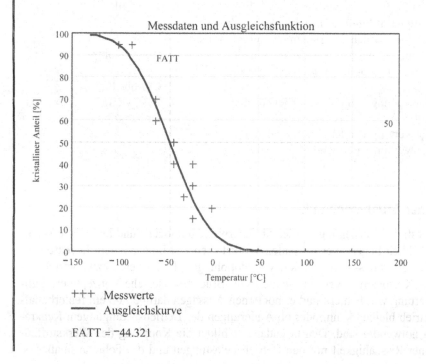

3.9.3.3   Andere Methoden zur Zähigkeitsbeurteilung

Mit dem genormten Kerbschlagbiegeversuch ist keine Unterscheidung hinsichtlich Risseinleitung und Rissauffang möglich. Deshalb gibt es spezielle Prüfmethoden, die hier kurz erwähnt werden.

Mit Hilfe des *Fallgewichtsversuchs nach Batelle* (drop weight tear test = DWTT) wird jene Grenztemperatur $T_{85\%}$ ermittelt, bei der eine gekerbte Biegeprobe einen nichtkristallinen Bruchanteil von 85% aufweist. Liegt die Anwendungstemperatur über dieser Grenztemperatur so kann immer ein zäher Bruch erwartet werden.

Beim *Pellini-Fallgewichtsversuch* wird eine Flachprobe mit gekerbter Einlagenschweißung mit einem Fallgewicht bei unterschiedlichen Temperaturen beaufschlagt und daraus die NDTT (nil ducti-lity transition temperature) nach ASTM E-208 ermittelt. Bei Temperaturen höher als NDT wird ein instabil fortschreitender Riss vom Werkstoff aufgefangen. Ein ähnlicher Versuch stammt von Ro-bertson. Dabei wird eine einseitig tiefgekühlte und gekerbte Probe schlagartig beansprucht und die Rissauffang-Temperatur CAT (crack arrest temperature) ermittelt.

Schließlich seien noch bauteilähnliche Großzugversuche (mit künstlichen Fehlern und/oder Schweißnähten) bzw. sog. „wide-plate-tests" erwähnt. Damit wird an plattenförmigen Proben die Temperaturabhängigkeit der Fließ- und Bruchspannung bestimmt, die ebenfalls Auskunft über das Sprödbruchverhalten gibt.

Sprödbruchfördernde Bedingungen und Aspekte des Zähigkeitsnachweises werden im Abschnitt 8.1.2 behandelt.

3.10 Bruchmechanik

Übersicht der Mathcad-Programme in diesem Abschnitt

Abschn.	Programm	Inhalt	Zusatzfile
3.10.2	Griffith	Energiekriterium für instabile Rissausbreitung	
3.10.2	bmwkst	Leck-vor-Bruch-Diagramm mehrerer Werkstoffe	
3.10.2	Rohr_IP	Innendruckbelastetes Rohr mit Anriss	Rohr_ip.bmp
3.10.2	Druckrohr	Bewertung von Fehlern in einer Druckrohrleitung	
3.10.6	ctprobe	Auswertung von CT- und Biegeproben	Ctprobe.bmp Last_v.bmp Drei_pkt.bmp
3.10.6	CTOD_da	Auswertung von Rissöffnungsdaten	
3.10.7	weibull	Auswertung mittels Weibull-Statistik	

3.10.1 Zielsetzungen der Bruchmechanik

Bei der konventionellen Festigkeitsauslegung werden üblicherweise homogene und fehlerfreie Werkstoffe angenommen. Tatsächlich liegen aber in realen Werkstoffen fast immer innere Defekte (Poren, Einschlüsse, etc.) oder fertigungs- (Bindefehler, Walzdopplungen, Lunker etc.) bzw. betriebsbedingte Risse (Ermüdungs-, Korrosions-, Kriechrisse etc.) vor. Bruchmechanische Konzepte ermöglichen eine Sicherheitsbewertung von Fehlern und ermöglichen Aussagen darüber, ob ein fehlerbehaftetes Bauteil weiter in Betrieb bleiben kann, oder ob Änderungen der Betriebsbedingungen, Reparaturen oder ein Austausch notwendig sind. Den Grundansatz bildet die Kopplung des Werkstoffzustandes, insbesondere seiner Risszähigkeit mit den Betriebsbelastungen und des Fehlerausmaßes, s. Bild 3.10.1.

Die Bruchmechanik spielt eine Schlüsselrolle für die Bereiche
- *Bauteilauslegung* (Leck-vor-Bruch-Kriterium, Festlegung der ertragbaren Fehlergröße)
- *Werkstoffauswahl* (Auswahl von fehlertoleranten Werkstoffen)
- *zerstörungsfreie Bauteilprüfung* (Anforderung bzgl. Fehlererkennbarkeit)
- *„Fitness for purpose"*- oder *„fitness for service"*-Betrachtungen
- Vorhersage der *Restlebensdauer* rissbehafteter, zyklisch belasteter Bauteile
- *Festlegung von Inspektionsintervallen* (rechtzeitige Überprüfung stabil wachsender Risse)
- *Risikoanalyse* von sprödbruchgefährdeten Komponenten und
- *Entwicklung neuer fehlertoleranter Werkstoffsysteme.*

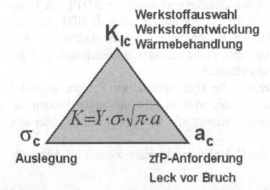

Bild 3.10.1. Basisgleichung und Anwendungsbereiche der Bruchmechanik

Zur Beurteilung eines Fehlers unter einer gegebenen Belastung wurden je nach Verformungsverhalten eines Werkstoffs folgende Konzepte entwickelt:

- die *linear elastische Bruchmechanik* (LEBM),
- die *elasto-plastische Bruchmechanik* (CTOD- oder J-Integral-Konzept) und
- das *Grenzlastkonzept*.

Eine Zuordnung je nach Ausmaß der Plastifizierung zeigt Bild 3.10.2. Wichtige Einflussgrößen sind Temperatur, Spannungszustand, Belastungsgeschwindigkeit und Umgebungsmedium.

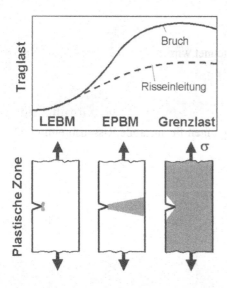

Bild 3.10.2. Zuordnung der bruchmechanischen Betrachtungsweisen je nach Plastifizierung vor der Rissspitze

3.10.2 Linear elastische Bruchmechanik (LEBM)

Griffith hat bereits 1921 ein Kriterium formuliert, das die Stabilität eines Risses in einem spröden Werkstoff beschreibt. Demnach breitet sich ein Riss in einem Werkstoff dann aus, wenn bei einer Längenzunahme des Risses mehr potentielle (=elastische) Energie frei wird, als Energie zur Schaffung neuer Rissfläche aufgewendet werden muss, s. Bild 3.10.3.

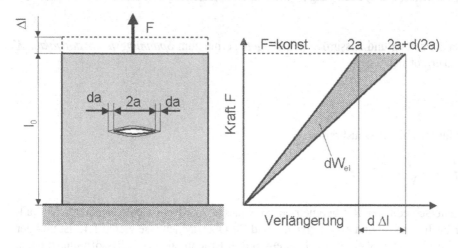

Bild 3.10.3. Änderung der elastisch gespeicherten Energie bei Risswachstum

Die potentielle Energie W einer Probe mit Riss ist gegeben durch:

$$W = W_{el,0} - \Delta W_{el} + \Delta W_\gamma$$

$W_{el,0}$ ... elastische Energie der rissfreien Probe

ΔW_{el} ... Energieänderung durch Einbringen des Risses

ΔW_γ ... Energieänderung durch Schaffung neuer Rissoberfläche

Die Bedingung für instabile Rissausbreitung lautet daher:

$$\frac{\partial \Delta W_{el}}{\partial a} \geq \frac{\partial \Delta W_\gamma}{\partial a}$$

wobei der erste Term als Energiefreisetzungsrate G

$$G = \frac{\sigma^2 \pi a}{E}$$

und der zweite Term als Rissausbreitungswiderstand R bezeichnet wird.

 Griffith.mcd

In diesem Beispiel werden die Energiebilanz und die Bedingungen für instabile Rissausbreitung dargestellt, s. Bild 3.10.4.

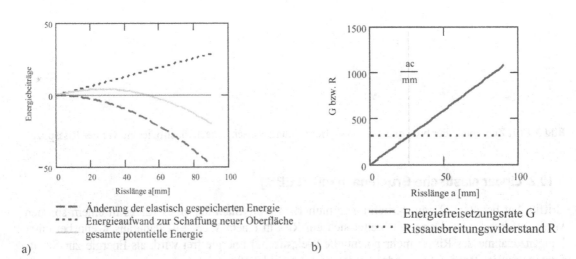

a)

b)

Bild 3.10.4. a) Energieänderung und b) Bedingung für instabile Rissausbreitung als Funktion der Risslänge a

Werden die von der Belastung und Rissgröße abhängigen Terme zum *Spannungsintensitätsfaktor K* zusammengefasst, so ergibt sich

$$K = \sigma\sqrt{\pi \cdot a}$$

und als Bedingung für instabile Rissausbreitung

$$K = \sigma\sqrt{\pi \cdot a} = \sqrt{G_c \cdot E} = K_c$$

Um den Einfluss unterschiedlicher Rissgeometrien zu erfassen, wird ein Geometriefaktor Y=f(a/t, a/c) eingeführt, der für Innenrisse und a << t gleich 1 und für Oberflächenrisse gleich 1,12 ist und der für viele andere praktische Fälle tabelliert ist. Es werden drei Bruchmoden (I ... Rissöffnungsmodus, II ... ebener Schub und II ... nichtebener Schub) unterschieden.

3.10.2.1 Anwendung des LEBM-Konzeptes

Voraussetzung für die Anwendung der LEBM ist, dass die sich vor der Rissfront einstellende plastische Zone sehr klein im Vergleich zu den Abmessungen des Bauteils oder der Probe ist.

Unter dieser Bedingung kann abgeschätzt werden, ob eine vorliegende Spannungsintensität noch kleiner als eine vom Werkstoff abhängige, kritische Bruchzähigkeit K_{Ic} ist.

$$K_I = Y \cdot \sigma \cdot \sqrt{\pi \cdot a} < K_{Ic}$$

Das sichere Beanspruchungsfeld ist für einen Vergütungsstahl in Bild 3.10.5 dargestellt.

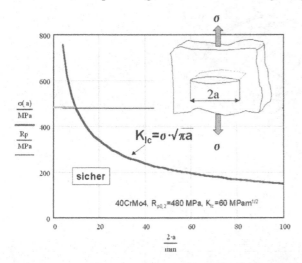

Bild 3.10.5. Sicherer Beanspruchungsbereich für ein innenrissbehaftetes Bauteil als Funktion der Risslänge

3.10.2.2 Bruchzähigkeit K_{Ic}

Werkstoffseitig ist das Verhalten eines Bauteils mit Riss von der Bruchzähigkeit K_{Ic} abhängig. Ähnlich wie beim Kerbschlagzähigkeitsverhalten ist bei ferritischen Stählen die Temperatur eine wesentliche Einflussgröße (instabiler Spröd- oder Zähbruch).

Der Wert der Bruchzähigkeit ist primär vom Gefügezustand abhängig. Prinzipiell gilt, dass die Bruchzähigkeit mit steigender Festigkeit abnimmt und umso größer ist je feiner das Gefüge ist. Andere Einflussgrößen sind: Anisotropie und Reinheitsgrad (s. Bild 3.10.6), Korngröße, das Vorliegen spröder Phasen oder Korngrenzenbelegungen u.a.m.

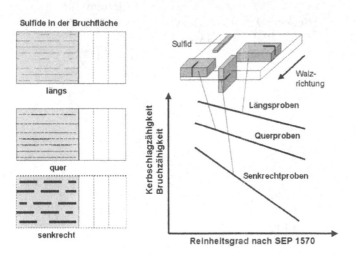

Bild 3.10.6. Einfluss der Probenlage und des Reinheitsgrades auf die Bruchzähigkeit von Stählen

Vergleicht man alle wichtigen Gruppen der Konstruktionswerkstoffe, s. Bild 3.10.7, so zeigt sich die deutliche Überlegenheit der Stähle in Bezug auf die für die maschinenbauliche Anwendung so wichtige Kombination zwischen Festigkeit und Zähigkeit. Dies ist neben dem günstigen Preis einer der Hauptgründe für die Dominanz der Stähle bei hochbelasteten und bruchsicheren Konstruktionen. Einzelwerte der Bruchzähigkeit für einige Konstruktionswerkstoffe sind in Tabelle 3.10.1 dargestellt.

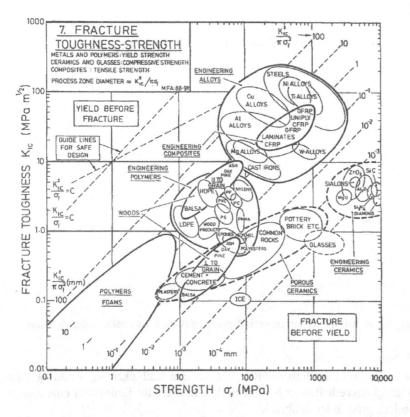

Bild 3.10.7. Bruchzähigkeit und Festigkeit von Konstruktionswerkstoffen (nach Ashby)

Tabelle 3.10.1. Bruchzähigkeitswerte und kritische Fehlergrößen einiger Konstruktionswerkstoffe

Werkstoffgruppe	Werkstoff	Streckgrenze $R_{p0,2}$ [MPa]	Bruchzähigkeit K_{Ic} [MPa√m]	a_c [mm] für $\sigma=R_{p0,2}/2$, $Y=1$ $$a_c = \frac{1}{\pi}\left[\frac{2K_{Ic}}{R_{p0,2}}\right]^2$$
Stähle				
Reineisen	Fe	100	80	815
Baustahl	St37	220	140	515
Vergütungsstahl	40CrMo4	480	60	20
Vergütungsstahl	3,5%-Ni-Stahl	490	190	191
Tieftemperaturst.	9%-Ni-Stahl	740	150	52
Maraging-Stahl	X2NiCoMo18-8-3	1300	110	9
Kaltarbeitsstahl	X165CrMoV12	61HRC	27	0,5
Warmarbeitsstahl	X40CrMoV 5-1	1400	30	0,6
Schnellarbeitsstahl	HS-6-5-2	66 HRC	12	0,1

Tabelle 3.10.1. Fortsetzung

Werkstoffgruppe	Werkstoff	Streckgrenze $R_{p0,2}$ [MPa]	Bruchzähigkeit K_{Ic} [MPa√]	krit. Fehlergröße a_c [mm]
NE-Legierungen				
Aluminiumleg.	Al99	70	45	526
	AlCu	320	35	15
	AlMg	200	35	39
	AlMgZnCu	450	30	5,6
Titanlegierung	TiAl6V4	950	80	9
Kupfer	Reinkupfer	75	120	3200
Messing	Messing	200	50	80
Nickel		60	120	5000
Kunststoffe				
Polyethylen	PE LD	15	2	22
Polyethylen	PE HD	20	4	51
Polypropylen	PP	30	4	51
Polyamid	PA66	70	5	23
Polycarbonat	PC	60	2	1,4
Polystyrol	PS	45	2	2,5
Polyvinylchlorid	PVC	45	3	6
GFK	50%, Polyester	1240	50	2
CFK	58%C, Epoxy	1050	35	1,4
Keramiken				
Siliziumnitrid	Si_3N_4	500	3	0,05
Siliziumkarbid	SiC	500	4	0,08
Aluminiumoxid	Al_2O_3	450	4	0,1

🔲 bmwkst.mcd

Für einige Konstruktionswerkstoffe werden die Versagensgrenzen, bei Annahme einer Nennspannung von 100 N/mm² ermittelt.

3.10.2.3 Leck-vor-Bruch-Kriterium

Bei Rohren oder Druckbehältern wird häufig gefordert, dass ein instabiler Bruch erst nach dem Auftreten eines Lecks eintreten darf. Das heißt, dass die kritische Rissgröße größer als die Wandstärke sein muss ($a_c > t$), s. Bild 3.10.8. Dabei wird angenommen, dass bestehende kleine Risse unter zyklischer Belastung bis zur kritischen Fehlergröße wachsen können.

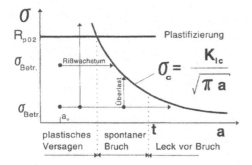

Bild 3.10.8. Versagensarten bei rissbehafteten Bauteilen: Plastifizierung, spontaner Bruch oder Leck-vor-Bruch

Bruchmechanische Berechnung innendruckbelasteten Rohres mit Anriss

⊟ Rohr_IP.mcd

$MPa := 10^6 \cdot Pa$

$bar := 0.1 \cdot MPa$

Gegeben sei ein innendruckbelastetes Rohr mit spezifiziertem Durchmesser aus einem niedrig-legierten Stahl, bei dem im Zuge der zfP ein halbelliptischer Anriss in Längsrichtung festgestellt wurde. Zu prüfen ist, ob sich der Riss bei dynamischer Belastung ausbreiten kann und ob es entweder zu einem instabilen Rissversagen (Aufplatzen) oder zu einem Leck vor Bruch kommt.

Eingabedaten:

Innendruck: $p := 200 \cdot bar$

Innendurchmesser: $d := 200 \cdot mm$

Bruchzähigkeit: $KIc := 50 \cdot MPa \cdot m^{\frac{1}{2}}$

Streckgrenze: $Rp := 500 \cdot MPa$

Schwellwert: $\Delta Ko := 20 \cdot MPa \cdot m^{\frac{1}{2}}$

zykl. Belastung $\Delta\sigma = \Delta\sigma_u$

Rissgeometrie: $c := 3 \cdot mm$ $a := 1 \cdot c$

Umfangspannung: $\sigma = p(D-2t)/2t$

1. Berechnung der erforderlichen Wandstärke

$t_{erf} := p \cdot \dfrac{d}{2 \cdot \dfrac{Rp}{1.5}}$ $t_{erf} = 6 \circ mm$

gewählt: $t := 8 \cdot mm$

2. aktuelle Umfangspannung $\sigma_u := p \cdot \dfrac{d}{2 \cdot t}$ Umfangspannung: $\sigma_u = 250 \circ MPa$

$\Delta\sigma := \sigma_u$

3. Berechnung der Spannungsintensität am Rissgrund $\theta := \dfrac{\pi}{2}$

$Y = f(a/c, a/t, \theta)$

$M1 := 1.13 - 0.09 \cdot \left(\dfrac{a}{c}\right)$ $M1 = 1.04$

$M2 := -0.54 + \dfrac{0.89}{\left(0.2 + \dfrac{a}{c}\right)}$ $M2 = 0.202$

$M3 := 0.5 - \left[\dfrac{1}{\left(0.65 + \dfrac{a}{c}\right)}\right] + 14 \cdot \left(1 - \dfrac{a}{c}\right)^{24}$ $M3 = {}^-0.106$

$g := 1 + \left[0.1 + 0.35 \cdot \left(\dfrac{a}{t}\right)^2\right] \cdot (1 - \sin(\theta))^2$ $g = 1$

$f := \left[\left(\dfrac{a}{c}\right)^2 \cdot (\cos(\theta))^2 + (\sin(\theta))^2\right]^{\frac{1}{4}}$ $f = 1$

(Fortsetzung)   🖪 Rohr_IP.mcd

$$k := 1 - 2 \cdot \frac{t}{(d + 2 \cdot t)} \qquad fc := \left[\left[\frac{(1 + k^2)}{(1 - k^2)}\right] + 1 - 0.5 \cdot \left(\frac{a}{t}\right)^{\frac{1}{2}}\right] \cdot \left[\frac{t}{\frac{(d + 2 \, t)}{2} - t}\right] \qquad fc = 1.097$$

$$fi := 1.1$$

$$\beta := 0.97 \cdot \left[M1 + M2 \cdot \left(\frac{a}{t}\right)^2 + M3 \cdot \left(\frac{a}{t}\right)^4\right] \cdot g \cdot f \cdot fc \cdot fi \qquad \beta = 1.248$$

$$\Phi := if\left[\left(\frac{a}{c}\right) > 1, 1 + 1.464 \left(\frac{c}{a}\right)^{1.65}, 1 + 1.464 \left(\frac{a}{c}\right)^{1.65}\right] \qquad \Phi = 2.464$$

$$KI := \beta \cdot \frac{\sigma_u \sqrt{\pi \cdot a}}{\Phi} \qquad \textbf{Ergebnis} \qquad KI = 12.294 \cdot MPa \cdot m^{0.5}$$

d.h. in Anbetracht der Größe von ΔK_o dürfte kein Risswachstum eintreten, dennoch wird der Fall eines instabilen Risses untersucht.

4. Berechnung eines möglichen instabilen Rissfortschritts

Ermittlung der Spannungsintensität bei a=t und Vergleich mit KIc

$$\lambda := \frac{c}{\left[\frac{(d + 2 \cdot t)}{2} \cdot t\right]^{\frac{1}{2}}} \qquad \lambda = 0.102$$

$$\beta o := \left(1 + 0.52 \cdot \lambda + 1.29 \, \lambda^2 - 0.074 \lambda^3\right)^{\frac{1}{2}} \qquad \beta o = 1.033$$

$$KIdurch := \beta o \cdot \sigma_u \sqrt{\pi \cdot c} \qquad KIdurch = 25.064 \cdot MPa \cdot m^{\frac{1}{2}} \qquad KIc = 50 \cdot MPa \cdot m^{\frac{1}{2}}$$

$$sit1 := \text{"ACHTUNG: instabiler Riß"}$$

$$sit2 := \text{"Leck-vor-Bruch-Situation"}$$

$$Bewertung := if(KIdurch < KIc, sit2, sit1)$$

$$\textbf{Ergebnis} \qquad Bewertung = \text{"Leck-vor-Bruch-Situation"}$$

Literatur: B.Farahmand: Fatigue and Fracture Mechanics of High Risk Parts, Chapman&Hall, N.Y., 1997, S.162

3.10.3 Elasto-plastische Bruchmechanik

Kommt es zu einer ausgedehnten Plastifizierung des Bereiches vor der Rissspitze, so muss ein Zähbruchkonzept angewandt werden. Es werden sowohl das J-Integral als auch die Rissspitzenaufweitung δ (CTOD...crack tip opening displacement) als Beanspruchungsparameter verwendet, die mit der Beziehung

$$J = m \cdot R_{p0,2} \cdot \delta$$

verknüpft sind. Unter elastischen Verhältnissen gilt

$$J = G = K^2 / E.$$

Die Abweichungen in der angeführten Beziehung zwischen J und K nehmen mit zunehmender Plastifizierung des Restquerschnittes (Ligament) zu.

3.10.4 Grenzlast-Konzept

Die plastische Grenzlast charakterisiert den Bruch, der in Bauteilen mit Rissen der Länge 2a ohne instabile Rissausbreitung allein durch plastische Verformung auftritt (plastischer Kollaps). Die plastische Grenzspannung entspricht somit bei Zugbeanspruchung der Zugfestigkeit im Nettoquerschnitt:

$$\sigma_{GL} = R_m (1 - \frac{2a}{B})^k$$

wobei B die Bauteilbreite ist. Der Exponent k ist bei Zugproben mit innen- oder beiderseitigem Außenriss gleich 1, bei Biegung mit einseitigem Außenriss gleich 2.

3.10.5 Fehlerbewertung

Zur Bewertung von Bauteilen mit Fehlern unter statischer Beanspruchung wird der gesamte Versagensbereich vom Sprödbruch bis zur plastischen Grenzlast beschrieben. Sie vereinigt das Fließspannungskonzept mit der LEBM. Als x-Achse wird K_r, das Verhältnis zwischen aufgebrachter Last zur Grenzlast aufgetragen. Die y-Achse bildet das Verhältnis $K_r = K_I/K_{Ic}$. Der Übergangsbereich wird durch eine auf dem Dugdale-Modell basierende und experimentell abgesicherte Näherung beschrieben. Die Auftragung K_r über $L_r = \sigma/R_{p0,2}$ wird als „*Failure Assessment Diagram (FAD)*" bezeichnet, s. Bild 3.10.9. Das Zwei-Kriterien-Verfahren wurde unter der Bezeichnung „R6 Routine" von CEGB (UK) weiterentwickelt. Die R6-Methode stellt eine Näherungsmethode zur Zähbruchanalyse auf der Basis des J-Integrals dar.

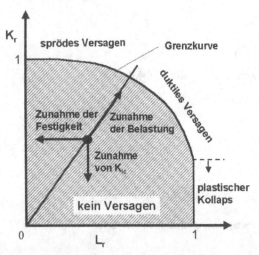

Bild 3.10.9. Prinzipielles Versagensbewertungs-Diagramm (FAD)

Druckrohr.mcd

Bewertung von Fehlern in Druckrohrleitungen mit dem Grenzlast-Konzept (Plastischer Kollaps)

Bauteilabmessungen:

$Ri := 1400$ [mm] $t := 45$ [mm]

Werkstoff: Feinkornbaustahl

$$Rp := 541 \quad [MPa]$$

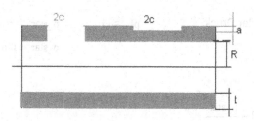

Gesucht wird

a) die *kritische Fehlergröße* bei einer gegebenen Belastung,

b) die *kritische Last* bei einer gegebenen Fehlergröße und

c) die *plastische Grenzlast* als Funktion der Rissgröße

Die Bewertung erfolgt nach VGB-TW 505 (siehe Lit.angabe unten)

a) Ermittlung der kritischen Rissgröße bei gegebener Belastung

Ansatz nach C.Ruiz (ref.28 in VGB-TW505)

$$p\_star(pL) := \frac{pL \cdot Ri}{Rp \cdot t} \qquad\qquad \rho(c) := \frac{c}{\sqrt{\left(Ri + \frac{t}{2}\right) \cdot t}}$$

$$akrit(c, pL) := t \cdot \left(1 - p\_star(pL) + \frac{1 - \frac{p\_star(pL)}{2}}{\rho(c) \cdot \rho(c)} \cdot \cos\left(\pi \cdot \frac{p\_star(pL)}{2}\right) \cdot \cos\left(\pi \cdot \frac{p\_star(pL)}{2}\right) \right)$$

$c := 0 .. 1500$

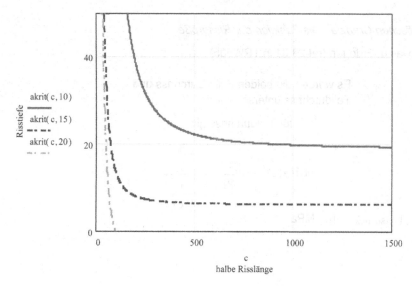

halbe Risslänge

Literatur: VGB-Bericht VGB-TW505 Erfassung auch des Übergangsbereiches zwischen der LEBM (Sprödbruch) und der Plastischen Grenzlast (Zähbruch), Essen, von Vazoukis und Tenckhoff

(Fortsetzung) Druckrohr.mcd

b) Ermittlung der kritischen Belastung bei gegebener Rissgröße

gefundende Rissgröße $a := 25$ $c := 500$

geschätzter Druck $pL := 11$ $p\_star := p\_star(pL)$ $\rho := \rho(c)$

$p\_star = 0.633$ $\rho = 1.976$

Given

$$\rho^2 = \frac{1 - \dfrac{p\_star}{2}}{p\_star - \left(1 - \dfrac{a}{t}\right)} \cdot \cos\left(\pi \cdot \frac{p\_star}{2}\right)^2$$

$$p\_star = \frac{pL \cdot Ri}{Rp \cdot t}$$ das zu lösende Gleichungssystem

$$\rho = \frac{c}{\sqrt{\left(Ri + \dfrac{t}{2}\right) \cdot t}}$$

$$\text{Lösung} := \text{find}(\rho, p\_star, pL)$$ $\text{Lösung} = \begin{bmatrix} 1.976 \\ 0.53 \\ 9.212 \end{bmatrix}$

Für die gegebene Rissgröße $a = 25$ $c = 500$ ist ein Druck von

$\text{Lösung}_2 = 9.212$ MPa kritisch!

c) Ermittlung der plastischen Grenzlast als Funktion der Rissgröße

Ansatz nach Hahn, Folias u. Erdogan (ref.29-31 in TRW505)

$$M(c) := \sqrt{1 + 1.61 \cdot \frac{c^2}{Ri \cdot t}}$$ Es werden die beiden Fälle Durchriss und Teildurchriss unterschieden.

für Durchriss gilt: für Teildurchriss gilt:

$$pLD(c) := Rp \cdot \frac{t}{Ri \cdot M(c)}$$

$$pLT(a,c) := Rp \cdot \frac{t}{Ri} \cdot \frac{1 - \dfrac{a}{t}}{1 - \dfrac{a}{M(c) \, t}}$$

$c := 0..1000$ Arbeitsdruck $:= 10$ MPa

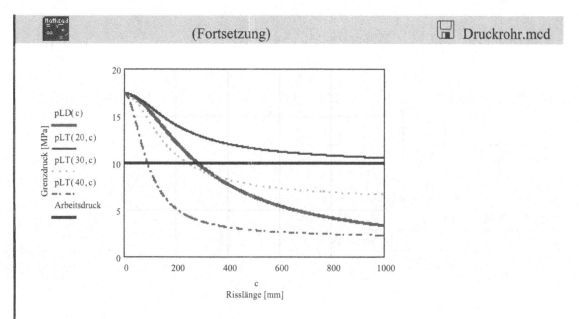

(Fortsetzung)   🖫 Druckrohr.mcd

kritische Rissgröße bei einem bestimmten Innendruck

$$\text{akrit\_T}(c) := \frac{\text{Arbeitsdruck} - \text{Rp} \cdot \dfrac{t}{\text{Ri}}}{\dfrac{\text{Arbeitsdruck}}{M(c) \cdot t} - \dfrac{\text{Rp}}{\text{Ri}}}$$

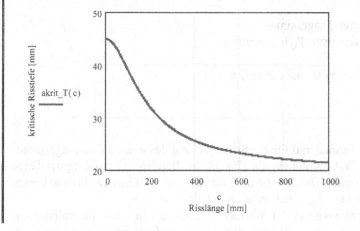

3.10.6 Bestimmung der Bruchzähigkeit

Die häufigsten Probenformen zur Messung des K_{Ic}-Wertes sind:
- CT („compact tension")-Probe
- Dreipunktbiegeprobe
- Vierpunktbiegeprobe

Die geometrischen Abmessungen der Bruchmechanikproben sind genormt. Für die CT-Probe gelten die Verhältnisse in Bild 3.10.10. Die Probendicke B muss durch Abschätzung im Vorhinein so festgelegt werden, dass ein ebener Dehnungszustand (EDZ) gesichert ist.

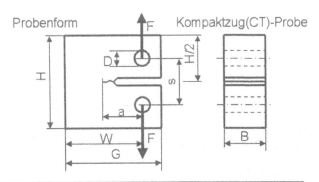

Bild 3.10.10. CT-Probe mit charakteristischen Abmessungen

Die prinzipiellen Schritte bei der Durchführung von K_{Ic}-Versuchen (siehe ASTM E399-83) sind:
1. Einbringen eines Ermüdungsrisses mit a~W/2
2. Belasten der Probe bis zum Bruch und Messung der Kraft und der Verschiebung mit Dehnungs-aufnehmer
3. Auswertung des Last-Verschiebungs-Diagrammes
    (je nach Lastkurventyp wird der Kraftwert P_Q bestimmt)
4. Berechnung von K_{Ic}
5. Überprüfen der Gültigkeit bezüglich EDZ mit der Bedingung:

$$B \geq 2,5 \cdot (\frac{K_{Ic}}{R_{P0,2}})^2$$

In Fällen, bei denen nicht genug Probenmaterial für die Sicherstellung des ebenen Dehnungszustandes vorhanden ist, wird das kleine Probenvolumen als „Insert" im Bereich der Ausgangsrisslänge mittels Laserstrahlschweißung positioniert. Durch das Anschwingen über die Einschweißstelle hinaus kann der Einfluss von Schweißeigenspannungen nahezu ausgeschalten werden.

Zur Charakterisierung der Bruchzähigkeit in der Wärmeeinflusszone von Schweißverbindungen werden üblicherweise *Gleeble-Simulationen* an größeren Proben durchgeführt, wobei der thermische Zyklus entsprechend den Schweißbedingungen am Realteil gewählt wird. Dazu wird in Abhängigkeit von den Schweißparametern der thermische Zyklus und die Abkühlzeit zwischen 800 und 500 °C berechnet und als Eingabedaten für die Gleeble-Steuerung verwendet. Nachdem in der Wärmeeinflusszone ein sehr starker Gefüge- und Eigenschaftsgradient auftritt, kann durch mehrere Simulationen mit unterschiedlichen Spitzentemperaturen – entsprechend dem Abstand von der Schmelzlinie – der gesamte Bereich charakterisiert werden. Weiters kann auch mit sog. Schweißgutproben das Bruchzähigkeitsverhalten des Schweißgutes ermittelt werden.

Eine wichtige Rolle für das Versagensverhalten von Druckrohrleitungen oder Pipelines spielt auch die generelle Abstimmung des Zähigkeitsverhaltens des Schweißgutes im Vergleich zu jenem der Wärmeeinflusszone. In der Fachwelt wird die Fragestellung mit den Begriffen „overmatching" oder „undermatching" des Schweißgutes behandelt. Bzgl. der Details sei auf die Spezialliteratur verwiesen.

ctprobe.mcd

Auswertung bruchmechanischer Messungen an CT- und Biegeproben $MPa := 10^6 \cdot Pa$

Werkstoff: Vergütungsstahl

1. CT-Probe   Last-Verschiebungs-Kurve   CT-Probe:

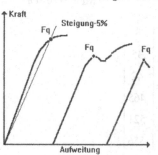
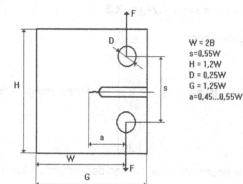

Eingabedaten:

$W := 40 \cdot mm$

$B := 20 \cdot mm$

$a := 20.5 \cdot mm$

$Fq := 32500 \, newton$

$Rp02 := 950 \cdot MPa$

Geometriefaktor: $\dfrac{a}{W} = 0.512$ Check: 0.45 < a/W < 0.55

$$Y := 29.6 \cdot \left(\frac{a}{W}\right)^{0.5} - 185.5 \cdot \left(\frac{a}{W}\right)^{1.5} + 655.7 \cdot \left(\frac{a}{W}\right)^{2.5} - 1017 \cdot \left(\frac{a}{W}\right)^{3.5} + 638.9 \cdot \left(\frac{a}{W}\right)^{4.5} \qquad Y = 9.974$$

$$KIc := \frac{Fq}{B \cdot W^{0.5}} \cdot Y$$ Ergebnis: $KIc = 81.036 \cdot MPa \cdot m^{0.5}$

$KIc = 2.563 \cdot 10^3 \; newton \cdot mm^{-1.5}$

Check der Gültigkeit: B > 2.5 · (K_{Ic}/R_{p02})² $Bc := 2.5 \cdot \left(\frac{KIc}{Rp02}\right)^2$ $B = 0.02 \cdot m > Bc = 0.018 \cdot m$

d.h. der Versuch ist gültig.

2. Biegeprobe: 3-Punkt-Biegeprobe:

$s := 80 \cdot mm$ $Fq := 7000 \, newton$

$B := 10 \cdot mm$

$W := 20 \cdot mm$

$a := 9 \cdot mm$

$\dfrac{a}{W} = 0.45$

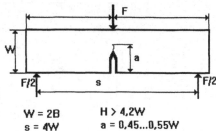
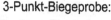

W = 2B   H > 4,2W
s = 4W   a = 0,45...0,55W

$$KIc := \frac{Fq \cdot s}{B \cdot W^{1.5}} \left[2.9 \cdot \left(\frac{a}{W}\right)^{0.5} - 4.6 \cdot \left(\frac{a}{W}\right)^{1.5} + 21.8 \cdot \left(\frac{a}{W}\right)^{2.5} - 37.6 \cdot \left(\frac{a}{W}\right)^{3.5} + 38.7 \cdot \left(\frac{a}{W}\right)^{4.5} \right]$$

$KIc = 45.226 \; MPa \cdot m^{0.5}$

CTOD_da.mcd

Bruchmechanische Auswertung von CTOD-Δa-Werten

Ausgleich der CTOD-Δa-Kurven nach ASTM E 1290:   ORIGIN := 1

in der Form δ=C1·(C2+Δa) ^C3 $MPa := 10^6 \cdot Pa$ $bar := 0.1 \cdot MPa$

Eingabedaten:

Risslänge: $a := \begin{bmatrix} .259 \\ .503 \\ .605 \\ .832 \\ 1.13 \\ 1.30 \end{bmatrix}$ Rissöffnung: $\delta := \begin{bmatrix} .3 \\ .35 \\ .42 \\ .465 \\ .521 \\ .556 \end{bmatrix}$

Berechnung der Koeffizienten der Ausgleichsfunktion:

$$F(a,C) := \begin{bmatrix} C_1 \cdot (C_2 + a)^{C_3} \\ (C_2 + a)^{C_3} \\ C_1 \cdot C_3 \cdot (C_2 + a)^{C_3 - 1} \\ C_1 \cdot (C_2 + a)^{C_3} \cdot \ln(C_2 + a) \end{bmatrix}$$

$guess := \begin{bmatrix} 0.4 \\ 0.3 \\ 0.5 \end{bmatrix}$ 1. Schätzwerte

$S := genfit(a, \delta, guess, F)$ *Koeff. C1, C2, C3:* $S = \begin{bmatrix} 0.465 \\ 0.142 \\ 0.495 \end{bmatrix}$

$f(r) := F(r, S)_1$ Initialwert δ_i : $f(0.2) = 0.273$

Grafische Darstellung: $i := 1..15$ $r := 0, 0.05..1.5$

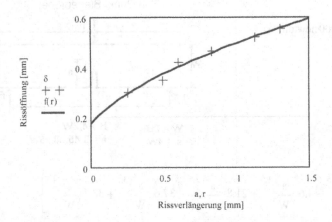

3.10.7 Probabilistische Bruchmechanik

Bei der Fehlerbewertung mit bruchmechanischen Konzepten werden meist obere Grenzwerte („worst case"-Werte) für die Risslänge und Belastung, sowie Mindestwerte für die Bruchzähigkeit angenommen. Dies führt zu einer konservativen Abschätzung des Bauteilverhaltens. Bei genauer Betrachtung streuen aber all diese Parameter in einem gewissen Bereich, weshalb es sinnvoll erscheint, mit einem Konzept der *Versagenswahrscheinlichkeit* zu arbeiten.

Große Bedeutung hat die probabilistische Analyse für sehr spröde Werkstoffe, wie z.B. technische Keramiken. Man kann sich vorstellen, dass in einer Keramik sehr viele kleine, inhärente Fehlstellen vorliegen, die aufgrund der Sprödigkeit des Werkstoffs bereits rissauslösend sein können. Es ist eine Frage der Größenverteilung dieser Fehler, wann sich ein Riss instabil ausbreitet. Ferner ist leicht einzusehen, dass die Wahrscheinlichkeit größere Risse zu finden direkt proportional zum Probenvolumen ist. Die Bruchwahrscheinlichkeit ist also eine integrierende Funktion der Spannungsverteilung, der Fehlergrößenverteilung und des betrachteten Volumens. Diese Grundsätze sind auch der Grund für die große Streuung der mechanischen Eigenschaften von Keramiken im Vergleich zu metallischen Werkstoffen. Diese Betrachtungsweise wird auch *„ weakest link"-Konzept* genannt.

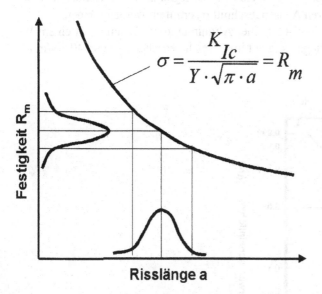

$$\sigma = \frac{K_{Ic}}{Y \cdot \sqrt{\pi \cdot a}} = R_m$$

Bild 3.10.11. Streuungen in der Risslänge führen zu entsprechenden Festigkeitsstreuungen

Die Versagenswahrscheinlichkeit ergibt sich also aus der Integration lokaler Spannungsintensitäten über das belastete Volumen.

Ausgehend von diesen Betrachtungen hat Weibull eine nach ihm benannte Bruchstatistik entwickelt, in der die Bruchwahrscheinlichkeit $P(\sigma)$, bei der eine Probe bei der Belastung σ bricht, sich mit der Verteilungsfunktion

$$P(\sigma) = 1 - \exp[-(\frac{\sigma}{\sigma_o})^m]$$ 2-Parameter-Ansatz

beschreiben lässt, wobei σ_o die Bruchfestigkeit und m der *Weibull-Modul* ist. Wird auch das Prüfvolumen berücksichtigt, so ergibt sich bei homogener Spannungsverteilung

$$P(\sigma) = 1 - \exp[-\frac{V}{V_o}(\frac{\sigma}{\sigma_o})^m]$$ 3-Parameter-Ansatz

Dies bedeutet auch, dass sich die Bruchfestigkeit zweier Proben mit unterschiedlichem Volumen wie folgt verhält:

$$\frac{Rm_1}{Rm_2} = \left[\frac{V_2}{V_1}\right]^{1/m}$$

Der Weibull-Modul kennzeichnet also die Streuung der Festigkeit. Während Metalle einen sehr großen m-Wert (>50) besitzen, weisen keramische Werkstoffe m-Werte zwischen 7 bis 20 auf.

Anwendung der Weibull-Statistik und grafische Darstellung:
Misst man an n Proben die Bruchspannung und ordnet die Werte der Größe nach, so kann die Wahrscheinlichkeit, dass eine Probe bei dieser Belastung bricht, mit P=i/n angegeben werden, wobei i die aktuelle Probennummer ist. Durch zweimaliges Logarithmieren erhält man die Gleichung

$$\ln(\ln\frac{1}{1-F}) = m \cdot \ln\sigma - m \cdot \ln\sigma_o$$

d.h. bei Auftragung von $\ln(\ln(1/(1-P)))$ über $\ln\sigma$ (=Weibull-Plot) ergibt sich eine Gerade, aus deren Steigung der Weibull-Modul m und aus deren Achsenabschnitt σ_o ermittelt werden können.

Als Beispiel zeigt Bild 3.10.12 den Weibull-Plot einer Aluminiumoxid-Keramik mit einem Weibull-Modul von 9,5 bzw. Streuungen der Biegefestigkeit im Bereich zwischen 200 und 400 N/mm².

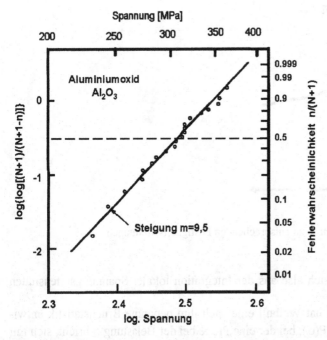

Bild 3.10.12. Weibull-Diagramm für eine Aluminiumoxid-Keramik

Für überlagerte Spannungen (z.B. Zug- und Biegebelastung) bzw. komplexere Geometrie sind die örtlichen Wahrscheinlichkeiten gesondert zu rechnen und über das gegebene Volumen zu integrieren. Dabei können auch Schwankungsbreiten der Fehlergrößen und Ausrichtung, sowie der Belastung berücksichtigt werden.

Derartige Berechnungen werden im Falle von *Zuverlässigkeitsanalysen* („reliability analysis") in der Luft- und Raumfahrt und bei anderen sicherheitstechnisch bedeutungsvollen Komponenten durchgeführt.

Weibull.mcd

Weibull-Verteilung

Die Bruchwahrscheinlichkeit P hängt vom Probenvolumen und der aufgebrachten Spannung ab, wobei der Exponent m ein Maß für die Homogenität des Werkstoffs darstellt.

Ansatz: $P(\sigma) = 1 - \exp[-[(V/V_0)\cdot(\sigma/\sigma_0)]^m]$ Probenumfang: ca. 10 bis 20

Transformation: $\ln[\ln(1/(1-P(\sigma)))] = m\cdot\ln(\sigma-\sigma_0) - m\cdot\ln(V/V_0)$ ORIGIN := 1

Eingabe-
daten: Bruchspannungen aus 4-Punkt-Biegeversuch einer gehippten Al$_2$O$_3$-Keramik

$\sigma B := (800 \quad 740 \quad 700 \quad 870 \quad 665 \quad 820 \quad 850 \quad 930 \quad 790 \quad 900 \quad 920 \quad 860)$ in MPa

der Größe nach sortierte Festigkeitswerte: $\sigma := \text{sort}\left(\sigma B^T\right)$ $N := \text{length}(\sigma)$ $N = 12$

$i := 1 .. N$

$P_i := \dfrac{i}{N+1}$ $Pl_i := \ln\left(\ln\left(\dfrac{1}{1-P_i}\right)\right)$ $sl_i := \ln(\sigma_i)$

Ergebnis:

$m := \text{slope}(sl, Pl)$ $m = 9.533$ [-]   Ausgleichsgerade:

$\sigma 0 := \exp\left(\dfrac{\text{intercept}(sl, Pl)}{-m}\right)$ $\sigma 0 = 860.481$ [MPa] $y_i := m\cdot\left(sl_i - \ln(\sigma 0)\right)$

Indizierung der Bruch-
wahrscheinlichkeit im
Diagramm als "+"

$k := 1 .. 13$

$pp := (.01 \quad .05 \quad .1 \quad .2 \quad .3 \quad .4 \quad .5 \quad .6 \quad .7 \quad .8 \quad .9 \quad .95 \quad .99)$

$pplog_k := \ln\left[\ln\left[\dfrac{1}{1-\left(pp^T\right)_k}\right]\right]$ $xp_k := 120$

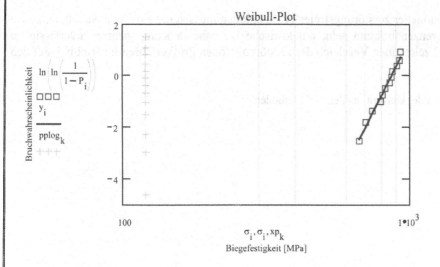

Weibull-Plot

Schrifttum:

W.Weibull: J.Appl.Mech. 18, 1951, S.293-297

Mater.Res. Stds, May 1962, S.405-411

H.E.Exner: Materialprüfung 7, 1965, Nr.10, 375-379

3.10.8 Konsequenzen der Bruchmechanik für die zerstörungsfreie Werkstoffprüfung

Durch die bruchmechanische Bewertung können die mit der zerstörungsfreien Prüfung aufgefundenen Fehler (Risse, Bindefehler etc.) im Sinne der Bauteiltauglichkeit (= „Fitness for Purpose") analysiert werden.

Das prinzipielle Vorgehen ist in Bild 3.10.13 dargestellt. Während die Nachweisgrenzen durch das gewählte zfP-Verfahren und die Bauteilabmessungen bzw. Lage der Fehlstellen gegeben sind, sind die zulässigen Fehlergrößen jeweils in den spezifischen Anwendungsnormen (Stahlbau, Druckbehälterbau, Schiffsbau etc.) definiert.

Während früher unzulässig große Fehler ohne quantitative Beurteilung „vorsichtshalber" herausgeschliffen und durch Schweißen „repariert" werden mussten, so ist es nun möglich mit Hilfe einer bruchmechanischen Bewertung gegebenenfalls mit den gefundenen Fehlstellen zu leben.

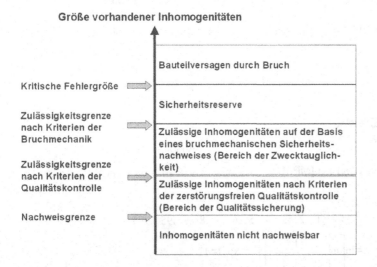

Bild 3.10.13. Bewertungsschema für Inhomogenitäten

Beim Einsatz konventioneller zerstörungsfreier Prüfmethoden müssen die Vor- und Nachteile, sowie die Anwendbarkeitsgrenzen bekannt sein, um kritische Bereiche in Komponenten zuverlässig zu prüfen. Tabelle 3.10.2 zeigt einen Vergleich der zerstörungsfreien Prüfverfahren im Hinblick auf den Rissnachweis.

Tabelle 3.10.2. Vergleich der konventionellen zfP-Methoden

Verfahren	Rissort	Art	Form	Größe bzw. Tiefe	Orientierung	Nachweisgrenze
Radiographie	+	+++	+++	+	+	0,4 bis 2% der Materialdicke
Ultraschall	+++	+	+	+	0	Risssignale > 2xGefügeanzeigen Risstiefe > 3xOberfl.rauhigkeit
Wirbelstrom	+++	+	+	+	+	Risslänge > 1 mm Risstiefe > 0,25 mm Risstiefe > 3xOberfl.rauhigkeit
Magnetpulver	+++	+	+	+	+	Rissbreite > 1 μm Risstiefe > 10 μm
Penetration	+++	+	+	+	+	Risstiefe > 20 μm Risslänge > 1 mm
Potentialsonde	0	0	0	+++	0	Risstiefe >1 mm

3.11 Kriechen

Übersicht der Mathcad-Programme in diesem Abschnitt

Abschn.	Programm	Inhalt	Zusatzfile
3.11.4	Monkman	Monkman-Grant-Beziehung	Monkman.prn
3.11.4	Kriechrate	Ermittlung der min. Kriechrate	CRC850170.prn
3.11.4	thetaproj	Phänomenologische Kriechkurvenbeschreibung	CRC750450.prn
3.11.4	Zeitstk	Inter- und Extrapolation von Zeitstanddaten	C12crmo.prn
3.11.4	Spera	Inter- und Extrapolation nach Spera	ZIN738LC.prn

Während die Verformung bei niedrigen Temperaturen nur eine Funktion der aufgebrachten Spannung ist ($\varepsilon = f(\sigma)$), ist sie bei erhöhten Temperaturen eine Funktion der Spannung und der Beanspruchungszeit und -temperatur ($\varepsilon = f(\sigma, t, T)$), s. Bild 3.11.1. Als Anhaltswert für den Beginn der zeitabhängigen Verformung kann eine homologe Temperatur (=$T_{Betrieb}$ [K]/Tm [K]) von etwa 0,4 angegeben werden. Bei den Stählen liegt diese Temperatur zwischen 400 und 500 °C, s. Bild 3.11.2.

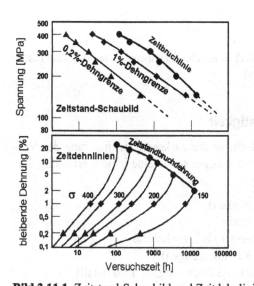

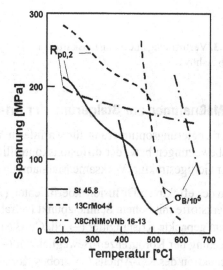

Bild 3.11.1. Zeitstand-Schaubild und Zeitdehnlinien

Bild 3.11.2. Übergang bzgl. der Auslegung nach Streckgrenze bzw. Zeitstandfestigkeit

3.11.1 Kriechmechanismen

In Abhängigkeit von der Spannung und Temperatur erfolgt die zeitabhängige Verformung durch unterschiedliche Mechanismen. Diese sind:

- *Versetzungsgleiten* („dislocation glide"), d.h. bei hohen Spannungen und relativ niedrigen Temperaturen tritt thermisch aktiviertes Abgleiten der Versetzungen auf.
- *Versetzungskriechen* („dislocation creep", „Power law creep"), $d\varepsilon/dt \approx \sigma^n \cdot e^{-Q/RT}$ ($n \approx 4$), durch Klettern und Quergleiten von Versetzungen
- *Diffusionskriechen* („diffusional flow), in Form von
  a) Korngrenzenkriechen („coble creep") $d\varepsilon/dt \approx \sigma \cdot e^{-Q/RT}/d^3$ und
  b) Nabarro-Herring-Kriechen $d\varepsilon/dt \approx \sigma \cdot e^{-Q/RT}/d^2$ durch Volumendiffusion.

Welcher Mechanismus in einem gegebenen Fall vorliegt, kann durch Betrachtung der Spannungsabhängigkeit der Kriechrate oder durch Auswertung der Burchmorphologie festgestellt werden.

M.F.Ashby hat die Wirkbereiche in übersichtlichen *Verformungsmechanismenkarten* für unterschiedliche Werkstoffe zusammengestellt. Am Beispiel von Nickel mit einer Korngröße von 32µm zeigt Bild 3.11.3 die in verschiedenen Spannungs-Temperatur-Bereichen vorherrschenden Verformungsmechanismen. Entsprechend dieser Mechanismen sind auch die Bruchmoden in ähnliche Diagrammen zusammengefasst, s. Bild 3.11.4.

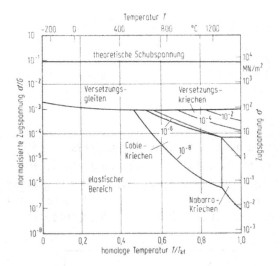 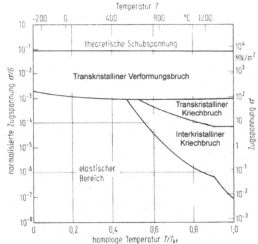

Bild 3.11.3. Verformungsmechanismuskarte für Nickel (nach Ashby)

Bild 3.11.4. Bruchmechanismuskarte für Nickel (nach Ashby)

3.11.2 Maßnahmen zur Steigerung der Kriechfestigkeit

Ziel jeder Legierungsoptimierung für warmfeste Werkstoffe ist die wirksame Behinderung der Versetzungsbewegungen bzw. der diffusionskontrollierten Phänomene, sowie eine hohe thermische Stabilität der Gefügestruktur. Wirksame Maßnahmen dafür sind:

- Senken des effektiven Diffusionskoeffizienten (Beweglichkeit)
    - Werkstoffe mit hohem Schmelzpunkt (refraktäre Metalle)
    - dicht gepackte Kristallgitter ($\rightarrow$ Ni, Co-Basis; kfz besser als krz-Metalle)
    - Senkung der Korngrenzen-Beweglichkeit ($\rightarrow$ KG-Ausscheidungen)
    - Reduktion des KG-Anteils ($\rightarrow$ grobes Korn $\rightarrow$ gerichtete Erstarrung, $\rightarrow$ Einkristall)

- Verwendung stabiler Werkstoffe, Phasen, Teilchen
    - thermodynamisch stabile Werkstoffe (Keramik, Intermetallics)
    - feinste Oxidteilchen (ODS-Legierung), statt Systeme mit vergröbernden Karbiden

- Behinderung der Versetzungsbewegung durch
    - Teilchenverfestigung
      Cr-Karbide, MX-Karbide/Nitride (M=V, Nb; X=C,N) $\rightarrow$ warmfeste ferritische Stähle
      γ'-Teilchen bei Ni-Basislegierung
      ThO_2 bei W, Y_2O_3 bei ODS-Legierungen
    - möglichst hoher Teilchenvolumenanteil
    - kohärente Teilchen mit geringer Grenzflächenenergie $\rightarrow$ geringe Vergröberungsrate
    - Mischkristallverfestigung
      Cr, Mo, W bei warmfesten ferritischen Stählen
    - Niedrige Stapelfehlerenergie $\rightarrow$ größere Versetzungsaufspaltung $\rightarrow$ kleinere Kletterrate

3.11.3 Warmfeste Stähle und Hochtemperaturwerkstoffe

Die Grenzen der Anwendbarkeit von Hochtemperaturlegierungen zeigt Tabelle 3.11.1. Die Angaben über die Betriebstemperatur beziehen sich auf eine Einsatzdauer von ca. 10.000 bis 100.000 Stunden und eine Betriebsspannung von etwa 50 bis 100 MPa. Die Daten sollen eher für eine grobe Orientierung beitragen, sind jedoch nicht für die Auslegung bestimmt.

Tabelle 3.11.1. Typische Grenzen der Anwendbarkeit von Hochtemperaturlegierungen

Werkstoffgruppe	Werkstoffbeispiele	Anwendung	max. Betriebstemp. [°C]
Kesselbleche (DIN 17155)	HI bis HIV, 17Mn4	Hänger, Flossenwände	450
nahtlose Rohre aus warmfesten Stählen (DIN 17175)	15Mo 3	Verdampferrohre Überhit-	500
	13CrMo 4-4	zerrohre Sammler, Frisch-	550
	10CrMo 9-10	dampfleitung	560
	X20CrMoV 12-1		580
warmfester Stahlguß (DIN 17245)	GS-17CrMoV 5-11	Dampfturbinengehäuse, Ventilgehäuse	540
warmfeste Schrauben (DIN 17240)	21 CrMoV 5-7	DT-Gehäuseschrauben	530
	NiCr 20 TiAl		650
austenitische Stähle (SEW 670, 675)	X8 CrNiMoNb 16-13	DT-Überhitzer, Frisch- dampfleitung	650 ÷700
Co-Basislegierung	Haynes	Gasturbinenbau	850
Nickelbasislegierungen: Knetlegierung	IN 600, 625, Hastellog 276	Bleche, Rohre, Schrauben,	800
niedriger γ'-Gehalt	Nimonic 80A, IN 718	GT-Scheiben	850
hoher γ'-Gehalt	Nimonic 115, Udimet 720	GT-Schaufeln	950
Ni-Basis Feingussle- gierung	IN 738LC, IN 939, MarM200	GT-Schaufeln	950
Hitzebeständige Legie- rungen (primär oxidations- u. korrosionsbeständig, niedrige Belastung)	X 15 CrNiSi 25-4 X 15 CrNiSi 25-20 X 10 NiCrAlTi 32-20 (IN 800)	Industrieofenbau Kohlever- gasungsanlage	1000 ÷1100
ODS-Legierung	MA 956, MA 6000	GT-Schaufeln, Flugtrieb- werke	1050 ÷1100
Aluminide	NiAl, TiAl (=Intermetallics)	Turbinenbau	1200
Hochleistungskeramik	Si_3N_4, SiC	Brennerdüsen, Turbolader	1400
refraktäre Metalle	W, W + 1-5% ThO2	Glühfäden, Drehanoden	1200
	Mo, TZM, Nb	HT-Öfen, Gesenke für iso- thermes Schmieden	3000 2000
Graphit		Tiegelmaterial	3000

Neben dem Kriechwiderstand sind für den betrieblichen Einsatz (insbesondere bei zeitlichen und örtlichen Temperaturgradienten) auch die thermophysikalischen Eigenschaften von Bedeutung. In den Bildern 3.11.5 und 3.11.6 sind einige warmfeste Werkstofftypen diesbezüglich verglichen. Aus beiden Diagrammen tritt die deutliche Überlegenheit der ferritischen Stähle hinsichtlich der thermophysikalischen Eigenschaften hervor, wodurch Temperaturgradienten, wie sie beim An- und Abfahren von kalorischen Kraftwerken auftreten, leichter ertragen werden können. Die Vorteile gegenüber austenitischen Stählen liegen einerseits in einer kürzeren Anfahrzeit und andererseits in einer längeren Lebensdauer bzgl. thermischer Ermüdung.

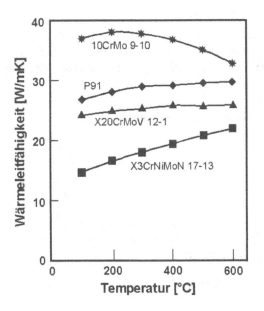

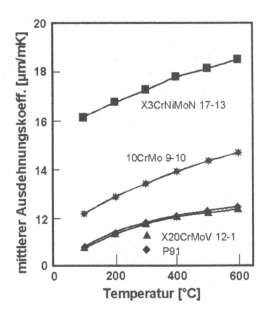

Bild 3.11.5. Vergleich der Wärmeausdehnungs-koeffizienten ferritischer und austenitischer Stähle

Bild 3.11.6. Vergleich der Wärmeleitfähigkeit ferritischer und austenitischer Stähle

Aus diesen Gründen hat man sich in den 90er Jahren intensiv bemüht, die ferritischen warmfesten Stähle mit 9 bis 12%Cr durch Zulegieren von Wolfram, Niob u.a. weiter zu verbessern. Der Gefügeaufbau dieser modernen Stähle wurde bereits im Abschnitt 3.2 (Bild 3.2.16) berechnet.

Einen Vergleich der Kriechbeständigkeit moderner Stähle für die Kraftwerkstechnik zeigt Bild 3.11.7. Die erzielte Verbesserung ist in Bild 3.11.8 überzeugend in Form der möglichen Wanddickenreduzierung dargestellt. Durch den erhöhten Kriechwiderstand sind nun höhere Dampfzustände (300 bar bei 625 °C) und damit höhere Wirkungsgrade und geringere Emissionswerte möglich.

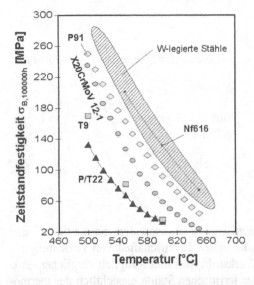

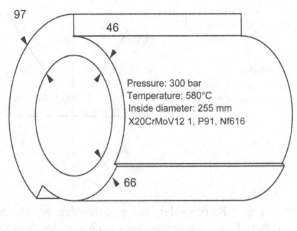

Bild 3.11.7. Vergleich 100 000h Zeitstandfestigkeit ferritischer 9-12% Cr-Stähle

Bild 3.11.8. Frischdampfleitung ausgeführt mit unterschiedlichen warmfesten 9-12% Cr-Stählen. Dabei ergeben sich bei gleicher Belastung folgende Wandstärken für X20CrMoV12-1 = 97 mm, für P91 = 66 mm und für den japanischen Stahl Nf616 = 46 mm

3.11.4 Prüfverfahren und Datenauswertung

Die mechanischen Langzeiteigenschaften bei hohen Temperaturen werden üblicherweise im Zeitstandversuch bei konstanter Prüflast und Temperatur bestimmt. Außerdem werden noch Hochtemperatur-Zugversuche mit konstanter Dehnrate und Relaxationsversuche mit vorgegebener, konstanter Dehnung durchgeführt.

Die zeitliche Änderung der Kriechdehnung bei konstanter Spannung und Temperatur wird meist in Form der *Kriechkurve* (s. Bild 3.11.9) dargestellt. Man unterscheidet drei Bereiche:

- *Bereich I:* Primäres Kriechen oder Übergangskriechen mit Abnahme der Kriechrate. Die phänomenologische Beschreibung erfolgt meist mit $\varepsilon = a.\ln(t)$ bzw. mit dem sog. Garofalo-Ansatz.

- *Bereich II:* Sekundäres oder stationäres Kriechen bzw. dynamisches Gleichgewicht zwischen Ver- und Entfestigungsvorgängen. Die mathematische Beschreibung der minimalen Kriechrate erfolgt je nach vorliegendem Kriechmechanismus mit unterschiedlichen Spannungsabhängigkeiten:

$$\dot{\varepsilon} = B \cdot \exp(\sigma) \cdot \exp(-Q/RT) \qquad \text{Versetzungsgleiten}$$

$$\dot{\varepsilon} = B \cdot \sigma^n \cdot \exp(-Q/RT) \qquad \text{Versetzungskriechen (Norton-Ansatz)}$$

$$\dot{\varepsilon} = B \cdot \sigma \cdot \exp(-Q/RT) \qquad \text{diffusionskontrolliertes Kriechen}$$

- *Bereich III:* Tertiäres Kriechen, beschleunigtes Kriechen bis zum Bruch (Mikrorisswachstum)

Die Kriechschädigung erfolgt meist interkristallin durch Porenbildung an den Korngrenzen, zunächst in Form von Einzelporen, dann Porenketten und schließlich Mikro- und Makrorissbildung.

Die Auswertung der Daten zum Zwecke der Bauteilauslegung und Extrapolation erfolgt durch die Darstellung des *Zeitstandschaubilds*. Für Legierungsentwicklungen wird meist die Kriechrate entweder über der Spannung (s. Bild 3.11.10) oder über der Kriechdehnung aufgetragen und mittels metallografischen Untersuchungen (Durchstrahlungsmikroskopischen (TEM-) Aufnahmen etc.) interpretiert. Eine Zusammenstellung der numerischen gestützten Auswertemethoden für Kriechdaten ist in Tabelle 3.11.2 dargestellt.

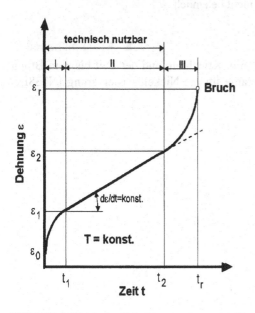

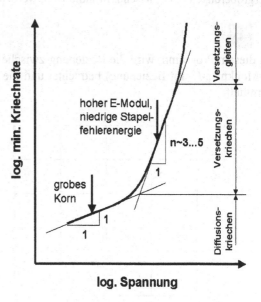

Bild 3.11.9. Typische Kriechkurve eines metallischen Werkstoffs bei konstanter Belastung und Temperatur

Bild 3.11.10. Metallphysikalische Auswertung durch Darstellung der Kriechrate über der Spannung

Tabelle 3.11.2. Auswerteroutinen für Kriechdaten am Beispiel von EVCREEP (Subroutinen der HTMDB JRC Petten)

Anwendungsbereich	Auswertemethode
1. Auswertung von Kriechdaten	11 Grafische Darstellung
	12 Spline Interpolation
	13 Analytische Beschreibung (z.B. Θ-Projektion)
	14 Ermittlung der minimalen Kriechrate
	15 Bestimmung der Kriechgrenze
2. Beziehungen zwischen Zeitstand-festigkeit und min. Kriechrate	21 Monkman-Grant-Beziehung
	22 Dobes-Milicka-Beziehung
	23 Lambda-Konzept
3. Zeit-Temperatur-Parameter	31 Larson-Miller-Parameter
	32 Sherby-Dorn-Parameter
	33 Manson-Haferd-Parameter
4. Spannungsabhängigkeit der minimalen Kriechrate und der Zeit bis zum Kriechbruch	41 Norton-Gesetz
	42 exponentielle Spannungsabhängigkeit
	43 sinh-Ansatz
	44 Konzept der inneren Spannungen
	45 Polynomansatz für die Spannung
5. Inter- und/oder Extrapolationsmethoden	51 Spera-Ansatz
	52 Larson-Miller-Extrapolation
	53 Sherby-Dorn-Ansatz
	54 Minimum-Commitment-Methode
	55 Auswertung nach Rosselet

Im Folgenden werden einige Mathcad-Anwendungen zur Auswertung von Kriechdaten dargestellt, die vom Benutzer gerne modifiziert bzw. erweitert werden können. Bei der Extrapolation von Zeitstand-daten wird empfohlen, nicht mehr als mit einem Faktor 3 bis 5 der längsten Prüfzeit zu extrapolieren, da bedingt durch Mechanismusänderungen oder Gefügeinstabilitäten die Lebensdauer meist unzulässig überschätzt wird. Metallurgisch bedingte Änderungen der Kurvenverläufe, bspw. durch Teilchen-vergröberungen oder Phasenumwandlungen, werden hier nicht behandelt.

 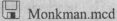

In diesem Programm wird die Beziehung zwischen der min. Kriechrate und der Zeit bis zum Bruch (=Monkman-Grant-Beziehung) betrachtet und die Konstante für die Nickelbasislegierung IN738LC ermittelt.

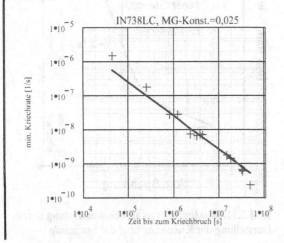

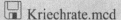

Auswertung von Kriechkurven und Ermittlung der minimalen Kriechrate

Eingabedaten: $\text{ORIGIN} := 1$

Werkstoff: IN738LC

Temperatur [°C]: $T := 850$

Spannung [MPa] $\sigma := 170$

$\text{indata} := \text{READPRN}(\text{"CRC850170.prn"})$

$t := \text{indata}^{<1>}$ $\varepsilon := \text{indata}^{<2>}$

$N := \text{length}(t)$ $N = 33$ Anzahl der Messdaten

Zeit bis zum Bruch [h]: $\text{tr} := t_N$ $\text{tr} = 9.2 \bullet 10^3$

Bruchdehnung [%] $\varepsilon B := \varepsilon_N$ $\varepsilon B = 6.2$

	1	2
1	100	0.1
2	200	0.15
3	300	0.2
4	400	0.25
5	500	0.3
6	700	0.37
7	$1 \bullet 10^3$	0.4
8	$1.2 \bullet 10^3$	0.5
9	$1.5 \bullet 10^3$	0.55
10	$1.7 \bullet 10^3$	0.6
11	$2 \bullet 10^3$	0.7

$\text{indata} =$

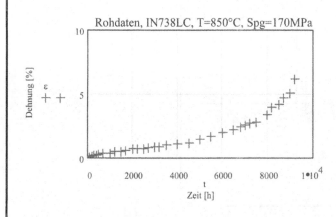

Rohdaten, IN738LC, T=850°C, Spg=170MPa

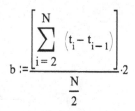

$$b := \frac{\displaystyle\sum_{i=2}^{N}\left(t_i - t_{i-1}\right)}{\dfrac{N}{2}} \cdot 2$$

Kubische Spline-Interpolation

Spline-Koeffizienten:

$S := \text{cspline}(t, \varepsilon)$

Anpassungsfunktion:

$\text{anp}(x) := \text{interp}(S, t, \varepsilon, x)$

Glätten der Kriechkurve $b = 1.103 \bullet 10^3$

$g1 := \text{medsmooth}(\varepsilon, 29)$

$g2 := \text{ksmooth}(t, \varepsilon, b)$

$g3 := \text{supsmooth}(t, \varepsilon)$

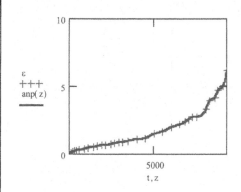

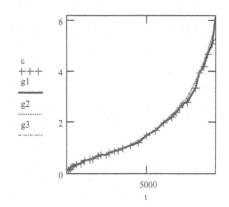

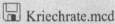 Kriechrate.mcd

Numerische Differentiation
mittels Zentraldifferenzen

$nd := 2 .. N - 1$

$$\varepsilon pkt_{nd} := \frac{\dfrac{\left(\varepsilon_{nd+1} - \varepsilon_{nd-1}\right)}{100}}{\left(t_{nd+1} - t_{nd-1}\right) \cdot 3600}$$

Differentiation der geglätten Kurve:

$$\varepsilon 3pkt_{nd} := \frac{g3_{nd+1} - g3_{nd-1}}{\left(t_{nd+1} - t_{nd-1}\right) \cdot 360000}$$

Ergebnis: min.Kriechrate [1/s]

Vergleich der Glättungsansätze

$\varepsilon - g1$
$\varepsilon - g2$
$\varepsilon - g3$

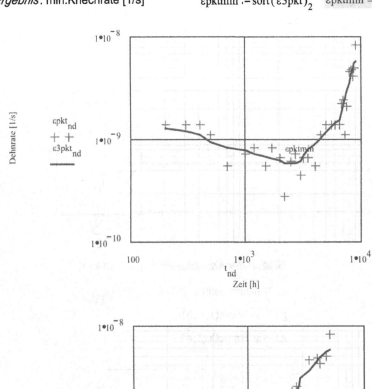

$\varepsilon pktmin := sort(\varepsilon 3pkt)_2$ $\varepsilon pktmin = 5.848 \cdot 10^{-10}$

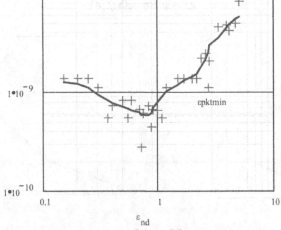

thetaproj.mcd

Beschreibung von Kriechkurven mittels Theta-Projektion

ORIGIN:= 1

Ansatz nach R.W.Evans und B.Wilshire in
Creep and Fracture of Engineering Materials and Structures,
eds. B.Wilshire, D.R.J.Owen, Pineridge Press, Swansea, 1981, S.303

Eingabedaten:

Werkstoff: IN738LC

Temperatur: 750°C   Spannung: 450 MPa

Einlesen der Kriechdehnung als Funktion der Zeit vom ASCII-File: CRC750450.PRN

$indata := READPRN("CRC750450.prn")$ Einlesen der Messdaten

$t := indata^{<1>}$ $\varepsilon := indata^{<2>}$ Kriechdehnung in %, Zeit in h

$N := length(t)$ $N = 26$ Anzahl der Messdaten

$i := 1..N$ Laufvariable für die Messdaten

Grafische Darstellung der Rohdaten

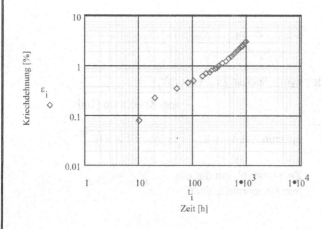

Zeit bis zum Bruch [h]

$t_N = 930$

Kriechbruchdehnung [%]

$\varepsilon_N = 2.96$

Anpassungs- bzw. ⊖-Funktion

$F(x,a,b,c,d) := a\cdot(1 - \exp(-b\cdot x)) + c\cdot(\exp(d\cdot x) - 1)$

$i := 1..N$

$SMQ(a,b,c,d) := \sum_i \left(\varepsilon_i - F(t_i,a,b,c,d)\right)^2$ Summe der zu minimierenden Fehlerquadrate

Schätzwerte für die unbekannten Theta-Werte

$a := 0.01$ $b := 0.001$ $c := 2.0$ $d := 0.001$

Given

$SMQ(a,b,c,d) = 0$ Es müssen gleich viele Gleichungen wie Unbekannte

$1 = 1$ $2 = 2$ $3 = 3$ vorliegen, daher werden Scheingleichungen verwendet

(Fortsetzung)

💾 thetaproj.mcd

Parameter für die beste Anpassung:

$$
\begin{bmatrix} \Theta_1 \\ \Theta_2 \\ \Theta_3 \\ \Theta_4 \end{bmatrix} := \mathrm{MinErr}(a,b,c,d)
$$

Ergebnis:

$$
\Theta = \begin{bmatrix} 0.352 \\ 0.026 \\ 1.982 \\ 8.998 \cdot 10^{-4} \end{bmatrix}
$$

Darstellung der Ausgleichkurve mit den experimentellen Daten:

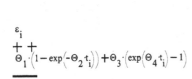

$$
\frac{\varepsilon_i}{\Theta_1 \cdot \left(1 - \exp\left(-\Theta_2 \cdot t_i\right)\right) + \Theta_3 \cdot \left(\exp\left(\Theta_4 \cdot t_i\right) - 1\right)}
$$

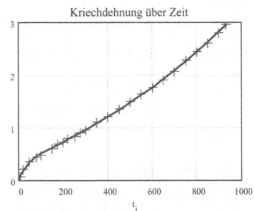

Kriechdehnung über Zeit

Kriechrate (Ableitung durch Anwendung des symbolischen Prozessors):

$$
\varepsilon\mathrm{pkt}_i := \frac{\Theta_1 \cdot \Theta_2 \cdot \exp\left(-\Theta_2 \cdot t_i\right) + \Theta_3 \cdot \Theta_4 \cdot \exp\left(\Theta_4 \cdot t_i\right)}{360000}
$$

min.Kriechrate [1/s]

$\varepsilon\mathrm{pktmin} := \mathrm{sort}(\varepsilon\mathrm{pkt})_1 \quad \varepsilon\mathrm{pktmin} = 6.065 \cdot 10^{-9}$

$$
\mathrm{tmin} := \frac{1}{\left(\Theta_2 + \Theta_4\right)} \cdot \ln\left(\frac{\Theta_1 \cdot \Theta_2 \cdot \Theta_2}{\Theta_3 \cdot \Theta_4 \cdot \Theta_4}\right)
$$

Zeitpunkt [h], bei der die min.Kriechrate auftritt: $\mathrm{tmin} = 185.454$

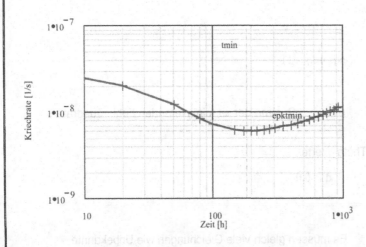

Bem.: Die logarithmierten Theta-Werte sind üblicherweise lineare Funktionen von σ, wodurch für alle Spannungen die Kriechkurven berechnet werden können.

Zeitstk.mcd

Inter- und Extrapolation von Zeitstanddaten

Methode nach Larson-Miller, d.h. $\sigma = a + b \cdot T(C + \log(t))$
Dieser Ansatz ist eigentlich nur gültig, wenn der dominante
Kriechmechanismus gleich Versetzungsgleiten bzw. wenn
die Kriechrate $\sim \exp(\sigma)$ ist.

Werkstoff: X20CrMoV 12 1 bei 500, 550 u. 600 °C

Geg. Zeitstanddaten $t_f = f(\sigma, T)$ im ASCII-File: c12crmo.prn

Einlesen der Messdaten
$\text{indata} := \text{READPRN}(\text{"c12crmo.prn"})$

$\text{temp} := \text{indata}^{<0>}$ $\text{sigma} := \text{indata}^{<1>}$ $\text{tf} := \text{indata}^{<2>}$

$N := \text{length}(\text{temp})$ $N = 191$ Anzahl der Messdaten

$N500 := 67$ $N550 := 152$

$T_1 := 500 + 273$ $T_2 := 550 + 273$ $T_3 := 600 + 273$

Darstellung des LM-Plots mit konstantem C = 20

$nn := 0 .. N - 1$

$$PLM_{nn} := \left(temp_{nn} + 273.15\right) \cdot \left(20 + \log\left(tf_{nn}\right)\right)$$

	0	1	2
61	500	461	$1.676 \cdot 10^4$
62	500	422	$3.417 \cdot 10^4$
63	500	382	$9.077 \cdot 10^4$
64	500	460	265
65	500	420	$3.228 \cdot 10^3$
66	500	470	178
67	500	440	$1.303 \cdot 10^3$
68	550	370	$1.835 \cdot 10^3$
69	550	339	$4.127 \cdot 10^3$
70	550	309	$7.16 \cdot 10^3$
71	550	309	$7.417 \cdot 10^3$
72	550	278	$1.206 \cdot 10^4$

$\text{indata} =$

lineare Regressionsrechung zur Abschätzung der 1. Näherungen für a und b

$b := \text{slope}(PLM, sigma)$ $b = -0.104$

$a := \text{intercept}(PLM, sigma)$ $a = 2.332 \cdot 10^3$ $s_{nn} := a + b \cdot \left(temp_{nn} + 273.15\right) \cdot \left(20 + \log\left(tf_{nn}\right)\right)$

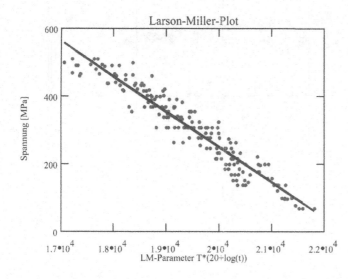

mit C=20

(Fortsetzung)   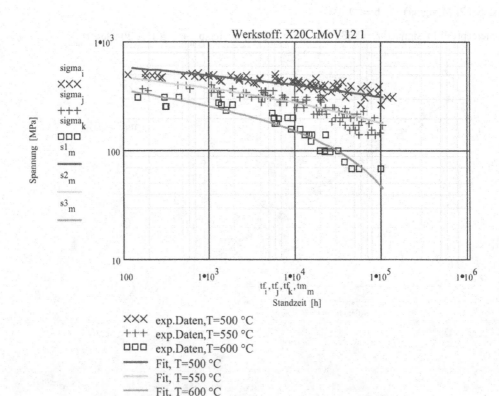 💾 zeitstk.mcd

Bestimmung der werkstoffabhängigen Konstanten C

Funktion für log(t$_f$): $F(\sigma, T, A, B, C) := \dfrac{\sigma - A}{B \cdot T} - C$ Funktion für $\sigma(T, t_f)$:

$i := 0 .. N - 1$ Laufvariable für die Meßdaten $F2(T, tff, A, B, C) := A + B \cdot T \cdot (C + tff)$

$ltf_i := \log\left(tf_i\right)$

$SSE(A, B, C) := \displaystyle\sum_i \left[ltf_i - F\left[sigma_i, \left(temp_i + 273.15\right), A, B, C\right]\right]^2$

$A := a$ $B := b$ $C := 17$ Schätzwerte für die Ausgleichsrechnung

Given

$\quad SSE(A, B, C) = 0$ $1 = 1$ $2 = 2$

$\begin{bmatrix} A \\ B \\ C \end{bmatrix} := Minerr(A, B, C)$ Ergebnis:

$A = 2.333 \cdot 10^3$ $B = {}^-0.119$ $C = 16.981$

Grafische Gegenüberstellung der Messwerte mit der Ausgleichskurve:

$i := 0 .. N500$ $j := (N500 + 1) .. N550$ $k := N550 + 1 .. N - 1$ $m := 1 .. 30$ $tm_m := 10^{2 + \frac{m}{10}}$

$\quad s1_m := F2\left[T_1, \left(\log\left(tm_m\right)\right), A, B, C\right]$ $s2_m := F2\left[T_2, \left(\log\left(tm_m\right)\right), A, B, C\right]$

$s3_m := F2\left[T_3, \left(\log\left(tm_m\right)\right), A, B, C\right]$

Werkstoff: X20CrMoV 12 1

××× exp.Daten, T=500 °C
+++ exp.Daten, T=550 °C
□□□ exp.Daten, T=600 °C
─── Fit, T=500 °C
─── Fit, T=550 °C
─── Fit, T=600 °C

Inter- und Extrapolation von Zeitstandfestigkeiten nach Spera   ORIGIN:= 1

Ansatz:

$t_r = t_0 \cdot f_1(T) f_2(\sigma)$, wobei

$t_0 = 10^A$... anpassbare Parameter

$f1(T) = \exp(Q/(R \cdot T_{abs}))$

$f2(\sigma) = \sigma^B \cdot 10^{\wedge}(C_\sigma + D \cdot \sigma^2)$ mit

t_r	Zeit bis zum Kriechbruch
T	Temperatur in °C
σ	Spannung in MPa
Q	Aktivierungsenergie [kJ/mol]
R	Gaskonstante = 8.314 [J/molK]
B,C,D	anpassbare Parameter

Eingabedaten: Werkstoff: IN738LC

Anzahl der Temperaturniveaus: NZ := 5

Anzahl der Experimente je T-Niveau und Temp:

$indata := READPRN("ZIN738LC.prn")$

$temp := indata^{<1>}$ $sigma := indata^{<2>}$ $tf := \dfrac{indata^{<3>}}{3600}$

$ntz := \begin{bmatrix} 6 \\ 5 \\ 6 \\ 26 \\ 6 \end{bmatrix}$ $TZ := \begin{bmatrix} 650 \\ 700 \\ 750 \\ 850 \\ 900 \end{bmatrix}$

$N := length(temp)$ $N = 49$ Anzahl der Messdaten

$Zuordg(nz, ntz, vek) :=$ | for $i \in 1..nz$

  $siemens_i \leftarrow \displaystyle\sum_{n=1}^{i} ntz_n$

  for $j \in 1..ntz_i$

    $volt_{i,j} \leftarrow vek_{(siemens_i - ntz_i + j)}$

  volt

$\sigma := Zuordg(NZ, ntz, sigma)$

$tr := Zuordg(NZ, ntz, tf)$

$indata =$

	1	2	3
1	650	900	$6.73 \cdot 10^5$
2	650	900	$2.16 \cdot 10^5$
3	650	850	$1.56 \cdot 10^6$
4	650	850	$7.85 \cdot 10^5$
5	650	800	$3.56 \cdot 10^6$
6	650	800	$2.52 \cdot 10^6$
7	700	710	$7.6 \cdot 10^5$
8	700	710	$6.66 \cdot 10^5$
9	700	660	$1.89 \cdot 10^6$
10	700	660	$1.49 \cdot 10^6$
11	700	635	$3.21 \cdot 10^6$

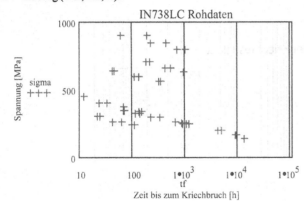

IN738LC Rohdaten

Spannung [MPa]

sigma +++

Zeit bis zum Kriechbruch [h]

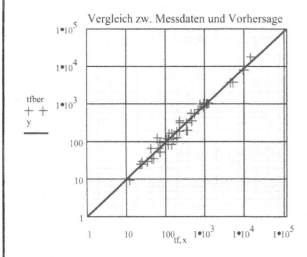

(Fortsetzung)   Spera.mcd

Aufgrund der Länge des Programmes werden hier nur mehr die Ergebnisse dargestellt (s. CD)

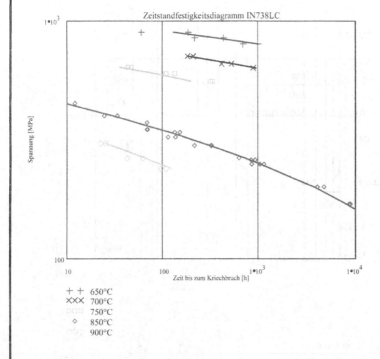

Temperatur- und Spannungsabhängigkeit der Kriechfestigkeit

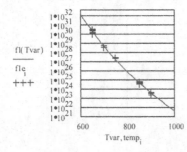

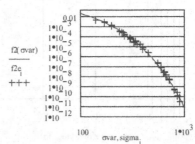

3.12   Ermüdung

Übersicht der Mathcad-Programme in diesem Abschnitt

Abschn.	Programm	Inhalt	Zusatzfile
3.12.1	unislope	„Universal slope"-Methode	
3.12.1	LCF_4340	Ermüdungsverhalten eines Vergütungsstahles	
3.12.2	Einschluss	Einfluss innerer Kerben auf die Dauerfestigkeit	
3.12.2	Int_Paris	Integration des Paris-Gesetzes	
3.12.2	IN738	Integration der gesamten Rissfortschrittskurve	IN738LC.prn
3.12.4	arcsinP	Statistische Auswertung der Dauerfestigkeit	
3.12.4	Dauerfestigkeit	Korrelation zwischen Dauer- und statischer Festigkeit	Dauerfest.txt
3.12.4	Zykl_dat	Manson-Coffin-Darstellung unterschiedlicher Wkst.	Wkstzykl.prn
3.12.5	Palmgren	Lineare Schadensakkumulation nach Palmgren-Miner	

3.12.1 Phänomenologische Beschreibung

Ein Versagen durch Ermüdung tritt dann ein, wenn die Höhe der zyklischen Beanspruchung für lange Zeit über der Dauerfestigkeit liegt. Die Werkstoffschädigung erfolgt durch wiederholte plastische Dehnung, die zu einer Mikrorissbildung führt und an die sich eine Risswachstumsphase bis zum Restbruch anschließt. Prinzipiell wird zwischen einer dehnungs- und einer spannungskontrollierter Schwingbelastung unterschieden. Werden die zyklischen Spannungs-Dehnungs-Signale genau gemessen, so ergibt sich eine mechanische Hysterese, s. Bild 3.12.1, mit den angegebenen charakteristischen Kennwerten.

Legende:

$\Delta\varepsilon$ ... gesamte Dehnschwingbreite

$\Delta\varepsilon_{el}$ ... elastische Dehnschwingbreite

$\Delta\varepsilon_{pl}$ ... plastische Dehnschwingbreite

$\Delta\sigma$ ... Spannungsschwingbreite

σ_m ... Mittelspannung

σ_a ... Spannungsamplitude

σ_o ... Oberspannung

σ_u ... Unterspannung

$R=\sigma_o/\sigma_u$ ... Spannungsverhältnis

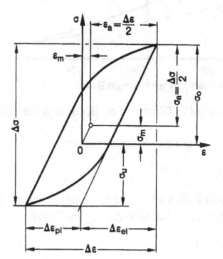

Bild 3.12.1. Zyklisches Spannungs-Dehnungs-Verhalten metallischer Werkstoffe

Üblicherweise wird der Schwingfestigkeitsbereich in einen *Zeitfestigkeits-* und in einen *Dauerfestigkeitsbereich* unterteilt. Als Grenzwert für den Übergang zum Dauerfestigkeitsbereich wird meist $2 \cdot 10^6$ Lastwechsel angenommen. Üblicherweise wird das Ergebnis in Form einer *Wöhler-Kurve* dargestellt. Der Einfluss des R-Wertes ($R = \sigma_{min}/\sigma_{max}$) wird entweder mit dem *Smith-* oder mit dem *Haigh-Diagramm* beschrieben, s. Bild 3.12.2.

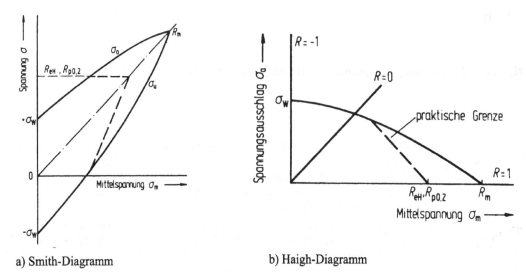

a) Smith-Diagramm   b) Haigh-Diagramm

Bild 3.12.2. Dauerfestigkeitsschaubilder nach Smith und Haigh

Im Bereich der Zeitstandfestigkeit und insbesondere bei thermischer Ermüdung hat sich die Darstellung der Dehnschwingbreite über der Lastspielzahl bewährt, s. Bild 3.12.3. Ist $\Delta\varepsilon_{pl} > \Delta\varepsilon_{el}$ so spricht man von *LCF* (*low cycle fatigue*)-Beanspruchung, andernfalls von *HCF* (*high cycle fatigue*)-Beanspruchung. Die Übergangslastspielzahl liegt bei etwa 10000 Lastwechseln.

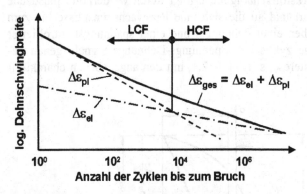

Bild 3.12.3. Manson-Coffin-Diagramm zur Beurteilung der Zeitstandschwingfestigkeit

Für den HCF-Bereich gilt das *Basquin-Gesetz*

$$\Delta\varepsilon_{el} = \Delta\sigma / E = C_e \cdot N_f^{\ b},$$

wobei der Exponent b für viele Werkstoffgruppen einen Mittelwert von etwa –0,12 annimmt.
Für den LCF-Bereich gilt das *Manson-Coffin-Gesetz*

$$\Delta\varepsilon_{pl} = C_p \cdot N_f^{\ c},$$

wobei der Exponent c um den Mittelwert –0,6 schwankt. Durch Auswertung zahlreicher Ergebnisse unterschiedlicher Werkstoffe wurde der *„universal slope approach"* vorgeschlagen. Dieser Ansatz ermöglicht eine grobe, erste Abschätzung des Ermüdungsverhaltens mit Kennwerten aus dem statischen Zugversuch. Der Ansatz lautet

$$\Delta\varepsilon = \Delta\varepsilon_{el} + \Delta\varepsilon_{pl} = \frac{3,5 \cdot Rm}{E} \cdot N_f^{-0,12} + D^{0,6} \cdot N_f^{-0,6},$$

wobei die Duktilität D sich aus der Brucheinschnürung Z mit

$$D = \ln(\frac{1}{1-Z})$$

berechnet. Werden beide Kennlinien zur Lastspielzahl $N_f = 1$ extrapoliert, so wird offensichtlich, dass für das LCF-Verhalten primär die Duktilität und für das HCF-Verhalten primär die Festigkeit des Werkstoffs entscheidend ist.

  🖫 unislope.mcd

In diesem Programm wird der „universal slope"-Ansatz zur Abschätzung des Ermüdungsverhaltens demonstriert. Für einen Stahl mit 800 MPa Festigkeit und einer Brucheinschnürung von 55% ergibt sich das in Bild 3.12.4 dargestellte Manson-Coffin-Diagramm.

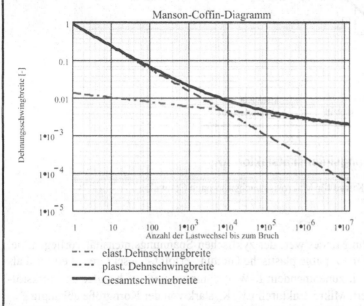

Bild 3.12.4. Manson-Coffin Diagramm ermittelt aus statischen Kennwerten

  🖫 LCF_4340.mcd

Hier wird ein auf experimentellen Daten beruhendes Manson-Coffin-Diagramm für einen Vergütungsstahl dargestellt.

3.12.2 Bruchmechanische Betrachtung der Ermüdung

3.12.2.1   Rissfortschrittskurve

Die Werkstoffermüdung unter zyklischer Belastung gliedert sich in
- Rissbildung,
- Stabiles Risswachstum und
- Instabile Rissausbreitung (Restbruch).

Nachdem die Rissbildung in vielen Fällen nur einen geringen Anteil an der gesamten zyklischen Lebensdauer einnimmt, kann für die Beschreibung der zyklischen Lebensdauer auch die Rissfortschrittskurve (da/dN-ΔK-Kurve) herangezogen werden.

Im Bereich des stabilen Risswachstums wird das Werkstoffverhalten durch die doppellogarithmische Darstellung der Rissfortschrittsrate (da/dN) als Funktion des zyklischen Spannungsintensitätsfaktors $\Delta K = Kmax - Kmin = \Delta\sigma(\pi a)^{1/2} \cdot Y$ beschrieben, s. Bild 3.12.5.

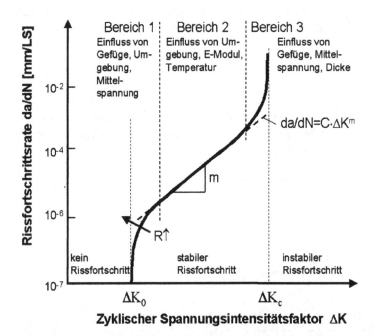

Bild 3.12.5. Schematische da/dN-ΔK-Kurve für Makrorisswachstum nach Schwalbe

Risswachstum im Bereich I:
Für stabiles Risswachstum muss ein Mindestwert der zyklischen Spannungsintensität vorliegen, bei dem keine elastische, sondern eine irreversible plastische Gleitung erfolgt. Dieser Grenzwert wird als Schwellwert ΔK_o bezeichnet, der mit zunehmendem R-Wert abnimmt und bei hochfesten Werkstoffen mit der Dauerfestigkeit korreliert. Mikrostrukturell ist ΔK_o stark von der Korngröße abhängig.

Risswachstum im Bereich II:
In diesem doppellogarithmisch linearen Bereich lässt sich der Rissfortschritt durch die sog. *Paris-Erdogan-Gleichung*

$$\frac{da}{dN} = C \cdot \Delta K^m$$

beschreiben, wobei der Exponent m Werte um 4 annimmt und mit dem C-Wert korreliert. Im Bereich II ist das Risswachstumsverhalten weitgehend vom Gefüge unabhängig. Aus dem Vergleich mehrerer Werkstoffe lässt sich aber ein dominierender Einfluss des E-Moduls erkennen, s. Bild 3.12.6. Durch Normierung mit dem E-Modul ergibt sich ein enges Streuband, das durch die Mittelwertkurve

$$\frac{da}{dN} = 10^9 \left(\frac{\Delta K}{E}\right)^{3,4}$$

beschrieben werden kann, wobei ΔK in MPam$^{1/2}$, E in MPa und da/dN in mm/Lastspiel einzusetzen sind.

Hier sei auch auf den Umrechnungsfaktor bei Verwendung unterschiedlicher Einheiten hingewiesen:

$$1 \text{ MPam}^{1/2} = 31,623 \text{ N/mm}^{3/2} \text{ und } 1\text{ksi in.}^{1/2} = 1,0992 \text{ MPam}^{1/2}$$

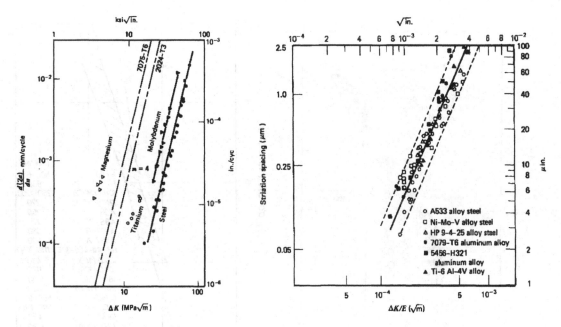

Bild 3.12.6. Einfluss des E-Moduls auf das Risswachstumsverhalten (nach Hertzberg)

Risswachstum im Bereich III:
Bei hohen Schwingbreiten der zyklischen Spannungsintensität nähert man sich dem statischen Bruchvorgang und bei Erreichen der kritischen Spannungsintensität K_{Ic} tritt Rest- oder Gewaltbruch ein.

3.12.2.2 Einfluss des Spannungsverhältnisses R

Insbesondere im Bereich I zeigt sich eine starke Abhängigkeit des Rissfortschritts vom R-Wert, s. Bild 3.12.7.

$$R = \frac{\sigma_u}{\sigma_o} = \frac{K_{min}}{K_{max}}$$

Dieser Einfluss lässt sich auf Rissschließungseffekte zurückführen. Für den Bereich II und III hat Forman ein modifiziertes Rissfortschrittsgesetz postuliert:

$$\frac{da}{dN} = \frac{C \cdot \Delta K^m}{(1 - R) K_c - \Delta K}$$

Das Rissfortschrittsverhalten der Stähle lässt sich bei Luft als Umgebungsmedium in ein gemeinsames Streuband eintragen, s. Bild 3.12.8.

3.12.2.3 Einfluss innerer Fehlstellen

Geht man von einer inhärenten Fehlergröße (etwa der Größe eines Einschlusses) aus, so ergibt sich über die bruchmechanische Grundgleichung

$$\Delta K = Y \cdot \Delta \sigma \cdot \sqrt{\pi \cdot a},$$

wobei bei kleinen Innenfehlern Y = 0,6 (für kreisrunden Fehler) bzw. für einen durchgegenden Innenriss Y = 1 ist, die Beziehung zwischen dem Schwellwert ΔK_o, der „inneren" Fehlergröße a_i und der Dauerfestigkeit σ_D in der Form

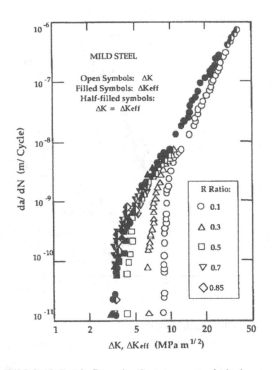

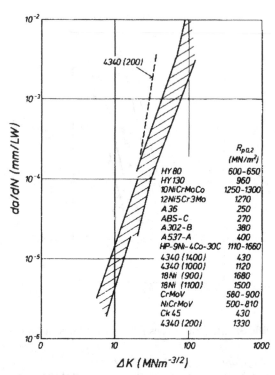

Bild 3.12.7. Einfluss des Spannungsverhältnisses R auf den Rissfortschritt (nach ASM-Handbook)

Bild 3.12.8. Rissfortschrittverhalten der Stähle (nach Schwalbe)

$$\sigma_D = \frac{(1 \div 1{,}5) \cdot \Delta K_o}{\sqrt{\pi \cdot a_i}}$$

Dies unterstreicht die besondere Rolle der Größe und Anzahl innerer Fehler, wie z.B. sulfidische oder oxidische Einschlüsse bzw. gröberer Ausscheidungen (Karbide) auf die Dauerfestigkeit. Höchste Qualität bzw. hohe Dauerfestigkeiten können nur durch spezielle sekundärmetallurgische Maßnahmen wie
- Vakuuminduktionsschmelzen und
- Elektroschlacke-Umschmelzen (ESU)
verwirklicht werden.

Aus der vorigen Gleichung ergibt sich auch die Bedeutung der Porengröße bei gesinterten Werkstoffen oder der Lunkergröße bei gegossenen Bauteilen bezüglich der Dauerschwingfestigkeit. In einigen Fällen wird daher zur Verbesserung der zyklischen Eigenschaften ein HIP-Prozess (heissisostatisches Pressen) angeschlossen. Bei gesinterten Bauteilen ist auch ein mechanisches Nachverdichten der oberflächennahen Zone üblich.

   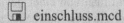 einschluss.mcd

In diesem Programm wird der bruchmechanische Ansatz in Verbindung mit einem Ansatz nach Peterson zur Abschätzung des Einflusses von inneren Kerbstellen behandelt. Daraus ergibt sich, dass für die meisten Konstruktionswerkstoffe eine innere Fehlergröße von etwa 10 μm angenommen werden darf.

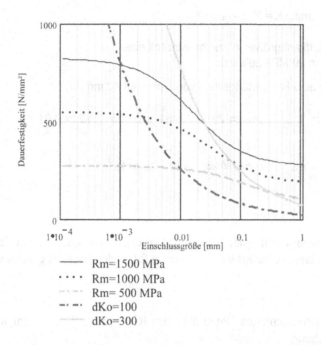

(Fortsetzung)   einschluss.mcd

Zusammenhang zwischen Dauerfestigkeit, Festigkeit, Schwellwert Ko und Einschlussgröße

— Rm=1500 MPa
···· Rm=1000 MPa
— — Rm= 500 MPa
—·—· dKo=100
— — dKo=300

3.12.2.4 Ermittlung der Lebensdauer durch Integration der Rissfortschrittsrate

Im Bereich der Zeitschwingfestigkeit kann über die Integration der da/dN-ΔK-Kurve die Lebensdauer unter Annahme einer werkstoffspezifischen inhärenten Fehlergröße berechnet werden. Insgesamt sei auf die analoge Aussage zwischen der da/dN-ΔK-Kurve und der Wöhler-Kurve hingewiesen. Durch Linksdrehung der da/dN-ΔK-Kurve um 90 Grad kann die Analogie zum Verlauf der Wöhler-Kurve erkannt werden. Aus log ΔK wird log $\Delta\sigma$ und aus dem Kehrwert der Rissfortschrittsrate wird log N_f.

Durch einfache Integration der „linearen" Beziehung (= *Paris-Gesetz*)

$$\frac{da}{dN} = C \cdot \Delta K^m$$

im Bereich II der Rissfortschrittskurve ergibt sich die Lebensdauer mit Annahme einer inneren Fehlerquelle zu

$$N_f = \int_{a_0}^{a_f} \frac{da}{C \cdot \Delta K^m} = \int_{a_0}^{a_f} \frac{da}{C \cdot \Delta\sigma^m \cdot (\pi \cdot a)^{m/2}}$$

Die Größe a_f steht für jene Risslänge, bei der Restbruch eintritt. Sie kann dabei aus der Bruchzähigkeit K_{Ic} und der Spannungsamplitude berechnet werden.

Zur Ermittlung der Lebensdauer einer rissbehafteten Probe unter Ermüdungsbelastung müssen die Wachstumsinkremente aufsummiert werden. Durch Integration der Paris-Gleichung mit einem Exponenten m = 4 ergibt sich eine analytische Lösung für die Lastspielzahl bis zum Bruch.

$$N_f = \int_0^{N_f} dN = \int_{a_o}^{a_f} \frac{da}{C \cdot \Delta K^m} = \frac{1}{C \cdot \Delta\sigma^4 \pi^2} \left(\frac{1}{a_o} - \frac{1}{a_f} \right)$$

🖫 Int_Paris.mcd

Ermüdungsrissfortschritt: Integration des Paris-Gesetzes

Ansatz: $da/dN = A \cdot \Delta K^m$ mit $\Delta K = Y \cdot \Delta\sigma \cdot (\pi \cdot a)^{1/2}$

Geg.: Gusseisen, mit den Werkstoffkenngrößen A und m, wird mit einer
       Spannungsschwingbreite von 20 MPa belastet.

Ges.: Anzahl der Lastwechsel für eine Rissverlängerung von 5 mm auf 10 mm.

$A := 3 \cdot 10^{-8}$ $m := 4$ $Y := 1$ $\Delta\sigma := 20$ $a1 := 0.005$ $a2 := 0.01$

$$N := \int_{a1}^{a2} \frac{1}{A \cdot \left(Y \cdot \Delta\sigma \cdot \sqrt{\pi \cdot a} \right)^m} \, da$$ *Ergebnis:* $N = 2.11 \cdot 10^3$ *LW*

Wird die gesamte Rissfortschrittskurve mit einer Näherungskurve beschrieben, so kann der Fehler
bei der Ermittlung der Restlebensdauer reduziert werden, wie im folgenden Beispiel gezeigt wird.

    🖫 IN738.mcd

In diesem Beispiel werden die experimentellen Daten über den Rissfortschritt der Hochtemperatur-
legierung IN738LC mit der Gleichung

$$\log\left(\frac{da}{dN}\right) = c1 \cdot \sinh\left(c2 \cdot (\log(\Delta K) + c3) \right) + c4$$

gefittet, s. Bild 3.12.9. Die Konstanten c_i werden durch Minimierung der Fehlerquadratsumme bestimmt. Für eine Spannungsschwingbreite von $\Delta\sigma = 200$ MPa wird die zeitliche Entwicklung der
Risslänge ausgehend von einer Anfangsrisslänge von 1mm berechnet, s. Bild 3.12.10.

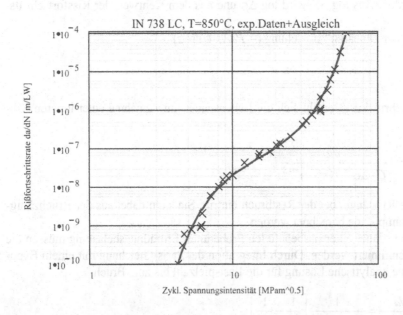

Bild 3.12.9. Beschreibung der Rissfortschrittskurve mit einem sinh-Ansatz

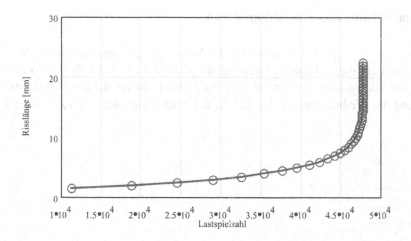

Bild 3.12.10. Entwicklung der Risslänge mit der Anzahl der Lastwechsel

3.12.3 Einflussgrößen auf das Ermüdungsverhalten

Neben der plastischen Dehnschwingbreite als ursächliches Schädigungsmaß für die zyklische Lebensdauer müssen noch andere Einflussgrößen berücksichtigt werden. Diese sind:
- Beanspruchungsart (Biegung, Zug/Druck, Torsion)
- Mittelspannungseinfluss (R-Wert)
- Einfluss geometrischer Kerben
- Einfluss „innerer" Kerben (nichtmetallische Einschlüsse und Karbide)
- Oberflächenbeschaffenheit (Rauheit)
- Korrosion (Schwingungsrisskorrosion)
- Druckeigenspannungen (ebenfalls Einfluss über R-Wert)
- Temperatureinflüsse (Überlagerung Kriechen/Ermüdung)
- Frequenzeinfluss bei erhöhter Temperatur und bei Schwingungsrisskorrosion

Die wesentlichsten Einflussgrößen sind in Bild 3.12.11 zusammengefasst.

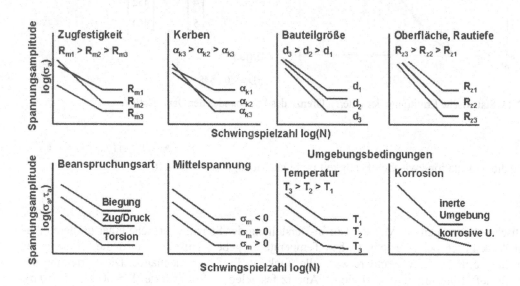

Bild 3.12.11: Einflüsse auf die Höhe der Dauerfestigkeit

3.12.4 Statistische Auswertung von Ermüdungsdaten

Nachdem die Zeit- und Dauerschwingfestigkeit sehr von der Verteilung der inneren Fehlergrößen abhängt, weisen diese Werte auch eine erhebliche Streuung auf, s. Bild 3.12.12. Im Zeitfestigkeitsbereich ist eine Streuung der Lebensdauer um den Faktor 2 bis 3 üblich. Neben der Behandlung mit der Normalverteilungs- und der Weibull-Statistik hat sich in der Praxis auch der $\arcsin\sqrt{P}$ -Ansatz bewährt.

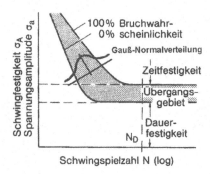

Bild 3.12.12: Wöhlerkurve mit Streuband

🖫 arcsinP.mcd

In diesem Programm werden Ergebnisse von Dauerfestigkeitsversuchen derart ausgewertet, sodass sich die Dauerfestigkeit bei einer gegebenen Ausfallswahrscheinlichkeit ergibt, s. Bild 3.12.13.

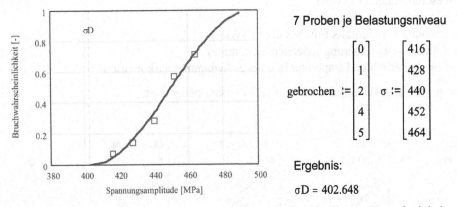

7 Proben je Belastungsniveau

$$\text{gebrochen} := \begin{bmatrix} 0 \\ 1 \\ 2 \\ 4 \\ 5 \end{bmatrix} \quad \sigma := \begin{bmatrix} 416 \\ 428 \\ 440 \\ 452 \\ 464 \end{bmatrix}$$

Ergebnis:

$\sigma D = 402.648$

Bild 3.12.13. Statistische Ermittlung der unteren Grenze des Streubandes der Dauerfestigkeit

---

🖫 Dauerfestigkeit.mcd

Hier wird die Korrelation zwischen Festigkeit und Dauerfestigkeit betrachtet.

🖫 zykl_dat.mcd

Die zyklischen Kenndaten bei Manson-Coffin-Darstellung der Schwingversuche einer größeren Anzahl von Werkstoffen bei unterschiedlichen Temperaturen geben Aufschluss über die Streuung der Exponenten b, c und n', sowie andere wertvolle, funktionelle Zusammenhänge. Die Verteilung der Exponenten liefert die im „universal slope"-Ansatz festgelegten Mittelwerte (b = -0,12; c = -0,6). Zwischen dem zyklischen Verfestigungsexponenten n' und den Exponenten b und c existiert der einfache Zusammenhang n' = b/c.

3.12.5 Betriebsfestigkeit

Für die Ermittlung der Lebensdauer bei variierender zyklischer Belastung wird meist die lineare Schadensakkumulationshypothese nach Palmgren-Miner verwendet. Die Schädigung errechnet sich mit

$$D = \sum_i \frac{n_i}{N_i},$$

wobei i die Laststufe, n_i die Anzahl der Lastwechsel und N_i die Lastspielzahl bis zum Bruch ist. Dieser Ansatz bildet die Grundlage für die Bewertung der Betriebsfestigkeit von Komponenten.

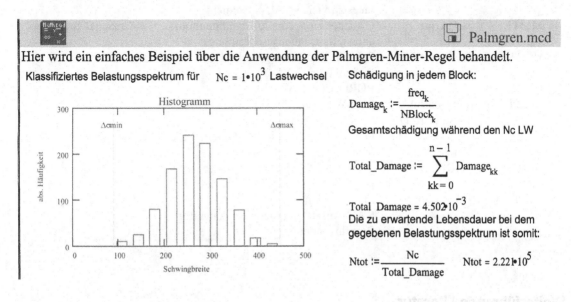

📂 Palmgren.mcd

Hier wird ein einfaches Beispiel über die Anwendung der Palmgren-Miner-Regel behandelt.

Klassifiziertes Belastungsspektrum für $Nc = 1 \bullet 10^3$ Lastwechsel

Schädigung in jedem Block:

$$Damage_k := \frac{freq_k}{NBlock_k}$$

Gesamtschädigung während den Nc LW

$$Total\_Damage := \sum_{kk=0}^{n-1} Damage_{kk}$$

$Total\ Damage = 4.502 \bullet 10^{-3}$

Die zu erwartende Lebensdauer bei dem gegebenen Belastungsspektrum ist somit:

$$Ntot := \frac{Nc}{Total\_Damage} \qquad Ntot = 2.221 \bullet 10^5$$

Für die Ermittlung evtl. Schwachstellen an Rohkarosserien werden jedoch verfeinerte Ansätze nach dem Strukturspannungskonzept in Verbindung mit FEM-Programmen verwendet. Die Bereiche höchster Schädigung werden damit bereits im Stadium der Planung erkannt, s. Bild 3.12.14. Seit einigen Jahren gibt es auch einige spezifische Programme zur Ermittlung der Betriebsfestigkeit, siehe Tabelle 3.12.1.

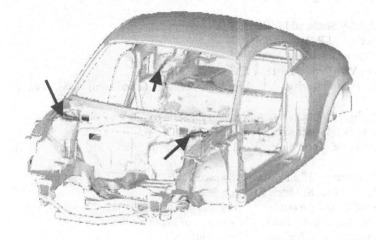

Bild 3.12.14. Ergebnis der Betriebsfestigkeitsrechnung einer Rohkarosserie
(Quelle: Magna-Steyr-Fahrzeugtechnik, Graz)

Tabelle 3.12.1. Programmsysteme zur Ermittlung der Betriebsfestigkeit (alphabetisch geordnet)

Produkt	Hersteller	Eigenschaften	Internet
FALANCS	LMS Int. Loeven, B	Örtliches Konzept, mehrachsige Beanspruchung, nichtproportionale Belastungen (drehende Hauptachsen)	www.lmsint.com
Fatigue Advisor	PTC, USA	in Verbindung mit Pro/Mechanica	www.ptc.com
FEMFAT	ECS, Steyr, A	Örtliches Konzept, vollständige multiaxiale, transiente Beschreibung, Interfaces zu vielen CAE-Systemen	www.femfat.com
FEMSITE	SFT, Graz, A	Örtliches Konzept, vollständige multiaxiale, transiente Beschreibung	www.magna-steyr.com
ISAFEM/3D	Dr.Krause SW Berlin, D	PC-SW, Berechnung nach FKM-Richtinie und EURO-CODE 3	
Leben2000	Ingenieurbüro Dr.Sigwart, D	PC-SW, Wöhlerlinie, Kollektiv, PM-Regel, Li-Zenner-Ansatz	
MSC.Fatigue	MSC, MacNeal-Schwendler	Örtliches Konzept in Verbindung mit MSC.NASTRAN	www.mscsoftware.com
WELLE	CADFEM, D	Wellen- und Achsenstatik inkl.Festigkeitsnachweis nach FKM-Richtlinie	www.cadfem.de
winLIFE	MSC, USA	in Verbindung mit NASTRAN, SWT-Ansatz, Wöhlerliniengenerator, Rainflow counting	www.fem.de

Weiterführende Literatur

Allgemein zu Kapitel 3
M.F.Ashby, R.H.Jones: Ingenieurwerkstoffe, Verlag Springer , Berlin-Heidelberg-New York 1986
M.F.Ashby, D.R.H.Jones: Engineering Materials 1, 2nd ed., Butterworth-Heinemann, 1996
M.F.Ashby, D.R.H.Jones: Engineering Materials 2, Pergamon Press, 1986
D.R.Askeland: Materialwissenschaften, Grundlagen-Übungen-Lösungen, Spektrum Akad. Verlag, Heidelberg, 1996
ASM Speciality Handbook Carbon and Alloy Steels, ed.J.R.Davis, ASM, 1996
ASM Speciality Handbook Stainless Steels, ed.J.R.Davis, ASM, 1994
ASM Speciality Handbook Tool Materials, ed.J.R.Davis, ASM, 1995
H.-J.Bargel, G.Schulze: Werkstoffkunde, VDI-Verlag, Düsseldorf, 6.Aufl., 1994
W.Bergmann: Werkstofftechnik, Carl Hanser Verlag, München/Wien, Teil 1 (Grundlagen) 1984, Teil 2 (Anwendung) 1987
H.Berns: Stahlkunde für Ingenieure - Gefüge, Eigenschaften, Anwendungen, Springer Verlag, 2.korr.Aufl.,1993
H.Böhm: Einführung in die Metallkunde, B.I. Wissenschaftsverlag, Mannheim, 1987
R.W.Cahn (Vol..ed.): Materials Science and Technology, Vol.15, Processing of Metals and Alloys, VCH Weinheim, 1991
R.W.Cahn, P.Haasen (eds.): Physical metallurgy, 3rd ed., Elsevier Science Publ., 1983
G.E.Dieter: Mechanical Metallurgy, McGraw Hill, SI Metric Edition, 1988
J.Eube u.a.: Stahl - Tabellenbuch für Auswahl und Anwendung, Verlag Stahleisen, 2.Aufl., 1995
T.Gladman: The Physical Metallurgy of Microalloyed Steels, The Institute of Materials, London, 1997
H.v.Gräfen (Hrsg.): VDI-Lexikon Werkstofftechnik, Springer Verlag, 2.Aufl., 1993
U.Gramberg, E.Horn, P.Mattern: Kleine Stahlkunde für den Chemieapparatebau, Stahleisen, 2.Aufl., 1992
P.Gümpel: Rostfreie Stähle (Grundwissen, Konstruktions- und Verarbeitungshinweise), expert, 1996

P.Haasen: Physikalische Metallkunde, 3.Auflage, Springer Verlag, 1994

R.A Higgins: Engineering Metallurgy, Edward Arnold, London, 1993

R.W.K.Honeycombe, H.K.D.H.Bhadeshia: Steels, Microstructure and Properties, 2nd ed. , E.Arnold Publ., London, 1995

E.Hornbogen, H.Haddenhorst, N.Jost: Werkstoffe, Springer Verlag, 3.Aufl.,1995

E.Hornbogen, N.Jost, M.Thumann: Werkstoffe. Fragen und Antworten, Springer Verlag, 1988

E.Hornbogen: Werkstoffe- Aufbau und Eigenschaften von Keramik, Metallen, Polymer- und Verbundwerkstoffen, 6.Aufl., Springer Verlag, Berlin, 1994

E.Hornbogen, Warlimont: Metallkunde, Aufbau und Eigenschaften von Metallen und Legierungen, 3.Auflage, Springer Verlag, Lehrbuch, 1996

B.Ilschner: Werkstoffwissenschaften und -technik, Springer-Verlag, 3.Aufl. 1994

H.Kiessler: Kleine Stahlkunde für den Maschinenbau, Stahleisen, 3.Aufl., 1992

W.C.Leslie: The Physical Metallurgy of Steels, McGraw Hill Book Co., New York, 1981

S.Lohmeyer: Edelstahl I und II, expert verlag, Bd.70, 2.Aufl., 1989 und Bd.389, 1993

J.Martin: Materials for Engineering, The Institute of Materials, London, 1996

Metals Handbook, Vol.1, 10.edition, Properties and Selection: Irons, Steels and High-Performance Alloys, 1990

G.Ondracek: Werkstoffkunde, 3.Auflage, expert-Verlag, Ehningen, 1992

M.Riehle, E.Simmchen: Grundlagen der Werkstofftechnik, Dt. Verlag für Grundstoffindustrie, Stuttgart, 1997

J.Ruge: Technologie der Werkstoffe, Vieweg Verlag, 5.Aufl., 1989

W.Schatt (Hrsg.): Werkstoffe des Maschinen-, Anlagen- und Apparatebaues, 4.Aufl., Deutscher Verlag für Grundstoffindustrie, Leipzig, 1991

W.Schatt, H.Worch: Werkstoffwissenschaft, Deutscher Verlag für Grundstoffindustrie, 8.Aufl., 1996

H.Schaumburg: Werkstoffe, Teubner Verlag, Stuttgart, 1990

K.H.Schmitt-Thomas: Metallkunde für das Maschinenwesen, Springer Verlag, 1989

W.Seidel: Werkstofftechnik, Carl Hanser Verlag, München, 2.Aufl., 1993

A.K.Shinha: Ferrous Physical Metallurgy, Butterworth, Boston, 1989

F.Vollertsen, S.Vogler: Werkstoffeigenschaften und Mikrostruktur, Carl Hanser Studienbücher, 1989

C.W.Wegst: Stahlschlüssel, 17.Auflage, Verlag Stahlschlüssel Wegst GmbH, 1995

W.Weissbach: Werkstoffkunde und Werkstoffprüfung, 6.Auflage, Vieweg, Braunschweig, 1976

Werkstoffkunde Stahl, Band 1: Grundlagen, Springer Verlag, 1985

Werkstoffkunde Stahl, Band 2: Anwendung, Springer Verlag, 1985

zu Abschnitt 3.1 (Atomarer Aufbau)

W.Kleber: Einführung in die Kristallographie, 17.Aufl., Verlag Technik, Berlin, 1990

zu Abschnitt 3.2 (Thermodynamik)

M.W.Chase: NIST-JANAF Thermochemical Tables, 4th ed., J.Phys.Chem.Ref.Data, Monograph 9, 1998

A.H.Cotrell: An Introduction to Metallurgy, The Inst. of Materials, London, 1999

J.D.Cox, D.D.Wagman, V.A.Medvedev: CODATA Key Values for Thermodynamics, Hemisphere Publ. Corp., New York, 1984

M.G.Frohberg: Thermodynamik für Werkstoffingenieure und Metallurgen, Deutscher Verlag für Grundstoffindustrie, Leipzig-Stuttgart, 2.Auflage, 1994

D.R.Gaskell: Introduction to metallurgical thermodynamics, 2nd ed., Hemisphere Publ., Mc Graw Hill, 1981

K.Hack: Thermodynamics at work – The SGTE Casebook, Institute of Materials, 1996

P.Haasen: Physikalische Metallkunde, Springer Verlag, New York, 1984

M.Hillert: Phase Equilibria, Phase Diagrams and Phase Transformations, Cambridge Univ.Press, 1998

L.Kaufmann, H.Bernstein: Computer Calculations of Phase Diagrams, Academic Press, 1970

O.Kubaschewski, C.B.Alcock: Metallurgical thermochemistry, 5th ed., Pergamon Press, Oxford, 1983

J.Kunze: Nitrogen and Carbon in Iron and Steel Thermodynamics, Physical Research, Vol.16, Akademie-Verlag, Berlin, 1990

C.H.P.Lupis: Chemical Thermodynamics of Materials, Elsevier, North-Holland, 1983

D.A.Porter, K.E.Easterling: Phase Transformation in Metals and Alloys, 3rd ed., Chapman & Hall, 1996

zu Abschnitt 3.3 (Diffusion)

J.Crank: The Mathematics of Diffusion, Oxford Science Publ., 1975

M.E.Glicksman: Diffusion in Solids, John Wiley, 1999

T.Heumann: Diffusion in Metallen,Springer Verlag, Heidelberg/Berlin, 1993

J.S.Kirkaldy, D.J.Young: Diffusion in the condensed state, The Institute of Metals, London, 1987

G.R.Purdy: Fundamentals and Applications of Ternary Diffusion, Pergamon Press, 1990

W.Seith: Diffusion in Metallen, 2.Aufl., Springer Verlag, Berlin, 1955

Diffusion in metallischen Werkstoffen, VEB Grundstoffindustrie, 1970

zu Abschnitt 3.4 (Umwandlungs- und Ausscheidungskinetik)

H.I.Aaronson: Lectures on the theory of phase transformations, American Inst.of Mining, Metallurgical and Petroleum Engineers, 1986

J.W.Martin: Micromechanisms in particle-hardened alloys, Cambridge Univ. Press, 1980

R.Schmidt: Ausscheidungsphänomene in Werkstoffen, Dt. Verlag für Grundstoffindustrie, Leipzig, 1991

zu Abshnitt 3.5 (ZTU-Verhalten niedriglegierter Stähle)

Atlas zur Wärmebehandlung der Stähle, Verlag Stahleisen, 1972

R.Chatterjee-Fischer: Wärmebehandlung von Eisenwerkstoffen (Nitrieren und Nitrocarburieren), expert Verlag, 2.Aufl., 1995

H.-J.Eckstein: Wärmebehandlung von Stahl, 2.Aufl., Deutscher Verlag für Grundstoffindustrie, Leipzig, 1987

P.Haasen (Vol..ed.): Materials Science and Technology, Vol.5, Phae Transformations in Materials, VCH Weinheim, 1991

H.-P.Hougardy: Umwandlung und Gefüge unlegierter Stähle, Verlag Stahleisen, 2.Aufl., 1990

D.Kohtz: Wärmebehandlung metallischer Werkstoffe, Grundlagen und Verfahren, VDI-Verlag, 1994

D.Liedtke, R.Jönnsson: Wärmebehandlung: Grundlagen und Anwendungen für Eisenwerkstoffe, expert-Verlag, Ehningen, 1991

W.Pitsch: Grundlagen der Wärmebehandlung von Stahl, Verlag Stahleisen, 1976

zu Abschnitt 3.6 (Erholung und Rekristallisation)

Hensger, Klimanek, Richter: Grundlagen und Methoden der rechnergestützten Modellierung von statischen Rekristallisationsprozessen, Deutscher Verlag für Grundstoffindustrie, 1991

Rekristallisation metallischer Werkstoffe, VEB Grundstoffindustrie, 1966

F.Haessner: Recrystallization of metallic materials, Dr.Riederer Verlag, Stuttgart, 1978

zu Abschnitt 3.7 (Zelluläre Automaten)

M.Gerhardt, H. Schuster: Das digitale Universum. Zelluläre Automaten als Modelle der Natur. Vieweg, Braunschweig, 1995

T.Toffoli, N.Margolus: Cellular automata. A new environment for modelling. MIT Press, Cambridge Ma, 1987

zu Abschnitt 3.8 (Bildbearbeitung und Quantitative Metallographie)

Literatur zur Bildverarbeitung:

H.D.Baumann: Handbuch digitaler Bild- und Filtereffekte, Springer Verlag, Berlin, 1993

W.Abmeyr: Einführung in die digitale Bildverarbeitung, B.G.Teubner, Stuttgart, 1994

H.Ernst: Einführung in die digitale Bildverarbeitung, Franzis, München, 2.Auflage, 1993

R.C.Gonzalez, R.E.Woods: Digital Image Processing, Addison-Wesley, New York, 1992

P.Haberecker: Praxis der digitalen Bildverarbeitung und Mustererkennung, Hanser Verlag, Wien, 1995

R.Steinbrecher: Bildverarbeitung in der Praxis, Oldenbourg, München, 1993

K.Voss, H.Süße: Praktische Bildverarbeitung, Hanser, München, Wien, 1991

P.Zamperoni: Methoden der digitalen Bildsignalverarbeitung, Vieweg, Braunschweig, 2.Auflage, 1991

D.W.R.Paulus: Objektorientierte und wissensbasierte Bildverarbeitung, Vieweg, Braunschweig, 1992

A.Prinz: Bildverstehen, Springer, Wien, New York, 1994

Literatur zur Metallographie:

M.Beckert, H.Klemm: Handbuch der metallographischen Ätzverfahren, 4.Aufl., Deutscher Verlag für Grundstoffindustrie, Leipzig, 1984

Hornbogen, E., B.Skrotzki: Werkstoff-Mikroskopie, Springer Verlag, 2.Aufl., 1993

H.Schumann: Metallographie, VEB-Deutscher Verlag für Grundstoffindustrie, Leipzig, 13.Aufl., 1991

H.Waschull: Präparative Metallographie, 2.Aufl., Deutscher Verlag für Grundstoffindustrie, 1993

zu Abschnitt 3.9 (Festigkeits- und Zähigkeitsverhalten)

H.Altenbach: Werkstoffmechanik Eine Einführung Deutscher Vlg f. Grundstoffindustrie, 1993
H.Blumenauer: Werkstoffprüfung, 6.Auflage, Deutscher Verlag für Grundstoffindustrie, Leipzig, 1994
W.Dahl: Grundlagen des Festigkeits- und Bruchverhaltens, Verlag Stahleisen, Düsseldorf, 1974
H.Dietrich: Mechanische Werkstoffprüfung expert 2. neubearb. u. erw. Aufl. 1994
W.Domke: Werkstoffkunde und Werkstoffprüfung, Cornelsen /CVK 10. Aufl. 1986

zu Abschnitt 3.10 (Bruchmechanik)

D.Aurich: Analyse und Weiterentwicklung bruchmechanischer Versagenskonzepte, Wirtschaftsverlag,1993
H.Blumenauer: Werkstoffprüfung, Dt. Verlag für Grundstoffindustrie, Leipzig, 6.Auflage 1994
H.Blumenauer, G.Pusch: Bruchmechanik, Deutscher Verlag für Grundstoffindustrie, 3.Auflage, 1993
Bruchmechanischer Festigkeitsnachweis, FKM-Richtlinie, VDMA Verlag GmbH, Frankfurt, 2001
W.Dahl, H.Chr.Zeislmair: Anwendung der Bruchmechanik auf Baustähle, Verlag Stahleisen, Düsseldorf, 1983
Erscheinungsformen von Rissen und Brüchen metallischer Werkstoffe /The appearance of cracks and fractures
    in metallic materials,   Stahleisen 10. Aufl. 1986
K. Heckel, Einführung in die technische Anwendung der Bruchmechanik, Carl Hanser Verlag, 1970
R.W.Hertzberg: Deformation and Fracture Mechanics of Engineering Materials, John Wiley&Sons, 1996
H.P.Keller: Bruchmechanik druckbeanspruchter Bauteile, Carl Hanser Verlag, 1990
J.F.Knott: Fundamentals of Fracture Mechanics, Butterworths, 1973
H.-P.Rossmanith: Grundlagen der Bruchmechanik, Springer Verlag, Wien, 1982
K.-H.Schwalbe: Bruchmechanik metallischer Werkstoffe, Carl Hanser Verlag, München, 1980
E.Sommer: Bruchmechanische Bewertung von Oberflächenrissen. Grundlagen, Experimente, Anwendungen,
    Springer Verlag, Berlin, 1984

zu Abschnitt 3.11 (Kriechen)

M.F.Ashby, L.M.Brown: Perspectives in creep fracture, Pergamon Press, Oxford, 1983
R.Bürgel: Handbuch Hochtemperatur – Werkstofftechnik, Grundlagen, Werkstoffbeanspruchung, Hochtempe-
    raturlegierungen, Vieweg, 1998
H.J.Frost, M.F.Ashby: Deformation Mechanism Maps, Pergamon Press, 1982
T.H.Hyde: Creep of Materials and Structures, MEP, 1994
B.Ilschner: Hochtemperatur-Plastizität, Springer Verlag, Berlin, 1973
Nippon Steel: Data Package for Nf616 Ferritic Steel (9Cr-0.5Mo-1.8W-Nb-V), January 1993
H.Riedel: Fracture at high temperatures, Springer Verlag, 1987
K.Schneider: Festigkeit und Verformung bei hoher Temperatur, DGM Ges., Oberursel, 1989

zu Abschnitt 3.12 (Ermüdung)

H.E.Boyer: Atlas of Fatigue Curves, ASM International, 1986
A.Buch (Hrsg.): Fatigue Data Handbook, Trans. Tech. Publ., 1998
W.Dahl (Hrsg.): Verhalten von Stahl bei schwingender Beanspruchung, Kontaktstudium Werkstoffkunde Eisen
    u. Stahl III, Verlag Stahleisen, Düsseldorf, 1983
H.J.Christ (Hrsg.): Ermüdungsverhalten metallischer Werkstoffe, Wiley-VCH, 1998
F.Ellyin: Fatigue Damage, Crack Growth and Life Prediction, Chapman & Hall, London, 1997
W.Günther (Hrsg.): Schwingfestigkeit, Deutscher Verlag für Grundstoffindustrie, Leipzig, 1973
E.Haibach: Betriebsfestigkeit: Verfahren und Daten zur Bauteilrechnung, VDI-Verlag, 1989
M.Klesnil, P.Lukas: Fatigue of metallic materials, Elsevier Scientific Publ., Amsterdam, 1980
A. Munz, K.Schwalbe, P.Mayr: Dauerschwingverhalten metallischer Werkstoffe, Vieweg Verlag, Braun-
    schweig, 1971
D.Radaj: Ermüdungsfestigkeit, Grundlagen für Leichtbau, Maschinen- und Stahlbau, Springer, Berlin, 1995
D.Munz: Ermüdungsverhalten metallischer Werkstoffe, DGM Informationsges. Verl., 1985
G.Schott: Werkstoffermüdung – Ermüdungsfestigkeit, Deutscher Verlag für Grundstoffindustrie, 4.Aufl., 1997
S.Suresh: Fatigue of materials, Cambridge Univ. Press, 1991

4 Berechnung instationärer Temperaturfelder

Kapitel-Übersicht

Übersicht der Mathcad-Programme in diesem Kapitel

Abschn.	Programm	Inhalt	Zusatzfile
4.2	W_Verlust	Wärmeverlustrechnung eines Konverters	
4.2	Abk_newt	Newton'sches Abkühlgesetz	
4.2	T_spontan	Temperaturfeld bei spontaner Änderung der Oberflächentemperatur	
4.2	Jominy_A	Analytische Berechnung der Kühlkurven der Jominy-Probe	
4.2	T_Kontakt	Temperaturverlauf bei metallischem Kontakt	
4.2	T_Gleeble	Radialer Temperaturverlauf einer konduktiv erwärmten Probe	
4.2	Pkt_Quelle	Temperaturfeld bei punktförmiger Wärmequelle	
4.2	Extrusion	Abkühlung eines bewegten stranggepressten Al-Profils	
4.2	KR_Blech	Abkühlrate bei Blechen unterschiedlicher Dicke	Blech_W.txt Blech_Öl.txt Blech_Luft.txt
4.2	KR_Zyl	Abkühlrate bei zylindrischen Körpern	Zyl_W.txt Zyl_Öl.txt Zyl_Luft.txt
4.3	Temp_1DE	1-dim. Wärmeleitung beim Erwärmen	
4.3	Temp_1DA	1-dim. Wärmeleitung beim Abkühlen	
4.3	Temp_FDM	2-dim. Wärmeleitung mit FDM	
4.3	Temp_3Q	2-dim. Wärmeleitung mit drei Wärmequellen	
4.3	FDM_bewWQ	2-dim. Wärmeleitung mit bewegter Wärmequelle	
4.3	*Wärme_Circle*	*Mathcad-Simulation Temperaturfeld bewegte Quelle*	*AVI-file*
4.4	*T-Feld*	*MARC FE-Berechnung Temperaturfeld Schweißnaht*	*AVI-file*
4.5	Periodensystem	Darstellung und Beziehungen der Elemente	Reinmetalle.txt
4.5	Td_Stahl	Thermophys. Kennwerte einiger ausgewählter Stähle	StE355.txt u.a.
4.6	*Thermovison*	*IR-Aufnahme einer Dünnblechschweißung*	*AVI-file*

4.1 Die Wärmeleitungsgleichung

Nachdem die wesentlichen werkstoffkundlichen Vorgänge thermisch aktiviert ablaufen, ist die Kenntnis der Temperatur-Zeit-Geschichte in jedem Ort einer Komponente von zentraler Bedeutung. Dies gilt insbesondere für den gesamten Bereich der Wärmebehandlungsverfahren, für Warmumform-, Gieß- und Schweißprozesse. Mit dem T-t-Verlauf wird die Kinetik sämtlicher diffusionskontrollierter mikrostruktureller Vorgänge gesteuert.

Die Grundgleichung für die Temperaturfeldberechnung ist die *Fourier-Gleichung*. Sie stellt eine Analogie zum 2. Fick-Gesetz der Diffusion dar (= parabolische Differentialgleichung 2. Ordnung) und kann auf ähnliche Weise, wie im Abschnitt 3.3 gezeigt, abgeleitet werden. Die partielle Differentialgleichung in kartesischen Koordinaten lautet:

$$\frac{\partial T}{\partial t} = \frac{\lambda}{c \cdot \rho}(\frac{\partial^2 T}{\partial x^2} + \frac{\partial^2 T}{\partial y^2} + \frac{\partial^2 T}{\partial z^2}) + \frac{1}{c \cdot \rho}\frac{\partial q_v}{\partial t} \quad \text{bzw.} \quad \lambda \cdot \Delta T + \dot{q_v} = c\rho \dot{T},$$

wobei λ die Wärmeleitfähigkeit, c die spezifische Wärme, ρ die Dichte und $\dot{q_v}$ die im Einheitsvolumen eingebrachte oder abfließende Leistungsdichte ist. Δ ist der Laplace-Operator.

Die werkstoffabhängige Temperaturleitfähigkeit a [m²/s] ist definiert mit:

$$a = \frac{\lambda}{c \cdot \rho}$$

Sie ist ein Maß für die Geschwindigkeit des Temperaturausgleichs. In Zylinderkoordinaten lautet die Wärmeleitungsgleichung:

$$\frac{\partial T}{\partial t} = \frac{\lambda}{c \cdot \rho}(\frac{\partial^2 T}{\partial r^2} + \frac{1}{r^2} \cdot \frac{\partial^2 T}{\partial \theta^2} + \frac{\partial^2 T}{\partial z^2}) + \frac{1}{c \cdot \rho}\frac{\partial q_v}{\partial t}$$

Bei der Werkstoffverarbeitung können folgende Wärmequellen oder -senken auftreten:
- Wärmeübergang durch Leitung (thermischer Kontakt),
- Wärmeübergang durch Konvektion mit dem umgebenden Medium (Abschrecken),
- Wärmeübergang durch Strahlung (Erwärmung im Ofen),
- latente Wärme (Schmelzwärme),
- Umwandlungswärme im festen Zustand (Rekaleszenz bei der Perlitumwandlung),
- Umformwärme,
- Reibungswärme (Reibschweißen),
- konduktive Erwärmung (Punktschweißen, Gleeble-Prinzip),
- Strahlenergie (Laser- bzw. Elektronenstrahlbearbeitung),
- Lichtbogenenergie (konventionelles Schweißen) und
- induktive Erwärmung.

4.2 Analytische Lösungen für interessante Fälle

4.2.1 Stationäre eindimensionale Wärmeleitung

Für einen isotropen Körper ohne innere Wärmequelle ist im Fall der stationären Wärmeleitung, d.h. zeitunabhängiger Temperatur (dT/dt = 0), und bei eindimensionaler Betrachtung die zweite Ableitung der Temperatur nach der Ortkoordinate gleich Null.

Die Lösung dieser partiellen Differentialgleichung ergibt für den Wärmestrom q für eine Platte

$$q = \lambda \cdot \frac{A}{d} \cdot (T_i - T_a) \text{, und für einen Zylinder} \quad q = \frac{2\pi \cdot \lambda \cdot l \cdot (T_i - T_a)}{\ln(r_a / r_i)}.$$

Wird auch der Wärmeübergang an beiden Oberflächen berücksichtigt (=Randbedingung 3.Art), so ergibt sich aus dem Gleichgewicht an den Grenzflächen

$$q = \alpha_i \cdot A \cdot (T_i - T_1) = \lambda \cdot \frac{A}{d} \cdot (T_1 - T_2) = \alpha_a \cdot A \cdot (T_2 - T_a)$$

die Lösung

$$q = \frac{A \cdot (T_i - T_a)}{\dfrac{1}{\alpha_i} + \dfrac{d}{\lambda} + \dfrac{1}{\alpha_a}} = k \cdot A \cdot (T_i - T_a),$$

wobei k der Wärmedurchgangskoeffizient ist. Ähnliche Lösungen gibt es auch für den Hohlzylinder bzw. für eine Kugel. Typische Anwendungsfälle für stationäre Wärmeleitungsrechnungen sind Betrachtungen zum Wärmeverlust von thermischen Systemen.

💾 W_Verlust.mcd

Wärmeverlustrechnung

Die feuerfeste Auskleidungen von metallurgischen Gefäßen haben eine Wandstärke von etwa 30 cm und eine Wärmeleitfähigkeit von 0,3 W/mK. Die Dicke des umgebenden Stahlmantels sei 4 cm mit einer Wärmeleitfähigkeit von 40 W/mK. Die Innentemperatur (flüssiger Stahl) sei 1600 °C, außen sei Raumtemperatur. Die Wärmeübergangszahlen sind innen 100 W/Km² und außen 10 W/Km². Es soll der spezifische Wärmeverlust berechnet werden.

$\alpha i := 100 \cdot \dfrac{\text{watt}}{K \cdot m^2} \qquad \alpha a := 10 \cdot \dfrac{\text{watt}}{K \cdot m^2}$

$Ti := (1600 + 273) \cdot K \qquad Ta := (30 + 273) \cdot K$

$\lambda ff := 0.3 \cdot \dfrac{\text{joule}}{m \cdot sec \cdot K} \qquad sff := 0.3 \cdot m \qquad A := 1 \cdot m^2$

$\lambda st := 40 \cdot \dfrac{\text{watt}}{m \cdot K} \qquad sst := 0.04 \cdot m$

Wärmeverlust:

$q := \dfrac{(Ti - Ta)}{\dfrac{1}{\alpha i} + \dfrac{sff}{\lambda ff} + \dfrac{sst}{\lambda st} + \dfrac{1}{\alpha a}} \qquad q = 1.413 \bullet \dfrac{kW}{m^2}$

Temperaturverlauf über der Wanddicke: T[°C]

$T1 := Ti - \dfrac{q}{\alpha i} \qquad T1 = 1.859 \bullet 10^3 \bullet K \qquad \dfrac{T1 - 273 \cdot K}{K} = 1.586 \bullet 10^3$

$T2 := T1 - \dfrac{q \cdot sff}{\lambda ff} \qquad T2 = 445.727 \bullet K \qquad \dfrac{T2 - 273 \cdot K}{K} = 172.727 \qquad \dfrac{T1 - T2}{sff} = 47.105 \bullet \dfrac{K}{cm}$

$T3 := T2 - \dfrac{q \cdot sst}{\lambda st} \qquad T3 = 444.314 \bullet K \qquad \dfrac{T3 - 273 \cdot K}{K} = 171.314$

$T4 := T3 - \dfrac{q}{\alpha a} \qquad T4 = 303 \bullet K \qquad \dfrac{T4 - 273 \cdot K}{K} = 30$

Fiktive Wanddicke δ:

$\delta := \dfrac{\lambda ff}{\alpha i} + sff + sst + \dfrac{\lambda st}{\alpha a} \qquad \delta = 4.343 \bullet m \qquad \dfrac{\lambda ff}{\alpha i} = 3 \bullet 10^{-3} \bullet m \qquad \dfrac{\lambda st}{\alpha a} = 4 \bullet m$

4.2.2 Das Newton'sche Abkühlgesetz

Betrachtet man einen Körper mit dem Volumen V und der Oberfläche A bei einer Temperatur T_o und wird dieser in eine Umgebung (Wasser, Luft) mit der Temperatur T_u gebracht, so findet konvektiver Wärmeübergang statt. Aus der Gleichgewichtsbetrachtung ergibt sich sofort, dass der Wärmefluss in den Festkörper durch die Oberfläche A gleich der zeitlichen Zunahme der inneren Energie des Festkörpers mit dem Volumen V sein muss, d.h.

$$A \cdot \alpha \cdot (T_u - T(t)) = \rho \cdot c_p \cdot V \cdot \frac{\partial T(t)}{\partial t}$$

α ist der Wärmeübergangskoeffizient mit der Dimension W/m²K. Als Anfangsbedingung wird die Körpertemperatur auf T_o gesetzt. Mit Einführung einer neuen Temperatur $\Theta = T(t)-T_u$ ergibt sich

$$\frac{\partial \Theta(t)}{\partial t} + \frac{A \cdot \alpha}{\rho \cdot c_p \cdot V} \Theta(t) = 0 \quad \text{für } t > 0 \quad \text{und } \Theta(t) = T_0 \text{-} T_u = \Theta_0 \text{ für } t = 0.$$

Mit $m = A \cdot \alpha / (\rho \cdot c_p \cdot V)$ vereinfacht sich die Gleichung zu $d\theta(t)/dt + m\theta(t) = 0$. Die Lösung dieser gewöhnlichen Differentialgleichung hat die Form

$$\theta(t) = C \cdot \exp(-m \cdot t)$$

Durch Einsetzen der Anfangsbedingung ergibt sich $C = \theta_0$. Somit ergibt sich die Lösung mit

$$\frac{T(t) - T_u}{T_o - T_u} = e^{-m \cdot t},$$

dem *Newton'schen Abkühlgesetz*. Dieser Ansatz ist nur gültig, wenn die Temperaturverteilung im Festkörper gleichmäßig ist, bzw. wenn die Biot-Zahl

$$Bi = \alpha \cdot L_s / \lambda < 0,1$$

ist. Darin bedeutet L_s eine charakteristische Länge (= halbe Plattendicke, halber Radius bei einem Zylinder bzw. R/3 bei einer Kugel) und λ die Wärmeleitfähigkeit des Festkörpers.

      🖫 Abk_newt.mcd

Anwendungsbeispiel

Eine Aluminiumplatte mit einer Dicke von 3 cm und einer konstanten Temperatur von 225 °C wird in eine Flüssigkeit mit der Temperatur T = 25 °C getaucht. Die Wärmeübergangszahl h sei h = 320 W/m²K. Gesucht ist der zeitliche Verlauf der Oberflächentemperatur.

$$d := 3 \cdot cm \qquad \lambda := 160 \cdot \frac{watt}{m \cdot K} \qquad \rho := 2790 \cdot \frac{kg}{m \cdot m \cdot m} \qquad cp := 880 \cdot \frac{joule}{kg \cdot K} \qquad h := 320 \cdot \frac{watt}{m \cdot m \cdot K}$$

$$To := (225 + 273) \cdot K \qquad Tu := (25 + 273) \cdot K$$

Charakteristische Länge $L_s = V/A = d \cdot A/(2 \cdot A) = d/2$ $\qquad Ls := \frac{d}{2} \qquad Bi := h \cdot \frac{Ls}{\lambda} \qquad Bi = 0.03$

$$m := \frac{h}{\rho \cdot cp \cdot Ls} \qquad m = 8.689 \cdot 10^{-3} \cdot sec^{-1} \qquad i := 1 .. 1000 \qquad t_i := i \cdot sec \qquad T_i := Tu - 273 \cdot K + (To - Tu) \cdot \exp(-m \cdot t_i)$$

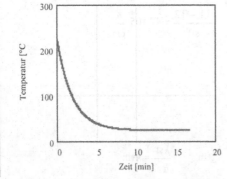

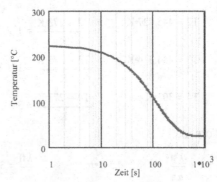

4.2.3 Wärmeleitung bei spontaner Änderung der Oberflächentemperatur

Ändert sich die Oberflächentemperatur eines Festkörpers von einer Anfangstemperatur T_0 spontan auf T_u, so reduziert sich die Wärmeleitungsgleichung (eindimensional, keine Wärmequelle) zu:

$$\frac{\partial T}{\partial t} = a \cdot \frac{\partial^2 T}{\partial x^2}$$

Mit der Anfangsbedingung   AB: $T(x,0) = T_0$ ... Anfangstemperatur
und den Randbedingungen   RB1: $T(0,t) = T_u$ ... Umgebungstemperatur an der Oberfläche
                             RB2: $T(\infty,t) = T_0$ ... Temperatur im unendlichen Abstand von
                                                                der Oberfläche
ergibt sich die analytische Lösung mit

$$\frac{T - T_u}{T_0 - T_u} = erf\left[\frac{x}{\sqrt{4 \cdot a \cdot t}}\right].$$

Die Anwendbarkeit dieser Gleichung bedingt einen halb-unendlichen Körper. Diese Bedingung ist dann erfüllt, wenn die charakteristische Abmessung L sehr viel größer ist als die thermische Eindringtiefe, d.h. $L \gg \sqrt{a \cdot t}$.

  T_spontan.mcd

Für eine spontane Abkühlung einer dicken Stahlplatte von 850°C auf Raumtemperatur ergeben sich die in den Bildern 4.2.1 und 4.2.2 dargestellten Temperaturverläufe.

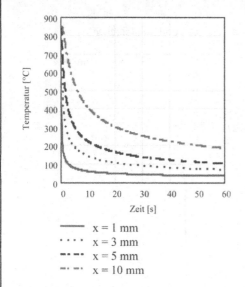

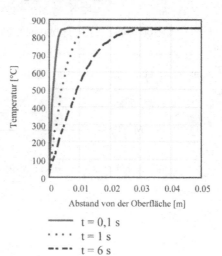

Bild 4.2.1. T-t-Verlauf für unterschiedliche Abstände von der Oberfläche

Bild 4.2.2. Temperaturverlauf nach unterschiedlichen Zeiten

4.2.4 Temperaturverteilung bei konstantem Wärmestrom

Wird die Oberfläche eines halb-unendlichen Körpers einem konstanten Wärmestrom q [W/m²] ausgesetzt, so lässt sich die Temperatur als Funktion der Zeit und der Tiefe mit

$$\frac{T - T_0}{q \cdot x / \lambda} = \frac{2\sqrt{a \cdot t / \pi}}{x} \exp(\frac{-x^2}{4 \cdot a \cdot t}) - \left[1 - erf\left(\frac{x}{2\sqrt{a \cdot t}} \right) \right] \quad \text{beschreiben.}$$

4.2.5 Temperaturverlauf in einem halb-unendlichen Körper bei Konvektion

Der für viele Wärmebehandlungen wichtige Fall des konvektiven Wärmeübergangs eines halb-unendlichen Körpers kann mit der Gleichung

$$\frac{T - T_u}{T_0 - T_u} = erf\left(\frac{x}{\sqrt{4 \cdot a \cdot t}} \right) + \left[\exp\left(\frac{\alpha \cdot x}{\lambda} + \frac{\alpha^2 \cdot a \cdot t}{\lambda^2} \right) \right] \cdot \left[1 - erf\left(\frac{x}{\sqrt{4 \cdot a \cdot t}} + \frac{\alpha \cdot \sqrt{a \cdot t}}{\lambda} \right) \right]$$

wobei T_u die Temperatur des umgebenden Mediums, T_0 die Anfangstemperatur des Körpers und α der Wärmeübergangskoeffizient ist, gelöst werden. Diese Gleichung wird im folgenden Beispiel für die Abkühlung einer Jominy-Probe angewandt.

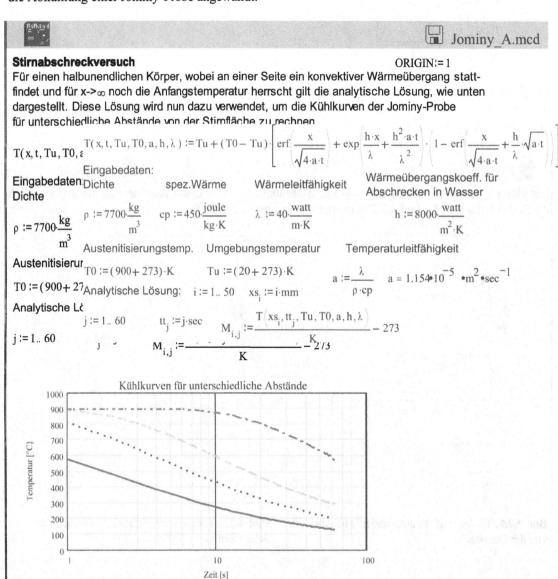

4.2.6 Thermischer Kontakt zweier Körper

Werden zwei Körper mit unterschiedlicher Temperatur verlustfrei kontaktiert, so stellt sich an der Trennfläche nach sehr kurzer Zeit eine gemeinsame mittlere Temperatur T_m ein. Aus dem Gleichgewicht des Wärmeflusses an beiden Seiten der Trennfläche ergibt sich die Beziehung

$$\lambda_1 \cdot \left(\frac{\partial T}{\partial x}\right)_{-0} = \lambda_2 \cdot \left(\frac{\partial T}{\partial x}\right)_{+0}$$

Für einen spontanen Temperaturwechsel ergibt sich die Ableitung für den Temperaturgradienten mit

$$\frac{\partial T}{\partial x} = \frac{\Delta T \cdot \exp\left(-\left(\frac{x}{2\sqrt{a \cdot t}}\right)^2\right)}{\sqrt{\pi \cdot a \cdot t}}.$$

Damit ergibt sich für die Trennfläche (x=0) die Beziehung

$$\frac{\lambda_1 \cdot (T_m - T_1)}{\sqrt{a_1}} = \frac{\lambda_2 \cdot (T_2 - T_m)}{\sqrt{a_2}}$$

Das Verhältnis $\lambda / \sqrt{a}$ wird als *Wärmeeindringkoeffizient b* bezeichnet. Er gibt an, wie groß die in einem Körper in einer bestimmten Zeit nach plötzlicher Änderung der Oberflächentemperatur eindringende Wärmemenge ist. Die Unterschiede im Wärmeeindringkoeffizienten erklären auch, warum sich gleichtemperierte Körper (z.B. Stahl im Vergleich zu Kunststoff) unterschiedlich warm anfühlen. Als Lösung ergibt sich somit

$$T_m = T_1 + (T_2 - T_1) \cdot \frac{b_2}{b_1 + b_2}.$$

Für reale Bedingungen wird meist an der Trennfläche noch eine dünne Zwischenschicht in die Modellbetrachtung miteinbezogen.

    🖫 T-Kontakt.mcd

Aufgrund der unterschiedlichen Wärmeeindringkoeffizienten der beiden Werkstoffe ergibt sich eine Grenzflächentemperatur, die nicht dem arithmetischen Mittel entspricht.

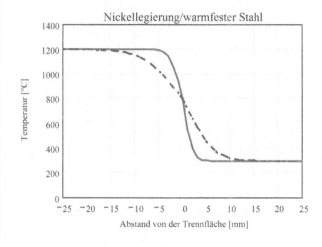

Temperaturverlauf
____ nach 1 s
_ _ _ nach 10 s

Temperatur an der Grenzfläche

$$\frac{Tm}{K} - 273 = 798.099 \; [°C]$$

4.2.7   Wärmeleitung in einem widerstandsbeheizten Draht

Ein langer Draht mit Radius R und elektrischer Leitfähigkeit $\kappa = 1/\rho_{el}$ wird durch direkten Strom-durchfluss erwärmt, wobei ein konvektiver Wärmeübergang an die Umgebung angenommen wird. Zu ermitteln ist das stationäre Temperaturfeld, wenn der Wärmeübergangskoeffizient α temperatur-unabhängig angenommen wird. Der Wärmefluss q errechnet sich dabei aus

$$q = \frac{1}{\kappa} \cdot \left[\frac{I}{\pi \cdot R^2} \right]^2 .$$

Die partielle Differentialgleichung reduziert sich zu:

$$\frac{1}{r} \cdot \frac{d}{dr} \left[r \frac{dT}{dr} \right] = -q / \lambda$$

mit den Randbedingungen:
dT/dr = 0 an der Stelle r = 0 und -λdT/dr = α(T-Tu) an der Oberfläche r = R. Die analytische Lösung lautet dann für diesen Fall:

$$T = \frac{q}{4\lambda} (R^2 - r^2) + \frac{q \cdot R}{2 \cdot \alpha} + T_u$$

mit dem Wärmefluss q = sR/2 an die Umgebung.
  Mit diesem Ansatz kann z.B. der radiale Temperaturverlauf einer Gleeble-Probe berechnet werden.

🖫 T-Gleeble.mcd

Bild 4.2.3 zeigt den radialen Temperaturverlauf eines Eisendrahtes mit 10mm Durchmesser, der mit einer Stromstärke von 1500 A konduktiv erwärmt wird. Die Wärmeübergangszahl h wurde mit 70 W/m²K angenommen.

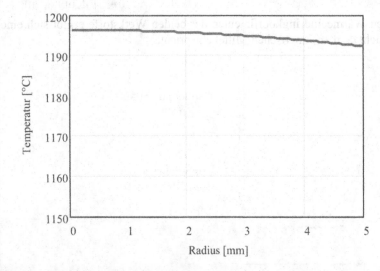

Bild 4.2.3. Radialer Temperaturverlauf einer konduktiv erwärmten Probe mit konvektivem Wärmeübergang an der Oberfläche

4.2.8 Kurzzeitiger Wärmeimpuls

Bei rascher Einbringung einer Energiedichte E [J/m²], wie z.B. beim Kurzschluss, mechanischen Aufprall, bei raschen chemischen Reaktionen, sowie beim Punktschweißen oder Laserimpuls, ergibt sich für die zeitabhängige Temperaturverteilung

$$T(r,t) = T_0 + \frac{E}{\sqrt{\pi \cdot a \cdot t} \cdot \rho \cdot c_p} \exp\left(-\frac{x^2}{4 \cdot a \cdot t}\right).$$

x ist der Abstand von der Oberfläche und T_0 die Anfangstemperatur des Körpers. Der halbe glockenförmige Temperaturverlauf durchläuft in jedem Punkt ein Temperaturmaximum zur Zeit

$$t\big|_{T\max} = x^2 / 6a.$$

Diese Beziehung kann auch zur Bestimmung der Temperaturleitzahl a genutzt werden. Eine moderne Anwendung ist bspw. die Laser-Flash-Methode zur Bestimmung von a.

Weitere Anwendungen über bewegte punktförmige Wärmequellen sind im Kapitel 5 angeführt.

Pkt_Quelle.mcd

Für den Fall einer Nickelplatte zeigen die beiden Bilder das Ergebnis, links die Temperaturverläufe nach unterschiedlichen Zeiten, rechts die Temperatur-Zeit-Geschichte für unterschiedliche Abstände von der Oberfläche. Für die thermophysikalischen Kenngrößen wurden folgende Werte vorgegeben:

$a = 23$ mm²/sec $\rho = 8{,}9$ g/cm³   cp = 444 J/kgK

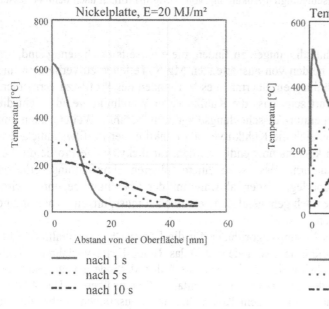

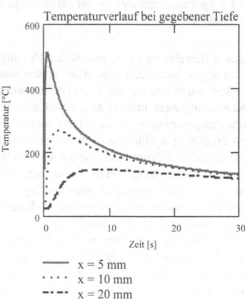

4.2.9 Wandernde Wärmequelle

Wird eine Wärmequelle bestimmter Ausdehnung über ein ruhendes Bauteil geführt, oder eine feststehende Wärmequelle oder -senke von einem mit konstanter Geschwindigkeit bewegtem Bauteil durchquert, so ändert sich mit den Randbedingungen die Lösung der Differentialgleichung. Typische Anwendungsfälle sind die spanabhebende Bearbeitung und auch das Schweißen.

Im folgenden Beispiel wird die Abkühlung eines stranggepressten Aluminiumprofils nach dem Verlassen eines Extruders in einem nachfolgenden Wassersprühbecken betrachtet. Die Geschwindigkeit v des Stranges und die Wassertemperatur des Kühlbeckens werden als konstant angenommen. Bild 4.2.4 zeigt die Systemkonfiguration mit den geometrischen Daten für diesen Fall.

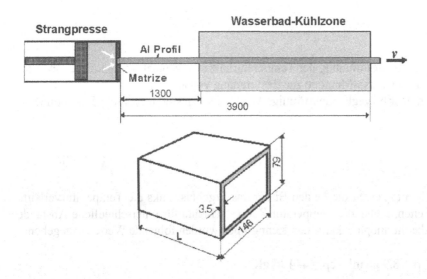

Bild 4.2.4. Systemkonfiguration bei der beschleunigten Abkühlung von AlMgSi-Profilen nach dem Verlassen einer Strangpresse

Ziel dieser Berechnung ist es, jene Kühlbedingungen zu finden, die einerseits rasch genug sind, um ein frühzeitiges, unkontrolliertes Ausscheiden von aushärtenden Mg_2Si-Teilchen zu verhindern und andererseits durch unnötig rasche Abkühlung ein übermäßiges Verwinden des Profils zu vermeiden. Die Kühlbedingungen müssen also derart sein, dass die Kühlkurve in Wandmitte gerade nicht die Ausscheidungsstartkurve im Zeit-Temperatur-Ausscheidungsdiagramm berührt. Weiters kann mit diesem Programm ermittelt werden, wie sich die Kühlkurven als Funktion der Profilwanddicke ändern. Entsprechend dieser Vorhersagen kann es notwendig werden, für dickwandige Profile die Legierungszusammensetzung derart zu ändern, dass es zu einem trägeren Umwandlungsverhalten kommt. In der Praxis muss auch noch überlegt werden, ab wann mit der Abkühlung begonnen wird, da nach dem Verlassen der Strangpresse noch genügend Zeit verstreichen muss, um eine vollständige statische Rekristallisation zu ermöglichen.

Im Mathcad-Programm werden zwei Lösungsalgorithmen für die Lösung der gewöhnlichen Differentialgleichung gewählt, nämlich a) die Euler-Methode und b) das Runge-Kutta-Verfahren 4. Ordnung. Wird eine entsprechend kleine Schrittweite für die einfache Euler-Methode gewählt, so stimmen die Ergebnisse recht gut mit jenen des genaueren Runge-Kutta-Verfahrens überein. Der Wärmeübergang setzt sich aus einem Strahlungs- und einem Konvektionsterm zusammen, wobei für die Konvektion an Luft der Wert α_1 und für Wassernebel der Wert α_2 gewählt wird. Die anderen Eingabeparameter sind im Beispiel angeführt.

💾 Extrusion.mcd

Temperaturverteilung in stranggepressten Al-Profilen

Die Temperaturänderung im betrachteten Element kann durch die Differentialgleichung

$$\frac{d}{dt}T = \frac{A}{V \cdot c \cdot \rho} \cdot \left[\varepsilon \cdot \varepsilon 0 \cdot \left(T^4 - T0^4 \right) + \alpha (v \cdot t) \cdot (T - T0) \right] \quad \text{beschrieben werden.}$$

V...Elementvolumen, v...Extrusionsgeschwindigkeit , c...spez. Wärme und ρ ....Dichte

Thermophysikalischen Werkstoffkenngrößen und andere Eingabedaten:

$c := 912$ [J/kgK] $\rho := 2.7 \cdot 10^{-6}$ [kg/mm³] $\alpha 1 := 3 \cdot 10^{-5}$, $\alpha 2 := 1.6 \cdot 10^{-3}$ [W/(mm²*K)]

$\varepsilon := 0.06$ $\varepsilon 0 := 5.67 \cdot 10^{-14}$ [W/(mm²*K⁴)] $T0 := 20$ [°C] $T04 := (T0 + 273)^4$

$L := 1$ [mm] $A := 2 \cdot (140 + 80) \cdot L$ [mm²] $V := 2 \cdot (140 + 80) \cdot 3.5 \cdot L$ [mm³] $v := 50$ [mm/s]

Mathcad-Definition des Wärmeübergangskoeff. α als Fkt. des Ortes x
    $\alpha (x) := \text{if}(x \leq 1500 + (x > 4000), \alpha 1, \alpha 2)$

Lösungsvariante A (Euler-Methode): $N := 40$ Anzahl der Zeitschritte

$T_0 := 483$ Umgebungstemp. /Temp.der Matrize $dt := \dfrac{100}{N}$ Zeitinkrement

Definition der Rekursionsgleichung für den Lösungsvektor T $i := 1 .. N$

$$T_i := \left[T_{i-1} - \frac{A}{(c \cdot \rho \cdot V)} \cdot \left[\varepsilon \cdot \varepsilon 0 \cdot \left[\left(T_{i-1} + 273 \right)^4 - T04 \right] + \alpha (i \cdot dt \cdot v) \cdot \left(T_{i-1} - T0 \right) \right] \cdot dt \right]$$

Lösungsvariante B (Mathcad Prozedur "rkfixed" = Runge-Kutta-Methode 4.Ordnung)
Zur numerischen Integration muss die Funktion D(t,y) definiert werden, wobei der erste Term die erste Ableitung und der zweite Term die zweite Ableitung ist. Als Funktionsargumente müssen die Anfangstemperatur T_0, die Startzeit t = 0, die Endzeit N·dt, die Schrittanzahl N und die Funktion D eingegeben werden.

$$D(t, y) := \begin{bmatrix} \dfrac{-A \cdot \left[\varepsilon \cdot \varepsilon 0 \cdot \left[\left(y_0 + 273 \right)^4 - T04 \right] + \alpha (v \cdot t) \cdot \left(y_0 - T0 \right) \right]}{c \cdot \rho \cdot V} \\ 0 \end{bmatrix}$$

$$T1 := \text{rkfixed}\left[\begin{bmatrix} T_0 \\ 0 \end{bmatrix}, 0, N \cdot dt, N, D \right] \qquad \text{Lösungsvektor T1}$$

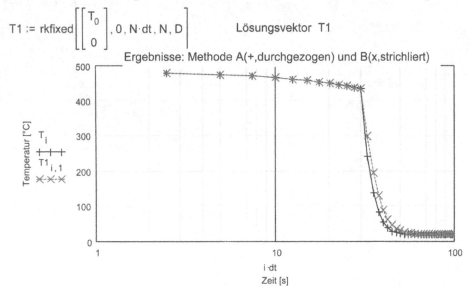

Ergebnisse: Methode A(+,durchgezogen) und B(x,strichliert)

Berechneter zeitlicher Temperaturverlauf des betrachteten Elementes vom Verlassen der Matrize bis einschließlich Kühlzone.

4.2.10 Empirische Zusammenhänge

In vielen Fällen der Wärmebehandlung von Stählen genügt es zur Charakterisierung der Abschreck-wirkung eines Abkühlmediums jene Kühlgeschwindigkeit bzw. Kühlzeit zu definieren, die bei einer Temperatur im Bereich der Phasenumwandlung bzw. des Austenitzerfalls auftritt. In der Praxis wird dazu gerne die Kühlzeit $t_{8/5}$ verwendet, also jene Zeit die das Bauteil für die Abkühlung von 800 auf 500 °C benötigt. Sehr gerne wird mit dieser Kühlzeit $t_{8/5}$ die Wirkung des Abschreckmittels auf die Härte bzw. die mechanischen Eigenschaften charakterisiert. Bild 4.2.5 zeigt die charakteristischen Kühlzeiten eines Stahles für unterschiedliche Abkühlmedien in Abhängigkeit von der Bauteilgröße.

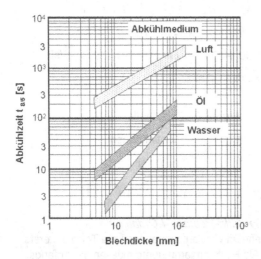

Bild 4.2.5. Beziehung zwischen Bauteilgröße, Abkühlmedium und der Abkühlzeit $t_{8/5}$

Als weitere Hilfsmittel zur raschen Ermittlung der Kühlrate werden empirische Gleichungen verwen-det, die für den Oberflächen-, Mitten- und Kernbereich gelten.

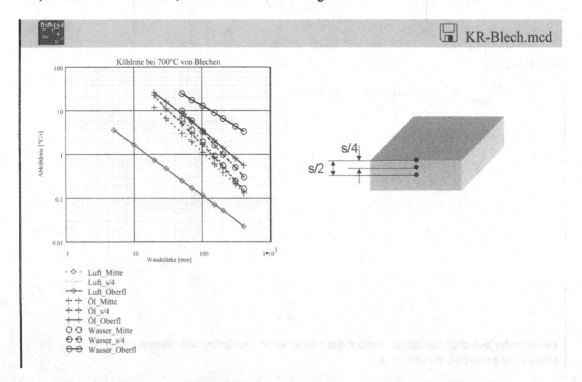

KR-Zyl.mcd

In dieser Anwendung wird in analoger Weise die Kühlrate zylindrischer Körper für die Oberfläche, ¼-Tiefe und dem Kern als Funktion des Durchmessers ermittelt.

Ebenso pragmatisch wird in manchen betrieblichen Vorschriften und Spezifikationen die Mindestdauer für das Aufheizen eines plattenförmigen Bauteils abgeschätzt, um sicherzustellen, dass auch das Zentrum der Platte ausreichend durchwärmt wird. Ein üblicher Ansatz lautet:

$$t_{min} \, [min] = 30 + \; d[mm]$$

4.3 Lösung der Fourier-Gleichung mittels finiter Differenzen

4.3.1 Finite Differenzen Approximation

4.3.1.1 Differenzenquotient für die 1.Ableitung

Der Differentialquotient ist definiert als:

$$\left. \frac{dy}{dx} \right|_x = \lim_{\Delta x \to 0} \frac{y_{i+1} - y_i}{\Delta x}$$

Daraus ersichtlich wird bereits die Approximation in Form des Differenzenquotienten. Je nachdem, welche Nachbarpunkte zur Berechnung des Differenzenquotienten herangezogen wird unterscheidet man zwischen
a) Vorwärtsdifferenzen,   b) zentrale Differenzen   und   c) Rückwärtsdifferenzen:

$$\left. \frac{dy}{dx} \right|_{x_i} \approx \frac{y_{i+1} - y_i}{\Delta x} \qquad \left. \frac{dy}{dx} \right|_{x_i} \approx \frac{y_{i+1} - y_{i-1}}{2 \cdot \Delta x} \qquad \left. \frac{dy}{dx} \right|_{x_i} \approx \frac{y_i - y_{i-1}}{\Delta x}$$

4.3.1.2 Differenzenquotient für die 2.Ableitung

Durch erneutes Ableiten unter Verwendung von Vorwärts- und Rückwärtsdifferenzen für die 1. Ableitung ergibt sich die Differenzenquotienten-Darstellung für die 2. Ableitung in der Form

$$\left. \frac{d^2 y}{dx^2} \right|_{x_i} \approx \frac{y_{i+1} - 2y_i + y_{i-1}}{(\Delta x)^2}$$

4.3.2 Finite Differenzen Darstellung für eindimensionale, instationäre Wärmeleitung

Durch Einsetzen der Differenzenquotienten in die Wärmeleitungsgleichung ergibt sich für die eindimensionale Wärmeleitung

$$\frac{dT}{dt} \approx \frac{T_{i,j+1} - T_{i,j}}{\Delta t} \quad \text{und} \quad \frac{d^2 T}{dx^2} \approx \frac{T_{i+1,j} - 2T_{i,j} + T_{i-1,j}}{(\Delta x)^2}$$

Durch Einsetzen in die Differentialgleichung der Wärmeleitung ergibt sich somit *explizit* die Temperatur des nächsten Zeitschrittes (j+1) mit

$$T_{i,j+1} = T_{i,j} + \frac{\lambda \cdot \Delta t}{\rho \cdot c_p \cdot (\Delta x)^2} \cdot \left[T_{i-1,j} - 2T_{i,j} + T_{i+1,j} \right]$$

In der üblichen Schreibweise mit i und j als Indizes zeigt Bild 4.3.1 die Beziehung drei benachbarter Knotentemperaturen und der daraus berechenbaren Temperatur zum nächsten Zeitschritt. Weiters sind die Knotentemperaturen, gegeben durch die Anfangs- und die Randbedingungen, dargestellt.

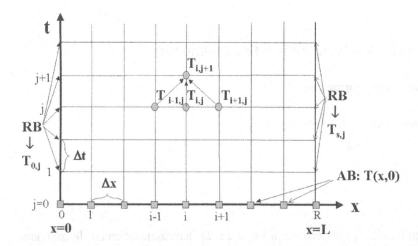

Bild 4.3.1. FDM-Rechenschema zur Ermittlung der Temperatur des nächsten Zeitschrittes unter Berücksichtigung der Anfangs- und der beiden Randbedingungen

4.3.3 Anfangs- und Randbedingungen

Zur Lösung der Fourier-Gleichung sind Anfangs- und Randbedingungen notwendig. Prinzipiell unterscheidet man dabei zwischen

- Randbedingung 1. Art (vorgeschriebene Oberflächentemperatur)
- Randbedingung 2. Art (Vorgabe des Wärmeflusses an der Oberfläche)
- Randbedingung 3. Art (Konvektiver Wärmeübergang, charakterisiert durch die Wärmeübergangszahl)

Eine Zusammenfassung häufiger Randbedingungen für den Wärmeübergang zeigt Bild 4.3.2. Numerisch müssen für den Rand entsprechend der Randbedingungen noch die entsprechenden Änderungen durchgeführt werden, wie z.B. durch künstliches Anfügen einer Oberflächenschicht mit der Knotenbezeichnung s+1, wobei der eigentliche Oberflächenknoten zu einem internen Knoten wird. Dies geschieht meist mit dem zentralen Differenzenquotienten in der Form

$$T_{s+1} = T_{s-1} - \frac{2 \cdot \Delta x \cdot \dot{q}}{\lambda}$$

wodurch sich für die Oberflächentemperatur T_s nach dem Zeitschritt Δt mit

$$T_{s,n+1} = T_{s,n} + \frac{2\lambda}{\rho \cdot c_p} \cdot \frac{\Delta t}{(\Delta x)^2} \left[T_{s-1,n} - T_{s,n} - \frac{\Delta x}{\lambda} \cdot \dot{q} \right]$$

ergibt. Für die Symmetriebedingung gilt entsprechend die Bedingung $T_{-1} = T_1$, woraus sich die Temperatur in der Symmetrieebene mit

$$T_{0,n+1} = T_{0,n} + \frac{2\lambda}{\rho \cdot c_p} \cdot \frac{\Delta t}{(\Delta x)^2} \left[T_{1,n} - T_{o,n} \right]$$

errechnet. Im Falle der Konvektion gilt:

$$\dot{q} = \alpha (T_s - T_u)$$

mit T_s der Oberflächentemperatur des Festkörpers, T_u der Temperatur des umgebenden Mediums und α der Wärmeübergangszahl. Bei Wärmeübertragung durch Strahlung gilt:

$$\dot{q} = \varepsilon \cdot \sigma \cdot (T_s^4 - T_u^4) \quad \text{mit } \sigma = 5{,}67 \cdot 10^{-8} \text{ [W/(m}^2 \text{K}^4)]},$$

wobei ε die Emissionszahl und σ die Stefan-Boltzmann-Konstante ist.

1. Symmetrieebene

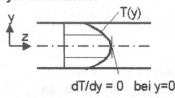

2. Konstante Oberflächentemperatur

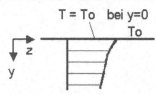

3. Adiabatische oder isolierte Oberfläche

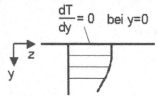

4. Konst. Wärmefluss an der Oberfläche

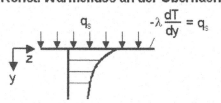

5. Konvektiver Wärmeaustausch

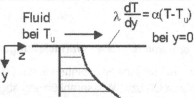

6. Idealer Kontakt zweier Stoffe

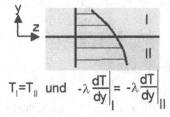

7. Realer Kontakt zweier Stoffe

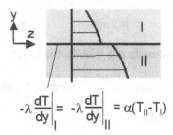

Bild 4.3.2. Häufig verwendete Randbedingungen für den Wärmeübergang in kartesischen Koordinaten

4.3.4 Stabilitätsbedingung des expliziten Differenzenverfahrens

Um stabile Ergebnisse zu erhalten, müssen die Zeit- und Wegschritte beim expliziten Verfahren die Stabilitätsbedingung

$$\frac{a \cdot \Delta t}{\Delta x^2} \le \frac{1}{2}$$

erfüllen, wobei a die Temperaturleitzahl ist.

Durch extreme Wärmeübergänge (Bi > 2) kann sich diese Anforderung noch verschärfen, wobei dann die folgende Bedingung erfüllt sein muss.

$$\frac{a \cdot \Delta t}{\Delta x^2} \le \frac{2 + Bi}{2 + 3 \cdot Bi}$$

mit der Biot-Zahl $Bi = \frac{\alpha \cdot \Delta x}{\lambda}$. Im ungünstigsten Fall geht die rechte Seite der zweiten Bedingungen gegen den Grenzwert 1/3.

 💾 Temp_1DA.mcd

Lösung der eindimensionalen Wärmeleitungsgleichung

Beispiel: Gegeben sei eine Stahlplatte mit der Dicke s bei Austenitisierungstemperatur Ta, die durch Öl- bzw. Wasserabkühlung abgeschreckt wird. Berechne die Kühlkurven.

Thermophysikalische Eigenschaften (unlegierter Stahl):

Dichte: $\rho := 7.8 \cdot 10^3 \cdot \dfrac{kg}{m^3}$

spez.Wärme: $Cp := 460 \cdot \dfrac{joule}{kg \cdot K}$

therm. Leitfähigkeit: $\lambda := 46 \cdot \dfrac{watt}{m \cdot K}$

Temperaturleitfähigkeit: $a := \dfrac{\lambda}{\rho \cdot Cp}$ $a = 1.282 \cdot 10^{-5} \cdot \dfrac{m^2}{sec}$

Dicke: $s := 24 \cdot mm$

Schrittweite dx: $dx := 2 \cdot mm$ $Nx := \dfrac{\frac{s}{2}}{dx}$ $Nx = 6$

maximale Zeit-Schrittweite aus Stabilitätskriterium

$$dtmax := \frac{1}{2} \cdot \frac{dx^2}{a} \qquad dtmax = 0.156 \bullet sec$$

Vorgabe der Zeitschrittweite

$dt := 0.1 \cdot sec$

Endzeit: $Zeit := 1 \cdot 60 \cdot sec$ $Nt := \dfrac{Zeit}{dt}$ $Nt = 600$

$r := a \cdot \dfrac{dt}{dx^2}$ $r = 0.321$

(Fortsetzung) 💾 Temp_1DA.mcd

Anfangsbedingung: $Ta := 850$

$i := 0.. Nx \qquad j := 0.. Nt \qquad T_{i,j} := Ta \qquad x_i := i \cdot dx \qquad t_j := j \cdot dt$

Randbedingungen: 1.Innen dT/dx:0
                        2.außen q=h(Ts-Tu)

Umgebungstemp. $\qquad Tu := 25$

Wärmeübergangskoeff. $\quad h := 1000 \dfrac{watt}{m^2 \cdot K}$

Iteration:

$$\text{Temp\_Iteration}(r, dx, h, \lambda, Nt, Nx, Tu, T) := \begin{array}{|l} j \leftarrow 1 \\ i \leftarrow 1 \\ \text{for } j \in 1.. Nt \\ \quad \begin{array}{|l} \text{for } i \in 1.. Nx-1 \\ \quad T_{i,j+1} \leftarrow T_{i,j} + r \cdot \left(T_{i-1,j} - 2 \cdot T_{i,j} + T_{i+1,j} \right) \\ T_{0,j+1} \leftarrow T_{1,j+1} \\ T_{Nx,j+1} \leftarrow T_{Nx,j} + 2 \cdot r \cdot \left[T_{Nx-1,j} - T_{Nx,j} - \dfrac{dx \cdot h}{\lambda} \cdot \left(T_{Nx,j} - Tu \right) \right] \end{array} \\ T \end{array}$$

$T := \text{Temp\_Iteration}(r, dx, h, \lambda, Nt, Nx, Tu, T)$

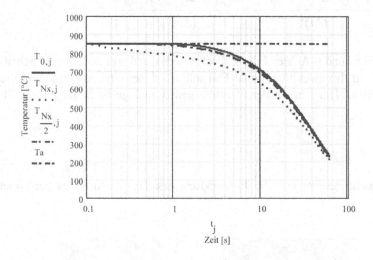

 💾 Temp_1DE.mcd

Beispiel wie zuvor, jedoch für Erwärmung einer Platte.

 💾 Temp_FDM.mcd

In diesem Beispiel wird der Fall einer zweidimensionalen Wärmeleitung behandelt.

 💾 Temp_3Q.mcd

Dieses Beispiel zeigt die 2D-Wärmeausbreitung bei drei vorgegebenen Wärmequellen.

4.3.5   Implizite Finite-Differenzen-Methode

Im Gegensatz zur o.g. expliziten Methode erlaubt die implizite Methode die Berechnung aller Temperaturen beim nächsten Zeitschritt durch Lösung eines linearen Gleichungssystems. Eine weitere Verbesserung kann dadurch erreicht werden, daß die einfache Vorwärtsdifferenz für den nächsten Zeitschritt ersetzt wird durch eine zentrales Differenzenschema mit der Schrittweite (j+0,5)·dt. Diese Methode wird als *Crank-Nicolson-Methode* bezeichnet. Die partiellen Ableitungen im Zentralpunkt werden dann approximiert durch:

$$\frac{d^2 T}{dx^2} = \frac{T_{i+1,j} - 2T_{i,j} + T_{i-1,j}}{2(\Delta x)^2} + \frac{T_{i+1,j+1} - 2T_{i,j+1} + T_{i-1,j+1}}{2(\Delta x)^2}$$

Wird diese Gleichung in die Wärmeleitungsgleichung eingesetzt, so ergeben sich die Temperaturen des nächsten Zeitschrittes durch Lösung eines linearen Gleichungssystems, indem die $T_{i,j+1}$ die Unbekannten sind. Der Vorteil der impliziten Zeitschrittberechnung liegt vor allem darin, dass das zuvor genannte Stabilitätskriterium nicht erfüllt sein muß, wodurch sich auch eine Verkürzung der Rechenzeit ergibt.

4.3.6   Finite Differenzen Methode für zweidimensionale Wärmeleitung

Für den zweidimensionalen Fall ergibt sich die FDM-Darstellung in kartesischen Koordinaten zu:

$$T_{i,j,k+1} = T_{i,j,k} + \frac{\lambda \cdot \Delta t}{\rho \cdot c_p} \cdot \left[\frac{T_{i-1,j,k} - 2T_{i,j,k} + T_{i+1,j,k}}{(\Delta x)^2} + \frac{T_{i,j-1,k} - 2T_{i,j,k} + T_{i,j+1,k}}{(\Delta y)^2} \right],$$

wobei i und j die Indizes für die x- und y-Achse, k der Zeitschrittindex und Δx sowie Δy die Schrittweiten in x- und y-Richtung sind. Im zweidimensional Fall müssen daher eine Anfangs- und vier Randbedingungen definiert werden. Hinsichtlich der Stabilität gelten analoge Bedingungen wie für den eindimensionalen Fall.

FDM_bewWQ.mcd

Es wird eine punktförmige Quelle bewegt und die Entwicklung des Temperaturfeldes berechnet, siehe Bild 4.3.3.

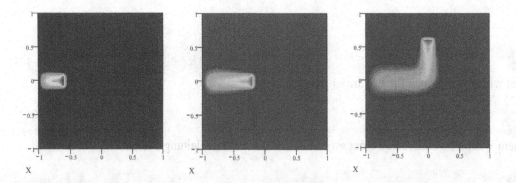

Bild 4.3.3. Zeitliche Entwicklung des Temperaturfeldes einer sich bewegenden Wärmequelle

4.4 Finite-Elemente-Berechnung von Temperaturfeldern

4.4.1 Linearer FE-Ansatz

Durch Ableitung nach dem Variationsprinzip der FE-Methode ergibt sich ein System linearer gewöhnlicher Differentialgleichungen 1.Ordnung für die unbekannten Knotentemperaturen T_i in der Form:

$$[C] \cdot \left\{ \dot{T}(t) \right\} + [K] \cdot \left\{ T(t) \right\} = \left\{ \dot{q} \right\}$$

[C] Wärmekapazitätsmatrix

[K] Wärmeleitmatrix

$\{ \dot{T} \}$ zeitliche Ableitung der Knotentemperaturen $\{T\}$

$\{ \dot{q} \}$ Spaltenvektor der Wärmestromdichten in den Knotenpunkten

Als Zeitschrittverfahren werden meist folgende Methoden verwendet:
- Explizite Euler-Vorwärtsmethode
- Nicolson Schema oder implizite Trapezregel
- Galerkin Schema
- Implizite Euler-Rückwärtsmethode

Die notwendigen Rechenschritte bei kommerziellen FE-Programmen für diesen Zweck umfassen:
1. Generierung eines FE-Netzes
2. Eingabe der Anfangsbedingung
3. Definition der Randbedingungen
4. Eingabe der thermophysikalischen Werkstoffkenndaten
5. Eingabe der Wärmequelle und ihrer Zeitabhängigkeit
6. Eingabe mit welchem Zeitschrittalgorithmus gerechnet werden soll
7. Vorgabe der Intervalle für die Speicherung der Zwischenergebnisse
8. Visualisierung der Ergebnisse

Bild 4.4.1 zeigt als Beispiel die Ergebnisse einer FE-Temperaturfeldrechnung für einen Zylinder aus austenitischem Stahl, der in Öl abgekühlt wird.

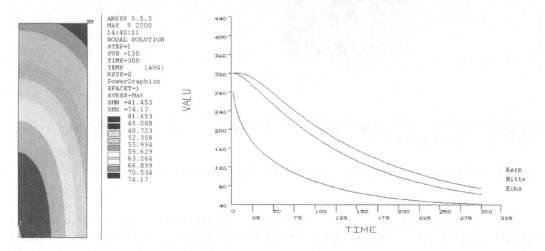

Bild 4.4.1. Temperaturfeldrechnung mit dem FE-Programm ANSYS (linkes Bild: Temperaturverteilung nach 5min, rechtes Bild: Abkühlkurven für den Rand, halben Radius und Kern)

Im Folgenden wird das Kontaktproblem aus Abschnitt 4.2.4 mittels FE-Rechnung behandelt. Als Beispiel wird der Wärmeaustausch zwischen dem Werkstück und dem Werkzeug beim Gesenkschmieden betrachtet, wobei für das Schmiedestück eine Anfangstemperatur von 1200 °C und für das Gesenk 300 °C angenommen wird. Weiters wird der Einfluss einer 0,2 mm dicken Zwischenschicht aus Glas, wie es beim Schmieden als Schmiermittel verwendet wird, betrachtet. Die Ergebnisse der FE-Rechnung mit dem Programm MARC zeigt Bild 4.4.2.

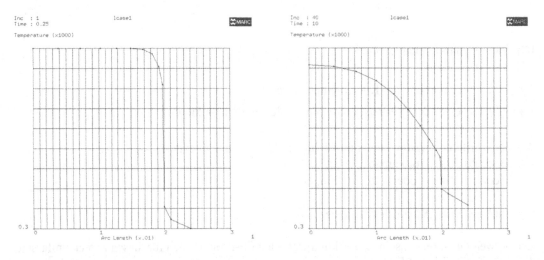

a) Temperaturverlauf nach 0,25 s mit Glasschicht   b) Temperaturverlauf nach 10 s mit Glasschicht

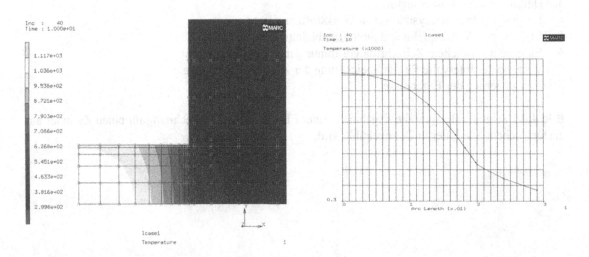

c) Temperaturverteilung am Übergang zwischen   d) Temperaturverlauf nach 10 s ohne Glas
   Gesenk und Werkstück nach 10 s

Bild 4.4.2. FE-Berechnung des Wärmeübergangs beim metallischen Kontakt beim Schmieden

Zur Verifizierung der Ergebnisse wurde ein Bolzen mit etwa 50 mm Durchmesser auf eine kalte Platte gestellt und das Temperaturfeld sowie der Temperaturverlauf entlang der z-Achse mittels Thermografie gemessen. Eine thermografische Momentaufnahme zeigt Bild 4.4.3. Obwohl qualitativ das Berechnungsergebnis bestätigt wird, sind die absoluten Werte aufgrund des Kanteneffektes bei Thermovisionsaufnahmen kritisch zu betrachten.

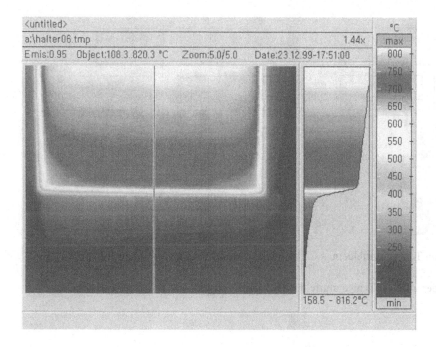

Bild 4.4.3. Thermografische Aufnahme des Wärmeübergangs bei Kontakt zweier Körper mit unterschiedlichen Anfangstemperaturen

4.4.2 Nichtlineare FE-Rechnung

Im vorigen Kapitel wurde davon ausgegangen, dass die thermophysikalischen Größen (λ, c_p, ρ, α, ε) unabhängig von der Temperatur sind. Nur unter diesen Voraussetzungen ergibt sich ein lineares Gleichungssystem. Da jedoch die vorgenannten Größen in der Realität sehr wohl von der Temperatur abhängen, ergibt sich ein nichtlineares Gleichungssystem, welches nur mit geeigneten Algorithmen (Newton-Raphson, Marquardt-Levenberg) gelöst werden kann.

4.4.3 Inverse Temperaturfeldrechnung

Neben der direkten Temperaturfeldrechnung wird seit einiger Zeit auch die sog. inverse Modellierung angewandt. Das prinzipielle Vorgehen im Vergleich zur herkömmlichen Berechnung zeigt Bild 4.4.4. Als Eingabedaten dienen Messwerte über die zeitliche Veränderung des Temperaturfeldes und gesucht werden entweder die temperaturabhängigen Randbedingungen (Wärmeübergangskoeffizient, Emissionszahl) oder die Temperaturabhängigkeit der Werkstoffeigenschaften (c_p, λ, latente Wärme). Die Methode wird auch als Parameteridentifikation bezeichnet, wobei unterschiedliche Regularisierungsverfahren notwendig sind, da von vornherein kein eindeutiger Lösungsweg vorgegeben werden kann. Dabei wird eine vorgegebene mehrdimensionale Zielfunktion der Form

$$S(\beta) = \sum_{i=1}^{N_t} \sum_{j=1}^{N_m} \frac{1}{\sigma_T^2} \left[T_{ij}^m - T_{ij}^c(\beta) \right]^2 + \sum_{k=1}^{N_\beta} \frac{1}{\sigma_k^2} \left[\beta_k - \beta_k^0 \right]^2$$

minimiert.

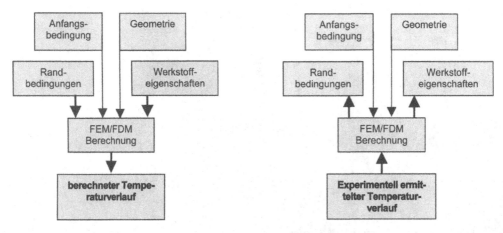

a) direkte Berechnung von Temperaturfeldern   b) inverse Modellierung von Temperaturfeldern

Bild 4.4.4. Vorgehen bei der inversen Temperaturfeldrechnung im Vergleich zur üblichen FE-Rechnung

4.5   Thermophysikalische Werkstoffkennwerte

Für die Lösung jedes Wärmeleitungsproblems sind thermophysikalische Materialkennwerte und Wärmeübergangszahlen für die Eingabe notwendig. Die Qualität dieser Daten bestimmt ganz wesentlich die Genauigkeit der Ergebnisse. Im folgenden wird ein kurzer Überblick über diese Stoffdaten bei Raumtemperatur gegeben. Nach einer metallphysikalischen Einführung in die Grundlagen thermophysikalischer Kennwerte und deren Zusammenhänge werden abschließend auch die Temperaturabhängigkeit der Stoffwerte betrachtet.

4.5.1   Metallphysikalische Betrachtung der thermophysikalischen Kennwerte

Für ein besseres Verständnis und für Plausibilitätsbetrachtungen, sowie für grobe Abschätzungen werden im folgenden einige Grundlagen und nützliche Beziehungen zwischen diesen Daten näher erläutert. Gerade die physikalischen Eigenschaften der Metalle lassen sich sehr gut über die Elektronengastheorie und über das Energiepotential erklären.

Diese Erkenntnisse können auch zur Überprüfung der Korrektheit thermodynamischer Daten in Datenbanken genutzt werden, da selbst bei sorgfältigster Dateneingabe infolge von Tipp-, Umrechnungsfehlern oder Feldvertauschungen eine Fehlerquote von ca. 5% üblich ist.

4.5.1.1   Elastizitätsmodul, Ausdehnungskoeffizient und Schmelztemperatur

Von der Form des Energiepotenzials hängen die physikalischen Eigenschaften
- Elastizitätsmodul,
- thermischer Ausdehnungskoeffizient und
- Schmelztemperatur ab.

Aus diesem Grund zeigen diese Eigenschaften auch eindeutige, gegenseitige Abhängigkeiten. Im allgemeinen gilt, dass Werkstoffe mit einem tiefen Potenzialtopf (d.h. hohe Bindungsenergie) einen hohen E-Modul, einen niedrigen Ausdehnungskoeffizienten und eine hohe Schmelztemperatur aufweisen.

Nach Grüneisen besteht zwischen dem Ausdehnungskoeffizienten α, der spezifischen Dichte ρ, der spezifischen Wärme c_V und dem Elastizitätsmodul E der Zusammenhang

$$\alpha = \frac{K_G \cdot \rho \cdot c_V}{3 \cdot E}$$

Die Grüneisen-Konstante K_G nimmt für Festkörper einen Wert um 1 an.
Die Beziehung zwischen dem E-Modul und dem Schmelzpunkt kann mit dem empirischen Ansatz

$$E \approx \frac{100 k T_m}{\Omega}$$

beschrieben werden, wobei k die Boltzmann-Konstante, T_m die absolute Schmelztemperatur und Ω das Atomvolumen (= Atomgewicht/Dichte) ist. Weiters hat Grüneisen gezeigt, dass die gesamte Volumenzunahme von T = 0 Kelvin bis zum Schmelzpunkt T_m bei vielen kfz-Metallen etwa 7% beträgt. Daraus lässt sich eine Beziehung zwischen dem thermischen Ausdehnungskoeffizienten und der Schmelztemperatur in der Form

$$\alpha = \frac{K_G}{100 \cdot T_m}$$

ableiten.

4.5.1.2   Spezifische Wärme, thermische und elektrische Leitfähigkeit

Wesentliches Merkmal der Metalle bzw. der metallischen Bindung sind die freien Elektronen. Die Beweglichkeit der Metallelektronen und die Schwingungsenergie der Atome sind maßgeblich für die
- spezifische Wärme,
- thermische Leitfähigkeit und
- elektrische Leitfähigkeit.

Durch Übertragung der energetischen Verhältnisse aus der Gastheorie kann die Schwingungsenergie der Atome bzw. der Elektronen proportional zu k·T angesehen werden, wobei k die Boltzmann-Konstante und T die absolute Temperatur ist. Laut Definition ist die spezifische Wärme die Änderung der inneren Energie pro Grad Temperaturänderung. Ab einer bestimmten Temperatur, der sog. *Debye-Temperatur*, tragen translatorische Schwingungen und Rotationsschwingungen mit je 3/2·k·T zur Gesamtenergie bei. Nimmt man weiters an, dass alle Atome (= N_L...Loschmidtsche Zahl) zum Schwingen angeregt werden, so ergibt sich für die spezifische Wärme

$$c_p = \frac{dE}{dT} = \frac{d(2 \cdot \frac{3}{2} \cdot k \cdot T \cdot N_L)}{dT} = 3 \cdot k \cdot N_L = 3 \cdot R \approx 25 \frac{kJ}{mol \cdot K}.$$

Dieser Zusammenhang ist als *Dulong-Petit-Regel* bekannt und gilt für Raumtemperatur, s. Bild 4.5.1. Bei tiefen Temperaturen sinkt c_p sehr stark ab und geht beim absoluten Nullpunkt gegen Null. Für die volumetrische spezifische Wärme gilt:

$$\rho \cdot c_V = \frac{3k}{\Omega}$$

Nach Neumann und Kopp ist bekannt, dass sich die Molwärme von Verbindungen additiv aus den Atomwärmen zusammensetzt.

Bezüglich der Temperaturabhängigkeit zeigt die spezifische Wärme praktisch die gleiche Temperaturabhängigkeit wie der mittlere lineare Ausdehnungskoeffizient aufweist, d.h. für einen Werkstoff ist das Verhältnis α/c_p für alle Temperaturen konstant, s. Bild 4.5.2.

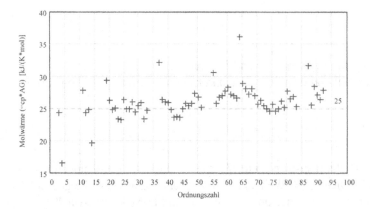

Bild 4.5.1. Molwärme der metallischen Elemente berechnet aus Molwärme mal Atomgewicht

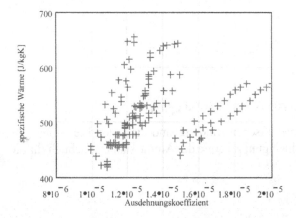

Bild 4.5.2. Zusammenhang zwischen Ausdehnungskoeffizient und spezifischer Wärme der Stähle in SEW310

Die Elektronenbeweglichkeit bestimmt nicht nur die thermische sondern auch die elektrische Leitfähigkeit. Das *Wiedemann-Franz-Gesetz* beschreibt die gegenseitige Abhängigkeit

$$\lambda = L \cdot T \cdot \kappa ,$$

wobei L die Lorenz-Zahl (L = 2,45·10⁻⁸ V²/K²) ist. Da auch die Gitterschwingungen zum Energieaustausch beitragen und dabei durch Gitterstörungen (Fremdatome, Korngrenzen, Gitterbaufehler) Streuungen der Phononen auftreten, können Abweichungen der Proportionalitätskonstanten L von bis zu 50% auftreten, siehe Bild 4.5.3.

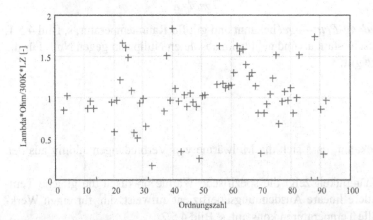

Bild 4.5.3. Darstellung des Wiedemann-Franz-Gesetzes für die Reinmetalle

4.5.1.3   Betrachtung der Eigenschaften der Reinmetalle

Mit Hilfe eines Datensatzes („Elemente.xls") über die Eigenschaften der Reinmetalle werden einige wichtige Zusammenhänge als Mathcad-Arbeitsblatt dargestellt.

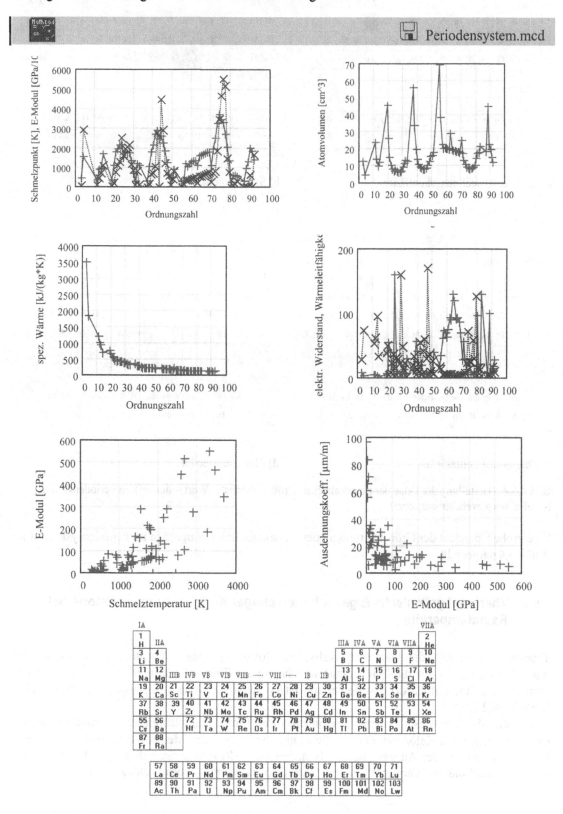

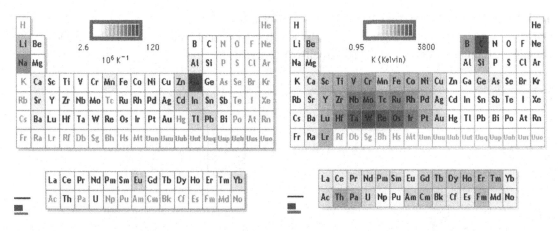

a) Linearer Ausdehnungskoeffizient   b) Schmelzpunkt

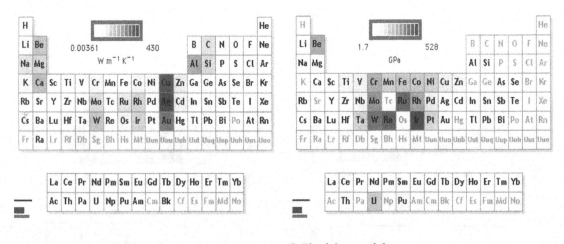

c) Thermische Leitfähigkeit   d) Elastizitätsmodul

Bild 4.5.4. Darstellung der Höhe der physikalischen Größen (höchster Wert = dunkel) im Periodensystem (Quelle: www.webelements.com)

Eine grobe Übersicht der Größenverteilung der physikalischen Kenngrößen im Periodensystem ist in Bild 4.5.4 dargestellt.

4.5.2 Thermophysikalische Eigenschaften einiger Konstruktionswerkstoffe bei Raumtemperatur

Tabelle 4.5.1 enthält die thermophysikalischen Stoffwerte einiger Konstruktionswerkstoffe bei Raumtemperatur, die für die Temperaturfeldrechnung als Eingabedaten notwendig sind. Eine Gesamtübersicht hinsichtlich der Positionierung unterschiedlicher Werkstoffgruppen zeigt die Ashby-Karte in Bild 4.5.5.

Für die Messung dieser Daten, insbesondere ihrer Temperaturabhängigkeit, werden heutzutage moderne Differential-Kalorimeter (DSC) für c_p und die Laser-Flash-Methode für a und λ verwendet. Letztere basiert auf der Auswertung der Temperatur-Zeit-Response einer dünnen Scheibe, die mit einer genau definierten Wärmeeinbringung mittels eines Laserpulses beaufschlagt wird.

Tabelle 4.5.1. Stoffwerte einiger Konstruktionswerkstoffe bei Raumtemperatur

Werkstoff	Dichte ρ [g/cm³]	spez. Wärme C_p [J/(kg·K)]	Wärmeleit- fähigkeit λ[W/(m·K)]	Temperatur- leitfähigkeit a [mm²/s]
Aluminium (rein)	2,7	920	220	88
Duraluminium (4%Cu)	2,7	912	165	67
Beton	2,4	800	1	0,5
Bronze	8,8	377	62	19
CFK (⊥ zur Faser)	1,6	1200	0,8	0,4
CFK (‖ zur Faser)	1,6	1200	7	3,7
GFK (⊥ zur Faser)	1,9	1200	0,3	0,13
GFK (‖ zur Faser)	1,9	1200	0,38	0,17
Grauguss	7,2	545	50	13
Fensterglas	2,5	800	1,1	0,55
Kupfer	8,9	390	390	113
Kupfer (Handelsware)	8,3	419	372	107
Magnesium	1,74	1050	159	87
Messing (Ms60)	8,4	380	115	36
Nickel	8,9	440	90	23
Unlegierter Stahl	7,85	490	52	14
Vergütungsstahl	7,84	460	46	13
austenitischer Stahl	7,8	470	15	4
Plexiglas (PMMA)	1,18	1440	0,18	0,11
Polyamid (PA)	1,13	2300	0,29	0,11
Polystyrol (PS)	1,05	1300	0,17	0,12
Polyvinylchlorid (PVC)	1,38	960	0,15	0,11
Tantal	16,5	142	54	23
Titan	4,5	610	20	7
Wolfram	19,0	138	130	50

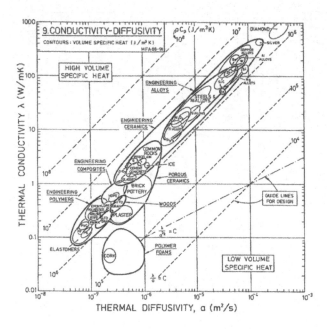

Bild 4.5.5. Darstellung der Eigenschaften Wärmeleitfähigkeit und Temperaturleitzahl nach Ashby

4.5.3 Thermophysikalische Eigenschaften der Stähle

Die im Kapitel 4.2 dargestellten analytischen Lösungen der Wärmeleitungsgleichung sind nur möglich, wenn man temperaturunabhängige Stoffwerte annimmt. Meist wird ein Mittelwert für einen bestimmten Temperaturbereich eingegeben. Im Falle numerischer Berechnungen mittels FDM, FVM oder FEM ist es aber möglich, die Temperaturabhängigkeit zu berücksichtigen und damit genauere Ergebnisse zu erlangen. Wie stark der Temperatureinfluss auf die thermophysikalische Eigenschaften der Stähle ist, zeigt Bild 4.5.6.

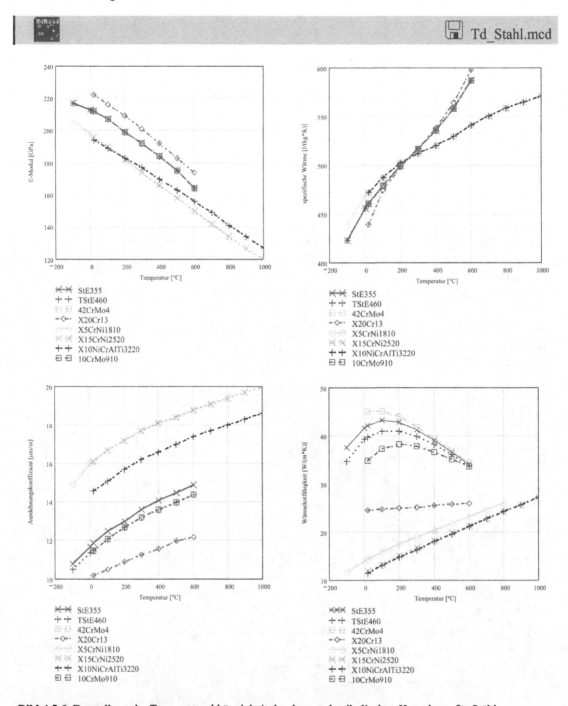

Bild 4.5.6. Darstellung der Temperaturabhängigkeit der thermophysikalischen Kenndaten für Stähle

4.5.4   Kennwerte für den Wärmeübergang

4.5.4.1   Wärmeübergangskoeffizient

Je nach Umgebungsmedium, Konvektionsbedingungen (Strömungsgeschwindigkeit, Temperatur etc.) und Oberflächenbeschaffenheit des Festkörpers kann der Wärmeübergangskoeffizient α deutlich unterschiedliche Werte annehmen.

Für technische Wärmebehandlungen wird meist mit mittleren Wärmeübergangszahlen, also temperaturunabhängig) gerechnet. Eine Auflistung der Wärmeübergangszahlen für einige technisch bedeutsame Bedingungen ist in Tabelle 4.5.2 gegeben.

Tabelle 4.5.2. Mittlere Wärmeübergangszahlen für verschiedene Kühlbedingungen

Umgebungsmedium u. Konvektionsbedingungen	Mittlerer Wärmeübergangskoeffizient [W/m²K]
Stickstoff (gasförmig, bei 1000hPa)	100 - 150
Stickstoff (bei starker Zirkulation und 5000hPa)	300 - 400
Salzbad bei 550°C	350 - 450
Wirbelbett	400 - 500
Salzbad bei 180°C	600 - 800
Öl (ruhig, bei 20-80°C)	1000 - 1500
Öl (bei guter Zirkulation)	1800 - 2200
Wasser (15-25°C)	3000 - 3500

Für numerische Berechnungen ist wiederum die Temperaturabhängigkeit des Wärmeübergangskoeffizienten zu berücksichtigen. So ist der Wärmeübergang bei Wasserabschreckung gekennzeichnet durch Dampffilmbildung im Bereich hoher Temperaturen, intensives Sieden im Bereich zwischen 300 und 600 °C und Konvektion bei Temperaturen unter 250 °C, s. Bild 4.5.7. Die physikalischen Phänomene wurden bereits von Leitenfrost erkannt. Für spezielle Kühlöle bzw. Polymer-Kühlmittel werden von den Herstellern Kühlraten-Temperatur-Schaubilder zur Verfügung gestellt, die mittels Silberkugeltest ermittelt werden und einen direkten Vergleich unterschiedlicher Abschreckmittel ermöglichen.

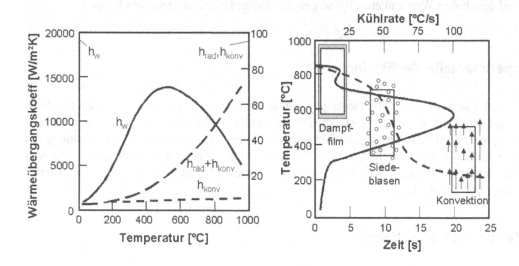

Bild 4.5.7. Wärmeübergangskoeffizient für Wasserabschreckung und für Luft (linkes Bild); Temperatur und Kühlrate als Funktion der Temperatur mit den drei charakteristischen Phasenzuständen (rechtes Bild)

4.5.4.2 Emissionsgrad

Der Emissionsgrad hängt sehr sensibel vom Oberflächenzustand der metallischen Werkstoffe ab, weshalb diese Werte starken Streuungen unterliegen. Anhaltswerte für einige Fälle sind in Tabelle 4.5.3 gegeben.

Tabelle 4.5.3. Emissionsgrade für unterschiedliche Werkstoffe und Oberflächenzustände

Werkstoff	Oberflächen-zustand	Temperatur [°C]	Emissionsgrad [-]
Kupfer	poliert	20	0,03
Kupfer	oxidiert	130	0,72
Aluminium	walzblank	20	0,05
Aluminium	walzblank	500	0,06
Messing	oxidiert	200	0,60
Nickel	blank matt	100	0,05
Nickelbasisleg.	gewalzt	820	0,69
Baustahl	blank geätzt	20	0,16
Baustahl	geschmirgelt	20	0,24
Baustahl	poliert	50	0,56
Baustahl	rauhe, ebene Fläche	20	0,69
Baustahl	mit Walzhaut	20	0,77
Baustahl	oxidiert	50	0,88
Baustahl	stark verrostet	20	0,85
Baustahl	stark oxidiert	500	0,98
Baustahl	frisch gewalzt	700	0,95-0,98
CrNi18/8-Stahl	blank	20	0,28
Wolfram		20	0,02

Genauer betrachtet ist der Emisionsgrad auch von der Temperatur abhängig. Wird bspw. ein blankes Stahlstück auf eine Temperatur über 1000 °C erwärmt, so steigt der Emissionsgrad durch Bildung einer Oxidschicht mit der Temperatur an, während bei der Abkühlung auf Raumtemperatur der Emisiongrad auf dem hohen Wert von etwa 0,9 wegen der vorhandenen Zunderschicht bleibt.

4.6 Experimentelle Verifikation

Aufgrund der Unsicherheiten in den thermophysikalischen Daten, insbesondere bezüglich des Wärmeüberganges empfiehlt es sich, zur punktuellen Kontrolle Temperaturmessungen durchzuführen und mit entsprechenden Anpassungen der Eingabegrößen eine Übereinstimmung der Rechnung mit den realen Verhältnissen herzustellen. Je nach Problemstellung können dabei unterschiedliche Methoden zum Einsatz kommen, weshalb im nächsten Abschnitt eine Übersicht der Temperaturmessverfahren gegeben wird.

4.6.1 Temperaturmessverfahren

Tabelle 4.6.1 gibt einen Überblick der nutzbaren Methoden zur Temperaturmessung, wobei der mögliche Messbereich, die Genauigkeit des Messverfahrens und das Messprinzip kurz dargestellt sind.

Tabelle 4.6.1. Übliche Temperaturmessverfahren für technische Anwendungen
(Quelle: Physik für Ingenieure, VDI-Verlag)

Typ	Messbereich in °C	Fehlergrenze	Messprinzip
Flüssigkeits-Thermometer	−110 bis 210 (Alkohol) −38 bis 800 (Hg)	in der Größen-ordnung der Skalen-einteilung	Thermische Ausdehnung der Flüssigkeit
Bimetallthermo-meter	-50 bis 400	1 bis 3% des Anzei-gebereiches	Unterschiedliche Aus-dehnungskoeffizienten führen zur Krümmung
Thermoelemente	Cu-Konstantan -200 bis 400 NiCr-Konstantan -200 bis 900 Pt-PtRh 0 bis 1600 W-WMo 0 bis 3300	0,75% des Temp.-Sollwerts, mindestens 3 K	Thermospannung (Seebeck-Effekt)
Widerstands-thermometer	Pt −250 bis 1000 Ni −60 bis 180	0,3 bis 5 K	Temperaturabhängigkeit des elektrischen Wider-standes
Strahlungs-pyrometer	50 bis 2000	1 bis 35 K 1 bis 1,5% des Messbereichs	Wärmestromdichte der elektromagnetischen Strahlung
Temperatur-messfarbe	40 bis 1350	5 K	Farbumschlag
Segerkegel	600 bis 2000		Erweichung von Ton + Feldspat
Photothermo-metrie	250 bis 1000	1 K	IR-empfindliche Platten

4.6.2 Messung von Temperaturfeldern mittels Thermografie

Zur Messung zweidimensionaler Temperaturfelder, wie sie häufig an Bauteilen, die wärmebehandelt werden, vorkommen, eignet sich besonders die Infrarot-Technik. Heutzutage stehen bereits sehr leistungsfähige Geräte für diesen Zweck zur Verfügung, weshalb diese Technologie hier kurz vorgestellt werden soll.

Die Grundgesetze der Wärmestrahlung, nämlich das Plancksche Strahlungsgesetz und das Stefan-Boltzmann-Gesetz sind in Bild 4.6.1 dargestellt.

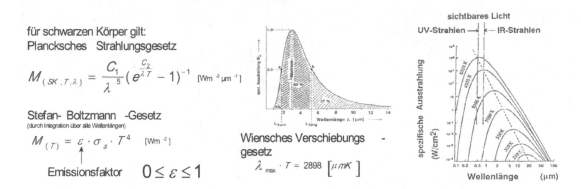

für schwarzen Körper gilt:
Plancksches Strahlungsgesetz

$$M_{(SK,T,\lambda)} = \frac{C_1}{\lambda^5}\left(e^{\frac{C_2}{\lambda T}} - 1\right)^{-1} \quad [\text{Wm}^{-2}\,\mu\text{m}^{-1}]$$

Stefan-Boltzmann-Gesetz
(durch Integration über alle Wellenlängen)

$$M_{(T)} = \varepsilon \cdot \sigma_s \cdot T^4 \quad [\text{Wm}^{-2}]$$

Emissionsfaktor $\quad 0 \leq \varepsilon \leq 1$

Wiensches Verschiebungs-gesetz

$$\lambda_{max} \cdot T = 2898 \; [\mu m K]$$

Bild 4.6.1. Grundgesetze der Wärmestrahlung und Spektralkurven mit Wien-Gesetz ($\lambda_{max}=2898/T$)

Den Aufbau und das Funktionsprinzip einer IR-Kamera ist in Bild 4.6.2 dargestellt. Im Wesentlichen werden heute zwei unterschiedliche IR-Detektoren (InSb und MCT) verwendet, die unterschiedliche Wellenlängenbereiche auswerten und daher je nach zu messenden Temperaturbereich ausgewählt werden sollten.

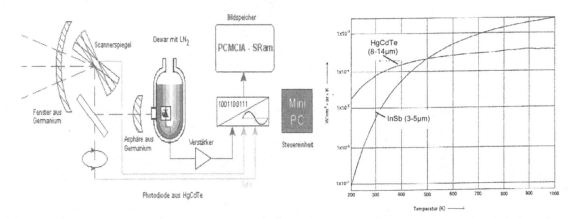

Bild 4.6.2. Funktionsprinzip einer IR-Kamera und verwendete IR-Detektoren mit ihrer spektralen Empfindlichkeit

Obwohl die Messtechnik sehr ausgereift ist, bleibt jedoch die Unsicherheit bezüglich des Emissionsfaktors, dessen Einfluss auf die Intensitätsverteilung im Bild 4.6.3 dargestellt ist. Zusätzliche Schwierigkeiten ergeben sich durch die starke Absorption der IR-Strahlen bei Anwesenheit von CO_2 und H_2O, siehe Bild 4.6.4. Gerade der Einfluss von Wasserdampf schränkt die Anwendung dieses Messprinzips in vielen praktischen Wärmebehandlungs- bzw. Abkühlprozessen stark ein.

Nachdem der Emissionsfaktor von der Werkstoffart, Oberflächenbeschaffenheit, Temperatur und Wellenlänge abhängig ist, ist es auch meist notwendig über Vergleichsmessungen den tatsächlichen Emissionsfaktor zu bestimmen. Dabei kommen folgende Techniken zum Einsatz:

- Parallelmessung mit angeheftetem Thermoelement,
- Anbringen eines Bohrloches mit einem Tiefe/Durchmesser-Verhältnis > 4 zur Simulation eines schwarzen Körpers,
- Schwärzung der Messfläche mit Lack,
- Aufbringen einer Folie mit bekanntem Emissionsfaktor und
- gleichzeitiges Erwärmen eines schwarzen Strahlers.

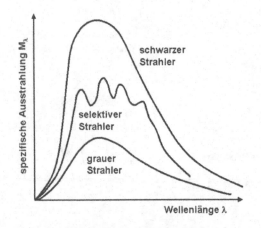

Bild 4.6.3. Emissionsspektrum eines schwarzen, selektiven und grauen Strahlers

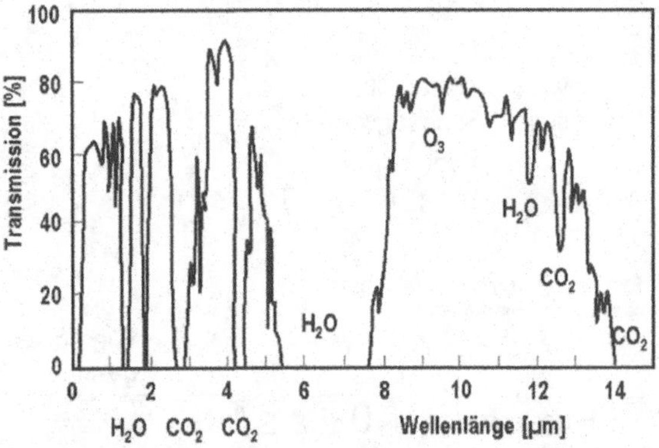

Bild 4.6.4. IR-Absorption durch CO_2 und H_2O

Die gerätetechnische Ausführung von IR-Kameras zeigt Bild 4.6.5, bestehend aus einem Detektor und einer Kontroll- bzw. Speichereinheit. Die Bilder 4.6.6 und 4.6.7 zeigen beispielhaft IR-Aufnahmen verarbeitungstechnischer Prozesse.

Bild 4.6.5. IR-Kamera-System mit Detektor und Kontrolleinheit

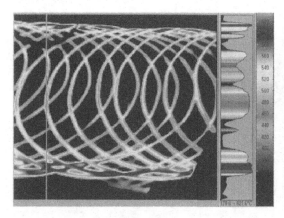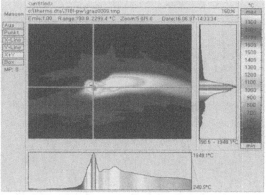

Bild 4.6.6. Temperaturunterschiede bei der Draht-
abkühlung am Stelmorband

Bild 4.6.7. Temperaturfeld beim Lichtbogenschweißen (siehe auch AVI-file)

Weiterführende Literatur

zu Abschnitt 4.1 bis 4.5

H.D.Baehr, K.Stephan: Wärme- und Stoffübertragung, Springer Verlag, 1994

H.S.Carslaw, J.C.Jäger: Conduction of heat in solids, 2nd ed., Clarendon Press, Oxford, 1965

N.Elsner, S.Fischer, J.Huhn: Grundlagen der Technischen Thermodynamik, Bd.2, Wärmeübertragung, Akademie Verlag, Berlin, 8.Auflage, 1993

U.Grigull, H.Sandner: Wärmeleitung, Springer Verlag, Berlin Heidelberg, New York, 1979

H.Gröber, S.Erk, U.Grigull: Die Grundgesetze der Wärmeübertragung, Springer Verlag Berlin, Heidelberg, New York, 1981, 3.Auflage von U.Grigull

K.D.Hagen: Heat transfer with applications, Prentice Hall, New Jersey, 1999

B.Hanel: Einführung in die konvektive Wärme- und Stoffübertragung, Verlag Technik, Berlin, 1990

C.Groth, G.Müller: FEM für Praktiker, Expert Verlag, Kontakt & Studium, Bd.463, 2.Auflage, 1998

J.J.I.van Kann, A.Segal: Numerik partieller Differentialgleichungen für Ingenieure, Teubner, Stuttgart, 1995

F.Kreith, W.Z.Black: Basic Heat Transfer, Harper and Row Publ., New York, 1980

X.P.V.Maldague: Nondestructive evaluation of materials by infrared thermography, Springer Verlag, 1993

M.N.Özisik: Heat Transfer - a basic approach, McGrawHill Book Company, New York, 1985

Z.Rohloff: Physikalische Eigenschaften gebräuchlicher Stähle, Verlag Stahleisen, 1996

G.D.Smith: Numerische Lösung von partiellen Differentialgleichungen, Akademie-Verlag, Berlin, 1971

A.Stoffel: Finite Elemente und Wärmeleitung, J.Wiley-VCH, 1992

VDI-Wärmeatlas, Berechnungsblätter für den Wärmeübergang, VDI-Verlag, 1994

W.Wagner: Wärmeübertragung, Vogel Buchverlag, Würzburg, 5.Auflage, 1998

zu Abschnitt 4.6 (Thermophysikalische Werkstoffkennwerte)

E.A. Brands (ed.): Smithells Metals Reference Book, Butterworth, London, 6th ed., 1983

W.D.Callister: Materials Science and Engineering, 3.Auflage, John Wiley & Sons, 1994

D.G.Cooper: Das Periodensystem der Elemente, Verlag Chemie, Weinheim, 1983

Jahrbuch Stahl 1994, Stahleisen Verlag mbH, Düsseldorf, 1994, S.333-336

Z.Rohloff: Physikalische Eigenschaften gebräuchlicher Stähle, Verlag Stahleisen, Düsseldorf, 1996

SEW 310, Physikalische Eigenschaften von Stählen, Taschenbuch der Stahl-Eisen-Werkstoffblätter, 8.Auflage, Verlag Stahleisen mbH, Düsseldorf, 1994

K.Stierstadt: Physik der Materie, VCH Verlagsges., Weinheim, 1989

VDI-Wärmeatlas, Berechnungsblätter für den Wärmeübergang, VDI-Verlag, 1994

5 Schweißtechnische Berechnungen

Kapitel-Übersicht

Übersicht der Mathcad-Programme in diesem Kapitel

Abschn.	Programm	Inhalt	Zusatzfile
5.2	weldmelt	Schweißwärme und Abschmelzleistung	
5.2	Schwpara	FFT-Analyse hochaufgelöster Schweißparameter	UI_Werte.txt
5.2	*Tropfen-übergang*	*Hochgeschwindigkeitsaufnahme des Tropfenüberganges beim MAG-Schweißen*	*AVI-file*
5.2	Pktschw	Parameterabschätzungen für das Punktschweißen	
5.3	ThermZyklus	Quasi-stationäres Temperaturfeld beim Strahlschweißen	
5.3	t85Konz	Abkühlzeitkonzept nach SEW-088	
5.3	FDM-Schw	2-dim. Finite Differenzen Berechnung des Schweißzyklus	
5.4	Schweign	Schweißeignung von Feinkornbaustählen	
5.4	Vorwärm	Mindestvorwärmtemperatur für kaltrisssicheres Schweißen	T85vorw.bmp
5.5	graingr	Austenitkornwachstum während des Schweißens	
5.5	VCDiss	Auflösung von Vanadinkarbiden in der WEZ	
5.5	NbCDiss	Auflösung von Niobkarbiden	
5.6	WEZMECH	Mechanisch-technologische Eigenschaften der WEZ	
5.6	rissfort	Rissfortschrittsberechnung bei Schweißverbindungen	Crucifi2.bmp
5.7	Reibwärme	Abschätzung der Wärmestromdichte beim Reibschweißen	
5.7	*Reibschweiss*	*Deform-Simulation des Reibschweißprozesses*	*AVI-file*

5.1   Aspekte der Schweißbarkeit

Der Begriff *Schweißbarkeit* ist nach DIN 8528 wie folgt definiert: Die Schweißbarkeit eines Bauteils aus metallischen Werkstoffen ist vorhanden, wenn der Stoffschluss durch Schweißen mit einem gegebenen Schweißverfahren bei Beachtung eines geeigneten Fertigungsablaufes erreicht werden kann. Dabei müssen die Schweißungen hinsichtlich ihrer örtlichen Eigenschaften und ihres Einflusses auf die Konstruktion, deren Teil sie sind, die gestellten Anforderungen erfüllen. Die Schweißbarkeit gliedert sich in drei Themenbereiche, s. Bild 5.1.1, nämlich in

- Schweißeignung (werkstoffspezifisch),
- Schweißsicherheit (konstruktions- und beanspruchungsspezifisch) und
- Schweißmöglichkeit (fertigungsspezifisch).

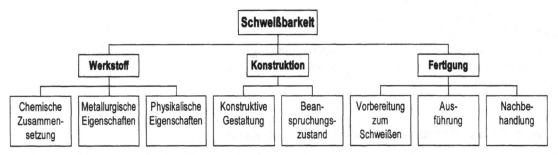

Bild 5.1.1. Teilaspekte des Begriffes der Schweißbarkeit

Wesentlich ist, dass entsprechend der werkstoffspezifischen Eigenheiten jenes Verfahren und jene Schweißparameter gewählt werden, die eine wirtschaftliche Fertigung ermöglichen, wobei die vom Anwender geforderten Eigenschaften so gut wie möglich erfüllt werden und die Schweißverbindung als fehlerfrei betrachtet werden kann. Die Gebrauchseigenschaften der Schweißverbindung sollen so gut wie jene des Grundwerkstoffs sein.

5.2   Verfahrensspezifische Gesichtspunkte

Je nach Aufgabenstellung bzw. Anwendungszweck kommen unterschiedliche Verfahren zum Einsatz, wobei das Lichtbogenschweißen die größte Bedeutung von allen Verfahren hat. Hauptaufgabe der Schweißverfahren ist die Gewährleistung der metallischen Kontinuität, d.h. an der Verbindungsstelle muss eine metallische Bindung gewährleistet sein. Dies kann entweder durch Druck (z.B. Explosionsschweißen), durch Druck und Wärme (z.B. Pressschweißen, Reibschweißen), durch Wärmezuführung bis zum Aufschmelzen oder durch Diffusion erfolgen.
Als Wärmequellen werden genutzt:
- Elektrischer Lichtbogen (Umwandlung der elektrischen Energie in Wärmeenergie)
- Gasflamme (Exotherme chemische Reaktion)
- Elektrischer Widerstand (Joule'sche Widerstandserwärmung durch Stromdurchfluss)
- Aluminothermische Reaktion (Exotherme Reaktion $Fe_2O_3 + 2\,Al \rightarrow 2\,Fe + Al_2O_3 +$ Wärme)
- Energie der elektromagnetischen Strahlung (Laser, Elektronenstrahlen)
- Reibungsenergie (Umwandlung der mechanischen Energie in Wärmeenergie)
- Energie des Ultraschalls (Umwandlung des Ultraschalls in Wärmeenergie)

Die zum Aufschmelzen eines metallischen Werkstoffs notwendige Wärmemenge kann durch Integration des Terms $c_p \cdot dT$ plus der Schmelzwärme abgeschätzt werden, d.h. höherschmelzende Werkstoffe erfordern wesentlich intensivere Wärmequellen als niedrigschmelzende.

weldmelt.mcd

In diesem kurzen Programm werden die Schweißwärme und die Abschmelzleistung mit empirischen Gleichungen berechnet.

Die Anteile der wichtigsten Schweißverfahren und der Schweißzusatzwerkstoffe sind in Bild 5.2.1 dargestellt. Aufgrund der überragenden Bedeutung des Metallschutzgasschweißens (MIG-MAG-Schweißens) für die meisten Verbindungsschweißungen und des Punktschweißens für die Karosseriefertigung sollen beide Prozesse im folgenden dargestellt werden.

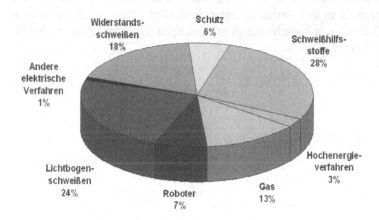

a) Anteile am Gesamtumsatz in der Schweißtechnik (Angaben von 1995)

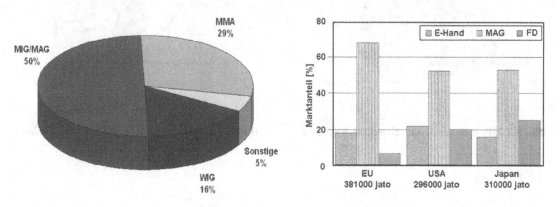

b) Relative Bedeutung der Lichtbogenschweißverfahren   c) Relative Anteile der Schweißzusatzwerkstoffe
Stabelektroden, Massivdraht und Fülldraht

Bild 5.2.1. Bedeutung der Lichtbogenschweißprozesse (Quelle: DVS Düsseldorf)

Für die Gefügeausbildung und den daraus resultierenden Eigenschaften ist die Wärmeeinbringung der Schweißverfahren entscheidend. Typische Abkühlzeiten zwischen 800 und 500 °C sind:
- Widerstandspunktschweißen, Laserstrahlschweißen $t_{8/5} < 1$ s
- WIG-Schweißen $t_{8/5}$ ca. 3 s
- MIG-MAG-Schweißen, Elektrodenschweißen $3 < t_{8/5} < 20$ s
- UP-Schweißen $t_{8/5} > 10$ s
- Elektroschlackeschweißen $t_{8/5} > 20$ s

Entsprechend der Bedeutung der Verfahren werden im folgenden nur die beiden wichtigsten, nämlich Metallschutzgasschweißen und Widerstandspunktschweißen näher behandelt.

5.2.2   Prinzip des Metallschutzgas- (MIG/MAG)-Schweißens

Der Lichtbogen brennt zwischen einer kontinuierlich zugeführten, abschmelzenden Drahtelektrode (Massiv- oder Fülldraht) und dem Werkstück und ist von einer Schutzgasströmung aus aktiven oder inerten Gasen oder Gasgemischen umgeben, s. Bild 5.2.2. Die Wärmebilanz des Verfahrens ist in Bild 5.2.3 dargestellt. Als Werkstoffe lassen sich un-, niedrig- und hochlegierter Stähle mit aktiven Schutzgasen (Kohlendioxid und div. Mischgasen) und Nichteisenmetalle mit hauptsächlich inerten Schutzgasen (Argon, Helium) verarbeiten. Hinsichtlich der Werkstückdicke bildet ein Millimeter die untere Grenze. Die Gründe für die weite Verbreitung dieses Verfahrens liegen in der hohen Abschmelzleistung bei guter Schweißnahtqualität und am vollautomatisierbaren Einsatz. Aufgrund der Gefahr des Abwehens des Schutzgases ist das Verfahren unter nicht allen Bedingungen baustellengeeignet. Je nach Stromstärke (Drahtvorschubgeschwindigkeit) und Spannung können unterschiedliche Lichtbogenarten auftreten, s. Bild 5.2.4.

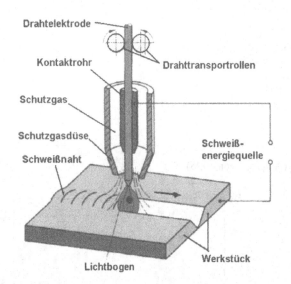

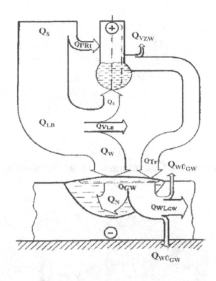

Bild 5.2.2. Prinzip des Metallschutzgasschweißens   **Bild 5.2.3.** Wärmebilanz beim MAG-Schweißen

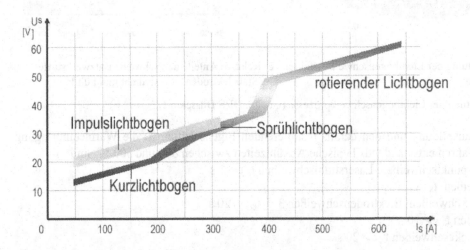

Bild 5.2.4. Lichtbogenarten beim Metallschutzgasschweißen

5.2.2.1 Analyse des Tropfenübergangs

Wie zuvor gezeigt, kann der Tropfenübergang je nach Spannungs-Strom-Bereich in unterschiedlichen Formen erfolgen. Die für das Schweißverhalten entscheidenden Eigenschaften, wie

- Stabilität des Lichtbogens,
- Lichtbogenintensität,
- Spritzerneigung,
- Feintröpfigkeit des Werkstoffübergangs,
- Tropfenfrequenz,
- Gleichmäßigkeit des Stromübergangs zwischen Kontaktrohr und Draht u.a.m.

können durch eine Analyse des Tropfenübergangs genau studiert und für die Elektrodenentwicklung genutzt werden. Nachdem der Werkstoffübergang in wenigen Millisekunden stattfindet, ist dafür eine Hochgeschwindigkeitskamera und eine zeitlich hochauflösende, digitale Datenaufnahme notwendig. Die Sequenz eines Tropfenübergangs ist in Bild 5.2.5 und die Zuordnung zu den augenblicklichen Schweißparametern in Bild 5.2.6 wiedergegeben. Die Auswertung der Schweißdaten erfolgt mittels schneller Fourier-Analyse.

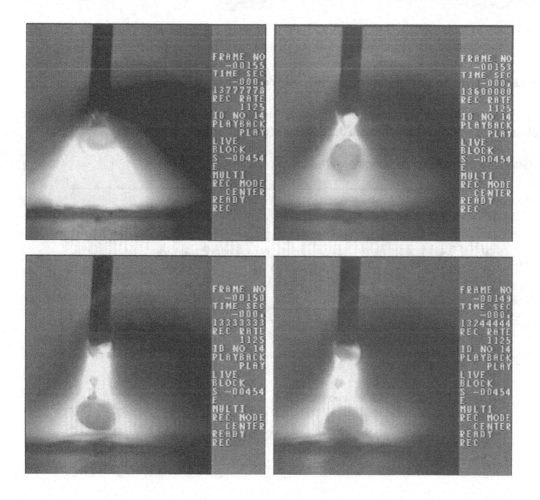

Bild 5.2.5. Hochgeschwindigkeitsaufnahmen des Übergangs eines Tropfens beim Fülldrahtschweißen

  Schwpara.mcd

In diesem Beispiel werden mit 50 kHz aufgelöste Schweißdaten mit einer Gesamtdauer von einer Sekunde ausgewertet.

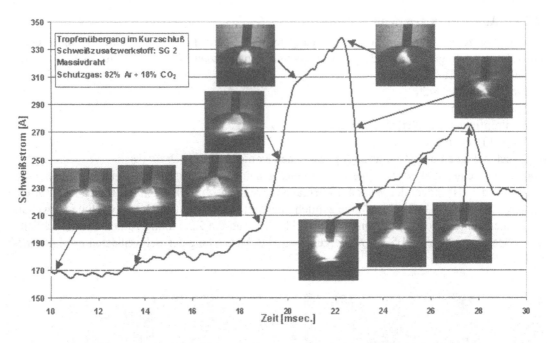

Bild 5.2.6. Zuordnung der Hochgeschwindigkeitsbilder zu den elektrischen Messgrößen

Die Eingabedaten werden von einem Datenfile eingelesen, grafisch dargestellt (s. Bild 5.2.7) und die Mittelwerte und Standardabweichungen der Spannung und des Stromes berechnet.

Grafische Darstellung der Originalwerte:

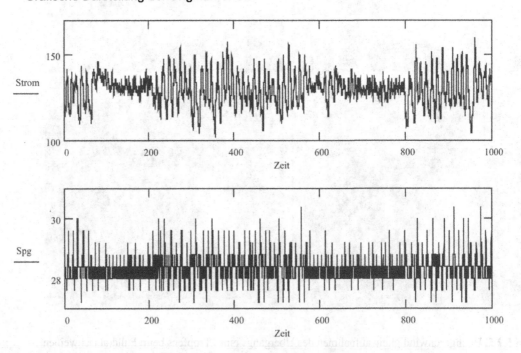

Bild 5.2.7. Zeitlicher Verlauf der Strom- und Spannungswerte (Gesamtdauer =1 s)

Danach wird ein Bildausschnitt (von 250 bis 340 ms) gewählt und verschiedene Glättungsalgorithmen angewandt um den generellen Trend besser beurteilen zu können, s. Bild 5.2.8.

Datenglättung:

a) local averaging $smu := supsmooth(Zeitp, Stromp)$

b) median smoothing $span := 101$ $smu2 := medsmooth(Stromp, span)$

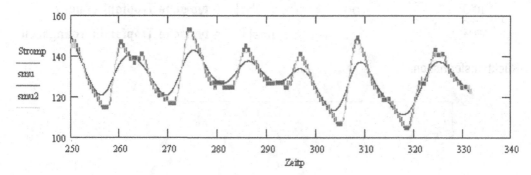

Bild 5.2.8. Betrachtung eines Datenausschnitts und Glättung nach zwei Methoden

Die eigentliche Charakterisierung des Tropfenübergangs erfolgt aber mit der schnellen Fouriertransformation (FFT), wobei die Darstellung der komplexwertigen Koeffizienten c über den Index- bzw. Frequenzbereich die wesentlichsten Informationen für den Schweißingenieur liefert, s. Bild 5.2.9. Aus dieser Darstellung können Hinweise über nieder- oder hochfrequente Störungen abgelesen und unterschiedlichsten Ursachen zugeordnet werden. Liegt ein ausgeprägtes Amplitudenmaximum vor, so kann der Schweißprozess als besonders stabil bezeichnet werden und die mittlere Tropfenübergangszeit kann eindeutig bestimmt werden, s. Bild 5.2.10. Sie beträgt für den betrachteten Fall gleich 11,7 ms bzw. 85 Tropfen/Sekunde. Durch Filterung und Rücktransformation können gezielt Einzeleinflüsse extrahiert werden. Hinsichtlich der Numerik der diskreten FFT ist zu berücksichtigen, dass der Aufwand der FFT-Analyse ganz wesentlich verkleinert werden kann, wenn man für die Dimension n eine Zweierpotenz ($n = 2^p$ mit $p > 0$) wählt.

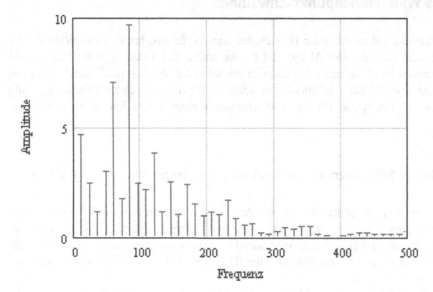

Bild 5.2.9. FFT-Ergebnisdarstellung des Stromdatenspektrum, ein „charakteristischer Fingerprint" des Schweißprozesses

Auswertung:

$$\text{jmax} := 0 \qquad \text{Fmax} := \max\left(\left|\overrightarrow{\text{cn}}\right|\right) \qquad \text{Max\_Ampl} := \text{Fmax} \cdot \frac{2}{\sqrt{\text{Nsamples}}} \qquad \text{Max\_Ampl} = 9.673$$

$$\text{jjmax}_{jj} := \text{if}\left(\left|\text{cn}_{jj}\right| < \text{Fmax}, 0, jj\right) \qquad \text{jmax} := \max(\text{jjmax}) \cdot \frac{\text{ATR}}{\text{Nsamples}} \qquad \max(\text{jjmax}) = 7$$

$$\text{tp} := \frac{1000}{\text{jmax}}$$

$$\text{jmax} = 85.472 \quad [\text{Hz}] \quad = \textbf{typische Tropfenfrequenz}$$

$$\text{tp} = 11.7 \quad [\text{ms}] \quad = \textbf{typische Tropfenübergangszeit}$$

Rücktransformation:

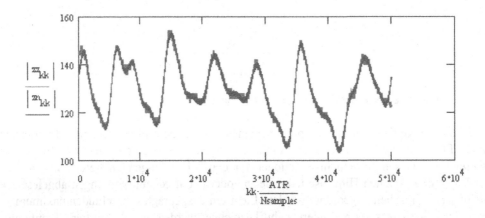

Bild 5.2.10. Auswertung des Amplitudenmaximums und Ermittlung der Tropfenfrequenz bzw. der Tropfenübergangszeit und Kontrolle durch Rücktransformation

5.2.3   Prinzip des Widerstandspunktschweißens

Für Dünnblechschweißungen, insbesondere im Bereich des Karosseriebaus, hat sich das Widerstandspunktschweißen seit langem etabliert. Der Ablauf und die wesentlichen Einstellparameter sind in Bild 5.2.11 dargestellt. Um ausreichende Scherzugfestigkeit zu erreichen soll der Schweißlinsendurchmesser das Sechsfache der Quadratwurzel der Blechdicke sein. Zirka 60% der elektrisch zugeführten Leistung steht als Schweißwärme zur Verfügung. Die durch Wechselstrom eingebrachte Energie kann mit dem Joule'schen Gesetz mit

$$W[J] = I^2 \cdot R \cdot t$$

berechnet werden, wobei als Effektivwert für den sinusförmigen Strom der Wert $I = I_{max} \cdot \sqrt{2}$ eingesetzt wird.

Als unsicherer Eingabeparameter ist der Gesamtwiderstand R zu sehen, der sich aus dem spezifischen Widerstand der Elektrode, dem Übergangswiderstand zwischen Elektrode und Blech, sowie dem betragsgrößten Widerstand zwischen den beiden zu verbindenden Blechen zusammensetzt. Letzterer ist für die Bildung der Schweißlinse verantwortlich und vom Oberflächenzustand, von der Temperatur und vom Anpressdruck abhängig, s. Bild 5.2.12.

Wenn keine Schweißdatentabellen zur Verfügung stehen, können die Schweißparameter mit folgenden Faustformeln abgeschätzt werden:

$$I_s[kA] = 9{,}5 \cdot \sqrt{s[mm]}$$

$$t_s[Perioden] = 8 \cdot s[mm]$$

$$F[N] = 2000 \cdot s[mm]$$

wobei s die Blechdicke des dünnsten Einzelbleches angibt.

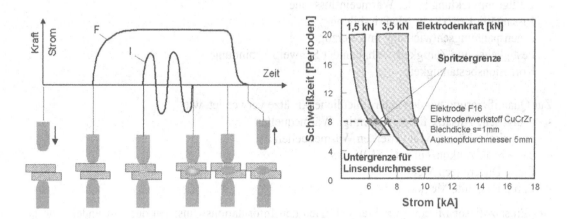

Bild 5.2.11. Ablauf und Arbeitsfeld des Widerstandspunktschweißens

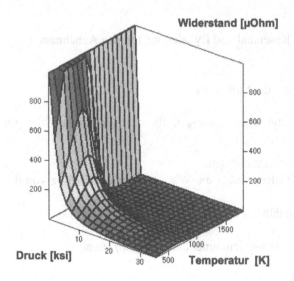

Bild 5.2.12. Kontaktwiderstand als Funktion der Anpresskraft und der Temperatur

Zur Vermeidung von Nebenschlusseffekten muss ein Mindestabstand zwischen zwei Schweißpunkten eingehalten werden (bei Feinblechen aus Stahl ca. 5·Linsendurchmesser, bei Al-Legierungen ca. 10·Linsendurchmesser).

Pktschw.mcd

In diesem Beispiel werden einfache Abschätzungen zum Widerstandspunktschweißen angestellt.

5.3   Der thermische Schweißzyklus

Die Kinetik der mikrostrukturellen Änderungen in der WEZ wird in erster Linie vom thermischen Schweißzyklus und dem Abstand von der Fusionslinie bestimmt. Dieser hängt wiederum von der Wärmeeinbringung, von der Plattendicke und von der Vorwärmtemperatur ab.

Neben der Gefügeentwicklung werden noch folgende Eigenschaften beeinflusst:

- Größe und Form des Schweißbades, sowie die Erstarrungsbedingungen
- Gefügeentwicklung in der Wärmeeinflusszone
- Rissanfälligkeit (Kalt-, Heißrissbildung)
- Eigenspannungsentwicklung und Verzug
- Festigkeits- und Zähigkeitsverhalten der Schweißverbindung
- Korrosionsbeständigkeit

Zur Quantifizierung werden unterschiedliche Ansätze verwendet, wie

- analytische Ansätze für punktförmige Wärmequellen
- analytische Lösung von verteilten Wärmequellen
- das Abkühlzeitkonzept nach SEW-088
- Finite Differenzen Methode
- Finite Elemente Methode

Der Einsatz dieser Methoden richtet sich nach den Informationswünschen des Anwenders und nach der Art und Weise der weiterführenden Berechnungen.

5.3.2   Analytische Lösungsansätze

Basierend auf den grundlegenden Arbeiten von Rosenthal und Rykalin und mit den Annahmen

- punktförmige Wärmequelle
- kein Wärmeverlust an der Oberfläche
- Vernachlässigung der Temperaturabhängigkeit der Stoffwerte
- Vernachlässigung der Umwandlungswärme

existieren für punktförmige Wärmequellen analytischen Lösungen für das Temperaturfeld beim Schweißen.

Prinzipiell werden zwei Arten des Wärmeflusses unterschieden:

- dreidimensionaler Wärmefluss bei dicken Teilen, wobei die Wärmeabfuhr unabhängig von der Blechdicke ist und
- zweidimensionaler Wärmefluss im Falle von dünnen Blechen.

Die Lösung für den 3-dimensionalen Wärmefluss (entspricht einer dicken Platte) lautet:

$$T - T_0 = \frac{E}{2\pi\lambda t} \cdot \exp(\frac{-r^2}{4at}) \,.$$

Für den 2-dimensionalen Wärmefluss (entspricht einem dünnen Blech) gilt:

$$T - T_0 = \frac{E}{d \cdot \sqrt{4 \cdot \pi \cdot \lambda \cdot \rho \cdot c \cdot t}} \cdot \exp(\frac{-r^2}{4 \cdot a \cdot t}) \,.$$

In den Gleichungen bedeutet T_0 die Vorwärmtemperatur, E (= U·I/v) die Streckenenergie, λ die Wärmeleitfähigkeit, r der Abstand von der Wärmequelle, ρ die Dichte, c_p die spezifische Wärme und a die Temperaturleitzahl (a = $\lambda/(\rho \cdot c_p)$). Während das Temperaturfeld bei dicken Platten unabhängig von der Blechdicke ist, geht diese bei dünnen Platten in die Berechnung ein. Zur Ermittlung ob zwei- oder dreidimensionaler Wärmefluss vorliegt, wird eine Übergangsblechdicke errechnet.

ThermZyklus.mcd

Die Bilder 5.3.1 und 5.3.2 zeigen die Berechnung des quasi-stationären Temperaturfeldes beim Strahlschweißen mit einer angenommenen Strahlenergie von 2 kW.

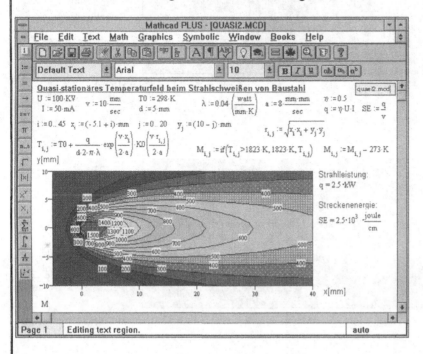

Bild 5.3.1. Quasi-stationäres Temperaturfeld beim Strahlschweißen (Berechnungsansatz und Konturplot)

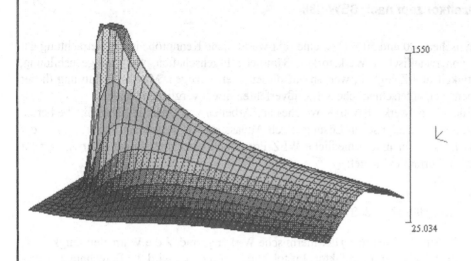

Bild 5.3.2. Räumliche Darstellung des quasi-stationären Temperaturfeldes beim Strahlschweißen

y[mm]

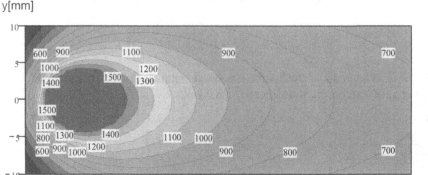

$$U = 23\,\text{volt}$$

$$I = 140\,\text{amp}$$

$$v = 10\,\frac{\text{cm}}{\text{min}} \qquad \eta = 0.5$$

Streckenenergie:

$$SE = 9.66 \cdot 10^3 \; \frac{\text{joule}}{\text{cm}}$$

y[mm]

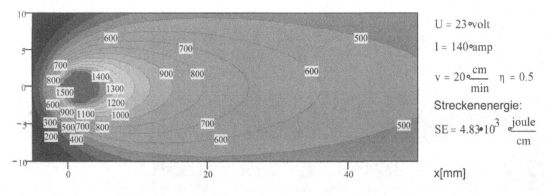

$$U = 23\,\text{volt}$$

$$I = 140\,\text{amp}$$

$$v = 20\,\frac{\text{cm}}{\text{min}} \qquad \eta = 0.5$$

Streckenenergie:

$$SE = 4.83 \cdot 10^3 \; \frac{\text{joule}}{\text{cm}}$$

Bild 5.3.3. Einfluss der Schweißgeschwindigkeit auf die Größe des Temperaturfeldes

5.3.3   Abkühlzeitkonzept nach SEW-088

Die Abkühlzeit zwischen 800 und 500 °C ist eine sehr wesentliche Kenngröße in der Betrachtung der Schweißeignung von metallischen Werkstoffen. Sämtliche Eigenschaften, wie Gefügeausbildung, WEZ-Härte, Festigkeit und Zähigkeit, werden auf diesen Wert bezogen. Mit der Ermittlung dieses Kennwertes können auch unterschiedliche Schweißverfahren direkt verglichen werden.

Basierend auf dem Regelwerk SEW-088, welches auf Arbeiten von Uwer und Degenkolbe beruht und eine Modifikation der analytischen Lösung durch Anpassung an Messreihen darstellt, kann der thermische Schweißzyklus für unterschiedliche WEZ-Positionen berechnet werden. Der Ansatz für den 3-dimensionalen Wärmefluss lautet:

$$t_{8/5} = \frac{\eta \cdot E}{2 \cdot \pi \cdot \lambda} \cdot \left[\frac{1}{500 - T_0} - \frac{1}{800 - T_0} \right] \cdot F_3$$

darin ist $E = UI/v$ die Streckenenergie, η der thermische Wirkungsgrad, λ die Wärmeleitfähigkeit, T_0 die Vorwärmtemperatur und F ein Formfaktor. Im folgenden Programm wird die Berechnungsprozedur nach SEW-088 nachgebildet. Als Beispiel wird die Abkühlzeit $t_{8/5}$ für eine, mit basischer Elektrode und ohne Vorwärmung geschweißter Stumpfnaht berechnet. Die Streckenenergie wurde mit 20 kJ/cm und die Blechdicke mit 30 mm angenommen.

🖫 T85konz.mcd

Thermischer Schweißzyklus - $t_{8/5}$ - Konzept nach SEW-088

Eingabe: Vorwärmtemp.: $T0 := 25$ [°C]   Blechdicke: $t := 30$ mm

Rechenmodus (wahlweise):   Eingabe des Rechenmodus: mode := 1
1...Q=f(U,I,v)
2...Q=direkt vorgegeben
3...Q=f(Elektrodendurchmesser, Ausziehlänge)
4...Q=f(aufgeschmolzene Fläche)

Hier entsprechend des Rechenmodus die Parameter eingeben! $Q2 := 20$ kJ/cm

Strom: $I := 200$ [A]   Elektrodendurchm.: $Edia := 3.2$ mm   Bad-Querschnitt:
Spannung: $U := 20$ [V]
Geschwindigk.: $v := 14$ [cm/min]   Ausziehverhältnis: $AZV := 0.7$ $Area := 40$ mm²

Bestimmung der Streckenerergie [kJ/cm]:   (empirische Zusammenhänge)

$$Q1 := 0.06 \frac{U \cdot I}{v}$$ $$Q3 := \frac{0.611 \cdot Edia^{1.93}}{AZV}$$ $$Q4 := (652 - 9 \cdot Edia) \frac{Area}{1000}$$

$Q := 15$
$Q := if(mode = 1, Q1, Q)$
$Q := if(mode = 2, Q2, Q)$
$Q := if(mode = 3, Q3, Q)$
$Q := if(mode = 4, Q4, Q)$ ermittelte Streckenenergie: $Q = 17.143$ kJ/cm

Eingabe des Schweißprozesses zur Ermittlung des therm. Wirkungsgrades   process := 3

Schweißprozeß: η
1...UP   1.0 $\eta := 1$
2...E-Hand (Rutil-Elektr.)   0.9 $\eta := if(process = 2, 0.9, \eta)$
3...E-Hand (basiche E.)   0.8 $\eta := if(process = 3, 0.8, \eta)$
4...MIG (CO2)   0.85 $\eta := if(process = 4, 0.85, \eta)$
5...MIG (Ar,He)   0.75 $\eta := if(process = 5, 0.75, \eta)$
6...WIG   0.65 $\eta := if(process = 6, 0.65, \eta)$

rel.therm. Wirkungsgrad: $\eta = 0.8$ [-]

Ermittlung der Übergangsblechdicke (2-dim. oder 3-dim. Wärmefluss)

$K3 := 0.67 - 0.0005 \cdot T0$ $K3 = 0.658$

$K2 := 0.043 - 0.000043 \cdot T0$ $K2 = 0.042$

$$due := 10 \cdot \sqrt{\frac{K2}{K3} \cdot \eta \cdot Q \cdot 1000 \cdot \left(\frac{1}{500 - T0} + \frac{1}{800 - T0} \right)}$$

Übergangsblechdicke in mm:

$due = 17.232$ <---> $t = 30$

$ndim := if(due > t, 2, 3)$ $ndim = 3$ -dim. Wärmefluss

Eingabe der Nahtart   type := 2
1...Auftragsraupe
2...Stumpfnaht
3...Kehlnaht
4...T-Stoß

(Fortsetzung)   T85konz.mcd

Korrekturfaktoren je nach Nahtart:

$F2 := 1$ $\qquad\qquad$ $F3 := 1$

$F2 := \text{if}(\text{type} = 1, 1, F2)$ $\qquad$ $F3 := \text{if}(\text{type} = 1, 1, F3)$

$F2 := \text{if}(\text{type} = 2, 0.9, F2)$ $\qquad$ $F3 := \text{if}(\text{type} = 2, 0.9, F3)$ $\qquad$ F2 für 2-dim. Wärmefluss

$F2 := \text{if}(\text{type} = 3, 0.8, F2)$ $\qquad$ $F3 := \text{if}(\text{type} = 3, 0.67, F3)$ $\qquad$ F3 für 3-dim. Wärmefluss

$F2 := \text{if}(\text{type} = 4, 0.55, F2)$ $\quad$ $F3 := \text{if}(\text{type} = 4, 0.67, F3)$ $\qquad$ $F2 = 0.9$ $\qquad$ $F3 = 0.9$

Berechnung der Abkühlzeit $t_{8/5}$:

$$t_{853} := K3 \cdot \eta \cdot Q \cdot 1000 \cdot \left(\frac{1}{500 - T0} - \frac{1}{800 - T0} \right) \cdot F3 \qquad\qquad t_{853} = 6.614$$

$$t_{852} := K2 \cdot \left(\frac{\eta \cdot Q}{t} \cdot 10000 \right)^2 \cdot \left[\left(\frac{1}{500 - T0} \right)^2 - \left(\frac{1}{800 - T0} \right)^2 \right] \cdot F2 \qquad t_{852} = 2.182$$

$$t_{85} := \text{if}(\text{ndim} = 3, t_{853}, t_{852})$$ $\qquad$ **Ergebnis: Abkühlzeit zwischen 800 und 500 °C**
$$t_{85} = 6.614 \quad \text{s}$$

Grafische Darstellung des Temperatur/Zeit-Verlaufs für drei Spitzentemperaturen

(entsprechend Grob-, Fein- und interkrit. Zone der WEZ)

$j := 1..3 \qquad k := 500$

$i := 1..k \qquad tt_i := i \cdot 0.1$ $\qquad$ $\text{Tpeak}_1 := 1300 \quad \text{Tpeak}_2 := 1000 \quad \text{Tpeak}_3 := 850$

$$t_{\text{theta}} := \frac{1}{\left(\frac{1}{500 - T0} - \frac{1}{800 - T0} \right)} \qquad TT_{i,j} := \text{theta} \cdot \frac{t_{85}}{tt_i} \cdot \exp\left(-\frac{t_{85}}{\exp(1) \cdot tt_i} \cdot \frac{\text{theta}}{\text{Tpeak}_j - T0} \right) + T0$$

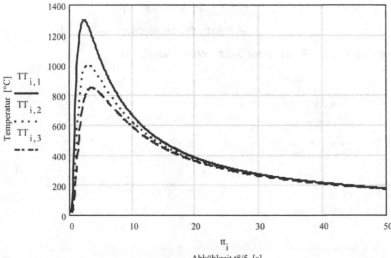

tt$_i$

Abkühlzeit t8/5 [s]

—— Spitzentemp. = 1300 °C

········ Spitzentemp. = 1000 °C

– – – Spitzentemp. = 850 °C

5.3.4   Finite Differenzen Methode zur Berechnung von Schweißzyklen

Entsprechend der Ausführungen im Abschnitt 4.3 wird nun die FD-Methode für die bewegte Wärmequelle angewandt. Die Eingabeparameter umfassen die thermophysikalischen Daten, die Schweißgeschwindigkeit (hier $v_y = 2v_x$) und die eingebrachte Wärme. Das Ergebnis ist in Bild 5.3.4 dargestellt.

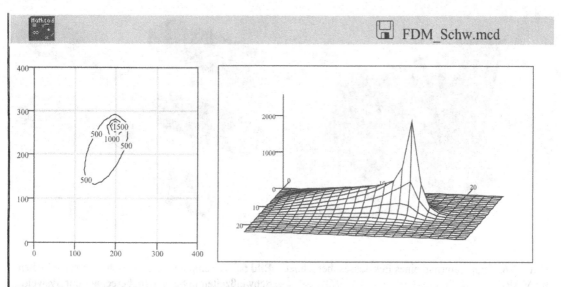

Bild 5.3.4. Mittels Finite-Differenzen-Methode berechnetes Schweißtemperaturfeld

5.3.5   Finite Elemente Rechnungen zum Schweißtemperaturzyklus

Entscheidend für die Genauigkeit der FE-Berechnung ist die Darstellung der Energieverteilung. Meist wird eine 3D-Verteilung in Form eines halben Ellipsoids verwendet, wobei die Eingabendaten so gewählt werden, dass der Schmelzlinienverlauf mit den experimentellen Untersuchungen übereinstimmt. Ebenso besteht nun auch die Möglichkeit die Stoffwerte temperaturabhängig einzugeben. Das Bild 5.3.5 zeigt das Temperaturfeld beim Schweißen einer Rundnaht, berechnet mit dem Programm ANSYS.

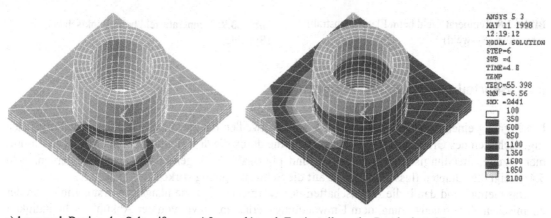

a) kurz nach Beginn der Schweißung t=4,8 s   b) nach Fertigstellung der Rundnaht t=26 s

Bild 5.3.5. 3D-Simulation der Temperaturentwicklung beim Handschweißen eines CrMoV-Stahles ohne Vorwärmung, mit einer Schweißgeschwindigkeit von 7 mm/s und einer Wärmeeinbringung von 100 W/mm^3

Die mit dem FE-Programm MARC berechnete Temperaturverteilung beim Schweißen eines T-Stoßes zeigt Bild 5.3.6. Ein spezielles FE-Programm für Anwendungen im Bereich der Schweißtechnik ist SYSWELD von ESI. Die Bilder 5.3.7 bis 5.3.9 zeigen einige Ergebnisse, die mit diesem System generiert wurden. Der wesentliche Vorteil der FE-Berechnung ist insbesondere darin zu sehen, dass durch Kopplung der Temperaturfeldberechnung mit der Berechnung der Gefügeentwicklung auch die Eigenspannungsverteilung und der Bauteilverzug ermittelt werden können.

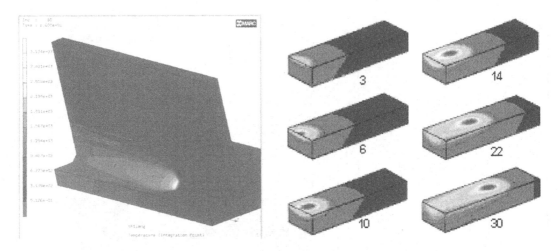

Bild 5.3.6. Temperaturfeld eines Eckstosses, berechnet mit MARC

Bild 5.3.7. Temperaturfelder nach unterschiedlichen Schweißzeiten in Sekunden, berechnet mit Sysweld

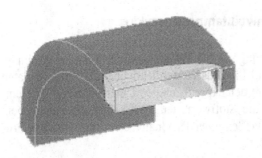

Bild 5.3.8. Temperaturfeld beim Elektronenstrahl-schweißen (Sysweld)

Bild 5.3.9. Temperaturfeld beim Punktschweißen (Sysweld)

5.4 Beurteilung der Schweißeignung

Die Eignung eines metallischen Werkstoffs zum Schweißen hängt sehr eng mit den metallurgischen Eigenschaften des Grundwerkstoffes zusammen, die durch die drei Hauptfaktoren chemische Zusammensetzung, metallurgische Eigenschaften und physikalische Eigenschaften geprägt werden. Bild 5.4.1 zeigt die Haupteinflussfaktoren, die auf die Schweißeignung wirken.

Das Gefüge und damit die Eigenschaften der Wärmeeinflusszone hängen in erster Linie von der chemischen Zusammensetzung, dem Umwandlungsverhalten, sowie von der Abkühlgeschwindigkeit und von der Lage in der WEZ ab. In Bild 5.4.2 sind die wesentlichen Beziehungen zur Beurteilung der Schweißeignung dargestellt.

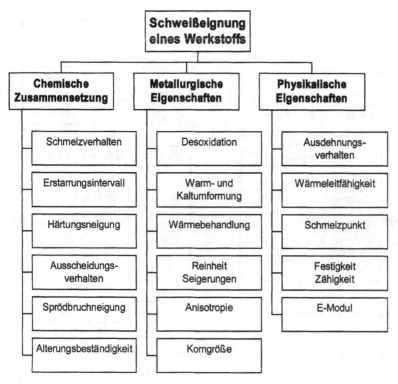

Bild 5.4.1. Einflüsse auf die Schweißeignung eines Werkstoffs

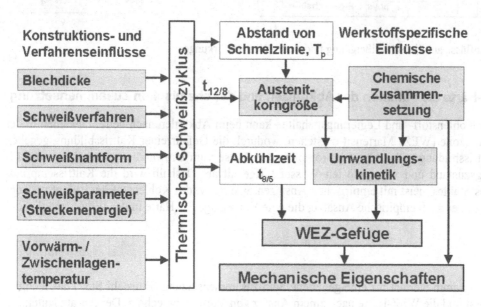

Bild 5.4.2. Logische Verknüpfungen zur Beurteilung der Schweißeignung und der thermische Zyklus als Schnittstelle zu den konstruktions- und verarbeitungsspezifischen Einflüssen.

Ausgehend von den primären Zielsetzungen für das Verhalten von Schweißverbindungen, wie bspw. Gewährleistung der mechanisch-technologischen Eigenschaften und Fehlerfreiheit, zeigt Bild 5.4.3 die zahlreihen, wechselwirkenden Einflüsse. Die Einflüsse können in primäre und sekundäre Einflüsse gegliedert werden. Die Wirkungen der primären Einflussgrößen werden meist mit sog. charakteristischen Parametern, wie z.B. dem Kohlenstoffäquivalent beschrieben.

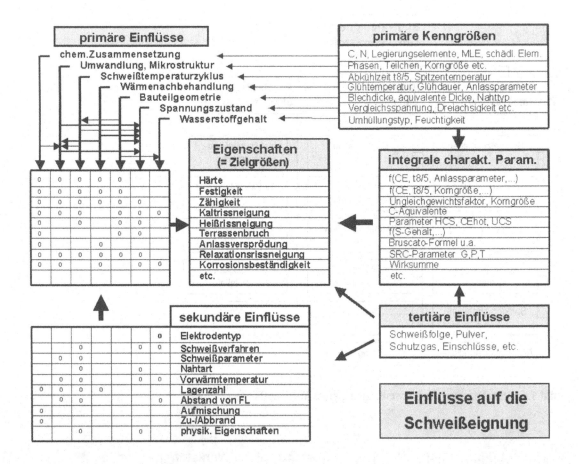

Bild 5.4.3. Einflüsse auf die Schweißeignung und deren Wechselwirkungen

5.4.2 WEZ-Härte als Funktion der Abkühlzeit und der chemischen Zusammensetzung

Bei höheren Kohlenstoff- und Legierungsgehalten kann beim Abkühlen nach dem Schweißen in der Wärmeeinflusszone (WEZ) Martensit entstehen, wodurch die Gefahr einer Kaltrissbildung gegeben ist. Die Kaltrissbildung selbst hängt in komplizierter Weise vom Umwandlungsverhalten, vom Eigenspannungszustand und vom gelösten Wasserstoffgehalt ab. Deshalb wird die Kaltrissempfindlichkeit eines Stahles meist mit empirischen Ansätzen, wie bspw. das Kohlenstoffäquivalent verwendet. Zudem gibt es auch empirische Ansätze, die eine Vorhersage der Härte in der WEZ ermöglichen.

Schweign.mcd

In diesem Programm werden für eine gegebene Stahlzusammensetzung (Baustahl St52) das Kohlenstoffäquivalent und die WEZ-Härte nach einem Ansatz von Yurioka berechnet. Der Ansatz lautet:

$$Härte[HV] = \frac{H_M + H_B}{2} - \frac{H_M - H_B}{2,2} \arctan\left(\frac{4 \cdot \log(t_{8/5} / t_M)}{\log(t_B / t_M)} - 2\right)$$

wobei t_M die kritische Abkühlrate für Martensitbildung, t_B die kritische Abkühlrate für Bainitbildung, H_M die Martensithärte und H_B die Bainithärte ist. Bild 5.4.4 zeigt den so ermittelten Härteverlauf als Funktion der Abkühlzeit $t_{8/5}$.

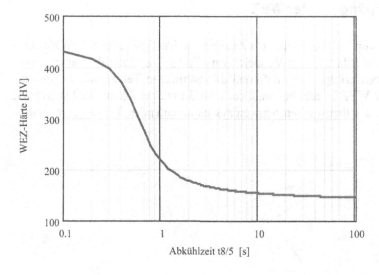

Baustahl St52 bzw.
S355J2G2

Chem. Zusammensetzung:
C=0,15%
Mn=0,8%
Si=0,35%
P=0,035%
S=0,008%
Al=0,02%
Cu=0,2%

Bild 5.4.4. Berechnete WEZ-Härte in Abhängigkeit von der Abkühlzeit $t_{8/5}$

⌗ Vorwaerm.mcd

Zur Vermeidung von Kaltrissen kann einerseits die Wärmeeinbringung erhöht und andererseits über Wahl des Schweißzusatzwerkstoffes der Wasserstoffgehalt niedrig gehalten werden. Eine andere Möglichkeit besteht in der Vorwärmung des Bauteils. Die zur Kaltrissvermeidung notwendige Vorwärmtemperatur wird mit empirischen Gleichungen abgeschätzt. In der Praxis hat sich der Ansatz nach Uwer und Degenkolbe bewährt.

$$Tp := 700 \cdot CET + 160 \cdot \tanh\left(\frac{d}{35}\right) + 62 \cdot HD^{0.35} + (53 \cdot CET - 32) \cdot Q - 330$$

Den Einfluss der Blechdicke auf die erforderliche Vorwärmtemperatur für einen Baustahl mit C = 0,17%, einem Gehalt an diffusiblen Wasserstoff von 7 ml/100 cm³ und einer Wärmeeinbringung von Q = 15 kJ/cm zeigt Bild 5.4.5.

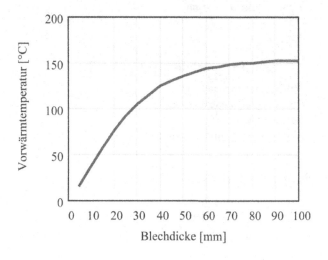

Bild 5.4.5. Einfluss der Blechdicke auf die Höhe der erforderlichen Vorwärmtemperatur für einen Baustahl unter den gegebenen Schweißbedingungen

5.5   Mikrostrukturelle Vorgänge in der WEZ

Der Aufbau der beim Schweißen von Stahl beeinflussten Zone neben dem Schweißgut (= Wärmeein-flusszone, WEZ) ist schematisch in Bild 5.5.1 im Vergleich zum Fe-Fe_3C-Zustandsdiagramm darge-stellt. Die Einteilung der Subzonen erfolgt dabei aufgrund der maximalen Temperatur (= Spitzen-temperatur). Die Ausdehnung der WEZ beträgt bei Stahl ca. 1 bis 3 mm, bei Aluminiumlegierungen ca. 30 bis 50 mm. Die im Zuge des thermischen Schweißzyklus ablaufenden Teilprozesse sind in Bild 5.5.2 zusammengefasst.

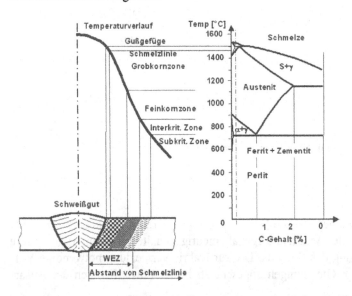

Bild 5.5.1. Subzonen der Wärmeeinflusszone entsprechend dem Fe-Fe_3C-Diagramm

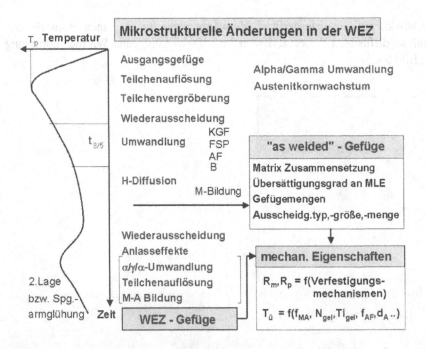

Bild 5.5.2. Mikrostrukturelle Änderungen im Zuge des Schweißens

5.5.1 Austenitkornwachstum in der WEZ

Ausgehend von einer phänomenologischen Gleichung zur Beschreibung des Austenitkornwachstums (ohne Betrachtung von Teilcheneinflüssen) kann die Austenitkorngrößenverteilung in der WEZ durch Integration der beschreibenden Gleichung über den gesamten thermischen Schweißzyklus, berechnet werden. Bild 5.5.3 zeigt das Ergebnis der Berechnung für die Grobkornzone mit einer Spitzentemperatur von etwa 1300 °C. Unter vorgegebenen Schweißbedingungen (Streckenenergie = 20 kJ/cm) ergibt sich bei einer Ausgangskorngröße von 20 µm eine Korngröße in der Grobkornzone von 41 µm. In der bildlichen Darstellung wurde aus Gründen der Übersichtlichkeit die Korngröße mit einem Faktor 40 multipliziert.

Graingr.mcd

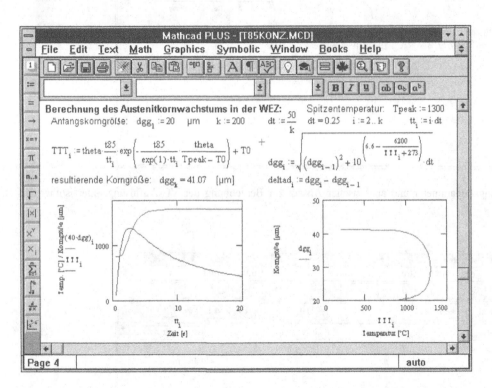

Bild 5.5.3. Berechnung des Austenitkornwachstums in der WEZ mittels MathCad

5.5.2 Karbidauflösung in der Wärmeeinflusszone

Die Karbidstabilität in mikrolegierten Feinkornbaustählen ist von besonderer Bedeutung für das Festigkeits-, Zähigkeits- und Korrosionsverhalten in der Wärmeeinflusszone. Ausgehend von der isothermen Betrachtung der Auflösungskinetik wird in einem zweiten Schritt das Auflösungsverhalten von Vanadiumkarbidteilchen in der WEZ während des thermischen Schweißzyklus beschrieben. Die Bilder 5.5.4 und 5.5.5 zeigen eine vereinfachte Berechnung der VC-Auflösung im Austenitbereich bei vorgegeben Randbedingungen. Durch Integration der Reaktionen über den Schweißzyklus ergibt sich das in Bild 5.5.6 dargestellte Ergebnis. In ähnlicher Weise lässt sich auch die Cr-Karbidausscheidung in austenitischen Stählen berechnen. Damit kann abgeschätzt werden, ob es zu einer „Sensibilisierung" und damit zur interkristallinen Korrosion kommt.

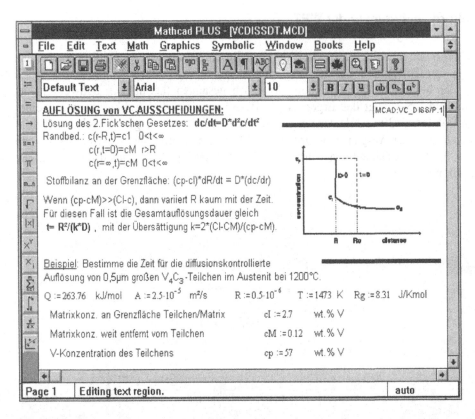

Bild 5.5.4. Eingabeparameter und analytischer Ansatz zur Berechnung der VC-Auflösung unter isothermen Bedingungen

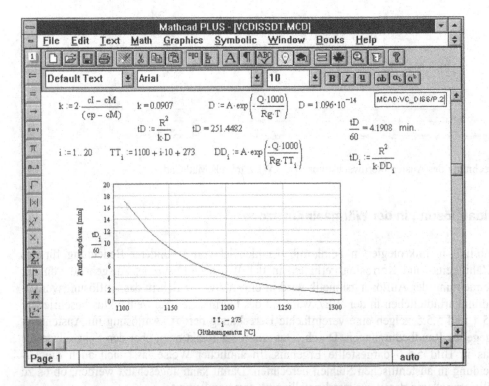

Bild 5.5.5. Ermittlung der Auflösungsdauer als Funktion der Temperatur

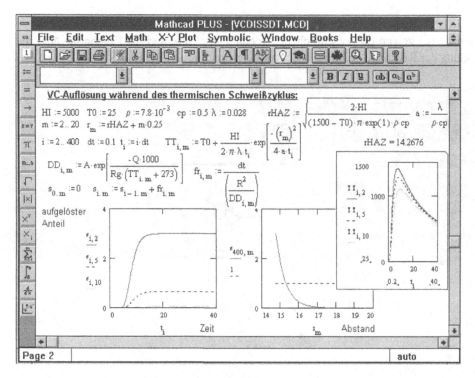

Bild 5.5.6. Berechnung der VC-Karbidauflösung in der WEZ, woraus sich die Ausdehnung der WEZ-Subzonen ermitteln lässt, in denen eine vollständige, eine teilweise und keine Auflösung stattfindet

5.6 Mechanische Eigenschaften von Schweißverbindungen

Aufgrund der Gefügeänderungen in der Wärmeeinflusszone unterscheiden sich natürlich auch die mechanischen Eigenschaften von jenen des Grundwerkstoffs. Ein zusätzlicher Effekt resultiert aus den Schweißeigenspannungen. Eine physikalisch fundierte Berechnung wäre sehr aufwendig, weshalb man sich meist mit empirischen Korrelationen begnügt.

wezmech.mcd

In diesem Programm werden die mechanisch-technologischen Eigenschaften von Schweißverbindungen in Abhängigkeit von der chemischen Zusammensetzung und der Schweißparameter berechnet.

5.6.1 Ermüdungsrisswachstum ausgehend von Schweißfehlern

Auf Grundlage des „fitness for purpose"-Konzeptes, welches für Schweißverbindungen im IIW-Dokument SST-1157-90 beschrieben ist, können auch sehr komplexe Schweißverbindungen hinsichtlich etwaiger Fehler bruchmechanisch bewertet werden. Die Bilder 5.6.1 bis 5.6.3 zeigen ein Berechnungsbeispiel zur Abschätzung der Restlebensdauer bei dem von einer Diskontinuität im Wurzelbereich ausgegangen und der Rissfortschritt aufsummiert wird. Durch Integration des Paris-Gesetzes und Berücksichtigung des entsprechenden Geometriefaktors kann das Risswachstum numerisch ermittelt werden. Die Eingabedaten und beschreibenden Gleichungen sind in den Bildern angegeben. Für die numerische Integration des Paris-Gesetzes verwendet MathCad intern den Romberg Algorithmus. Nach Eingabe der Modellparameter und des Integrals erhält man unmittelbar die Lösung ohne jeglichen Programmieraufwand.

📁 rissfort.mcd

Die Bilder 5.6.1 bis 5.6.3 zeigen die wesentlichen Berechnungsschritte und die Ergebnisse über die zeitliche Entwicklung der Risslänge bei gegebener Ausgangsituation und Belastung.

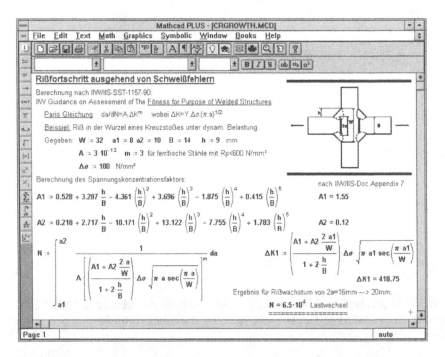

Bild 5.6.1. Berechnung des Ermüdungsrissfortschritts ausgehend von Schweißfehlern an einem Kreuzstoß nach IIW. Ermittlung der Zyklenanzahl für eine vorgegebene Rissverlängerung.

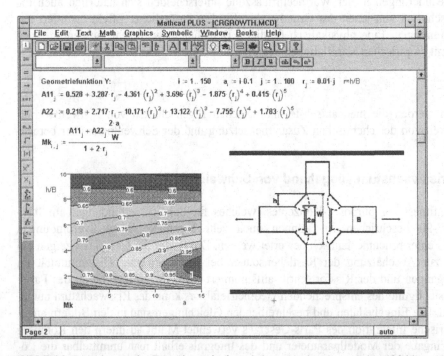

Bild 5.6.2. Berechnung des Ermüdungsrissfortschritts ausgehend von Schweißfehlern (Geometriefaktor Y)

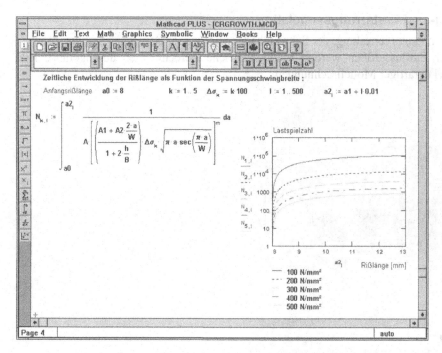

Bild 5.6.3. Zeitliche Änderung der Risslänge als Funktion der Lastspielzahl und der zyklischen Belastung

5.7 Komplexe, gekoppelte Modelle in der Schweißtechnik

Die Vorgänge, die im Zuge des Schweißens in wenigen Sekunden stattfinden, von zahlreichen Faktoren beeinflusst werden und durch starke Wechselwirkungen gekennzeichnet sind, erfordern sehr anspruchsvolle Modelle zur ursachengerechten Beschreibung. Ein weiteres Merkmal besteht darin, dass meist gekoppelte Phänomene betrachtet werden müssen. FE-Programme, die diesen Ansprüchen gerecht werden können, sind die großen Pakete, wie ABAQUS, ANSYS, MARC, SYSTUS oder SYSWELD. Bild 5.7.1 zeigt am Beispiel des Programmpaketes SYSWELD die Möglichkeiten der Kopplung unterschiedlicher Phänomene.

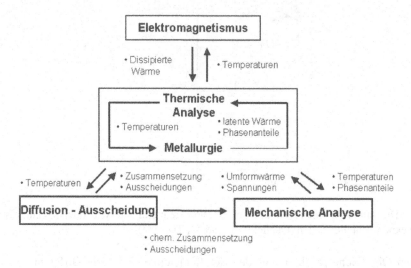

Bild 5.7.1. Kopplung unterschiedlicher Phänomene, die verfahrens- oder werkstoffbedingt zu berücksichtigen sind (Quelle: H.Porzner, ESI)

5.7.1   Schweißbad- und Erstarrungssimulation

Zur Ermittlung der Temperaturverteilung, der Schweißbadgeometrie, der Bewegung stabiler Teilchen und der Wirkung der Einflussgrößen werden fluiddynamische Berechnungen durchgeführt. Bild 5.7.2 zeigt ein Beispiel derartiger Modellrechnungen.

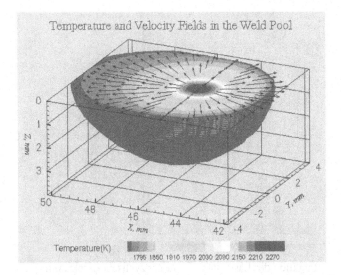

Bild 5.7.2. Temperaturverteilung und Strömungsgeschwindigkeiten im Schweißbad (Quelle: Prof.DebRoy, Pennstate University)

5.7.2   Simulation des MAG-Schweißprozesses

Das umfangreichste Simulationsprogramm für das MAG-Schweißen wurde von Prof.Sudnik (TU Tula) in Zusammenarbeit mit Prof.Dilthey (RWTH Aachen) entwickelt. Es wird kommerziell unter dem Namen „MAGSIM" angeboten. Die Berechnung erfasst sämtliche Einflüsse, die durch die Stromquelle (Gerätekennlinie) und die Schweißparameter verursacht werden. Über Potenzial-, Masse- und Energiebilanz wird zunächst das U-I-Diagramm berechnet, s. Bild 5.7.3.

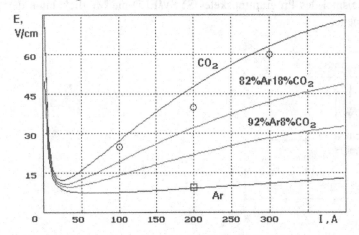

Bild 5.7.3. Berechnetes U/I-Diagramm für einen Drahtdurchmesser von 1mm und unterschiedliche Schutzgase und Vergleich mit einigen experimentellen Daten (Quelle: Prof. Sudnik, TU Tula)

Die Geometrie der freien Oberfläche resultiert aus dem Kräftegleichgewicht. Die Differentialgleichung für die Schmelzbadoberfläche $Z(x, y)$ unter Einwirkung des Drucks von Oberflächenspannung $\sigma(T)$, des fluidstatischen Drucks $\rho g Z$ und des normalverteilten Lichtbogendrucks lautet:

$$\mu\nabla \cdot \left(\frac{\sigma(T)\nabla Z}{\sqrt{1+\left|Z\right|^2}} \right) + \rho g Z = \frac{p_0 \exp(-kr^2)}{\sqrt{1+\left|Z\right|^2}}$$

mit Erdbeschleunigung g, max. Lichtbogendruck p_0, Radius r vom Druckzentrum und k dem Konzentrationskoeffizient des Lichtbogendrucks. Der Wärmetransport unter stationären Bedingungen im Schmelzbad und im Festkörper wird durch die Gleichung

$$\rho v_s \frac{dH}{dx} = \nabla(\lambda\nabla T) - \nabla(\rho\vec{v}H)$$

beschrieben, wobei v_s die Schweißgeschwindigkeit, ρ die Dichte, H die Enthalpie, λ die Wärmeleitfähigkeit und $\vec{v}$ der Geschwindigkeitsvektor der Badströmung ist. Die Berechnung der Schweißbadgeometrie erfolgt mittels Finite-Differenzen-Methode, gekoppelt mit der Temperaturfeldrechnung, s. Bild 5.7.4. Die Übereinstimmung mit experimentellen Ergebnissen ist in einem weiten Anwendungsbereich gegeben, s. Bild 5.7.5. Durch automatische Variation der Schweißparameter können optimale Einstellungen für gegebene Bedingungen gefunden werden, s. Bild 5.7.6. Außerdem wird ein Vergleich mit den Qualitätsgütewerten nach DIN 8563 bzw. EN 25817 durchgeführt.

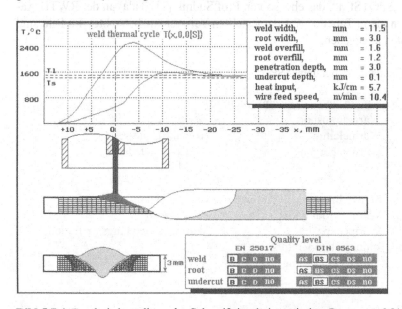

Bild 5.7.4. Ergebnisdarstellung der Schweißsimulation mit dem Programm MAGSIM (Quelle: Prof. Sudnik, Prof. Dilthey, RWTH Aachen)

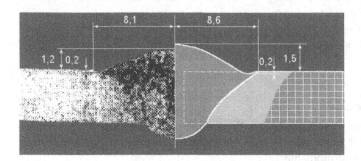

Bild 5.7.5. Vergleich des Simulationsergebnisses mit einer Realschweißung. Schweißdaten: Blechdicke 3,0 mm, Spaltbreite= 1mm, I=250 A, U=24.5 V, v=80 cm/min, Drahtdurchmesser=1 mm, freie Elektrodenlänge=10 mm, mit Cu-Badsicherung, Schutzgas= Ar + 18%CO_2

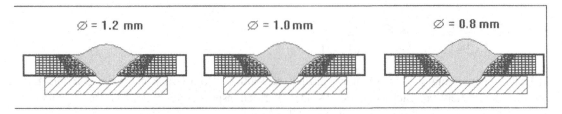

Bild 5.7.6. Berechneter Einfluss des Schweißdrahtdurchmessers auf die Größe des Schweißbades, Parameter: U= 24 V, I = 250 A, v = 72 cm/min, freie Drahtlänge = 14 mm, Schutzgas M21 (Quelle: Prof. Sudnik)

5.7.3 Simulation des Punktschweißens

Das Widerstandspunktschweißen wird aufgrund seiner hohen Produktivität als das wichtigste Verfahren im Karosseriebau eingesetzt. Das Prinzip und die Verfahrensparameter wurden bereits im Abschnitt 5.2.3 vorgestellt. Zur genauen Modellierung dieses Prozesses müssen Module der Elektrodynamik, Thermoelektrizität, Thermodynamik und Kontinuummechanik gekoppelt werden.

Im Simulationsprogramm „SPOTSIM", das ebenso von Prof.Sudnik (TU Tula) an der RWTH Aachen entwickelt wurde, werden die in Tabelle 5.7.1 dargestellten Teilsysteme betrachtet. Im Bild sind auch die Ein- und Ausgabedaten angegeben.

Tabelle 5.7.1. Submodelle des Simulationsprogramms „SPOTSIM" für das Punktschweißen

Submodelle zur Simulation des Widerstandspunktschweißens		
Wärmequelle	Wärmetransport	Kraftwirkung
Elektrisches Potentialfeld	Wärmeleitung	Kontaktfläche
Punktschweißmaschine	Wärmeübergang	Elektrodeneindruck
		Spaltbildung
Eingabedaten		
Blechdicken	Schweißzeit	Elektrodenkraft
Elektrodenspannung	Wärmeleitfähigkeit	Fließgrenze
Elektrodenform	Wärmekapazität	Wärmeausdehnungskoeffizient
Elektrodenabmessungen	Liquidustemperatur	
Ohmscher Widerstand	Solidustemperatur	
Kontaktwiderstand		
Maschinenkennwerte		
Stromkreiskennwerte		
Ausgabedaten		
Spannungsverlauf	Temperaturverteilung	Elektrodeneindrucktiefe
Stromverlauf	Temperaturzyklen	Spaltbreite
Punktschweißwiderstand	Schweißlinsenradius	Kontaktflächenradius
Prozesswirkungsgrad	Wärmeeinflusszone	

5.7.4 Simulation des Reibschweißens

Den Kernpunkt der thermo-plastischen Beschreibung des Werkstoffflusses beim Reibschweißen bildet die Beschreibung der Reibwärme. Nimmt man an, dass die gesamte Reibenergie in Wärme umgesetzt wird, so ergibt sich für die Wärmestromdichte

$$\dot{q}_f = \frac{dQ}{dA} = \frac{4\pi^2 \cdot n \cdot \mu \cdot p \cdot r^2 \, dr}{2\pi \cdot r dr} \ .$$

Dieser Ansatz versagt jedoch, sobald sich zwischen den zu verbindenden Materialien eine plastische Zone bildet, wodurch Temperaturen vorhergesagt werden, die höher als die Schmelztemperatur sind. Einfacher ist es daher, gemessene Drehmomentwerte zu verwenden und über das Produkt Moment × Winkelgeschwindigkeit (= Leistung) die Wärmestromdichte zu ermitteln. Ein rein empirischer Ansatz nach Vill lautet

$$\dot{q} = 2 \cdot p \cdot \frac{k}{n \cdot R} \cdot 10^{-3} \quad [\text{W/mm}^2] \, ,$$

wobei p der Reibdruck in kp/mm², n die Drehzahl in U/min, R der Bolzendurchmesser in mm und k eine Konstante ist, die für Baustahl den Wert $8 \cdot 10^7$ mm²/min² hat.

  ☐ Reibwärme.mcd

In diesem Programm werden die oben beschriebenen, einfachen Ansätze zur Abschätzung der Wärmestromdichte und der Prozesszeit angewandt.

Beispielhaft sei noch eine komplexe FE-Berechnung des Reibschweißens mit dem Programm DEFORM dargestellt. Bild 5.7.7. zeigt die Ergebnisse bzgl. der zeitlichen Entwicklung der Temperaturverteilung und der Wulstgeometrie. Die wesentlichen Prozessdaten sind: Drehzahl 580 U/min, Dauer der Reibphase 5,5 s und Dauer der Stauchphase 1,5 s. Der Anpressdruck wurde zwischen 40 und 90 MPa variiert. Der Reibungskoeffizient wurde mit 0,25 angenommen. Zusätzlich wurde angenommen, dass 90% der Umformenergie in Wärme dissipiert. Als weitere Ergebnisse erhält man den zeitlichen Verlauf des Drehmomentes, der Axialkraft und der Bauteilverkürzung. Durch den direkten Vergleich des Verlaufs des Drehmomentes mit Messdaten konnte das Modell an die Realität angepasst werden. Damit bildet das Modell ein ideales Planungsinstrument zur Optimierung der Schweißparameter.

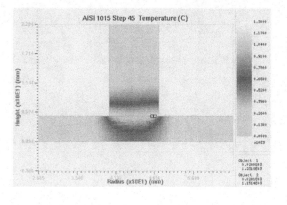
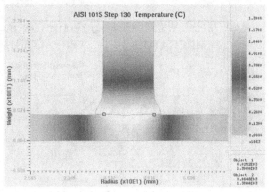
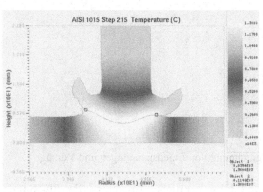
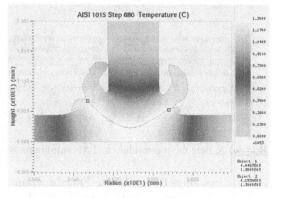

Bild 5.7.7. Geometrie- und Temperaturentwicklung beim Reibschweißen (DEFORM-Simulation) (Quelle: Y.Ghanimi, IWS, TU Graz)

5.7.5   Eigenspannungsberechnungen

Für das betriebliche Verhalten eines Bauteils sind neben den äußeren Belastungen auch die inneren Makrospannungen von wesentlichem Einfluss. Dies gilt insbesondere für Bauteile, die im Zuge der Fertigung durch lokale, plastische Verformungen (mechanisch und/oder thermisch) Eigenspannungen aufbauen.

Ist die freie Verformung eingeschränkt (bspw. bei dicken Querschnitten oder bei starrer Einspannung), so treten *Eigenspannungen bis zur Höhe der Streckgrenze* auf. Ist eine freie Verformung des Bauteils möglich, wie bspw. bei dünnen Blechen, so muss mit einem starken *Verzug* gerechnet werden. Die *Dehnungsanteile*, die zu lokalen, plastischen Verformungen führen setzen sich zusammen aus:

- elastischer Dehnung
- plastischer Dehnung
- thermischer Ausdehnung
- Umwandlungsdehnung (bspw. bei Martensitbildung)
- Dehnung aufgrund der Umwandlungsplastizität

Während bei nichtumwandelnden Werkstoffen eine elasto-plastische FE-Rechnung ohne Berücksichtigung der beiden letztgenannten Dehnungsanteile genügt, würde die Vernachlässigung bei niedriglegierten Stählen zu großen Fehlern führen. Daher ist ein Modul zur Beschreibung der Gefügeentwicklung notwendig. Die Kopplung der Berechnungsmodule und deren Wechselwirkungen ist in Bild 5.7.8 dargestellt.

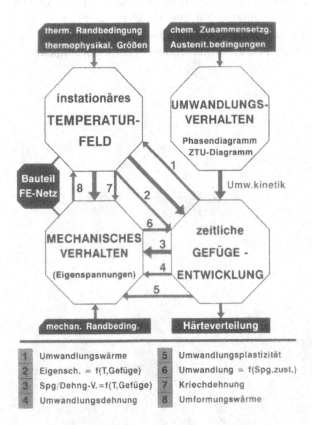

Bild 5.7.8. Berechnungsmodule und Ablaufschema zur Berechnung von Eigenspannungen und Verzüge

Als Beispiel zeigt Bild 5.7.9 die Eingabeparameter und die wesentlichen Ergebnisse der FE-Simulation der Eigenspannungs- bzw. Formentwicklung einer Jominy-Probe beim Wasserabschrecken der Stirnfläche.

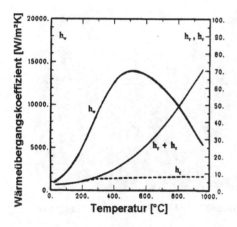

Thermophysikalische Eingabedaten

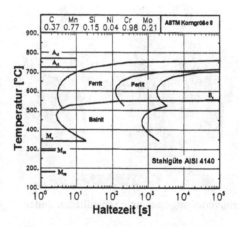

Berechnetes ZTU-Diagramm für einen Vergütungsstahl

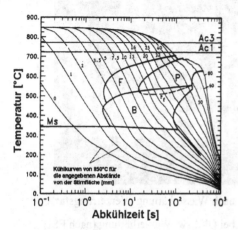

Ergebnis nach Schritt 2: Kühlkurven und Gefügeentwicklung für unterschiedliche Stirnflächenabstände

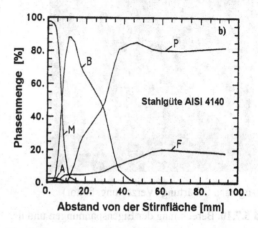

Ergebnis nach Schritt 2: Gefügezusammensetzung als
Funktion des Abstandes von der Stirnfläche

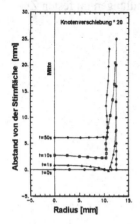

Ergebnis nach Schritt 3: Geometrieveränderung im
Zuge der Wasserabschreckung

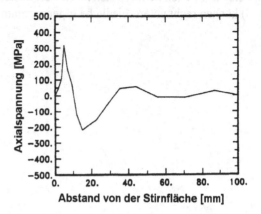

Ergebnis nach Schritt 3: Längseigenspannung über die
Probenlänge

Bild 5.7.9. Eingabedaten und Ergebnisse der Eigenspannungsberechnung einer Stirnabschreckprobe

Als weiteres Beispiel zeigt Bild 5.7.10 die Anwendung des FE-Systems SYSWELD für die Simulation der Öl- bzw. Wasserhärtung eines einfachen Bauteils.

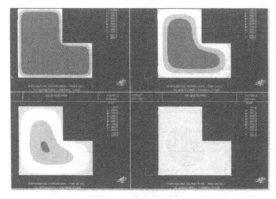

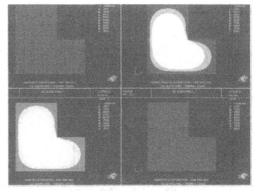

Temperaturverteilung nach unterschiedlichen Zeiten   Gefügeanteile (A/F+P/B/M) nach Ölhärtung

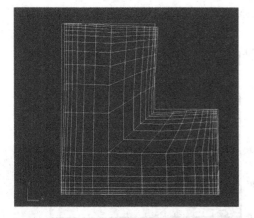

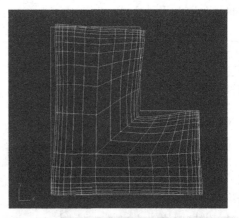

Verzug nach Ölhärtung (Verzerrungsfaktor)   Verzug nach Wasserhärtung (Verzerrungsfaktor)

Bild 5.7.10. Berechnung der Eigenspannungen und des Verzugs bei Öl- bzw. Wasserhärtung (nach ESI)

Bild 5.7.11 zeigt die Temperaturverteilung und die Entstehung der Eigenspannungen im Zuge des Schweißens. Je nach Stahltyp (ferritisch oder austenitisch, d.h. keine Umwandlungen im festen Zustand) können recht unterschiedliche Eigenspannungsverläufe auftreten.

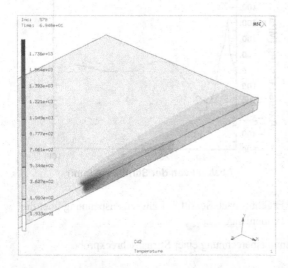

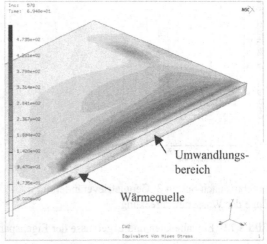

Temperaturverteilung   Verteilung der Mises-Vergleichsspannung

Bild 5.7.11. Temperatur- und Spannungsverteilung beim Schweißen (Quelle: N.Enzinger, IWS-TU Graz)

Ein weiteres Beispiel aus der schweißtechnischen Praxis zeigt Bild 5.7.12. Hier werden im Zuge des sog. „Last Pass Heat Sink Welding" die Rahmenbedingungen derart vorgegeben, sodass bei einer mehrlagigen Schweißnaht keine Zugspannungen an der Rohrwandinnenseite entstehen.

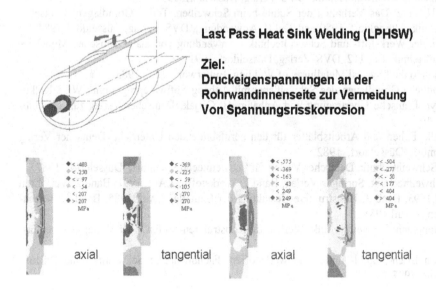

Bild 5.7.12: Kontrollierte Schweißbedingungen zur Beeinflussung der Eigenspannungen nach dem Schweißen (Quelle: N.Enzinger, IWS, TU Graz)

Zur Verifikation der numerischen Ergebnisse werden folgende Messmethoden eingesetzt:
- mechanisches Trennen der Komponenten und Messung der Verformung
- Ringkernmethode (mit DMS)
- Bohrlochmethode (mit DMS), s. Bild 5.7.13
- Röntgenbeugung (Spannungen nur im Oberflächenbereich)
- Neutronenbeugung (teuer, im Vergleich zur Röntgenbeugung höhere Eindringtiefe)

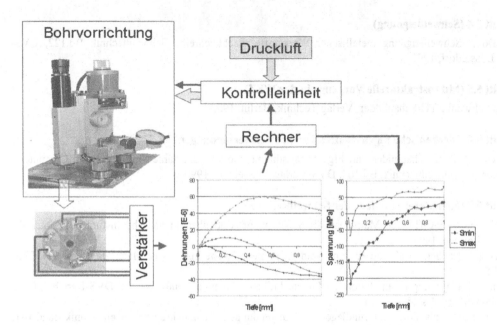

Bild 5.7.13: Prinzip der Messung der Schweißeigenspannungen mit der Bohrlochmethode

Weiterführende Literatur

Allgemein weiterführende Literatur

H.Behnisch (Hrsg.): Kompendium Schweißtechnik, DVS-Verlag, Düsseldorf, 1997

U.Boese, D.Werner und H.Wirtz: Das Verhalten der Stähle beim Schweißen, Teil I: Grundlagen; Deutscher Verlag für Schweißtechnik, Düsseldorf, 1980 und Teil II: Anwendung;, DVS-Verlag, Düsseldorf, 1984

B.Buchmayr: Computer in der Werkstoff- und Schweißtechnik - Anwendung von mathematischen Modellen, Fachbuchreihe Schweißtechnik, Bd. 112, DVS-Verlag, Düsseldorf, 1991

K.E.Easterling: Introduction to the Physical Metallurgy of Welding, Butterworth Ltd., 1983

H.Granjon: Werkstoffkundliche Grundlagen des Schweißens, mit Anhang Softwareprogramm „WEZ-Kalkulator" von B.Buchmayr, Deutsche Übertragung und Anhang H. Cerjak; Deutscher Verlag für Schweißtechnik, Düsseldorf, 1993

Fachkunde Schweißtechnik, Folien und Arbeitsblätter für den berufsbildenden Unterricht: Deutscher Verlag für Schweißtechnik GmbH, Düsseldorf, 1982

H. Richter: Fügetechnik, Schweißtechnik, Deutscher Verlag für Schweißtechnik GmbH, Düsseldorf, 1987

J.Ruge: Handbuch der Schweißtechnik, Springer-Verlag, Band 1: Werkstoffe, 3.Aufl.1991; Band 2: Verfahren und Fertigung; 3.Aufl.1993; Band 3: Konstruktive Gestaltung der Bauteile, 2.Aufl.1985; Band 4: Berechnung der Verbindungen, 2.Aufl.1988

G.Schulze, H.Krafka, P.Neumann: Schweißtechnik, Werkstoffe-Konstruieren-Prüfen, VDI-Verlag, Düsseldorf, 2.Aufl.1996

J.Schuster: Schweißen von Eisen-, Stahl- und Nickelwerkstoffen, Fachbuchreihe Schweißtechnik, Bd.130, DVS-Verlag, Düsseldorf, 1997

zu Abschnitt 5.2 (Schweißverfahren)

R.L.O'Brien (ed.): Welding Handbook, Vol.2, 8.edition, AWS Miami, 1991

zu Abschnitt 5.3 (Thermischer Schweißzyklus)

N.N.Rykalin: Die Wäremgrundlagen des Schweißens, Verlag Technik, Berlin, 1952

D.Radaj: Wärmewirkungen des Schweißens, Springer-Verlag, Berlin/Heidelberg, 1988

D.Uwer, J.Degenkolbe: Temperaturzyklen beim Lichtbogenschweißen und Berechnung der Abkühlzeiten, Schweißen u. Schneiden 24, 1972, H.12, S.485-489

Stahl-Eisen-Werkstoffblatt SEW 088(10.93): Schweißgeeignete Feinkornbaustähle – Richtlinien für die Verarbeitung, besonders für das Schmelzschweißen. 4.Ausgabe, 1993

zu Abschnitt 5.4 (Schweißeignung)

S.Anik, L.Dorn: Schweißeignung metallischer Werkstoffe, Fachbuchreihe Schweißtechnik Bd.122, DVS-Verlag, Düsseldorf, 1995

zu Abschnitt 5.5 (Mikrostrukturelle Vorgänge in der WEZ)

P.Seyffarth: Schweiß-ZTU-Schaubilder, Verlag Technik, Berlin, 1982

zu Abschnitt 5.6 (Mechanische Eigenschaften von Schweißverbindungen)

G.Frank: Schweiß-ZTU-Schaubilder und Eigenschaftsdiagramme von Baustählen mit Hilfe von Computern, Fachbuchreihe Schweißtechnik, Bd.104, DVS-Verlag, Düsseldorf, 1990

zu Abschnitt 5.7 (Komplexere Modelle der Schweißtechnik)

H.Cerjak, K.E.Easterling (Hrsg.): Mathematical modelling of weld phenomena, The Institute of Materials, Book 533, London, 1993

H.Cerjak (Hrsg.): Mathematical modelling of weld phenomena 2, The Institute of Materials, Book 594, London, 1995

W.Pollmann, D.Radaj (Hrsg.): Simulation der Fügetechniken – Potentiale und Grenzen, DVS-Berichte, Band 214, DVS-Verlag Düsseldorf, 2001

D.Radaj: Schweißprozeßsimulation Grundlagen und Anwendungen, Fachbuchreihe Schweißtechnik Band 141, DVS-Verlag, Düsseldorf, 1999

6 Anwendungen im Bereich der Umformtechnik

Kapitel-Übersicht

Übersicht der Mathcad-Programme in diesem Kapitel

Abschn.	Programm	Inhalt	Zusatzfile
6.2	Ludwik	Fließkurvenansatz (Ludwik-Gleichung)	
6.2	Hensel-Spittel	Hensel-Spittel-Ansatz für Warmfließkurven	kfWerte.prn
6.2	Fitwarm	Multivariate, nichtlineare Anpassung an Warmfließkurven	
6.2	Phys_Flk	Physikalische Beschreibung von Warmfließkurven	
6.3	Al_extrus	Strangpressen von Al-Legierungen	
6.4	Fliesspr	Voll-Vorwärts-Fließpressen	
6.5	Warmwalzen	Walzkraftberechnung	
6.5	Walzkraft	Walzkraftberechnung nach Alexander	
6.6	Stossofen	Austenitkornwachstum und Zunderdicke	
6.6	Rexx_stat	Kinetik der statischen Rekristallisation	statRexx.bmp
6.6	Rexx_dyn	Kinetik der dynamischen Rekristallisation	dynRexx.bmp
6.6	Dehnind	Dehnungsinduzierte Ausscheidung von Nb-Karbonitriden	
6.6	fergrain	Ferritkorngröße nach dem TM-Walzen	
6.7	Drahtzug	Ermittlung der Ziehkraft und Festlegung der Ziehfolge	drahtzug.bmp
6.7	dieless	Werkzeugfreies Ziehen	
6.8	Tiefzieh	Stempelkraft und Faltenvermeidung beim Tiefziehen	
6.8	Ziehteil	Festlegung der Anzahl der Züge beim Tiefziehen	
6.8	FLD	Berechnung der Grenzformänderungskurve	
6.9	*Deform_gleeble*	*Umformsimulation eines Heißzugversuches*	*AVI-file*
6.9	*Gleeble-def*	*Realer Heißzugversuch mit Gleeble-Prüfmaschine*	*AVI-file*
6.9	*Gesenkschm*	*Deform-Simulation des Gesenkschmiedens*	*AVI-file*
6.9	*Turbscheibe*	*Simulation des Schmiedens einer Turbinenscheibe*	*AVI-file*
6.9	*LSDYNA-DOOR*	*Tiefziehsimulation mit LSDYNA*	*AVI-file*
6.9	*CarDoor*	*Crash-Simulation, Tür-Seitenaufprall von MARC*	*AVI-file*

6.1 Übersicht über die Fertigungsverfahren und Kenngrößen

Ziel des Umformens ist eine gezielte Änderung der geometrischen Form, wobei der Stoffzusammenhalt und die Masse erhalten bleiben. Bild 6.1.1 zeigt die Einteilung der Umformverfahren bezüglich ihres Spannungszustandes nach DIN 8582. In Bild 6.1.2 sind einige Umformprozesse schematisch dargestellt. Findet die Umformung unter der Rekristallisationstemperatur des zu verarbeitenden Werkstoffs statt, als Faustregel gilt: $T_{Rexx}\,[K] \sim 0,4 T_m\,[K]$, so spricht man von *Kaltumformung*, darüber von *Warmumformung*. In der industriellen Produktion hat sich die Unterteilung in *Massiv-* und *Blechumformung* weitgehend durchgesetzt.

Bild 6.1.1. Einteilung der Fertigungsverfahren der Umformtechnik nach DIN 8582

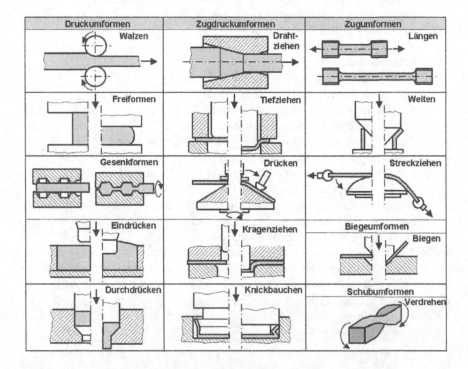

Bild 6.1.2. Beispiele unterschiedlicher Umformverfahren nach Fritz/Schulze

Bei den Verfahren der *Massivumformung* werden Stäbe bzw. Blöcke unter meist mehrachsigen Druckspannungszuständen umgeformt. Beispiele dazu sind Strangpressen, Fließpressen, Stauchen und Schmieden. Bei den Verfahren der *Blechumformung* werden flächenförmige Rohteile zu Hohlkörpern mit annähernd konstanter Blechdicke verarbeitet. Beispiele sind das Tiefziehen, das Streckziehen, das Biegen und das Walzprofilieren.

6.1.1 Umformtechnische Kenngrößen

Beim Umformen bleibt das Volumen konstant. Für die Berechnung von Umformvorgängen sind folgende Kenngrößen definiert:

- *absolute Formänderung* = Unterschied der geometrischen Abmessungen vor und nach der Umformung (z.B. $\Delta l = l_1 - l_0$)
- *bezogene Formänderung* (z.B. $\varepsilon_l = \Delta l / l_0$)
- *Umformgrad* ($\varphi_l = \ln(l_1/l_0)$)
- *Umformgeschwindigkeit* $\dot{\varphi} = d\varphi / dt$
- *Formänderungsarbeit* $W = \int\limits_{0}^{\varphi_{ges}} \sigma_i \cdot d\varphi$

Die Beziehung zwischen dem Umformgrad und der bezogenen Formänderung lautet $\varphi = \ln(1+\varepsilon)$. Entsprechend der Bedingung bzgl. Volumenkonstanz gilt für die Umformgrade und Umformgeschwindigkeiten in den Hauptrichtungen

$$\varphi_h + \varphi_b + \varphi_l = 0$$

$$\dot{\varphi}_x + \dot{\varphi}_y + \dot{\varphi}_z = 0$$

6.1.2 Fließspannung und Fließkurve

Plastische Verformung tritt erst ab Erreichen der werkstoffabhängigen Fließgrenze ein. Wird anstelle eines üblichen Spannungs-Dehnungs-Diagramms die wahre Spannung ($k_f = F/A_{aktuell}$) über dem Umformgrad φ aufgetragen, so ergibt sich die *Fließkurve*. Bei Kaltverformung nimmt die werkstoffabhängige Fließspannung k_f mit zunehmender Formänderung zu (= Verfestigung), während bei Warmumformung k_f stark von der Temperatur T und von der Umformgeschwindigkeit $\dot{\varphi}$ abhängt, d.h.

$$k_f = f(Werkstoff, \varphi, \dot{\varphi}, T)$$

Typische Fließkurvenverläufe von Stählen für Kalt- und Warmumformung, sowie der k_f-Verlauf über einen weiten Temperaturbereich zeigt Bild 6.1.3.

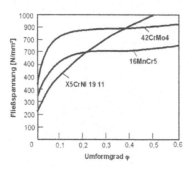

Kaltfließkurven - Einsatz-, Vergütungs- und austenitischer Stahl

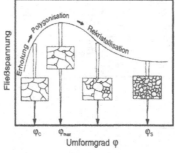

Typische Warmfließkurve mit Strukturentwicklung

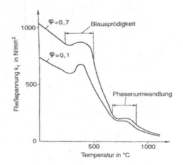

Temperaturabhängigkeit von k_f Stahl 100Cr6, $\dot{\varphi} = 0,1\ s^{-1}$

Bild 6.1.3. Typische Fließkurvencharakteristika der Stähle

6.1.3   Formänderungsvermögen

Neben der Höhe der Fließspannung ist das *Formänderungsvermögen* ein wichtiges Maß zur Charakterisierung der *Umformbarkeit*. Ein Werkstoff gilt dann als gut umformbar, wenn sein Widerstand gegen plastische Formänderung klein und sein Formänderungsvermögen groß ist.

Das Formänderungsvermögen beschreibt den maximalen Vergleichsumformgrad den ein Werkstoff ohne Rissbildung bzw. Bruch ertragen kann. Der Bruchumformgrad hängt außer vom Werkstoff entscheidend von der Temperatur (Bild 6.1.4a), dem Spannungszustand (Bild 6.1.4b) und von der Umformgeschwindigkeit ab. Als Kenngröße für den Einfluss des Spannungszustandes wird meist die hydrostatische Spannung

$$\sigma_m = 1/3(\sigma_1 + \sigma_2 + \sigma_3)$$

bezogen auf die Fließspannung herangezogen, s. Bild 6.1.4b. Bild 6.1.5 zeigt die Zunahme des Formänderungsvermögens in der Darstellung der Mohr'schen Spannungskreise. Mit diesen Bildern erklärt sich auch die dominante Bedeutung der Druckumformverfahren, wie Walzen, Gesenkschmieden, Fließ- und Strangpressen.

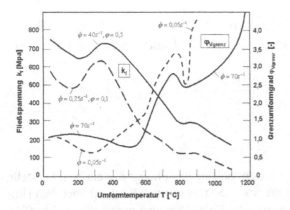

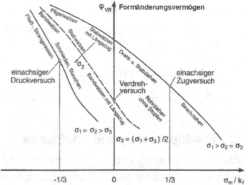

Bild 6.1.4a. Einfluss der Temperatur und der Umformgeschwindigkeit auf das Formänderungsvermögen des Stahles Ck15

Bild 6.1.4b. Einfluss des Spannungszustandes auf das Formänderungsvermögen („Stenger-Diagramm")

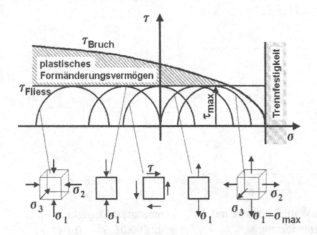

Bild 6.1.5. Mohr'sche Spannungskreise und Formänderungsvermögen für unterschiedliche Spannungszustände

6.1.4 Änderung der Werkstoffeigenschaften durch den Umformprozess

Durch das Umformen kann nicht nur die geometrische Form sondern auch das Gefüge und damit die mechanischen Eigenschaften eines Bauteils gezielt verändert werden. Durch eine Kaltverformung kann die statische Festigkeit aber auch die Dauerfestigkeit erhöht werden, während durch eine Warmumformung infolge mehrmaliger Rekristallisation ein feinkörniges Gefüge mit einer besseren Kombination von Festigkeit und Zähigkeit erreicht werden kann. Ein typisches Beispiel ist das thermo-mechanische Walzen von mikrolegierten Feinkornbaustählen, das im Abschnitt 6.6 ausführlich dargestellt wird.

6.2 Mathematische Beschreibung von Fließkurven

6.2.1 Fließkurven für die Kaltumformung

Für das Kaltumformen von un- und niedriglegierten Stählen sowie für Leichtmetalle im Bereich $\varphi = 0{,}2$ bis $\varphi = 1$ wird die Fließspannung meist durch das Ludwik-Gesetz $k_f = K \cdot \varphi^n$ beschrieben, wobei n der Verfestigungsexponent ist.

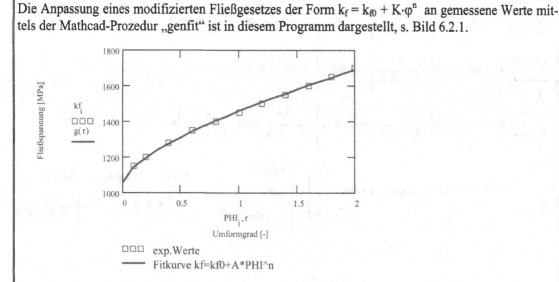

Die Anpassung eines modifizierten Fließgesetzes der Form $k_f = k_{f0} + K \cdot \varphi^n$ an gemessene Werte mittels der Mathcad-Prozedur „genfit" ist in diesem Programm dargestellt, s. Bild 6.2.1.

Bild 6.2.1. Fließkurve eines eutektoiden Stahldrahtes; experimentelle Werte mit Ausgleichskurve

6.2.2 Fließkurven für die Warmumformung

Im Bereich der Warmumformung muß für die Beschreibung der Fließspannung neben dem Umformgrad auch noch die Umformtemperatur und die Umformgeschwindigkeit berücksichtigt werden, da die plastischen Verformungen thermisch aktiviert ablaufen. Meist werden beide Einflüsse mit dem sog. *Zener-Hollomann-Parameter* Z

$$Z = \dot{\varphi} \cdot \exp(Q / R \cdot T)$$

zusammengefasst, der auch als temperaturkompensierte Dehnrate betrachtet werden kann. Sowohl die Höhe der Fließspannung, als auch die reziproke Korngröße bei dynamischer Rekristallisation sind direkt proportional zu diesem Parameter.

Fitwarm.mcd

Multivariate, nichtlineare Kurvenanpassung von Warmfließkurven   fitwarm.mcd

Gleichungsansatz für die Dehnung bei max. Fließspannung: $\varepsilon\_peak = \varepsilon\_dot^p \cdot \exp(Q/RT)$

wobei Q die Aktivierungsenergie, R die Gaskonstante, A und p anpaßbare Parameter sind.

Versuchsparameter:
- Dehnrate ε_dot
- Temperatur T

$i := 0..3 \quad j := 0..4$

$$\varepsilon\_dot := \begin{bmatrix} 0.1 \\ 0.2 \\ 0.5 \\ 1 \\ 2 \end{bmatrix} \quad T := \begin{bmatrix} 950 \\ 1000 \\ 1050 \\ 1100 \end{bmatrix}$$

Die Meßwerte in Matrixschreibweise:

$$\varepsilon\_exp := \begin{bmatrix} 0.54 & 0.56 & 0.59 & 0.62 & 0.65 \\ 0.42 & 0.44 & 0.46 & 0.48 & 0.51 \\ 0.35 & 0.36 & 0.37 & 0.41 & 0.43 \\ 0.27 & 0.29 & 0.30 & 0.34 & 0.35 \end{bmatrix}$$

Die Summe der Abweichungsquadrate

$$\sum_i \sum_i \left[A \cdot (\varepsilon\_dot_j)^p \cdot \exp\left(\frac{q}{T_i + 273}\right) - \varepsilon\_exp_{i,j} \right]^2$$

soll nun minimiert werden.

(vereinfachend wird Q/R=q gesetzt)

Dazu werden mit der MathCad-Option "Differentiate on Variable" die Ableitungen dieser Doppelsumme bzgl. A, p und q gebildet und gleich Null gesetzt. Das Gleichungssystem wird dann mit der Prozedur "Given ... Find(A,p,q)" gelöst.

Erste Schätzung der gesuchten Parameter: A := 0.004   p := 0.08   q := 7000
Given

$$\sum_j \sum_i \left[A \cdot (\varepsilon\_dot_j)^p \cdot \exp\left[\frac{q}{(T_i + 273)}\right] - \varepsilon\_exp_{i,j} \right] \cdot (\varepsilon\_dot_j)^p \cdot \exp\left[\frac{q}{(T_i + 273)}\right] = 0$$

$$\sum_j \sum_i \left[A \cdot (\varepsilon\_dot_j)^p \cdot \exp\left[\frac{q}{(T_i + 273)}\right] - \varepsilon\_exp_{i,j} \right] \cdot (\varepsilon\_dot_j)^p \cdot \ln(\varepsilon\_dot_j) \cdot \exp\left[\frac{q}{(T_i + 273)}\right] = 0$$

$$\sum_j \sum_i \left[A \cdot (\varepsilon\_dot_j)^p \cdot \exp\left[\frac{q}{(T_i + 273)}\right] - \varepsilon\_exp_{i,j} \right] \cdot \frac{(\varepsilon\_dot_j)^p}{(T_i + 273)} \cdot \exp\left[\frac{q}{(T_i + 273)}\right] = 0$$

$$\begin{bmatrix} A \\ p \\ q \end{bmatrix} := Find(A, p, q)$$

Die Lösung lautet somit:

$$\begin{bmatrix} A \\ p \\ q \end{bmatrix} = \begin{bmatrix} 1.796 \cdot 10^{-3} \\ 0.068 \\ 7.147 \cdot 10^3 \end{bmatrix}$$

Berechnung der Ausgleichskurve

$$\varepsilon\_p_{i,j} := A \cdot (\varepsilon\_dot_j)^p \cdot \exp\left[\frac{q}{(T_i + 273)}\right]$$

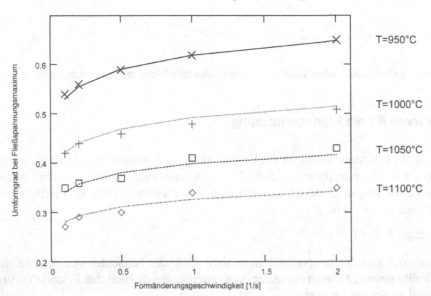

💾 Hensel-Spittel.mcd

Sehr häufig werden Warmfließkurven mit dem empirische Ansatz nach Hensel-Spittel in der Form

$$k_f = A_0 \cdot \exp(A_1 \cdot T) \cdot \varphi^{A_2} \cdot \exp(A_3 \cdot \varphi) \cdot \dot{\varphi}^{A_4}$$

beschrieben. Diese Mathcad-Anwendung ermöglicht die Eingabe und den grafischen Vergleich von Warmfließkurven unterschiedlicher Werkstoffe und die k_f-Darstellung in Abhängigkeit von den Umformparametern.

6.2.3 Physikalische Beschreibung von Warmfließkurven

Die Grundgleichung für die Entwicklung der mittleren Versetzungsdichte während der Verformung lautet:

$$\frac{\partial \rho}{\partial t} = \frac{\dot{\varphi}}{b \cdot l} - 2M \cdot \tau \cdot \rho^2$$

mit der Versetzungsdichte ρ [1/m²], dem Burgersvektor b [m], der mittleren freien Weglänge einer Versetzung l [m], dem Erholungsfaktor M [m²/Ns], der mittleren Energie je Längeneinheit einer Versetzung τ [J/m], der Zeit t [s] und der Verformungsrate dφ/dt. Die Fließspannung wird allgemein durch die Beziehung

$$\sigma = \alpha \cdot \mu \cdot b \cdot \sqrt{\rho} + \sigma_P$$

beschrieben. Darin ist μ der Schubmodul und σ die Fließspannung. Der zweite Term σ_P beschreibt die Erhöhung der Fließspannung durch feinst ausgeschiedene Teilchen. Der Faktor α im ersten Term ist abhängig von den Wechselwirkungen einer gleitenden Versetzung mit dem Versetzungswald, mit dem Spannungsfeld einer parallelen Versetzung und mit dem periodischen Atomgitter.

 💾 Phys_Flk.mcd

Die Lösung der gewöhnlichen Differentialgleichung erfolgt mit der Runge-Kutta-Methode. Dargestellt sind berechnete Fließkurven: a) bei unterschiedlichen Dehnraten und b) für unterschiedliche Gehalte an γ'-Phase in einer Nickelbasislegierung bei einer Dehnrate von 1.

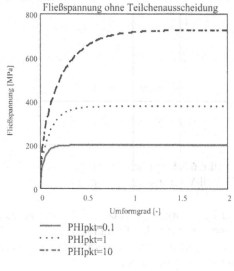

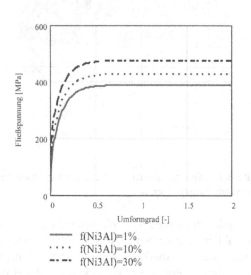

a)   b)

6.3 Strangpressen

Lange Produkte mit gleichbleibenden, meist aber komplexen Querschnitten (z.B. Profile) können sehr wirtschaftlich mit dem Strangpressen hergestellt werden. Die Arbeitstemperatur liegt meist oberhalb der Rekristallisationstemperatur. Aufgrund des hohen hydrostatischen Druckes können große Formänderungen realisiert werden. Je nach Stofffluss und Form werden die Strangpressverfahren unterteilt in:
- Vorwärts- oder direktes Strangpressen (voll oder hohl) und in
- Rückwärts- oder indirektes Strangpressen (voll oder hohl).

Das Prinzip des direkten Vollstrangpressens zeigt Bild 6.3.1. Den Spannungszustand in der Umformzone zeigt Bild 6.3.2. Ein typischer Kraft-Weg-Verlauf ist in Bild 6.3.3 dargestellt.

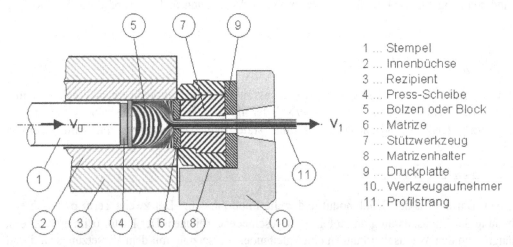

1 ... Stempel
2 ... Innenbüchse
3 ... Rezipient
4 ... Press-Scheibe
5 ... Bolzen oder Block
6 ... Matrize
7 ... Stützwerkzeug
8 ... Matrizenhalter
9 ... Druckplatte
10.. Werkzeugaufnehmer
11.. Profilstrang

Bild 6.3.1. Aufbau und Prinzip des direkten Vollstrangpressens

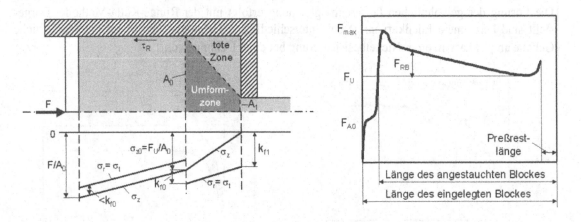

Bild 6.3.2. Spannungszustand in der Umformzone beim Voll-Vorwärts-Strangpressen

Bild 6.3.3. Typischer Kraft-Weg-Verlauf beim Voll-Vorwärts-Strangpressen

Typische strangpressbare Werkstoffe sind bezüglich ihrer Pressbarkeit in Tabelle 6.3.1 mit Angabe der üblichen Blocktemperatur, Stranggeschwindigkeit und des max. Umformgrades geordnet. Zu einer guten Pressbarkeit tragen geringe Fließspannung, hohes Formänderungsvermögen, eine maximal mögliche Pressgeschwindigkeit und die Höhe der Umformtemperatur bei.

Tabelle 6.3.1. Pressbarkeit einiger typischer Strangpresswerkstoffe

Presswerkstoff	Pressbarkeit	Blocktemperatur [°C]	Stranggeschwin- digkeit [m/s]	max. Umform- grad [-]
Reinaluminium	leicht	360...500	0,3...2,0	6,9
ß-Messing		500...750	0,5...2,0	6,5
Reinkupfer		800...900	0,6...2,0	5,7
α+β-Messing	ohne besonderen	700...800	0,5...2,0	6,4
AlMg-Legierungen	Schwierigkeiten	380...450	0,1...0,2	4,6
AlMgSi-Legierungen		400...500	0,2...1,5	6,2
α-Messing		750...900	0,1...0,2	4,6
Bronze	schwer	650...900	0,05...0,07	3,4
CuNi-Legierungen		700...900	1,0...2,5	3,8
C-Stahl		1100...1250	3,0...6,0	4,6
Ti-Legierungen	sehr	850...1020	0,5...3,0	3,0
Ni-Legierungen	schwer	1130...1200	ca. 6	1,5....3,5

 💾 Al-extrus.mcd

In diesem Programm wird die Presskraft zum Strangpressen einer AlMgSi1-Legierung berechnet.

Die Temperaturverhältnisse beim Strangpressen haben entscheidenden Einfluss auf den Umformvorgang und auf die resultierenden Bauteileigenschaften. Bild 6.3.4 zeigt den Arbeitsbereich für das Strangpressen. Insbesondere ist die Temperaturerhöhung durch Dissipation der Umformarbeit in thermische Energie zu beachten, die mit

$$\Delta T = \frac{k_f \cdot \varphi}{c_p \cdot \rho}$$

abgeschätzt werden kann. Eine zusätzliche Temperaturerhöhung ergibt sich aus der Reibung an der Rezipientenwand bzw. in der Matrize. Durch Erhöhung der Pressgeschwindigkeit wird der Arbeitsbereich noch weiter eingeengt.

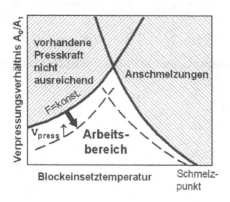

Bild 6.3.4. Arbeitsbereich beim Strangpressen und Auswirkungen einer erhöhten Pressgeschwindigkeit

Für das Strangpressen günstige Profilquerschnitte sollten gleiche Wanddicke, symmetrische und einfache Formen mit einem möglichst kleinen umschreibenden Kreis und keine tiefen, schmalen Öffnungen aufweisen. Vollprofile sind Hohlprofilen vorzuziehen, da für letztere komplizierte Brückenwerkzeuge gefertigt werden müssen.

6.4 Fließpressen

Das Fließpressen ist mit dem Strangpressen bezüglich des in der Umformzone herrschenden Spannungszustandes vergleichbar. Es gehört ebenso zum Druckumformen, Untergruppe Durchdrücken. In der Umformzone ergeben sich Druckspannungen in Axial-, Tangential- und Radialrichtung, wodurch sehr große Formänderungen möglich sind. Im Gegensatz zum Strangpressen werden keine Langprodukte, sondern fertige Kleinteile produziert. Ein weiterer wesentlicher Unterschied liegt darin, dass der Fließpressvorgang üblicherweise im kalten Zustand erfolgt.

Die Fließpressverfahren werden nach der Richtung des Stoffflusses bezogen auf die Wirkrichtung (Werkzeughauptbewegung) in Vorwärts-, Rückwärts- und Querfließpressen unterteilt. Ein weiteres Klassifizierungsmerkmal ist die Werkstückgeometrie. Man unterscheidet zwischen Voll-, Hohl- und Napffließpressen.

Von besonderer technischer und wirtschaftlicher Bedeutung ist das Kaltfließpressen von Stahl und NE-Legierungen. Es werden Werkstücke mit Stückmassen von einigen dag bis einigen kg gefertigt. Wichtigster Abnehmer ist die Automobilindustrie. Die Vorteile des Kaltfließpressens sind:
- optimale Werkstoffausnutzung und niedrige Materialkosten,
- hohe Mengenleistung,
- hohe reproduzierbare Maßgenauigkeit,
- hohe Oberflächengüte (Rauheit: $4\mu m < R_z < 15\mu m$),
- hohe statische und dynamische Beanspruchbarkeit durch Ausnutzung der Kaltverfestigung und durch den beanspruchungsgerechten Faserverlauf.

Die Vorteile hinsichtlich Energiebedarf und Werkstoffausnutzung gegenüber anderen Verfahren zeigt Bild 6.4.1. Die zulässigen Umformgrade beim Strangpressen sind in Tabelle 6.4.1 dargestellt.

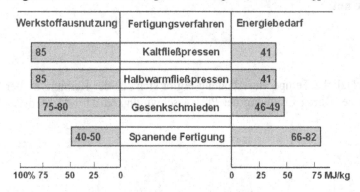

Bild 6.4.1. Werkstoffausnutzung und Energiebedarf für 1kg Fertigstahl, einschließlich Aufwand für Stahlherstellung und Energiegehalt des Abfalls (nach Lange)

Tabelle 6.4.1. Zulässige Formänderungen nach VDI-3138, Blatt 1

Werkstoff	Vorwärts-fließpressen	Rückwärts-fließpressen
Al 99,5, Al 99,8	3,9	4,5
AlMgSi0,5, AlMgSi1, AlMg2, AlCuMg1	3,0	3,5
CuZn15-CuZn37 (Ms63), CuZn38Pb1	1,2	1,1
Stähle mit sehr kleinem C-Gehalt	1,4	1,2
Ck10, Ck15, Cq10, Cq15	1,2	1,1
Cq22, Cq35, 15Cr3	0,9	1,1
Ck45, Cq45, 34Cr4, 16MnCr5	0,8	0,9
42CrMo4, 15CrNi6	0,7	0,8

Fliesspr.mcd

Voll-Vorwärts-Fließpressen

Die gesamte Umformkraft Fges setzt sich aus der ideellen, verlustfreien Kraft, den Schiebungs- und Reibungskräften (Matrizenwand und Schulter) zusammen, d.h. $F_{ges} = F_{id} + F_{sch} + F_{rs} + R_{rw}$

wobei

$F_{id} = Ao \cdot k_{fm} \cdot \varphi$

$F_{sch} = 2/3 \cdot \alpha \cdot F_{id}/\varphi$

$F_{rs} = F_{id} \cdot \mu/(\cos\alpha \cdot \sin\alpha)$

$R_{rw} = \pi \cdot do \cdot RL \cdot k_{fo} \cdot \mu$

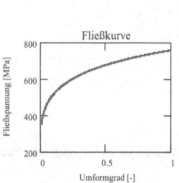

$MPa := \dfrac{newton}{mm^2}$

$kN := 10^3 \cdot newton$

Eingabedaten:

Stahl Ck15

$kf0 := 280 \cdot MPa$

Fließspannung $k_f = K \cdot \varphi^n$ $\quad n := 0.165 \quad K := 760 \dfrac{newton}{mm^2}$

Rohlingdurchmesser d_0 $\quad d0 := 18 \cdot mm$

Steghöhe hs mit d=do $\quad hs := 3 \cdot mm$

Enddurchmesser d_1 $\quad d1 := 10 \cdot mm$

zylindr. Bauteillänge h_1 $\quad h1 := 15 \cdot mm$

Neigungswinkel α $\quad \alpha := 60 \qquad \alpha := \alpha \cdot \dfrac{\pi}{180}$

Reibbeiwert μ $\quad \mu := 0.12$

Bauteilvolumen

$$V1 := \frac{d1^2 \cdot \pi}{4} \cdot h1 + \frac{\pi}{3} \cdot \frac{(d0 - d1)}{2} \cdot \tan\left(\frac{\pi}{2} - \alpha\right) \cdot \left(d0^2 + d0 \cdot d1 + d1^2\right) + \frac{d0^2 \cdot \pi}{4} \cdot hs \qquad V1 = 3.402 \cdot 10^3 \cdot mm^3$$

$h0 := \dfrac{4 \cdot V1}{d0^2 \cdot \pi} \qquad h0 = 13.37 \cdot mm \qquad$ **Reiblänge:** $\; RL := h0 - hs \qquad RL = 10.37 \cdot mm$

Umformgrad $\quad$ {Bem.: j+(ctrl+g) -->φ} $\qquad\qquad A0 := \dfrac{d0^2 \cdot \pi}{4} \qquad A0 = 254.469 \cdot mm^2$

$\varphi := 2 \cdot \ln\left(\dfrac{d0}{d1}\right) \qquad \varphi = 1.176$

Ermittlung von kfm

$kfm := \dfrac{\displaystyle\int_0^\varphi K \cdot Phi^n \, dPhi}{\varphi} \qquad kfm = 669.769 \cdot MPa$

Umformkraft

$Fges := A0 \cdot kfm \cdot \varphi \cdot \left(1 + \dfrac{2}{3} \cdot \dfrac{\alpha}{\varphi} + \dfrac{\mu}{\cos(\alpha) \cdot \sin(\alpha)}\right) + \pi \cdot d0 \cdot RL \cdot kf0 \cdot \mu \qquad Fges = 394.574 \cdot kN$

Umgeformtes Volumen Vd

$$Vd := \frac{\pi}{4} \cdot d1^2 \cdot h1 + \frac{\pi}{3} \cdot \frac{(d0 - d1)}{2} \cdot \tan\left(\frac{\pi}{2} - \alpha\right) \cdot \left(d0^2 + d0 \cdot d1 + d1^2\right) \qquad Vd = 2.639 \cdot 10^3 \cdot mm^3$$

Wirkungsgrad $\quad \eta F := \dfrac{1}{1 + \dfrac{2}{3} \cdot \dfrac{\alpha}{\varphi} + \dfrac{\mu}{\cos(\alpha) \cdot \sin(\alpha)} + \dfrac{4 \cdot RL \cdot \mu \cdot kf0}{d0 \cdot \varphi \cdot kfm}} \qquad \eta F = 0.508$

Umformarbeit W $\qquad Wges := \dfrac{Vd \cdot kfm \cdot \varphi}{\eta F} \qquad\qquad Wges = 4.092 \cdot 10^3 \cdot joule$

6.5 Flachwalzen

6.5.1 Einführung

Flachprodukte können am wirtschaftlichsten durch Flachwalzen hergestellt werden. Das aus der Dicke h des Walzgutes verdrängte Volumen fließt vorrangig in Längsrichtung ab, zum Teil aber auch in die Breite b. Ist die Breite größer als die etwa 10-fache Dicke, so liegt ein breitungsfreier Walzprozess vor (= ebene Formänderung). Die Verhältnisse im Walzspalt sind in Bild 6.5.1 dargestellt. Die Zielgrößen können aus dem Streifenmodell und mit Methoden der elementaren Plastizitätstheorie beschrieben werden.

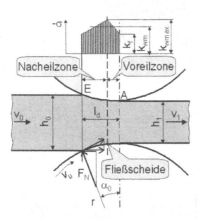

v_0	Einlaufgeschwindigkeit
v_1	Auslaufgeschwindigkeit des Walzgutes
v_u	Umfangsgeschwindigkeit der Walzen
h_0	Ausgangsdicke
h_1	Enddicke des Walzgutes
l_d	gedrückte Länge
E	Einlaufpunkt an der Walze
A	Auslaufpunkt an der Walze
R	Walzenradius
α_0	Walzwinkel
k_f	Fließspannung
k_{wm}	mittlerer Formänderungswiderstand
k_{wmax}	maximaler Formänderungswiderstand

Bild 6.5.1. Verhältnisse im Walzspalt beim Flachwalzen

6.5.2 Walztechnische Kennzahlen

Gedrückte Länge (= Länge des Walzspalts in Walzrichtung):

$$l_d = \sqrt{r \cdot \Delta h - \Delta h^2 / 4} \approx \sqrt{r \cdot \Delta h}, \text{ wobei } r \text{ der Arbeitswalzenradius ist.}$$

Walzspaltverhältnis l_d/h_m: Viele Kennzahlen, wie Umformgrad, Umformwiderstand etc., werden in Abhängigkeit vom Walzspaltverhältnis dargestellt.

Lokale Walzgutdicke im Walzspalt:

$$h(\alpha) = h_1 + 2r(1 - \cos\alpha)$$

Lokale Walzgutdicke h(x), wobei x vom Walzspaltaustritt gemessen wird:

$$h(x) = h_1 + 2r(1 - \sqrt{1 - \frac{x^2}{r^2}}) \approx h_1 + \frac{x^2}{r}$$

Walzenabplattung: Aufgrund der großen Pressung auf die Walzen deformieren sich diese elastisch, wodurch der Walzradius und die gedrückte Länge größer wird.
Nach Hitchcock gilt:

$$r' = r(1 + (22 \div 35) \cdot 10^{-6} \frac{F}{b \cdot \Delta h}) \quad \text{bzw.} \quad l_d = \sqrt{r' \cdot \Delta h}$$

Greifbedingung: Entsprechend Bild 6.5.1 ist die Greifbedingung erfüllt, wenn die einziehende Reibungskraftkomponente $\mu F_N \cos\alpha_0$ in Walzrichtung größer als die zurückstoßende Normalkraftkomponente $F_N \sin\alpha_0$ ist, d.h wenn $\mu > \tan\alpha_0$ ist. Mit der Näherung $\tan\alpha_0 \sim l_d/r$ ergibt sich die maximal mögliche Dickenabnahme mit $\Delta h_{max} = \mu^2 \cdot r$.

6.5.3 Umformkinematik

Beim Durchlauf durch den Walzspalt wird das Walzgut infolge der Querschnittsverminderung von der Einlaufgeschwindigkeit v_o auf die Auslaufgeschwindigkeit v_1 beschleunigt. Durch die Kontinuitätsgleichung und bei gleichbleibender Breite gilt

$$h_0 \cdot v_0 = h_x \cdot v_x = h_1 \cdot v_1 .$$

Daraus lässt sich v_x berechnen und mit $h(x) = h_1 + x^2/r$ und der Normierung $x' = x/l_d$ ergibt sich die lokale Walzgutgeschwindigkeit mit

$$v_x(x') = \frac{v_1}{1 + x'^2 \, \Delta h / h_1} .$$

Im Vergleich zur Walzenumfangsgeschwindigkeit v_u existiert daher nur ein Ort, wo die Walzgutgeschwindigkeit gleich der Walzenumfangsgeschwindigkeit ist, s. Bild 6.5.2. Dieser Ort wird *Fließscheide* genannt. Der Bereich vorher wird als *Nacheil-* oder *Rückstauzone* und jener danach als *Voreilzone* bezeichnet. Die Lage der Fließscheide kann für längskraftfreies Walzen mit der Beziehung

$$X_F' = 0{,}5(1 - \alpha / 2\mu)$$

abgeschätzt werden. Bei großer Reibung (insbesondere beim Warmwalzen) kann es anstelle der Fließscheide zu einer Haftzone kommen (in Bild 6.5.2 punktiert eingezeichnet).
Die *mittlere Umformgeschwindigkeit* ergibt sich aus:

$$\dot{\varphi}_h = \frac{\varphi}{t} = \frac{\varphi}{l_d / v_{xm}} \approx \frac{\varphi}{l_d} \cdot v_1 = \frac{\ln(h_1 / h_0)}{\sqrt{r \cdot \Delta h}} \cdot v_1$$

Beim Warmwalzen ergeben sich damit Umformgeschwindigkeiten von 1 bis 10 s^{-1}, beim Kaltwalzen hingegen zwischen 1000 und 5000 s^{-1}.

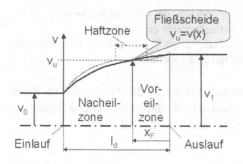

Bild 6.5.2. Geschwindigkeitsverteilung im Walzspalt

6.5.4 Spannungszustand

Für den Spannungszustand und bei Anwendung des Streifenmodells (örtliches Stauchen) ergibt sich für die horizontale Spannung σ_x die nicht geschlossen lösbare Differentialgleichung

$$\frac{d\sigma_x}{dx} + \frac{2}{h}[\tan\alpha - \tan(\alpha \pm \rho)]\sigma_x + \frac{2}{h}k_f \tan(\alpha \pm \rho) = 0$$

Das positive Vorzeichen ($+\rho$) steht für die Verhältnisse in der Voreilzone, das negative für die Nacheilzone. Die zur Berechnung der Walzkraft benötigte Spannung σ_z erhält man mit der Fließbedingung $k_f = \sigma_{max} - \sigma_{min}$, wobei $\sigma_x = \sigma_{max}$ und $\sigma_z = \sigma_{min}$ ist.

Für die Voreilzone ($0 < x < x_F$) gilt damit

$$\sigma_z = -k_{fm} \cdot (1 + \frac{x^2 / r}{h_1 + x^2 / r} + \frac{2\mu x}{h_1 + x^2 / r})$$

und für die Nacheilzone ($x_F < x < l_d$)

$$\sigma_z = -k_{fm} \cdot (1 + \frac{2\mu \cdot (l_d - x)}{h_1 + x^2 / r} - \frac{l_d^2 - x^2}{r \cdot (h_1 + x^2 / r)}) .$$

Bei ebener Formänderung wird $1,15 \cdot k_{fm}$ anstelle k_{fm} gesetzt. Der sich ergebende Fließkurvenverlauf ist in Bild 6.5.3 dargestellt. Durch eintritts- und oder austrittsseitigen Bandzug wird der maximale k_f-Wert im Walzspalt gesenkt, s. Bild 6.5.4. Daraus resultiert eine kleinere Walzkraft und damit geringere Walzendurchbiegung (Planheit), geringerer Walzenverschleiß und bessere Planheit. Durch den Längszug ist auch eine präzisere Bandführung in den Gerüsten und beim Aufhaspeln möglich. Wie Bild 6.5.4 auch zu sehen ist, verschiebt sich die Lage der Fließscheide durch einseitigen Zug.

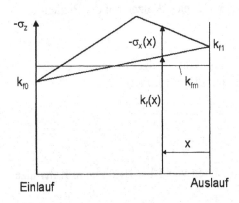

Bild 6.5.3. Spannungsverlauf im Walzspalt

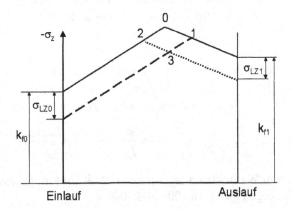

Bild 6.5.4. Veränderung der maximalen Spannung und des Ortes der Fließscheide durch Bandzug.
0... ohne Bandzug, 1...mit Rückzug, 2... mit Vorwärtszug, 3 ... mit Zug in beide Richtungen

Der für die Walzkraftberechnung erforderliche Umformwiderstand k_w ist der Betrag der mittleren Vertikalspannung im Walzspalt und kann durch Integration der Spannungsverteilung berechnet werden. Bild 6.5.5 zeigt k_w als Funktion des Walzspaltverhältnisses. Nach Siebel gilt:

$$k_w = 1,15 \cdot k_{fm} \cdot \left(1 + 0,5\mu \cdot l_d / h_m\right)$$

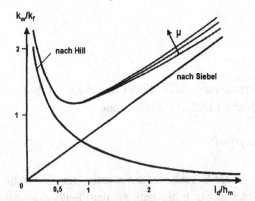

Bild 6.5.5. Formänderungswiderstand k_w in Abhängigkeit vom Walzspaltverhältnis l_d/h_m

Für das Walzen mit Längszug verringert sich der Umformwiderstand k_w um die Spannung σ_{LZ}.

6.5.5 Kräfte im Walzspalt

Die Walzkraft ergibt sich durch Integration der Spannungsverteilung im Walzspalt

$$F = \int_{A_d} |\sigma_z| \cdot dA,$$

wobei $A_d = l_d \cdot b$ die gedrückte Fläche ist. Für technische Berechnungen wird die Walzkraft mit

$$F = A_d \cdot k_w = b\sqrt{r\Delta h}\,\frac{1{,}15 \cdot k_{fm}}{\eta}$$

beschrieben, wobei der Umformwirkungsgrad

$$\eta = \frac{1}{1 + 0{,}5\mu \cdot l_d / h_m} \ \text{ist.}$$

Das Walzmoment ergibt sich mit:

$$M = F \cdot a,$$

wobei beim Warmwalzen von Stahl der Hebelarm mit $a \approx (0{,}3 \div 0{,}6) \cdot l_d$ gesetzt wird.

Für die Walzleistung gilt:

$$P = M \cdot \omega = M \cdot \pi \cdot n / 30$$

Eine große praktische Bedeutung hat die Auffederung s des Walzspalts unter der Einwirkung der Walzkraft (= Gerüstkennlinie). Für die Auslaufdicke h_1 ergibt sich damit $h_1 = s_0 + F/c$, wobei s_0 der Leerlaufwalzspalt und c die Federkonstante (= Gerüstmodul) ist. Damit kann die Wirkung von Schwankungen bzgl. Festigkeit, Temperatur, Einlaufdicke, Walzenanstellung etc. auf die Änderung der Auslaufdicke ermittelt werden, s. Bild 6.5.6.

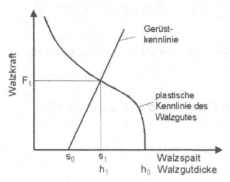

a) Walzkraft/Banddicken-Schaubild

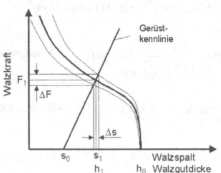

b) Einfluss von Festigkeit- bzw. Temperaturschwankungen auf die Walzkraft und Endwalzdicke

Bild 6.5.6. Kennlinie des Walzgerüstes und plastisches Verhalten des Walzgutes

    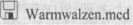 Warmwalzen.mcd

Übliche Berechnung der Fließspannung, Walzkraft, Walzmoment und Leistung. Fließspannungen unterschiedlicher Baustahltypen werden nach Literaturangaben bereitgestellt.

Walzkraft.mcd

Walzkraftberechnung

Hier wird der Ansatz von Alexander (1972) zur vollständigen numerischen Lösung der Orowan-Gleichung dargestellt. Folgende Walzparameter werden verwendet:

Eingabedaten:

$r := 360$ — Walzradius [mm]

$h0 := 35$ $h1 := 20$ — Eintritts- und Austrittsdicke des Bandes [mm]

$b := 1000$ — Breite des Warmbandes [mm]

$$ld := \sqrt{r^2 - \left(r - \frac{h0 - h1}{2}\right)^2}$$ — gedrückte Länge $ld = 73.101$

$h(\alpha) := h1 + 2 \cdot r \cdot (1 - \cos(\alpha))$ — Banddicke im Walzspalt als Funktion des Walzwinkels α

$\varphi(\alpha) := \frac{2}{\sqrt{3}} \cdot \ln\left(\frac{h0}{h(\alpha)}\right) + 0.0005$ — Umformgrad im Spalt. (0.0005 wird addiert um Singularität zu vermeiden.)

$\varphi Pkt := 14$ — mittlere Umformgeschwindigkeit [1/s]

$\sigma 1 := 10$ $\sigma 2 := 20$ — Zugspannung am Ein- und Austritt [MPa]

$T := 970 + 273$ — mittlere Walztemperatur [K]

Hensel-Spittel Gleichung zur Beschreibung der Fließspannung

$M0 := 30300$ $M1 := 0.0039$ $M3 := 0.10$ $M4 := 0.2$ $M5 := 1.7$

$$kf(\alpha) := M0 \cdot \exp(-M1 \cdot T) \cdot \varphi(\alpha)^{M4} \cdot \exp(-M5 \cdot \varphi(\alpha)) \cdot \varphi Pkt^{M3}$$

$$kf'(\alpha) := kf(\alpha) \cdot \left(M5 - \frac{M4}{\varphi(\alpha)}\right) \cdot \frac{4 \cdot r}{\sqrt{3} \cdot h(\alpha)} \cdot \sin(\alpha)$$ — Ableitung des k_f-Wertes als Funktion des Winkels α

$\mu := 0.9 \cdot (1.05 - T \cdot 0.0005)$ $\mu = 0.3856$ — Reibungskoeffizient zwischen Band und Walze

$$\alpha max := a\cos\left(1 - \frac{h0 - h1}{2 \cdot r}\right)$$ $\alpha max = 0.2045$ — maximal Winkel

Anzahl der Iterationsschritte: $N := 300$ $i := 0..N$ $d\alpha := \frac{\alpha max}{N}$ $\alpha_i := i \cdot d\alpha$

Alexander betrachtet für den Walzkontakt: a) Coulomb'sche Reibung, beschrieben durch die Gleichung $\tau = \mu p$ und b) Festhaften, wobei die Gleichung $\tau = k_f$ angewandt wird.

Die Runge-Kutta Methode mit konstanter Schrittweite wird für die Integration der Differentialgleichung verwendet.

(Fortsetzung)   ⊞ Walzkraft.mcd

Für den Coulomb'schen Reibungsfall kann die Matrix der Lösungen wie folgt spezifiziert werden:

$$DVF(\alpha,p) := \frac{\mu \cdot \sec(\alpha) \cdot \left(\frac{2 \cdot r}{h(\alpha)} + \sec(\alpha)\right) \cdot p_0 + \left(\frac{2 \cdot r}{h(\alpha)} \cdot 2 \cdot kf(\alpha) \cdot \sin(\alpha) + 2 \cdot kf'(\alpha)\right)}{1 - \mu \cdot \tan(\alpha)}$$

$$DRF(\alpha,p) := \frac{-\mu \cdot \sec(\alpha) \cdot \left(\frac{2 \cdot r}{h(\alpha)} + \sec(\alpha)\right) \cdot p_0 + \left(\frac{2 \cdot r}{h(\alpha)} \cdot 2 \cdot kf(\alpha) \cdot \sin(\alpha) + 2 \cdot kf'(\alpha)\right)}{1 + \mu \cdot \tan(\alpha)}$$

Die Bezeichnung V und R entsprechen der Voreil- und der Rückstauzone.

Für den Fall der Haftreibung gilt:

$$DVH(\alpha,p) := 2 \cdot kf(\alpha) \cdot \left[\frac{r}{h(\alpha)} \cdot \sin(\alpha) \cdot (2 + \tan(\alpha)) + \left[\frac{r}{h(\alpha)} \cdot \cos(\alpha) + \frac{(\sec(\alpha))^2}{2}\right]\right] + kf'(\alpha) \cdot (2 + \tan(\alpha))$$

$$DRH(\alpha,p) := 2 \cdot kf(\alpha) \cdot \left[\frac{r}{h(\alpha)} \cdot \sin(\alpha) \cdot (2 - \tan(\alpha)) - \left[\frac{r}{h(\alpha)} \cdot \cos(\alpha) + \frac{(\sec(\alpha))^2}{2}\right]\right] + kf'(\alpha) \cdot (2 - \tan(\alpha))$$

Für die numerische Lösung wird jener Fall gewählt, der den kleineren Wert besitzt.

$$DV(\alpha,p) := if\left(\mu \cdot p_0 < kf(\alpha), DVF(\alpha,p), DVH(\alpha,p)\right)$$

$$DR(\alpha,p) := if\left(\mu \cdot p_0 < kf(\alpha), DRF(\alpha,p), DRH(\alpha,p)\right)$$

Randbedingungen: Am Eintritt ist der Walzendruck pR_0 gegeben durch

$$pR_0 := \frac{2 \cdot kf(\alpha max) - \sigma 1}{1 + \mu \cdot \tan(\alpha max)}$$ und am Austritt durch $$pV_0 := 2 \cdot kf(0) - \sigma 2$$

Nun wird die Mathcad Prozedur rkfixed() für die N Punkte im Intervall 0 bis α_{max} für die Voreilzone und von α_{max} bis 0 für die Rückstauzone angewandt.

$$pV := rkfixed(pV, 0, \alpha max, N, DV)$$ $$pR := rkfixed(pR, \alpha max, 0, N, DR)$$

Die Schubspannung zwischen Walze und Band wird berechnet aus dem Minimum des Ausdrucks

$$i := 0..N \qquad \tau_i := min\left(\left[\mu \cdot pV_{i,1} \quad kf(\alpha_i) \quad \mu \cdot pR_{N-i,1}\right]\right)$$

Die Spannung in x-Richtung ist abhängig vom Walzdruck und diese Beziehung ist durch das Huber-Mises-Kriterium für plastisches Fließen gegeben. Die senkrechte und horizontale Spannungskomponente sind über die Beziehung σ_x-σ_z=$2k_f$ verknüpft. σ_y repräsentiert die resultierende Spannung.

$$\sigma zR_i := pR_{N-i,1} + \tau_i \cdot \tan(\alpha_i) \qquad \sigma zV_i := pV_{i,1} - \tau_i \cdot \tan(\alpha_i)$$

die notwendige Gleichung dafür lautet:

$$\sigma xR_i := \sigma zR_i - 2 \cdot kf(\alpha_i) \qquad \sigma xV_i := \sigma zV_i - 2 \cdot kf(\alpha_i)$$

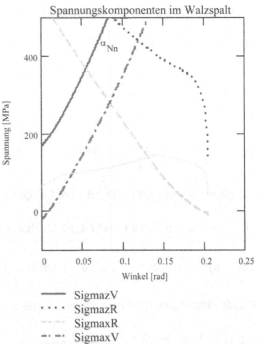

(Fortsetzung)   Walzkraft.mcd

Die neutrale Linie (= Lage der Fließscheide) ergibt sich aus $\sigma z_V = \sigma z_R$. Sie liegt bei α_{Nn}.

$$i := 0 .. \ N \quad buf_i := until\left(\sigma zR_i - \sigma zV_i, 1\right) \qquad Nn := last(buf) \qquad Nn = 123 \qquad \alpha_{Nn} = 0.0838$$

In den nachfolgenden Diagrammen sind der Walzdruck und die vertikalen und horizontalen Spannungskomponenten für die Voreil- und Rückstauzone dargestellt. Die Schnittpunkte der Kurve k_f / μ mit p_V und p_R geben den Bereich an, in dem die Beziehung $k_f = \mu \cdot p$ gültig ist und ein Übergang von Reibung zu Festkleben stattfindet. Der Wendepunkt der Schubspannungskurve τ korrespondiert mit dem Übergang im Reibungsverhalten.

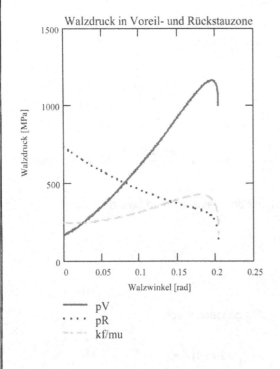

Die Walzkraft und das Walzmoment werden wie folgt berechnet:

$$\alpha\,max := N \cdot d\alpha$$

$$F := \left[\sum_{i=0}^{Nn-1} pV_{i,1} \cdot \cos\left(\alpha_i - \frac{\alpha\,max}{2}\right) - \tau_i \cdot \sin\left(\alpha_i - \frac{\alpha\,max}{2}\right)\right] + \left[\sum_{i=Nn}^{N} pR_{N-i,1} \cdot \cos\left(\alpha_i - \frac{\alpha\,max}{2}\right) + \tau_i \cdot \sin\left(\alpha_i - \frac{\alpha\,max}{2}\right)\right]$$

$$F := F \cdot \left(d\alpha \cdot r \cdot b \cdot 10^{-6}\right) \qquad M := 2 \cdot r^2 \cdot \left(\sum_{i=Nn}^{N} \tau_i - \sum_{i=0}^{Nn-1} \tau_i\right) \cdot d\alpha \cdot b \cdot 10^{-9}$$

$$F = 26.8186 \quad [MN]$$

$$M = 1.9476 \quad [MN{*}m]$$

Umformwiderstand: $\quad kw := \dfrac{F}{b \cdot ld \cdot 10^{-6}}$

$$kw = 366.8703 \quad [MPa]$$

6.6 Thermomechanische Umformung beim Warmbandwalzen

6.6.1 Grundlagen der thermomechanischen Umformung

Bei der TM-Behandlung erfolgt nach dem reversierenden Vorwalzen ein Fertigwalzen bei einer Temperatur, bei der der verformte Austenit nicht mehr rekristallisiert, s. Bild 6.6.1. Dies wird neben der Absenkung der Endwalztemperatur insbesondere durch das dehnungsinduzierte Ausscheiden von Nb-Karbonitriden erreicht. Durch die im verformten Austenit vorliegende hohe Dichte an Fehlstellen, wird bei der nachfolgenden Umwandlung eine hohe Keimstellendichte erzielt, d.h. der Beginn der diffusionskontrollierten Umwandlungsprodukte wird dadurch beschleunigt. Die resultierende Korngröße des Sekundärgefüges hängt dabei von dem im Austenit eingebrachten Umformgrad, der Austenitkorngröße und von der Unterkühlung bzw. der Umwandlungsstarttemperatur ab, die direkt mit der Abkühlrate nach dem Walzen korreliert. Bei den üblichen TM-Stählen mit einer Streckgrenze von bis zu 500 MPa wird dadurch ein extrem feines ferritisch-perlitisches Gefüge mit einer Korngröße von 5 bis10 µm erreicht. Der besondere Vorteil der TM-Stähle liegt nun darin, dass durch die Feinkornhärtung im Vergleich zu anderen festigkeitssteigernden Mechanismen sowohl das Festigkeits- als auch das Zähigkeitsniveau deutlich angehoben werden kann. Der Festigkeitsgewinn durch ein feineres Korn wird durch die sog. *Hall-Petch-Beziehung*

$$R_p = \sigma_0 + K \cdot d^{-1/2}$$

beschrieben, wobei der K-Wert für Stähle zwischen 18 und 20 N/mm$^{3/2}$ beträgt.

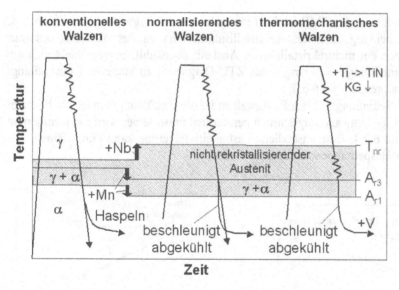

Bild 6.6.1. Walzverfahren nach Art der Temperaturführung beim Warmwalzen von Baustählen

Der Nutzen der thermomechanischen Behandlung von Stählen im Vergleich zu konventionell gewalzten Stählen gleicher Festigkeit ist in Bild 6.6.2 dargestellt. Die Kundenwünsche bzgl. verbesserter Zähigkeit, Schweißeignung und Umformbarkeit können nur durch Kornfeinung und Absenkung des C-Gehaltes erreicht werden. Im Bild sind die Festigkeitsbeiträge der Reibspannung, der Mischkristallverfestigung, der Festigkeitsanstieg durch gerichtete zweite Phasen, Ausscheidungshärtung und Kornfeinung für beide Stahltypen dargestellt. Gleichzeitig steigen damit aber auch die Anforderungen an den Stahlhersteller, der nun die Ferritkorngröße in einem sehr schmalen Wertefenster einstellen muss. Insgesamt erhöht sich damit der Aufwand zur Sicherstellung der Prozesssicherheit beim TM-Walzen erheblich.

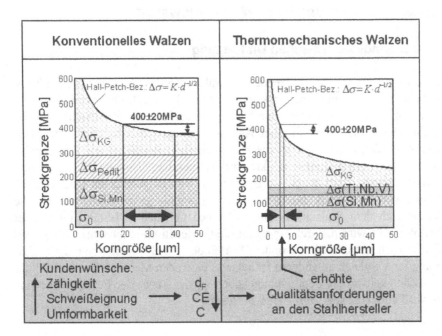

Bild 6.6.2. Vergleich der Legierungskonzepte und der Anteile der Festigkeitsbeiträge zwischen einfachen Baustählen und thermomechanisch gewalzten Feinkornbaustählen

Eine wesentliche Einflussgröße bei der TMB ist die Temperatur beim Fertigwalzen, da sie neben der dehnungsinduzierten Ausscheidung auch das Rekristallisationsverhalten des Austenits bestimmt. Wird nach dem Fertigwalzen ein nichtrekristallisierter Austenit abgekühlt, so verschiebt sich aufgrund der günstigeren Keimbildungsbedingungen das ZTU-Diagramm zu kürzeren Umwandlungszeiten und höheren -temperaturen, s. Bild 6.6.3.

Ebenso wichtig wie die Bedingungen beim Fertigwalzen ist die Abkühlung danach. Je höher die Kühlrate, desto niedriger ist die Umwandlungsstarttemperatur und umso feiner wird das resultierende Umwandlungsgefüge, s. Bild 6.8.4. Eine zusätzliche Festigkeitssteigerung kann durch feinste Ausscheidungen im Bereich der Haspeltemperatur erreicht werden.

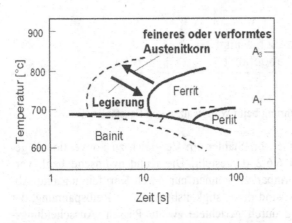

Bild 6.6.3. Verschiebung der Umwandlungsstartkurven im ZTU-Schaubild zu höheren Temperaturen und kürzeren Zeiten durch TM-Behandlung

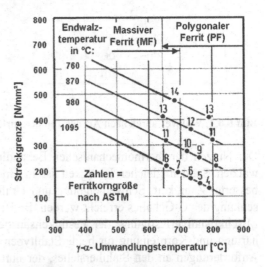

Bild 6.6.4. Einfluss der Umwandlungs- und der Endwalztemperatur auf die Streckgrenze

6.6.2 Herstellung von TM-Stählen

TM-Stähle werden sowohl als Grobblech als auch als Warmbreitband gefertigt. Bild 6.6.5 zeigt ein Schema einer Warmbreitbandstraße. Ausgehend von einer Brammendicke von etwa 200 mm wird nach dem mehrstufigen Vorwalzen eine Blechdicke von ca. 40 mm erreicht. Nach dem Durchlauf der Fertigstraße beträgt die Blechdicke einige Millimeter.

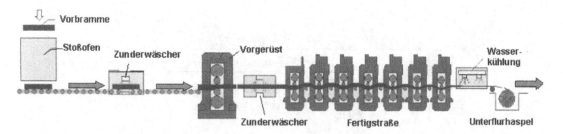

Bild 6.6.5. Schema einer Warmbreitbandstraße

6.6.2.1 Einfluss der Mikrolegierungselemente Ti, Nb, V

Die Legierungselemente Ti, Nb und V haben eine starke Tendenz mit C und N Karbide, Nitride bzw. Karbonitride zu bilden, wobei die Stabilität dieser Teilchen sowohl von der Menge als auch von der Temperatur über die Löslichkeitsprodukte abhängig ist. Da die drei wichtigsten Mikrolegierungselemente (MLE) in jeweils unterschiedlichen Temperaturbereichen stabil sind bzw. in feiner, submikroskopischer Form vorliegen, nehmen sie in unterschiedlichen Prozessabschnitten Anteil an der Gefügeentwicklung, s. Bild 6.6.6.

- TiN ist bis zur Schmelztemperatur stabil, wodurch das Austenitkornwachstum auch bei hohen Temperaturen verhindert wird. TiN wirkt sich auch günstig bzgl. Grobkornbildung und Zähig-keitsverhalten in der Wärmeeinflusszone beim Schweißen aus.
- NbCN wirkt im Bereich um 900 °C (~ Walzendtemperatur) durch Verzögerung der Rekristallisa-tion, wobei das Ausscheidungsverhalten vom Umformgrad abhängt, s. Bild 6.6.7.
- VC wird bei einer Temperatur von etwa 600 °C (= Haspeltemperatur) ausgeschieden, wodurch das Sekundärgefüge infolge Ausscheidungshärtung noch an Festigkeit gewinnt.

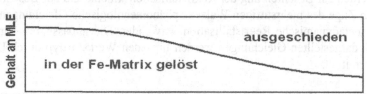

	Stoßofen/Vorwalzen	Fertigwalzen	Kühlstrecke	Haspeln
Temperatur	1200°C	900 °C	800-600 °C	600 °C
Durchmesser	100 nm	2 nm	2 nm	10 nm
Funktion	Vermeidung von Kornwachstum	Rekristallisationsstop durch dehnungsindu-zierte Ausscheidung	Ausscheidung feinster Teilchen	Ausscheidung und Wachstum von VC
Einfluss auf	Korngröße	Akkumulierte Dehnung	Ausscheidungs-härtung	Stickstoff in Lösung
Primäre Einflussgröße	Freie Gibbs Bildungsenergie	Chemische Treibkraft der Keimbildung Multikomponenten-Diffusion		Diffusions-konstante
	Chemisches Gleichgewicht	→	**Ungleichgewicht/Kinetik**	

Bild 6.6.6. Wirkung der Karbonitridausscheidungen der Mikrolegierungselemente während des TM-Walzens auf die Gefügeausbildung

Mathcad ANWENDUNG   💾 Stossofen.mcd

In diesem Programm werden das Austenitkornwachstum und die Zunderbildung im Stoßofen berechnet.

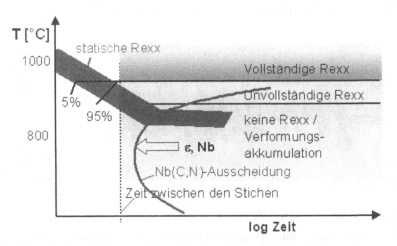

Bild 6.6.7. Optimierung der Zeit zwischen den Umformvorgängen, der Rekristallisationskinetik und der dehnungsinduzierten Nb-Karbonitrid-Ausscheidung

Ganz wesentlich zur Erhöhung der Festigkeit bzw. Erreichung ausreichender Gefügefeinheit ist eine rasche Abkühlung nach dem Fertigwalzen, wozu in der Praxis lange Kühlstrecken mit intensiver Wasserkühlung vorgesehen sind.

Prinzipiell ist jedoch eine TM-Behandlung nicht alleine auf das Warmwalzen von Stählen beschränkt. Ähnliche günstige Effekte können auch beim Schmieden oder anderen Warmumformprozessen erzielt werden. Die TMB wird ebenso erfolgreich auch bei Aluminium- und Ti-Legierungen angewandt.

6.6.2.2   Rekristallisationskinetik

Vielerorts werden zur Beschreibung der Rekristallisationskinetik und zur Beschreibung der Austenitkorngröße im Zuge des mehrstufigen Walzens phänomenologische Gleichungen für statische, dynamische und metadynamische Rekristallisation verwendet. Die anpassbaren Parameter a_i der unten exemplarisch dargestellten Gleichungen werden für jeden Werkstofftyp durch Umformversuche experimentell ermittelt.

6.6.2.2.1 Ansätze zur Beschreibung der statischen Rekristallisation

$$X_{stat} = 1 - e^{\left[-a_{31}\left(\frac{t}{t_{0,5}}\right)^{a_{32}} \right]}$$

$$t_{0,5} = a_{33} \cdot \varphi^{a_{34}} \cdot Z^{a_{35}} \cdot e^{a_{36}\frac{Q_{st}}{RT}} \cdot d_0^{a_{37}}$$

$$d_{stat} = a_{38} \cdot \varphi^{a_{39}} \cdot Z^{a_{40}} \cdot e^{a_{41}\frac{Q_{st}}{RT}} \cdot d_0^{a_{42}}$$

$$d_{kw}^{a_{50}} = d_0^{a_{50}} + a_{51} \cdot t \cdot e^{\frac{-Q_{kw}}{RT}}$$

$t_{0,5}$	Zeit bis 50% des Gefüges rekristallisiert
X_{stat}	statisch rekristallisierter Anteil
Z	Zener Hollomon Parameter
d_0	Ausgangskorngröße
d_{stat}	statisch rekristallisierte Korngröße
d_{kw}	Korngröße nach Kornwachstum
Q	Aktivierungsenergie für plastische Verformung
T	absolute Temperatur
R	Gaskonstante
a_i	Fitparameter

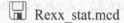

Kinetik der statischen Rekristallisation

Eingabedaten:

Umformtemperatur:	$Tdef := 950$ °C
Umformgrad:	$\varphi := 0.2$
Umformgeschw.	$\varphi pkt := 10$ [1/s]
Ausgangskorngröße des Austenits:	$d0 := 40$ [µm]
Zeit zwischen zwei Walzstichen:	$tpause := 2$

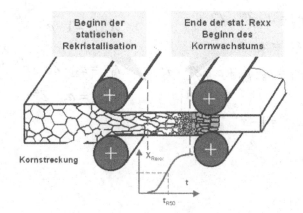

Kinetik der statischen Rekristallisation von Baustählen beim Warmumformung :

Empirischer Berechnungsansatz für C-Mn-Baustahl:

Aktivierungsenergie: $Qdef := 312000$ [J/mol]

Gaskonstante: $Rg := 8.314$ J/molK

Zener-Holloman-Parameter: $\quad Zener := \varphi pkt \cdot \exp\left[\dfrac{Qdef}{Rg \cdot (Tdef + 273)}\right] \qquad Zener = 2.119 \cdot 10^{14}$

Zeit bis 50% stat. rekristalliert ist:

$tr50 := 6 \cdot 10^{-4} \cdot d0^{0.5} \cdot Zener^{0.15} \qquad tr50 = 0.535 \quad$ Sekunden

$tr5\% := 0.27 \cdot tr50 \quad tr5\% = 0.144 \qquad tr95\% := 2.08 \cdot tr50 \qquad tr95\% = 1.112$

Statisch rekristallisierter Anteil zwischen zwei Walzstichen :

$$Xst := 1 - \exp\left[-0.693 \cdot \left(\frac{tpause}{tr50}\right)^2\right]$$

$Xst = 1$

$$1 - \exp\left[-0.693 \cdot \left(\frac{t}{tr50}\right)^2\right]$$

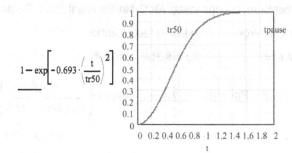

Korngröße nach 100% statischer Rekristallisation:

$dst := 0.45 \cdot \varphi^{-1} \cdot d0^{0.67} \qquad dst = 26.642 \quad$ µm

Kornwachstum nach statischer Rekristallisation: $\quad QKG := 400000$

$$dKG := \left[dst^{10} + 387 \cdot 10^{30} \cdot \exp\left[-\frac{QKG}{Rg \cdot (Tdef + 273)}\right] \cdot (tpause - tr95\%)\right]^{\frac{1}{10}} \qquad dKG = 35.303$$

6.6.2.2.2 Ansätze zur Beschreibung der dynamischen Rekristallisation

Dynamische Rekristallisation   **Metadynamische Rekristallisation**

$$\varphi_c = a_0 \cdot \varphi_p$$

$$\varphi_p = a_1 \cdot Z^{a_2} \cdot d_0^{a_3}$$

$$d_{dyn} = a_4 \cdot Z^{a_5}$$

$$\varphi_{ss} = a_6 \cdot \varphi_p + a_7 \cdot Z^{a_8} \cdot d_0^{a_9}$$

$$X_{mdyn} = 1 - e^{\left[-a_{20}\left(\frac{t}{t_{0,5}}\right)^{a_{21}}\right]}$$

$$t_{0,5} = a_{22} \cdot Z^{a_{23}} \cdot e^{a_{24}\frac{Q_{mdyn}}{RT}}$$

$$d_{mdyn} = a_{25} \cdot Z^{a_{26}}$$

$$X_{dyn} = 1 - e^{\left[a_{10}\left(\frac{\varepsilon-\varepsilon_c}{\varepsilon_s-\varepsilon_c}\right)^{a_{11}}\right]}$$

$$Z = \dot{\varepsilon} \cdot e^{\frac{Q}{RT}}$$

φ_c	kritische Dehnung
φ_p	Dehnung bei σ_{max}
φ_{ss}	steady state Dehnung
X_{dyn}	dynam. rekrist. Anteil
d_{dyn}	dynamisch rekristallisierte Korngröße

Mathcad   💾 Rexx_dyn.mcd

Dynamischen Rekristallisation bei Warmumformung

Eingabedaten

Umformtemperatur: Tdef := 950   °C

Umformgrad: φ := 0.2

Umformgeschw.   φpkt := 10   [1/s]

Ausgangskorngröße
des Austenits: d0 := 40   [µm]

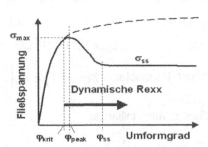

Umformgrad φ$_{max}$ für dyn. Rekristallisation (φ$_{peak}$)

Empirischer Berechnungsansatz für C-Mn-Baustahl (nach Sellars):

Aktivierungsenergie: Qdef := 312000 [J/mol]

Gaskonstante: Rg := 8.314   J/molK

Zener-Holloman-Parameter: $Zener := φpkt \cdot \exp\left[\dfrac{Qdef}{Rg \cdot (Tdef + 273)}\right]$ $Zener = 2.119 \cdot 10^{14}$

$φpeak := 4.9 \cdot 10^{-4} \cdot d0^{0.5} \cdot Zener^{0.15}$ $φpeak = 0.437$

$φkrit := 0.8 \cdot φpeak$ $φkrit = 0.349$

$φss := 2.35 \cdot φpeak$ $φss = 1.026$

Dynamisch rekristallisierte Korngröße $ddyn := 1.8 \cdot 10^3 \cdot Zener^{-0.15}$ $ddyn = 12.775$ µm

Dynamisch rekristallisierter Anteil $Xdyn := 1 - \exp\left[-3 \cdot \left[\dfrac{φ - φkrit}{(φss - φkrit)}\right]^2\right]$ $Xdyn = 0.136$

6.6.2.3 Dehnungsinduzierte Karbonitridausscheidung

Wie in Bild 6.6.7 gezeigt, kann die Rekristallisation des Austenits durch dehnungsinduzierte Nb-Karbonitridausscheidung unterdrückt werden, wodurch optimale Keimbildungsbedingungen für die Umwandlung geschaffen werden. Im folgenden Beispiel wird der Ansatz von Dutta und Sellars zur quantitativen Beschreibung der Ausscheidungskinetik verwendet, der eine modifizierte Form der klassischen Keimbildungstheorie darstellt.

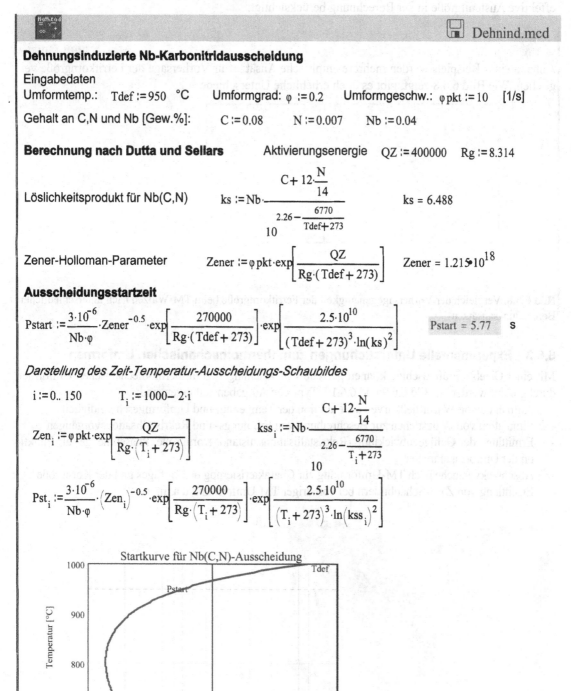

Dehnungsinduzierte Nb-Karbonitridausscheidung ⊟ Dehnind.mcd

Eingabedaten

Umformtemp.: $Tdef := 950$ °C   Umformgrad: $\varphi := 0.2$ Umformgeschw.: $\varphi pkt := 10$ [1/s]

Gehalt an C,N und Nb [Gew.%]: $C := 0.08$ $N := 0.007$ $Nb := 0.04$

Berechnung nach Dutta und Sellars   Aktivierungsenergie $QZ := 400000$ $Rg := 8.314$

Löslichkeitsprodukt für Nb(C,N) $ks := Nb \cdot \dfrac{C + 12 \cdot \dfrac{N}{14}}{10^{2.26 - \frac{6770}{Tdef + 273}}}$ $ks = 6.488$

Zener-Holloman-Parameter $Zener := \varphi pkt \cdot \exp\left[\dfrac{QZ}{Rg \cdot (Tdef + 273)}\right]$ $Zener = 1.215 \cdot 10^{18}$

Ausscheidungsstartzeit

$Pstart := \dfrac{3 \cdot 10^{-6}}{Nb \cdot \varphi} \cdot Zener^{-0.5} \cdot \exp\left[\dfrac{270000}{Rg \cdot (Tdef + 273)}\right] \cdot \exp\left[\dfrac{2.5 \cdot 10^{10}}{(Tdef + 273)^3 \cdot \ln(ks)^2}\right]$ $Pstart = 5.77$ s

Darstellung des Zeit-Temperatur-Ausscheidungs-Schaubildes

$i := 0 .. 150$ $T_i := 1000 - 2 \cdot i$

$Zen_i := \varphi pkt \cdot \exp\left[\dfrac{QZ}{Rg \cdot (T_i + 273)}\right]$ $kss_i := Nb \cdot \dfrac{C + 12 \cdot \dfrac{N}{14}}{10^{2.26 - \frac{6770}{T_i + 273}}}$

$Pst_i := \dfrac{3 \cdot 10^{-6}}{Nb \cdot \varphi} \cdot (Zen_i)^{-0.5} \cdot \exp\left[\dfrac{270000}{Rg \cdot (T_i + 273)}\right] \cdot \exp\left[\dfrac{2.5 \cdot 10^{10}}{(T_i + 273)^3 \cdot \ln(kss_i)^2}\right]$

Startkurve für Nb(C,N)-Ausscheidung

6.6.2.4 Berechnung der resultierenden Ferritkorngröße

Die Korngröße des im Zuge der Abkühlung nach dem Walzen gebildeten Ferrits ist sehr stark von der Anzahl möglicher Keimbildungsstellen und von der Unterkühlung abhängig. Daher wird in mehreren Ansätzen die Ferritkorngröße als Funktion der Austenitkorngröße, der Abkühlgeschwindigkeit und der chemischen Zusammensetzung betrachtet. Da bei einer TM-Walzung gestreckte, nicht-rekristallisierte Austenitkörner vorliegen können, wird entweder die akkumulierte Dehnung bzw. eine effektive Austenitgröße in der Berechnung berücksichtigt.

 🖫 fergrain.mcd

Anhand eines Beispiels werden mehrere empirische Ansätze zur Vorhersage der Ferritkorngröße verglichen. Wie Bild 6.6.8 zeigt, gibt es doch erhebliche Unterschiede.

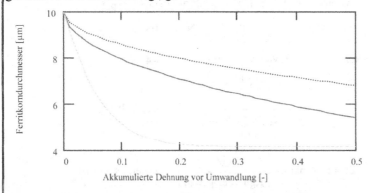

Bild 6.6.8. Vergleich der Vorhersagegenauigkeit der Ferritkorngröße beim TM-Walzen nach unterschiedlichen Berechnungsansätzen

6.6.3 Experimentelle Untersuchungen zum thermomechanischen Umformen

Mit einer Gleeble Prüfmaschine können gezielte Untersuchungen zum thermomechanischen Umformen durchgeführt werden, s. Bild 6.6.9 und 6.6.10. Typische Aufgabenstellungen sind:
- Aufnahme von Warmfließkurven als Funktion der Temperatur und Umformgeschwindigkeit
- Simulation von Walzstichen zur Beschreibung von Erholungs- und Rekristallisationsvorgängen
- Ermittlung der Gefügeentwicklung (Rekristallisationszustand, Korngröße, Phasenmenge) als Funktion der Umformparameter
- Abschreckversuche nach TM-Umformung zur Charakterisierung des Gefüges und der Korngröße
- Ermittlung von ZTU-Schaubildern bei vorheriger TM-Umformung u.a.m.

Bild 6.6.9. GLEEBLE, ein flexibles Prüfsystem für die thermomechanische Werkstoffprüfung

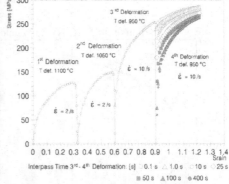

Bild 6.6.10. Ergebnis einer Gleeble-Simulation für mehrstufige Umformung (Quelle: IWS-TU Graz)

6.7 Drahtziehen

6.7.1 Überblick

Das Drahtziehen zählt zu den Durchziehverfahren und zeichnet sich durch eine Zug-Druck-Umformung aus. In einem Ziehstein aus Hartmetall oder Diamant (bei sehr dünnen Drähten) wird ein Draht mit dem Ausgangsdurchmesser d_o auf einen Durchmesser d_1 reduziert; ggfs. sind mehrere Ziehstufen und Zwischenglühungen zur Aufrechterhaltung der Umformbarkeit notwendig. Bei Stählen beträgt der Umformgrad je Zug etwa 0,2 bis 0,4. Bei großen Anfangsquerschnitten ($\varnothing > 16$ mm) werden Ziehbänke, bei kleineren Querschnitten Mehrfachziehmaschinen verwendet.

Für höchstfeste Drähte (Seile, Federn, Spanndraht) eignet sich besonders feinperlitisches Gefüge. Damit können Umformgrade bis zu $\varphi = 2$ ohne Zwischenglühung erreicht werden. Aus einem perlitischen Draht mit einer Walzdrahtfestigkeit von etwa 1000 N/mm² können Endfestigkeiten bis nahezu 2000 N/mm² erreicht werden. Feinste Drähte mit wenigen Zehntelmillimetern Durchmesser, wie z.B. für Reifencord, erzielen Festigkeiten bis zu 3500 N/mm². Diese deutliche Festigkeitszunahme kann durch das Ausrichten des Perlits in axialer Richtung, sowie durch die Reduzierung des Perlitlamelenabstandes erklärt werden.

Im Allgemeinen ist die Endfestigkeit eines gezogenen Stahldrahtes eine Funktion des Enddurchmessers, wobei als Faustregel gilt:

$$R_m \ [N/mm^2] \approx 2500 \cdot d[mm]^{-1/6}$$

Die beim Ziehen zu leistende Umformarbeit wird zu etwa 95% in Wärme umgesetzt, wodurch es zu einer Temperaturerhöhung (um ca. 100 °C) nach dem Austritt aus der Ziehdüse kommt, die mittels Thermographie an der nachfolgenden Ziehtrommel gemessen werden kann, s. Bild 6.7.1. Um Alterungseffekte zu vermeiden, darf die Erwärmung einen Maximalwert nicht überschreiten.

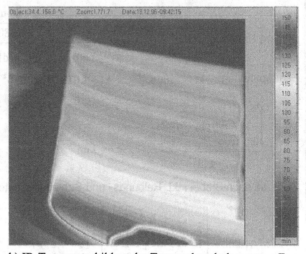

a) Geradeausziehmaschine für Stahldraht
(Quelle: VA Austria Draht, Bruck/Mur)

b) IR-Temperaturbild an der Trommel nach dem ersten Zug

Bild 6.7.1. a) Anlagenansicht einer Geradeausziehmaschine für Stahldrähte, b) Thermografische Aufnahme der Temperaturverteilung an einer Ziehtrommel unmittelbar nach dem ersten Ziehstein einer Mehrfachziehmaschine (Temperaturerhöhung ca. 120 °C)

Das folgende Mathcad-Beispiel zeigt die Berechnungsschritte zur Ermittlung der Ziehkraft und der Festlegung der Ziehfolge bei Mehrfachzug. Die Ziehabstufung wird einmal konstant gehalten und alternativ so gewählt, dass die Werkzeugbelastung aller Gerüste gleich groß ist.

Drahtzug eines eutektoiden Stahles

Eingabedaten: Thermophysikal. Daten:

Anfangsdurchmesser: $d0 := 5.8\,mm$ $cp := 450$ J/kgK

Enddurchmesser: $d1 := 5.2\,mm$ $\rho := 7.8 \cdot 10^3$ kg/m³

Reibungszahl: $\mu := 0.05$

halber Öffnungswinkel: $\alpha := 8$ °

Ziehgeschw.: $v := 15$ m/s

Typische Querschnittsabnahmen beim Stahlziehen: 12..30%
Typische Ziehgeschwindigkeiten: 10..20 m/s

Querschnittsflächen: $A0 := d0^2 \cdot \dfrac{\pi}{4}$ $A1 := d1^2 \cdot \dfrac{\pi}{4}$

$A0 = 26.421$ $A1 = 21.237$

Formänderung: $\varepsilon := \dfrac{d0^2 - d1^2}{d0^2}$ $\varepsilon = 0.196$

Umformgrad: $\varphi := \ln\left(\dfrac{d0^2}{d1^2}\right)$ $\varphi = 0.218$

optimaler Ziehwinkel für gegebenes φ: $\alpha opt := \sqrt{\dfrac{3}{2} \cdot \mu \cdot \varphi}$ $\alpha opt \cdot \dfrac{180}{\pi} = 7.333$ Grad

mittlere Umformgeschw.: $\varphi pkt := \dfrac{4 \cdot v \cdot d1^2 \cdot \varphi \cdot \tan\left(\dfrac{\pi \cdot \alpha}{180}\right)}{(d0 - d1) \cdot (d0^2 + d1^2)}$ $\varphi pkt = 1.368$

Fließspannung: $kf := 1500 \varphi^{0.22}$ $kf = 1.073 \cdot 10^3$ N/mm² $kf0 := 550$

$kfm := \dfrac{\displaystyle\int_0^{\varphi} 1500 \cdot phi^{0.22}\, dphi}{\varphi}$ $kfm = 879.558$

Ziehkraft nach Siebel inkl. Reibungs- und Schiebungsanteil und tan $\alpha \sim \alpha$

max. Ziehspannung:

$Fz := A1 \cdot kfm \cdot \varphi \cdot \left[1 + \dfrac{\mu}{\left(\dfrac{\alpha \cdot \pi}{180}\right)} + \dfrac{\dfrac{2 \cdot \alpha \cdot \pi}{180}}{3 \cdot \varphi} \right]$ $Fz = 7.279 \cdot 10^3$ N $\sigma z := \dfrac{Fz}{A1}$ $\sigma z = 342.756$ MPa

$\dfrac{\sigma z}{kf} = 0.319$

Umformleistung:

$W := Fz \cdot v$ $W = 1.092 \cdot 10^5$ W   Anstrengungsgrad a sollte < 0.8 sein !

Temperaturerhöhung beim Ziehen: $Rmf := 950$ $a := \dfrac{\sigma z}{Rmf}$ $a = 0.361$

$dT := \dfrac{10^6 \cdot kf \cdot \varphi}{cp \cdot \rho}$ $dT = 66.783$ Verifikation mit Thermovision, siehe Bild 6.7.1.

(Fortsetzung)   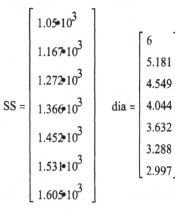 Drahtzug.mcd

Berechnung der Ziehfolge   Bsp.: Ziehen von patentiertem 0,8% C-Stahldraht.

Ausgangsdurchmesser:	$d0 := 6$	mm
Enddurchmesser:	$df := 3$	mm
Anzahl der Züge:	$nz := 6$	
Ausgangsfestigkeit:	$Rm0 := 1050$	MPa
Verfestigung/Umformgrad	$dH := 400$	MPa

$$\varphi tot := \ln\left(\frac{d0^2}{df^2}\right) \qquad \varphi tot = 1.386$$

$$\varepsilon tot := 1 - \exp(-\varphi tot) \qquad \varepsilon tot = 0.75$$

a) Durchmesserabstufung bei konstantem Umformgrad je Ziehstufe:

$$\varphi i := \frac{\varphi tot}{nz} \qquad \varphi i = 0.231 \qquad i := 1..\,nz \qquad dfi_0 := d0$$

$$\varphi t_i := i \cdot \varphi i \qquad dfi_i := \sqrt{d0^2 \cdot \exp\left[(-\varphi t)_i\right]}$$

$$dfi = \begin{bmatrix} 6 \\ 5.345 \\ 4.762 \\ 4.243 \\ 3.78 \\ 3.367 \\ 3 \end{bmatrix}$$

b) Ziehfolge bei gleicher Werkzeugbelastung (nach Duckfield,1973)

Endfestigkeit: $Rmf := Rm0 + dH \cdot \varphi tot \qquad Rmf = 1.605 \cdot 10^3$

gemittelte Festigkeit: $S := .5 \cdot (Rmf + Rm0) \qquad S = 1.327 \cdot 10^3$

$$wn := 1.12 \cdot S \cdot \left(\frac{\varphi tot}{nz} + 0.076\right) \qquad wn = 456.438 \quad \text{N/mm}^2 = \text{MJ/m}^3$$

$$\begin{bmatrix} dia_0 \\ SS_0 \\ phi_0 \end{bmatrix} := \begin{bmatrix} d0 \\ Rm0 \\ 0 \end{bmatrix}$$

$$i := 0..\,nz - 1$$

$$\begin{bmatrix} dia_{i+1} \\ SS_{i+1} \\ x_{i+1} \\ phi_{i+1} \end{bmatrix} := \begin{bmatrix} \sqrt{\dfrac{(dia_i)^2}{\exp\left[\left(\dfrac{wn}{1.12 \cdot SS_i} - 0.076\right) \cdot \left[1 - \dfrac{dH}{2 \cdot SS_i} \cdot \left(\dfrac{wn}{1.12 \cdot SS_i} - 0.076\right)\right]\right]}} \\ SS_i + \left[dH \cdot \left[\left(\dfrac{wn}{1.12 \cdot SS_i} - 0.076\right) \cdot \left[1 - \dfrac{dH}{2 \cdot SS_i} \cdot \left(\dfrac{wn}{1.12 \cdot SS_i} - 0.076\right)\right]\right]\right] \\ \dfrac{wn}{1.12 \cdot SS_i} - 0.076 \\ \left(\dfrac{wn}{1.12 \cdot SS_i} - 0.076\right) \cdot \left[1 - \dfrac{dH}{2 \cdot SS_i} \cdot \left(\dfrac{wn}{1.12 \cdot SS_i} - 0.076\right)\right] \end{bmatrix}$$

$$i := 0..\,6$$

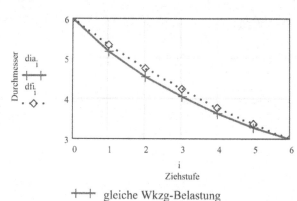

Durchmesser dia_i / dfi_i / $\diamond$ über i Ziehstufe

＋＋＋ gleiche Wkzg-Belastung
◇ konst. Umformgrad

Festigkeits-
stufen

Durchmesser-
abstufung

$$SS = \begin{bmatrix} 1.05 \cdot 10^3 \\ 1.167 \cdot 10^3 \\ 1.272 \cdot 10^3 \\ 1.366 \cdot 10^3 \\ 1.452 \cdot 10^3 \\ 1.531 \cdot 10^3 \\ 1.605 \cdot 10^3 \end{bmatrix} \qquad dia = \begin{bmatrix} 6 \\ 5.181 \\ 4.549 \\ 4.044 \\ 3.632 \\ 3.288 \\ 2.997 \end{bmatrix}$$

6.7.2 Werkzeugloses Ziehen

Dieses thermomechanische Verfahren hat mit dem Durchziehen eigentlich nur die Absicht gemeinsam, nämlich die Durchmesserreduktion eines Stabes. Das Prinzip ist in Bild 6.7.2 dargestellt. Die Durchmesserreduktion erfolgt durch eine kontrollierte Kriechverformung in einer schmalen Zone, die mittels Induktionsspule erwärmt wird. Anschließend an diese Zone wird der belastete Stab abgekühlt. Sehr wesentlich ist dabei die exakte Steuerung der Prozessvariablen, wofür die Modellrechnung wertvolle Hilfe geben kann.

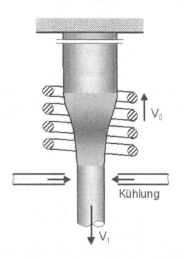

Umformgrad:
$$\varphi = \ln(v_1/v_0) = 2\ln(r_0/r_1)$$

Umformgeschwindigkeit:
$$\dot{\varphi} = \frac{d\varphi}{dt} = \frac{d\varphi}{dx}\frac{dx}{dt} = \frac{d\varphi}{dx}v = -\frac{2v_0 r_0^2}{r^3}\frac{dr}{dx}$$

Lokale Spannung:
$$\sigma = \sigma_0 \left(\frac{r_0}{r}\right)^2$$

Fließspannung:
$$\sigma = Ke^{-m_1 T}(\varphi + \varphi_0)^{m_2} e^{m_4/(\varphi-\varphi_0)}\dot{\varphi}^{m_3}$$

Zu lösende Differentialgleichung 1.Ordnung:
$$\rightarrow \frac{dr}{dx} = -\frac{r^3}{2v_0 r_0^2}\left\{\frac{\sigma \cdot e^{m_1 T}}{K(\varphi + \varphi_0)^{m_2} \cdot e^{m_4/(\varphi+\varphi_0)}}\right\}^{1/m_3}$$

Bild 6.7.2. Prinzip und beschreibende Gleichungen der Umformkinematik des Ziehens ohne Werkzeug

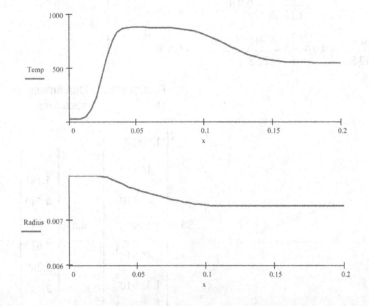

 dieless.mcd

In diesem Programm wird die Verformung in der induktiv erwärmten Zone berechnet. Dazu wird der Wärmehaushalt stark vereinfacht, was zur Lösung einer Differentialgleichung 1.Ordnung führt. Als Ergebnis dieser Berechnung erhält man die Temperaturverteilung entlang der Zonenachse und die Außenkontur in diesem Bereich, s. Bild 6.7.3.

Bild 6.7.3. Verlauf der Temperatur und des Probenradius entlang der axialen Prozesszone

6.8 Tiefziehen

6.8.1 Einführung

Tiefziehen zählt zu den Zugdruckumformverfahren und ist jenes Verfahren, das beim Blechumformen (z.B. für Karosserieblechteile) am wichtigsten ist. Die wesentliche Formgebung finden im Übergang vom Ziehring zum Flansch statt, bei dem radiale Zugspannungen und tangentiale Druckspannungen auftreten, s. Bild 6.8.1. Letztere sind auch für die Faltenbildung beim Tiefziehen ohne Niederhalter verantwortlich. Das Formänderungsvermögen ist erschöpft, wenn die zur Umformung des Flansches notwendigen Kräfte nicht mehr auf den Boden übertragen werden können und *Bodenreißer* entstehen. Beide Fehlererscheinungen begrenzen den möglichen Arbeitsbereich, s. Bild 6.8.2.

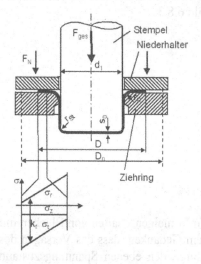

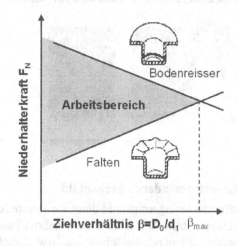

Bild 6.8.1. Prinzipbild des Tiefziehens und Spannungen im Einzugsbereich

Bild 6.8.2. Arbeitsbereich beim Tiefziehen, gegeben durch Niederhalterkraft und Ziehverhältnis

Die Eignung eines Werkstoffes zum Tiefziehen wird durch die senkrechte Anisotropie r

$$r = \ln(\varphi_b/\varphi_s)$$

gekennzeichnet. Stahlbleche mit hohem r-Wert zeichnen sich durch eine ausgeprägte {111}-Textur aus, die im Zuge des Kaltwalzens und der anschließenden Hauben- bzw. Kontiglühung gezielt eingestellt wird. Die gewünschte Kornorientierung wird durch Steuerung der Ausscheidungs- und Rekristallisationskinetik erwirkt, wobei die Aufheizgeschwindigkeit ein wesentlicher Parameter ist.

Als weiteres Qualitätsmaß wird die ebene Anisotropie herangezogen, welche die Neigung zur Zipfelbildung charakterisiert. Δr sollte möglichst Null sein.

    🖫 Tiefzieh.mcd

In dieser Anwendung wird die maximale Stempelkraft und die zur Vermeidung von Falten notwendige Niederhalterkraft berechnet.

    🖫 Ziehteil.mcd

In dieser Anwendung werden technologische Berechnungen zur Abschätzung der Anzahl der Züge und der Ziehkraft angestellt.

6.8.2 Formänderungsanalyse

Da die Blechumformung von Werkzeug- und Prozessparametern, wie Werkstoff, Schmierstoff, Werkzeug, Maschine usw. abhängt, kann eine Vorhersage über das Verfahrensergebnis mittels einer Formänderungsanalyse in Verbindung mit dem Grenzformänderungsschaubild des Werkstoffes eine wertvolle Hilfe zur Prozessoptimierung sein. Die lokalen Formänderungen werden der, vom Dehnungszustand abhängigen, Grenzformänderung gegenübergestellt. Prozesssicherheit ist dann gewährleistet, wenn ein genügend großer Abstand zur Versagensgrenze besteht.

6.8.2.1   Liniennetzverfahren

Zum Studium der lokalen Verformung wird das Liniennetzverfahren eingesetzt. Das Prinzip beruht darauf, dass auf die Platine vor dem Ziehen ein Liniennetz mit Kreiselementen mittels photochemischen oder elektrochemischen Methoden aufgebracht wird, s. Bild 6.8.3.

Bild 6.8.3. Messraster zur Formänderungsanalyse

6.8.2.2   Grenzformänderungsschaubild

Das Grenzformänderungsschaubild dient zur Beurteilung der Umformeigenschaften von Blechen mit Hilfe von Liniennetzen. Das Liniennetzverfahren basiert auf dem Gedanken, dass das Versagen des Feinblechwerkstoffs durch Einschnürung bzw. Bruch allein durch den ebenen Spannungszustand bestimmt wird, der sich in örtlich messbaren Formänderungen widerspiegelt, s. Bild 6.8.4. Das Bild zeigt die Veränderung eines Kreises zu einer Ellipse (punktiert) bei verschiedenen Beanspruchungsbedingungen, und zwar ausgehend von der linken Seite des Bildes vom Tiefziehen bis zum Streckziehen. Die Umformgrade φ_1 und φ_2 kann man mit Hilfe des Ausgangsdurchmessers des Kreises d, der längeren l_1 und der kürzeren Ellipsenachse l_2, bestimmen. Sind die Umformgrade φ_1 und φ_2 an einer bestimmten Stelle ermittelt, so kann der Abstand zur Grenze der Umformbarkeit mit dem werkstoffspezifischen Grenzformänderungsdiagramm ermittelt werden.

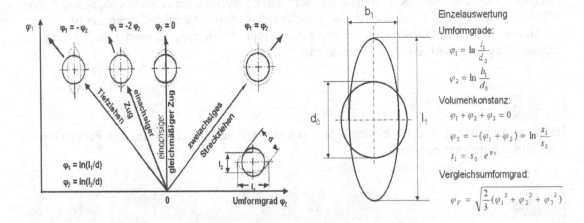

Bild 6.8.4. Auswertung und Darstellung der Formänderung mittels Messraster

6.8.3 Experimentelle Bestimmung des Grenzformänderungsschaubildes

Es gibt eine Reihe von Verfahren zur experimentellen Bestimmung des Schaubildes, wie den hydraulischen Tiefungsversuch, den Zugversuch mit Kerbproben, den Tiefungsversuch mit verschiedenen Stempelformen und den Tiefungsversuch mit streifenförmigen Platinen und halbkugelförmigen Stempel, s. Bild 6.8.5. Die verschiedenen Prüfverfahren unterscheiden sich im wesentlichen durch die Proben- bzw. Platinenformen, sowie durch die Art der Werkstoffbeanspruchung. Aufgrund der verschiedenartigen Verfahren und der unterschiedlichen Prüfbedingungen ist nur in den seltensten Fällen mit völlig übereinstimmenden Grenzformänderungsschaubildern zu rechnen. Ein Vergleich der Grenzformänderungskurven unterschiedlicher Blechwerkstoffe zeigt Bild 6.8.6.

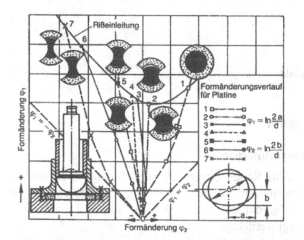

Bild 6.8.5. Ermittlung der Grenzformänderungskurve nach der Hasek-Methode

Bild 6.8.6. Grenzformänderungsschaubild verschiedener Werkstoffe

6.8.3.1 Auswertung der Formänderungen

In Bild 6.8.7 ist ein mit Kreisnetz umgeformtes Bauteil dargestellt. Durch das Ausmessen der Ellipsenachsen können die beiden Hauptdehnungen entlang der dargestellten Linie ausgewertet werden. Durch Vergleich mit dem Grenzformänderungsschaubild lassen sich somit Aussagen über die Prozess-Sicherheit (= Abstand zur Grenzlinie) treffen.

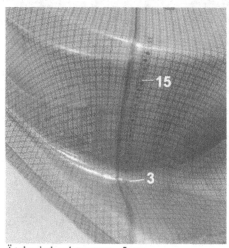

Ätzkreisdurchmesser = 5mm

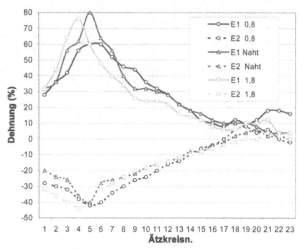

Meßspuren: DC06 0,8 mm, Lasernaht, DC05 1,8 mm

Bild 6.8.7. Formänderungsanalyse an einer Tailored-Blank-Innentür (Quelle:VA-Europlatinen GmbH, Linz)

FLD.mcd

Es wird die Grenzformänderungskurve mit physikalischen Ansätzen berechnet, s. Bild 6.8.8.

Grenzformänderungsschaubild
1
0.5
0
−1
−0.5
0
0.5
max. Hauptdehnung [-]
min. Hauptdehnung [-]

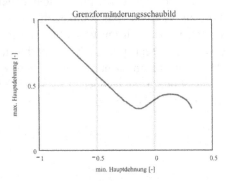

Bild 6.8.8. Berechnetes Grenzformänderungsschaubild

6.9 FE-Simulation von Umformprozessen

6.9.1 Betrachtungstiefe bei der Umformsimulation

Während für einfache Geometrien und vereinfachte Randbedingungen es noch möglich ist, analytische Lösungen zur Beschreibung der umformtechnischen Kennwerte abzuleiten, erfordern jedoch reale Bauteilgeometrien den Einsatz von FE-Programmen. Je nach Detaillierungsgrad und Zielsetzung können folgende Simulationsebenen verfolgt werden:

- analytische Beschreibung der Umformkraft und der Umformleistung
- Einsatz von Streifenmodellen
- lokale Betrachtungen der Umformkenngrößen mittels FE-Berechnung
- Berücksichtigung der mikrostrukturellen Änderungen durch phänomenologische Gleichungen
- Beschreibung der Strukturänderung durch physikalische Modelle
- Optimierungsalgorithmen zur Optimierung des gesamten Umformprozesses

Der Trend in der Umformsimulation geht zunehmend in Richtung einer vertieften Betrachtung und Einbeziehung mikromechanistischer Vorgänge, s. Bild 6.9.1

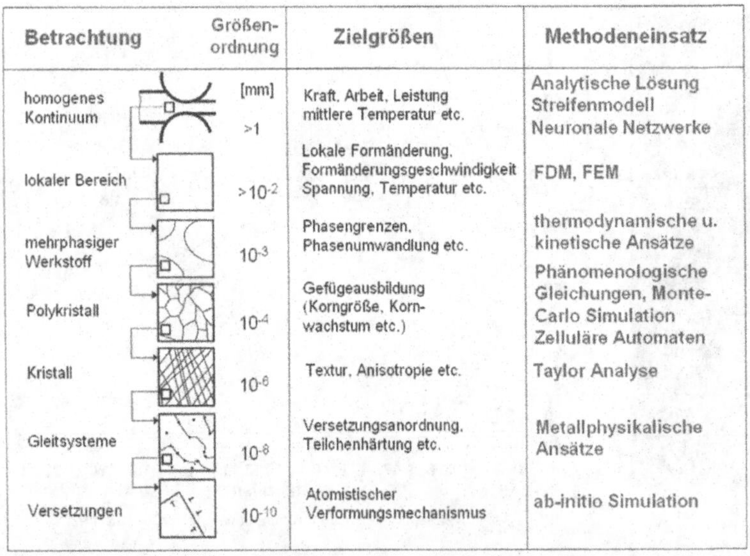

Betrachtung
Größen-ordnung
Zielgrößen
Methodeneinsatz
homogenes Kontinuum
[mm]
>1
Kraft, Arbeit, Leistung mittlere Temperatur etc.
Analytische Lösung Streifenmodell Neuronale Netzwerke
lokaler Bereich
>10-2
Lokale Formänderung, Formänderungsgeschwindigkeit Spannung, Temperatur etc.
FDM, FEM
mehrphasiger Werkstoff
10-3
Phasengrenzen, Phasenumwandlung etc.
thermodynamische u. kinetische Ansätze
Polykristall
10-4
Gefügeausbildung (Korngröße, Kornwachstum etc.)
Phänomenologische Gleichungen, Monte-Carlo Simulation Zelluläre Automaten
Kristall
10-6
Textur, Anisotropie etc.
Taylor Analyse
Gleitsysteme
10-8
Versetzungsanordnung, Teilchenhärtung etc.
Metallphysikalische Ansätze
Versetzungen
10-10
Atomistischer Verformungsmechanismus
ab-initio Simulation

Bild 6.9.1. Größenordnungen der Betrachtungstiefe und zugehörige Mechanismen (nach Kopp)

6.9.2 Unterschiede bei der Simulation von Massiv- und Blechumformungen

Wenn man Massiv- und Blechumformung aus Sicht der Umformsimulation vergleicht, so ergeben sich ganz wesentliche Unterschiede, die sowohl bei der Auswahl geeigneter FE-Programme, als auch beim Pre-Processing berücksichtigt werden müssen, s. Tabelle 6.9.1.

Tabelle 6.9.1. Unterschiede bei der Simulation von Massiv- und Blechumformungen (nach Tekkaya)

	Blechumformung	Massivumformung
Werkstück-geometrie	- flächenstrukturiert, eben	- voluminös
Materialverhalten	- Anisotropie-Effekte (r-Wert-Einfluss) - Kaltverfestigung - Fließverhalten=f(φ)	- Bauschinger-Effekt - Rekristallisationseffekte - k_f=f(φ, φ_{pkt}, T)
Umformkinematik	- große Knotenverschiebungen aber kleine Umformgrade - Instabilitäten (Falten, Einschnürung) - Rückfederung ist kritisch	- geringere Verschiebungen aber große Umformgrade - keine Forminstabilitäten - Eigenspannungen sind kritisch
FE-Simulation	- immer elasto-plastisch - Schalen- oder (Membran)-Elemente - isotherm (Raumtemperatur) - hauptsächlich explizit - Neuvernetzung wegen inhomogener Verformung (Einschnürung)	- starr/visko-starr/elasto-plastisch - Kontinuumselemente - thermomechanisch gekoppelt - implizit - Neuvernetzung wegen großer Elementverzerrungen

6.9.3 Kommerzielle FE-Programme für die Umformsimulation

Bild 6.9.2 zeigt die junge Entwicklung der Simulation von Umformprozessen bis hin zu den heute üblichen FE-Programmen für die 3-dimensionale Umformsimulation, die in vielen Schmiedebetrieben für die Projekt- und Prozessplanung bereits unentbehrlich sind. Tabelle 6.9.2 gibt einen Überblick über verfügbare FE-Programme im Bereich der Umformtechnik.

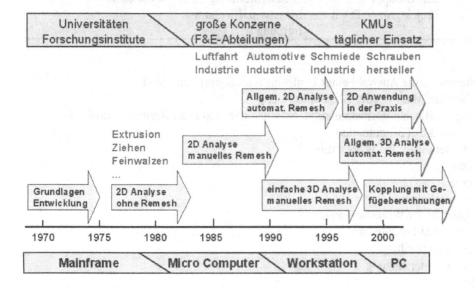

Bild 6.9.2. Geschichtliche Entwicklung der Umformsimulation

Tabelle 6.9.2. Übersicht über kommerziell verfügbare FE-Simulationsprogramme

FE-Code	Hersteller	Anwendungsbereich	Internet-Adresse
ABAQUS/Explicit	Hibbitt, Karlsson & Sorensen, Inc.,USA	Große Formänderungen	www.abaqus.com www.hks.com
ABAQUS/Standard	Hibbitt, Karlsson & Sorensen, Inc., USA	General purpose	www.abaqus.com
ANSYS	ANSYS, Inc., PA,USA	General purpose	www.ansys.com
AUTOFORM	Autoform Engineering, CH	Blechumformung	www.ifu.ethz.ch/ autoform/autoform.html
Bendsim	Oettinger, Oberursel	Rohrbiegesimulation	www.tubeexpert.com
CAPS-FINEL Eesy-2-form	CPM, Herzogenrath, D	Massivumformung	-
DEFORM PC, 2D, 3D	Battelle, USA	Massivumformung	www.deform.com
FAST_FORM3D	Forming Technologies, USA	Blechumformung, FLD, Werkstoff-DB One-step-code	www.forming.com/ html/ff3d.html
FORGE3	CEMEF, F	Kein elastisches Werk-zeugverhalten	www.transvalor.com/ forge3/forge3.html
INDEED	INPRO, D	Blechumformung	www.inpro.de
LS-DYNA	ANSYS Inc., USA Livermore Software Technology Corp.	Langrange & Euler Formalismus, FLD, Rückfederung	www.lstc.com
OPTRIS	Dynamic Software, Aix-en-Provence,F	Blechumformung	www.dynamic-software.com
MARC	MARC Analysis Res.,USA	Nonlinear, large displa-cements	www.marc.com
MSC/Nastran	MacNeal-Schwendler, USA	General purpose	www.mechsolutions.com /products/index.html
NIKE3D	LSTC, USA	General purpose	www.lstc.com/
PAM -Crash	ESI Group, F	Crash-Simulation	www.esi.fr
PAM-Stamp	ESI Group, F	Blechumformung	www.esi.fr
PSU	Projektgruppe D/Ch	Massiv- u. Blechum-formung	

Entscheidungskriterien für die Auswahl eines Umformsimulationssystems sind:
- Anwendungsbereich: Massiv- oder Blechumformung
- Unterscheidung bei Blechumformsimulation zwischen one-step und inkrementellen Code
- Rechengeschwindigkeit (Benchmarks)
- Hardware-Anforderungen: PC/Workstation
- Reibungsgesetze
- Kontaktelemente
- Remeshing-Eigenschaften
- Umfang und Qualität der Werkstoffdatenbank
- Schnittstellen zu CAD-Programmen
- Arten der Ergebnisdarstellung
- Beratung/ Hotline-Unterstützung
- Lizenzkosten

6.9.4 Ablauf einer Simulationsrechnung mit DEFORM (Beispiel Stauchen eines Rohres)

PREPROCESSING:

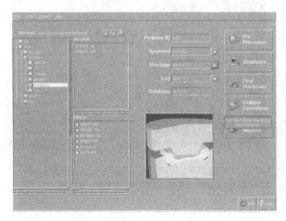

Programmstart und Öffnen von Datenfiles mit einer Kennung (Problem-ID)

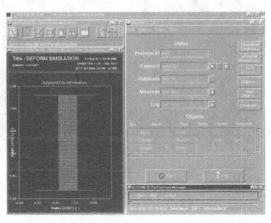

Definition der Objekte (Matrize (starr), Werkstück (vernetzt), Stempel (starr)) inkl. Geometriedaten

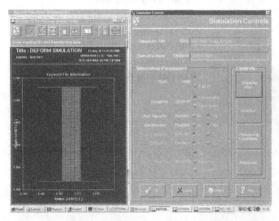

Eingabe der Kontrollparameter (axisymmetrisch, thermo-mechanisch gekoppelt, Anzahl der Iterationen, Stempelgeschwindigkeit .....)

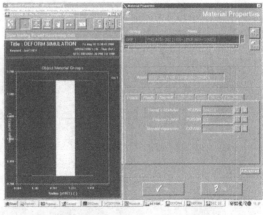

Zuordnung des Werkstofftyps und Eingabe der notwendigen Eigenschaften (E,μ...), Anfangstemperatur, thermische Randbedingungen

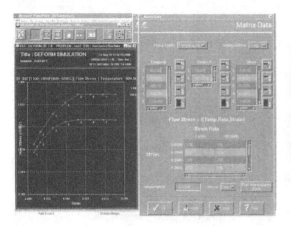

Eingabe der Fließkurve als Funktion der Temperatur, der Dehnrate und der Dehnung

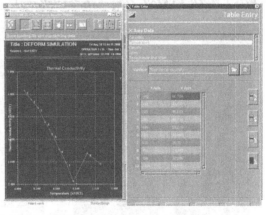

Eingabe der thermophysikalischen Eigenschaftswerte als Funktion der Temperatur

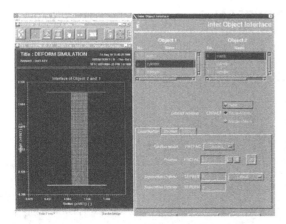

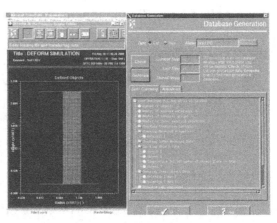

Eingabe der Kontaktflächen und der Reibungs-
bedingungen

Generierung des gesamten Eingabedatensatzes zur
Simulation und automatischen Überprüfung

SIMULATION (= Berechnungsschritt)

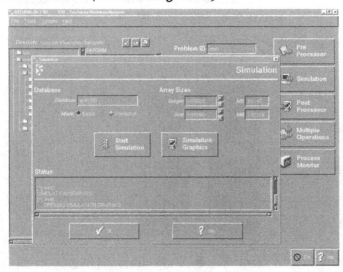

- Start der Simulation
- Ablaufkontrolle durch
  Prozess-Monitoring,
- automatische Überprüfung der
  Konvergenz
- Darstellung der Zwischenschritte

POST-PROCESSING (Ergebnisdarstellung)

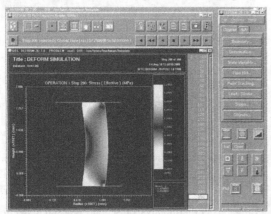

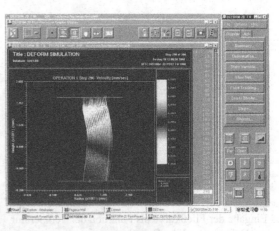

Vergleichsspannung

Geschwindigkeitsfeld (Materialfluss)

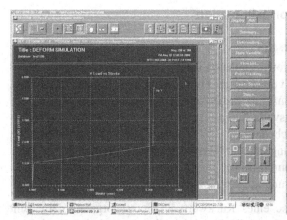

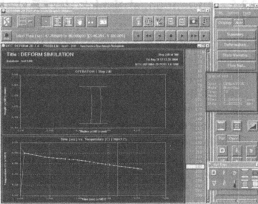

Kraft-Weg-Diagramm   örtliche Temperatur-Zeit-Verläufe

Im Anschluss an die numerische Simulation sollte eine Validierung mittels analytischer Lösungen (falls möglich bzw. grob vereinfacht), mit physikalischen Experimenten oder mit Messungen durchgeführt werden. Erst danach können Parameter- oder Sensitivitätsstudien zur Optimierung eines Systems sinnvoll durchgeführt werden.

Zusammengefasst umfasst die Simulation von Warmumformprozessen folgende Aktivitäten:

1. Pre-Processing:
- Spezifikation ob ein 3-dim., 2-dim. oder axisymmetrischer Fall vorliegt
- Eingabe ob die Werkzeuge als starr oder elasto-plastisch betrachtet werden
- Definition des Prozessablaufes, wie Werkzeuggeschwindigkeit, Zeitschrittweite etc.
- Eingabe der Werkstück- und Werkzeuggeometrie
- Vernetzung der Werkstückgeometrie (evtl. mit unterschiedlicher Netzdichte)
- Eingabe der mechanischen und thermischen Anfangs- und Randbedingungen
- Eingabe der Werkstoffdaten, wie E-Modul, Querkontraktionszahl, $c_p(T)$, $\rho(T)$, $\lambda(T)$
- Eingabe der Warmfließkurve $k_f = f(T,$ Dehnrate und Umformgrad)
- Definition der Kontakt-/Reibflächen und des Reibungskoeffizienten
- Eingabe des Wärmeübergangskoeffizienten (Umgebung, Werkzeugkontakt)
- Generierung des Eingabefiles und automatische Überprüfung der Korrektheit

2. Berechnung (Simulation)

3. Post-Processing
- Darstellung der umgeformten Geometrie
- Spannungsdarstellung (Vergleich-, Hauptspannungen)
- Darstellung der Verteilung des Umformgrades / Dehnrate
- Vektorplot des Materialflusses
- Darstellung der Materialschädigung
- Darstellung der Werkzeugbelastung bei elasto-plastischer Rechnung
- Diagramm Umformkraft über Werkzeugweg

6.9.5   Anwendungsbeispiele der FE-Umformsimulation

6.9.5.1   Simulation von Massivumformprozessen

Primäre Ziele bei der Anwendung der Massivumformsimulation sind:
- Darstellung des Stoffflusses und Erkennung unvollständiger Formfüllung beim Gesenkschmieden
- Optimierung der Vorformgeometrie und der Umformschritte beim Gesenkschmieden
- Erkennen möglicher Fehlerstellen (Schädigungsverteilung)
- Ermittlung des notwendigen Kraft- und Energiebedarfs
- Ermittlung der mechanischen Werkzeugbelastung und der Verschleißbeanspruchung
- Abschätzung der Gefügeausbildung (Gefügehomogenität)
- Optimierung des Gesamtprozesses und Einsparung kostenintensiver Versuche

Im Folgenden werden die Simulationsergebnisse eines Rückwärts-Fließpressvorgangs dargestellt. Die Vernetzung des Werkstücks, der Materialsfluss, die Vergleichdehnung und das Kraft-Weg-Diagramm sind zu einem ausgewählten Zeitpunkt in Bild 6.9.3 dargestellt. Bild 6.9.4 zeigt die zeitliche Entwicklung der Vergleichsdehnung. Zur Erkennung der Verfahrensgrenzen, zwecks Optimierung der Werkzeuggeometrie bzw. Auswahl geeigneter Werkzeugwerkstoffe und zur Festlegung der Umformschritte (Verfahrensfolge) wird in Bild 6.9.5 das Ergebnis einer elastischen Berechnung der Werkzeugbelastung gezeigt. Als Grenzwert gilt im Allgemeinen eine Maximalspannung von 3000 N/mm². Ein Beispiel für die FE-Simulation des Flachwalzens zeigt Bild 6.9.6

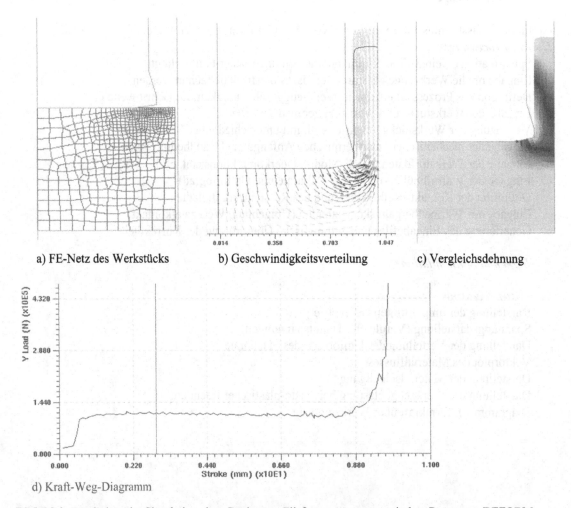

a) FE-Netz des Werkstücks   b) Geschwindigkeitsverteilung   c) Vergleichsdehnung

d) Kraft-Weg-Diagramm

Bild 6.9.3. Ergebnisse der Simulation eines Rückwärts-Fließpressvorganges mit dem Programm DEFORM

Bild 6.9.4. Zeitliche Entwicklung der Vergleichsdehnung beim Rückwärts-Fließpressen

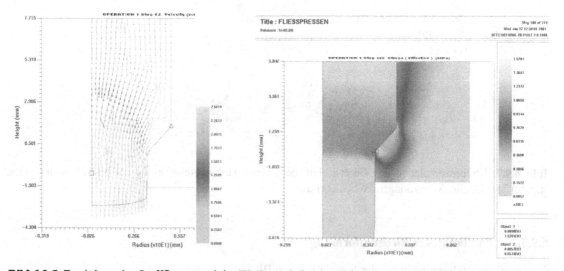

Bild 6.9.5. Ermittlung des Stoffflusses und der Werkzeugbelastung beim Vorwärts-Fließpressen

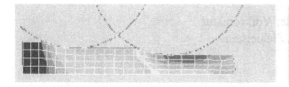

Temperaturverteilung beim Walzen
Querschnittsreduktion um 25%
Walze als steif angenommen, Walzgut isotrop verfestigend

Quelle: Hibbitt, Karlsson & Sorensen, Inc, 1995

Verteilung der Mises-Vergleichsspannung
80 8 Knoten „Ziegelelemente"
60   steife Elemente für die Walze
Rechenzeit: 8   Minuten auf Convex C3410
                  2,5 Minuten auf HP9000/735
                  4,5 Minuten auf IBM RS6000/550

Bild 6.9.6. FE-Simulation des Warmwalzens mittels ABAQUS

Als weiteres Beispiel zeigt Bild 6.9.7 das Ergebnis einer Gesenkschmiedesimulation einer Turbinenscheibe. Dargestellt ist die Verteilung der Vergleichsdehnung und der Temperatur.

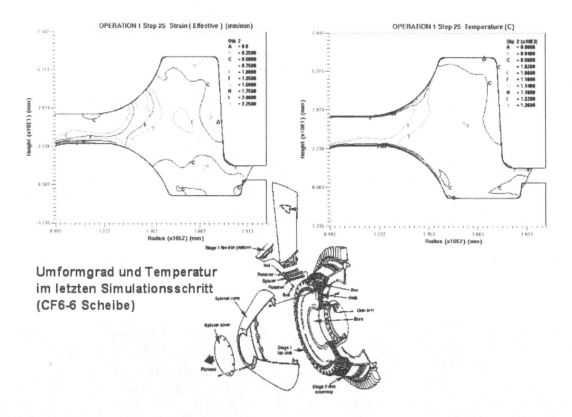

Bild 6.9.7. Umformsimulation des Gesenkschmiedens einer Turbinenscheibe aus der Nickelbasislegierung Inconel 718 (Quelle: M.Stockinger, IWS, TU Graz)

6.9.5.2   Simulation der Blechumformung

Die primären Zielsetzungen bei der Simulation von Blechumformungen sind:
- Ermittlung der Blechdickenverteilung des fertigen Bauteils
- Formänderungsanalyse (Vergleich mit dem Grenzformänderungsverhalten)
- Erkennen von Falten und Blechreißern
- Ermittlung der Rückfederung und Festlegung der Vorkorrektur
- Optimierung der Lage von Bremswülsten bzw. Ziehleisten
- Ermittlung optimaler Niederhalterstrategien
- Wirkung spezieller Schmierbedingungen
- Zuschnittoptimierung
- Eigenspannungen im fertigen Produkt

Das elasto-plastische Werkstoffverhalten wird unter Einbeziehung der Anisotropie meist mit dem Hill-Ansatz berechnet. Für Aluminiumlegierungen hat sich hingegen das Modell von Barlat bewährt. Als Elementtyp wird meist ein Schalenelement verwendet.

Bild 6.9.8 zeigt die Simulation des Tiefziehens mit dem FE-Programm ABAQUS/Explicit. Anwendungen des FE-Programmes AUTOFORM für die Umformsimulation von Feinblechen für Karosserieteile zeigen die Bilder 6.9.9 und 6.9.10.

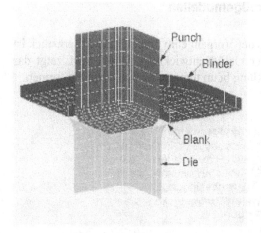

a) Konfiguration beim Tiefziehen

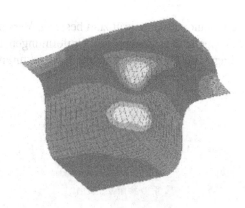

b) Blechdickenverteilung nach dem Tiefziehen

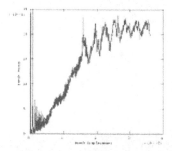

c) Kraft-Weg-Diagramm

d) Berechnungsdetails:
1225 Schalenelemente für das Blech
 720 steife Elemente für Stempel, Werkzeug und Halter
Hauptschwierigkeit: Formulierung der Kontaktreibung
Rechenzeit: 82 Minuten auf Convex C3410
                  49 Minuten auf HP9000/735
                  96 Minuten auf IBM RS6000/550

Quelle: Hibbitt, Karlsson & Sorensen, Inc

Bild 6.9.8. 3-dim. Simulation des Tiefziehens mit ABAQUS/Explicit

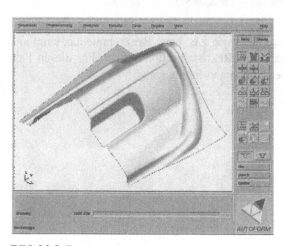

Bild 6.9.9. Benutzer-Interface des Programms AU-TOFORM mit tiefgezogenem Teil

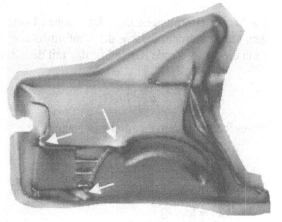

Bild 6.9.10. Blechdicke eines PKW-Seitenpanels, berechnet mit dem Programm AUTOFORM (ETH-Zürich) mit 2,4Mio Elemente, CPU-Time 7h40min (SGI Indigo2)

Eine der Blechumformsimulation verwandte Anwendung ist die Berechnung des *Crash-Verhaltens* von Automobilkarosserien, wofür dynamisch-explizite FE-Programme verwendet werden. Aufgrund der sehr hohen Formänderungsgeschwindigkeiten muss selbst bei Raumtemperatur der Dehnrateneinfluss berücksichtigt werden.

6.9.6   Kopplung der Umformsimulation mit Gefügemodellen

Ein neuer innovativer Schritt zum besseren Verständnis der Vorgänge im umgeformten Werkstück ist die gekoppelte Berechnung der Umformungen mit der Gefügeentwicklung. Bild 6.9.11 zeigt das Flussdiagramm für die Berechnung der Strukturentwicklung beim thermomechanischen Umformen.

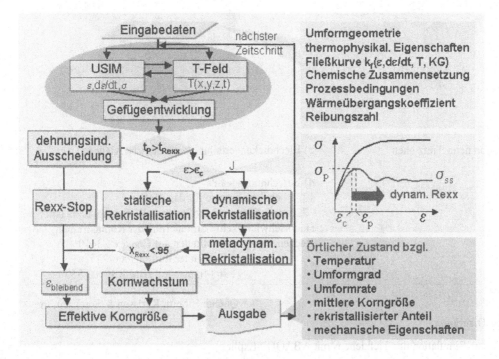

Bild 6.9.11. Berechnungsschema für die mikrostrukturelle Umformsimulation

Für Warmumformungen mit relativ hohen Umformgraden, wie z.B. beim Reckschmieden, kann angenommen werden, dass in der Umformzone dynamische Rekristallisation auftritt. Für diesen Fall kann die resultierende Korngröße d_{dyn} mit dem Zener-Hollomann-Parameter Z

$$Z = \dot{\varphi} \cdot \exp\left(\frac{Q}{R \cdot T}\right)$$

abgeschätzt werden. Es gilt die Beziehung:

$$d_{dyn} = a \cdot Z^{-b}$$

Außerdem ist die Fließspannung von Z abhängig

$$k_f \approx \log(Z)$$

Bild 6.9.12 zeigt am Beispiel der 2D-Simulation des Reckschmiedens die Einbindung von Gefüge-modellen in das FE-Programm DEFORM. Die Verteilung des Zener-Hollomann-Parameters stimmt recht gut mit der Korngrößenverteilung des Schliffbildes überein. Letzter Stand der Technik ist aber die 3D-Simulation von Massivumformprozessen mit Schnittstellen zu Rekristallisationsmodellen. Bild 6.9.13 zeigt das Ergebnis einer derartigen Simulation. Neben der üblichen Ausgabe der örtlichen Dehnungen und Dehnraten, kann damit auch der rekristallisierte Anteil (dynamisch oder metadyna-misch) dargestellt werden.

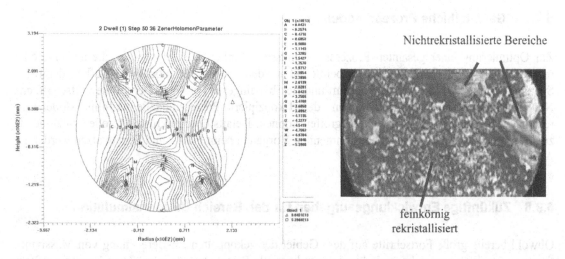

Bild 6.9.12. Zener-Holloman-Parameter als Indikator für die Korngrößenverteilung bei Massivumformungen

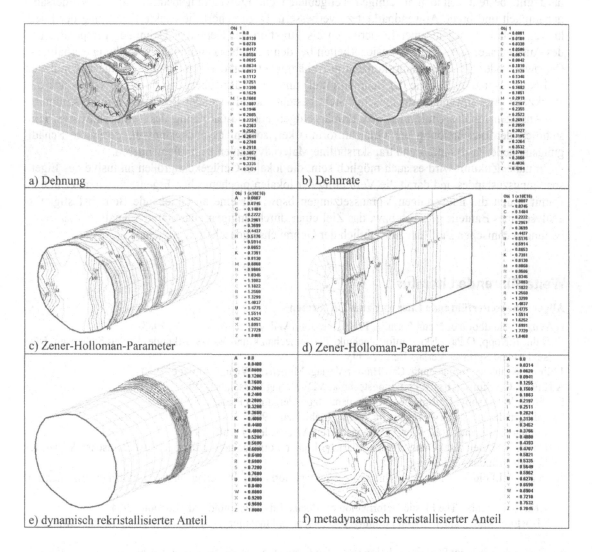

Bild 6.9.13. 3D-Umformsimulation des Reckschmiedens mittels Ankopplung eines Rekristallisationsmodells an das FE-Paket DEFORM (Quelle: G.Wasle, IWS, TU Graz)

6.9.7   Ganzheitliche Prozessmodelle

Zur Optimierung einer gesamten Prozesskette müssen sämtliche Einzelprozesse, die auf eine oder mehrere Zielgrößen Einfluss nehmen, betrachtet werden. Durch den modularen Aufbau derartiger Systeme kann jeder Modul separat geprüft und flexibel eingesetzt werden. Der größte wirtschaftliche Nutzen wird aber nur dann erreicht, wenn derart konzipierte Prozessmodelle als Inline-Modelle direkt in die Steuerung des Prozesses eingreifen können. Details über mikrostrukturelle Walzmodelle zur Beschreibung der eigenschaftsbestimmenden Vorgänge beim Flach- und Drahtwalzen werden im Abschnitt 9.7 angeführt.

6.9.8   Zukünftige Entwicklungsaufgaben für den Bereich Umformsimulation

Obwohl bereits große Fortschritte auf dem Gebiet der gekoppelten FE-Berechnung von Massivumformvorgängen zu verzeichnen sind und der industrielle Einsatz bereits in größeren Firmen als Standard gilt, besteht dennoch in einigen Teilgebieten ein Entwicklungsbedarf, um die Vorhersagegenauigkeit und breite Anwendbarkeit zu verbessern. Dazu gehört die exakte Ermittlung der Fließkurven technisch bedeutsamer Legierungen als Funktion der Dehnung, Dehnrate, Temperatur und des Ausgangsgefüges. Weitere Unsicherheiten bei den Eingabedaten bilden die Reibungsverhältnisse (Reibwert- oder Schubspannungskonzept in Abhängigkeit von der Temperatur, Gleitgeschwindigkeit und Normalspannung, sowie der Schmiermittel) und der Wärmeübergang zwischen Werkstück und Werkzeug. Aus anwendungstechnischer Sicht besteht auch dringender Bedarf nach mikrostrukturellen Ansätzen für das Umformen von Primärgefügen und Beschreibung des Textureinflusses. Hinsichtlich der Beschreibung der Grenzumformbarkeit scheint es auch sinnvoll, geeignete Schädigungsmodelle für das inter- und transkristalline Materialversagen zu implementieren.

In naher Zukunft wird es auch möglich sein, die lokalen Gefügekenngrößen inklusive des Eigenspannungszustandes und damit die Verteilung der lokalen mechanischen Eigenschaften zu ermitteln. Damit wären die notwendigen Voraussetzungen bspw. für eine anschließende Betriebsfestigkeitsanalyse eines Bauteils gegeben bzw. das Ziel einer durchgängigen quantitativen Analyse aller verarbeitungstechnischen Einflüsse hinsichtlich der Gebrauchseigenschaften erreicht.

Weiterführende Literatur

Allgemeine weiterführende Literatur zum Umformen

B.Avitzur: Handbook of Metal Forming Processes, John Wiley & Sons, Inc., NY, 1983

W.Dahl, R.Kopp, O.Pawelski: Umformtechnik, Plastomechanik und Werkstoffkunde, Verlag Stahleisen, Düsseldorf und Springer Verlag, Berlin, 1993

J.Flimm: Spanlose Formgebung, Carl Hanser Verlag, München, Wien, 6.Auflage, 1990

A.H.Fritz, G.Schulze (Hrsg.): Fertigungstechnik, VDI-Verlag Düsseldorf, 1985

H.J.Frost, M.F.Ashby: Deformation-Mechanism Maps, Pergamon Press, 1982

Grundlagen der bildsamen Formgebung, Verlag Stahleisen, 1966

K.Grüning: Umformtechnik, Vieweg, Braunschweig/Wiesbaden, 4.Aufl., 1995

A.Hensel, T.Spittel: Kraft- und Arbeitsbedarf bildsamer Formgebungsverfahren, VEB Deutscher Verlag für Grundstoffindustrie, Leipzig, 1978

H.Hensel, P.I.Poluchin (Hrsg.): Technologie der Metallformung, Dt.Verlag für Grundstoffindustrie, Leipzig, 1990

R.W.K.Honeycombe: The Plastic Deformation of Metals, Edward Arnold Ltd., London, 1984

W.F.Hosford, R.M.Caddell: Metal Forming: Mechanics and metallurgy, Prentice Hall, Englewood Cliffs, N.J., 2nd ed., 1993

M.Kleiner, R.Schilling: Prozeßsimulation in der Umformtechnik, Teubner Stuttgart, 1994

W.König, F.Klocke: Fertigungsverfahren Bd.4, Massivumformung, 4.Aufl., VDI-Verlag, Düsseldorf, 1995

R.Kopp, H.Wiegels: Einführung in die Umformtechnik, Verlag der Augustinus Buchhandlung Aachen, 1998

H.Kreulitsch: Formgebung von Blechen und Bändern durch Biegen, Springer Verlag, Wien, 1995

K.Lange, Umformtechnik. Handbuch für Industrie und Wissenschaft, Springer Verlag, Bd.1 Grundlagen, 2.Aufl. 1984, Bd.2 Massivumformung, 2.Aufl.1988, Bd.3 Blechumformung, 2.Aufl.,1990, Bd.4 Sonderverfahren, Prozeßsimulation, Werkzeugtechnik, Produktion, 2.Aufl.,1993

H.Lippmann: Mechanik des Plastischen Fließens, Springer Verlag, Berlin, 1981

K.Pöhlandt: Werkstoffe und Werkstoffprüfung für die Kaltmassivumformung, Expert Verlag, K&S 427, 1994

Schuler: Handbuch der Umformtechnik, Springer Verlag, Berlin, 1996

K.Siegert: Rechneranwendungen in der Umformtechnik, DGM-Verlag, 1992

H.Tschätsch: Praxiswissen Umformtechnik, Arbeitsverfahren, Maschinen, Werkzeuge, 5.Auflage, Vieweg, Braunschweig, 1997

R.H.Wagoner, J.-L.Chenot: Fundamentals of Metal Forming. John Wiley&Sons, Inc., New York 1997

zu Abschnitt 6.1 (Fertigungstechnologien)

H.-J.Warnecke: Einführung in die Fertigungstechnik, Teubner Studienbücher, Stuttgart, 2.Auflage, 1993

zu Abschnitt 6.2 (Fließkurven)

H.Lippmann, Mechanik des plastischen Fließens, Springer Verlag, 1981

H.Rohloff, E.Neuschütz: Fließspannungen von Stählen bei der Warmumformung, Verlag Stahleisen, Düsseldorf, 1990

zu Abschnitt 6.3 (Strangpressen)

K.Müller: Grundlagen des Strangpressens, Verfahren, Anlagen, Werkstoffe, Werkzeuge, Expert Verlag, K&S 286, 1995

zu Abschnitt 6.4 (Fließpressen)

H.Gulden, I.Wiesenecker-Krieg: Stähle mit Eignung für die Kalt-Massivumformung, in Werkstoffkunde Stahl (Band 2), Springer Verlag, 1985, 182-199

K.Mayerhofer: Kaltfließpressen von Stahl und Nichteisenmetallen, Springer Verlag, 1983

VDI-Richtlinien 3138 Blatt 1, Kaltmassivumformen von Stählen und NE-Metallen – Grundlagen für das Kaltfließpressen, Düsseldorf, 1998

zu Abschnitt 6.5 (Flachwalzen)

V.B.Ginzburg, R.Ballas: Flat rolling fundamentals, Marcel Dekker Inc., New York-Basel, 2000

L.Meyer: Optimierung der Werkstoffeigenschaften bei der Herstellung von Warmband und Kaltband aus Stahl, Verlag Stahleisen mbH, Düsseldorf, 1988

C.M.Sellars: Modelling microstructural development during hot rolling, Mat.Science and Technology 6, 1990, (1), 1072-1081

zu Abschnitt 6.6 (TMB beim Warmbandwalzen)

A.J.Brand: Modellierung der Gefügeentwicklung bei der Warmumformung von Aluminiumlegierungen mit Hilfe phänomenologischer und metallphysikalischer Ansätze, Umformtechn. Schriften 77, Shaker, Aachen, 1998

B.Hutchinson, M.Andersson, G.Engberg, B.Karlsson, T.Siwecki: Thermo-Mechanical-Processing in Theory, Modelling & Practice [TMP²], The Swedish Society for Materials Technology, 1997

I.Kozasu: Processing-Thermomechanical Controlled Processing, in: Materials Science and Technology, Vol.7, VCH Weinheim, 1992, 183-217

L.Meyer: Optimierung der Werkstoffeigenschaften bei der Herstellung von Warmband und Kaltband aus Stahl, Verlag Stahleisen, Düsseldorf, 1988

W.Bleck, L.Meyer, R.Kaspar: Stahl u. Eisen 111, 1991, Nr.5, 51

W.Dahl, M.Hagen, K.Karhausen, R.Kaspar, L.Meyer: Stahl u. Eisen 111, 1991, Nr.4, 113

M.Pietrzyk, J.G.Lenard: Thermal-Mechanical Modelling of the Flat Rolling Process, Springer Verlag, 1991

zu Abschnitt 6.7 (Drahtziehen)

E.Aernoudt: Kaltgezogene Stangen und Drähte, in Umformtechnik, Plastomechanik und Werkstoffkunde, Verlag Stahleisen, 1993, S.798ff.

H.Krautmacher: Änderungen der Eigenschaften des Drahtes durch das Ziehen, in Herstellung von Stahldraht, Teil 1, Verlag Stahleisen, Düsseldorf, 1969, 219-264

O.Pawelski, W.Rasp, W.Wengenroth: Advanced Technology of Plasticity, Vol.III, Proc. of 6th ICTP, Sept. 1999, 1753-1762

F.Schneider, G.Lang: Stahldraht – Herstellung und Anwendung, VEB Deutscher Verlag für Grundstoffindustrie, Leipzig 1973

zu Abschnitt 6.8 (Tiefziehen)

W.König, F.Klocke: Fertigungsverfahren Bd.5 Blechbearbeitung, 3.Aufl., VDI-Verlag, Düsseldorf, 1995

K.Siegert: Neuere Entwicklungen in der Blechumformung, DGM Informationsgesellschaft, Oberursel, 1992

zu Abschnitt 6.9 (FE-Umformsimulation)

A.J.Brand: Modellierung der Gefügeentwicklung bei der Warmumformung von Aluminiumlegierungen mit Hilfe phänomenologischer und metallphysikalischer Ansätze, Diss. RWTH Aachen, Shaker Verlag, 1998

L. Kessler: Simulation der Umformung organisch beschichteter Feinbleche und Verbundwerkstoffe mit der FEM, Shaker Verlag, Aachen, 1997

S.Kobayashi, S.I.Oh, T.Altan: Metal Forming and the Finite Element Method, Oxford University Press, Oxford, 1989

J.Lemke: Technologie und FEM-Simulation beim Universalwalzen von Profilen, Diss. TU Freiberg, 1997

S.I.Oh, W.T.Wu, K.Arimoto: Recent developments in process simulation for bulk forming processes, J. Mat. Processing Technology 111, 2001, 2-9

E.Tekkaya: Stand der Simulation in der Blechumformung, Blech Rohre Profile 11/98, 62-69

W.Thomas, T.Oenoki, T.Altan: Process simulation in stamping – recent applications for product and process design, J. Materials Processing Technology, 98, 2000, 232-243

J.Walters: Application of the finite element method in forging: an industry perspective, J.Mat. Process. Technology 27, 1991, 43-51

7 Anwendungen im Bereich Gießen und Erstarren

Kapitel-Übersicht

Übersicht der Mathcad-Programme in diesem Kapitel

Abschn.	Programm	Inhalt	Zusatzfile
7.2	kritkeim	Kritischer Keimradius bei der Erstarrung	
7.3	Therm_Analyse	Kühlkurve bei langsamer Erstarrung einer AlSi-Legierung	
7.4	Seigerung	Makro- und Mikroseigerungsmodelle	
7.4	Zone_ref	Konzentrationsverlauf beim Zonenschmelzen	
7.5	Konst_unter	Konstitutionelle Unterkühlung und Dendritenarmabstand	
7.6	Alguss	Wärmeübergang bei Sand- und Kokillenguss	sandguss.bmp kokiguss.bmp
7.6	Liquid	Schmelztemperatur von Stählen als f(chem. Zusammensetzung)	

7.1 Einführung

Die Eigenschaften eines Gussteils werden bestimmt vom Aufbau des Gefüges, das sich bei der Erstarrung der Schmelze in der Form einstellt. Die Art des Gefüges ist abhängig von der Legierung, dem gewählten Gießverfahren, der Gussteilform, der Art der Formfüllung, vom Formfüllungsverhalten der Schmelze und von den physikalischen Gesetzmäßigkeiten der Kristallisation. Als Zielgrößen werden bei Erstarrung betrachtet:

- Gefügefeinheit (Korngröße, primärer und sekundärer Dendritenarmabstand)
- Erstarrungsmorphologie (planar, zellular, dendritisch, globulitisch)
- Erstarrungszeit
- Gussfehler (Lunker, Porosität, Warmrisse)
- Makro- und Mikroseigerungen
- Gefügeaufbau (Phasenmengen, Form, Größe und Verteilung)
- Spannungszustände nach dem Abguss

Erstarrungsvorgänge verlaufen meist nicht im thermodynamischen Gleichgewicht, d.h. es kommt zu beträchtlichen Verschiebungen der Löslichkeitslinien im Zustandsdiagramm. Wichtige gefügebestimmende Größen sind:

- *Erstarrungsgeschwindigkeit v*
- *Temperaturgradient G* an der Erstarrungsfront und die verknüpfte Größe
- *Abkühlgeschwindigkeit* $\dot{T} = G \cdot v$

Zur Herstellung von Gussteilen kommen unterschiedliche Gießverfahren zum Einsatz, s. Tabelle 7.1.1. Grundsätzlich wird zwischen Verfahren mit „verlorenen" Formen und solche mit Dauerformen unterschieden.

Tabelle 7.1.1. Einteilung der wichtigsten Gießverfahren

Gießverfahren mit verlorenen Formen	Dauerformguss	Sondergießverfahren
- Dauermodelle	- Kokillenguss	- Squeeze Casting
- Sandguss mit Formkästen	- Schwerkraftkokillenguss	- Direktes Squeeze Casting
- Kastenlose Verfahren	- Senkrechtguss	- Indirektes Squeeze Casting
- Blockformverfahren	- Kippguss	- Thixocasting
- Verlorene Modelle	- Niederdruckguss	- Thixomolding
- Feinguss, insbes. Wachsausschmelzverfahren	- Druckguss	- Rheocasting =Thixo+Squeeze Casting
- Vollformguss	- Kaltkammerverfahren	
- Alupour-Verfahren	- Warmkammerverfahren	- Verbund- bzw. Eingießen
	- Gegendruckguss (Precocast)	
	- Vakuumdruckguss (Vacural)	
	- Schleuderguss	

Die jüngsten Entwicklungen auf dem Gebiet der Gießtechnik bewegen sich in Richtung höherer Prozesssicherheit, höherer Produktivität und ressourcenschonender Fertigung. Wesentliche Voraussetzung dazu ist die numerische Simulation der Gieß- und Erstarrungsvorgänge und die durchgehende *CAE-Kopplung* vom Design, über *Rapid Prototyping* und *Rapid Tooling*, bis hin zur Automatisation der gesamten Fertigungsanlagen. Dies erlaubt die Herstellung komplexer Bauteilformen mit hoher, multifunktioneller Integration.

7.2 Keimbildung

Die Umwandlung vom flüssigen in den festen Zustand erfolgt im Allgemeinen nicht unmittelbar beim Erreichen der thermodynamischen Stabilitätsgrenze, sondern es muss vorher eine Energieschwelle überwunden werden. Ein Maß für diese Energieschwelle ist die zur Kristallisation notwendige Unterkühlung ΔT. Je größer ΔT ist, desto feiner ist das Erstarrungsgefüge. In einigen Fällen wird die Gefügefeinheit durch Zugabe von Fremdkeimen erwirkt (= Impfbehandlung). Bei der Kristallisation einer Schmelze werden energetische Betrachtungen wie für die Keimbildung in Festkörpern (s. Abschnitt 3.4) angestellt. Bei der homogenen Keimbildung werden nur die Schmelze und ein kugelförmiger Keim angenommen.

 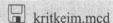 kritkeim.mcd

Kritischer Keimradius bei der Erstarrung

Die gesamte freie Enthalpie bei der Erstarrung ist ΔG, die Summe aus der freiwerdenden Volumsenthalpie und der verbrauchten Oberflächenenergie:

$\Delta G = -4/3 \cdot \pi \cdot r^3 \cdot \Delta Gv + 4 \cdot \pi \cdot r^2 \cdot \sigma$

ΔG durchläuft ein Maximum beim kritischen Keimradius, dieses wird durch Ableiten nach r (Gl.1) und Nullsetzen (Gl.2) gefunden :

$\Delta G^* = -4 \cdot \pi \cdot r^2 \cdot \Delta Gv + 4 \cdot \pi \cdot r^2 \cdot \sigma$ (Gl.1)

$r^* = 2\sigma/\Delta Gv$ (Gl.2)

Im Gleichgewicht bzw. bei Schmelztemperatur Tm gilt:

$\Delta Gv = 0$ und $\Delta H = T_m \cdot \Delta S$

$\Delta Gv = \Delta H - T \cdot \Delta S = \Delta H - T \cdot \Delta H/T_m = \Delta H \cdot (T_m - T)/T_m = \Delta H \cdot \Delta T/T_m$

$r^* = 2\sigma \cdot T_m/\Delta H \cdot \Delta T$

verwendete Symbole:
ΔGv... freie Volumenenergie
r .... Keimradius
σ ...... Oberflächenenergie
T_m.... Schmelzpunkt in K
ΔH ... Erstarrungswärme
ΔT .... Unterkühlung für homogene Keimbildung

Für die Erstarrung von Eisen gilt:

$\Delta T := 420 \cdot K$ $Tm := (1537 + 273) \cdot K$ $\Delta H := 1740 \cdot \dfrac{joule}{cm \cdot cm \cdot cm}$ $\sigma := 200 \cdot 10^{-7} \cdot \dfrac{joule}{cm \cdot cm}$

$\Delta Gv := \Delta H \cdot \dfrac{\Delta T}{Tm}$ $\Delta G(r) := \dfrac{-4}{3} \cdot \pi \cdot r^3 \cdot \Delta Gv + 4 \cdot \pi \cdot r^2 \cdot \sigma$ $r := 0 \cdot m, 1\ 10^{-12} \cdot m .. 2\ 10^{-9}\ m$

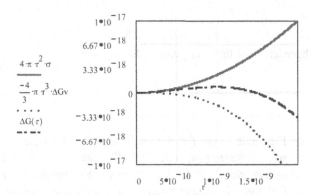

$rkrit := \dfrac{2 \cdot \sigma \cdot Tm}{\Delta H \cdot \Delta T}$

$rkrit = 9.907 \bullet 10^{-10}\ \bullet m$

Volumen der Einheitszelle u. des krit. Keimes: $Volume := (2.86 \cdot 10^{-10} \cdot m)^3$ $Volkeim := \dfrac{4}{3} \cdot \pi \cdot rkrit^3$

$NEZ := \dfrac{Volkeim}{Volume}$ Somit enthält ein Keim gleich $NEZ = 174.105$ Elementarzellen.

Da zu jeder Elementarzelle des krz δ-Eisens zwei Atome gehören, sind

$NA := 2 \cdot NEZ$ $NA = 348.209$ Atome im kritischen Keim.

Fremdphasen, wie z.B. eine Tiegelwand, wirken katalysierend, d.h. der Keim kristallisiert an der Wand mit verminderter Oberflächenenergie in Form einer Kugelkalotte. Im Falle der praktisch bedeutungsvolleren heterogenen Keimbildung wird die Keimbildungsenergie ΔG^* mit einem Faktor $f(\Theta)$, der zwischen 0 und 1 liegt, multipliziert. Er berücksichtigt das Verhältnis der Volumina von Kugelkalotte zur Vollkugel.

7.3 Thermische Analyse

Die thermische Analyse ist eine altbewährte Methode zur Bestimmung des Umwandlungsverhaltens metallischer Werkstoffe. Phasenumwandlungen zeigen sich entweder durch Knick- oder durch Haltepunkte, wie das folgende Beispiel für sehr langsame Abkühlung einer AlSi-Legierung zeigt. Bei schneller Abkühlung tritt kein Haltepunkt ein, sondern nach einer Unterkühlungsphase folgt eine Rekaleszenzphase.

Therm_Analyse.mcd

In diesem Beispiel wird für sehr langsame Abkühlung (Gleichgewichtserstarrung) die Kühlkurve einer AlSi-Legierung berechnet, s. Bild 7.3.1.

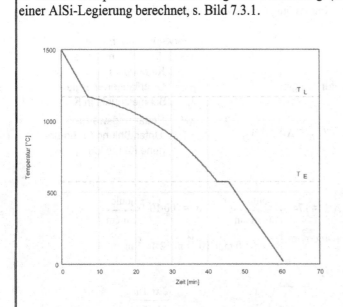

Bild 7.3.1. Berechnete Abkühlung für die gleichgewichtsnahe Erstarrung einer AlSi-Legierung

7.4 Seigerungsphänomene

Aufgrund unterschiedlicher Löslichkeiten der Elemente in der festen und flüssigen Phase treten bei der Erstarrung Entmischungserscheinungen, sog. *Seigerungen*, auf. Eine Kennzahl für die Seigerungsneigung einer Legierung ist der *Verteilungskoeffizient k*, das Verhältnis der Konzentration der festen zu jener der flüssigen Phase ($k = c_s/c_L$). Der Verteilungskoeffizient ist üblicherweise auch eine Funktion der Temperatur, aber zur Vereinfachung wird im Folgenden mit einem konstanten Wert gerechnet, d.h. in den Phasendiagrammen werden die Liquidus- und Soliduslinie als Geraden angenommen. Im folgenden Programm wird die Gleichgewichtsrechnung mit dem Scheil-Modell und dem Mikroseigerungsmodell nach Brody und Flemings verglichen.

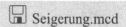

Seigerungsmodelle

Betrachtet werden Seigerungsmodelle für einphasige Erstarrung
a) Gleichgewichtsbetrachtung (Hebelgesetz) $DL=\infty$, $Ds=\infty$
b) Scheil-Modell (1942) $DL=\infty$, $Ds=0$
und ein Mikroseigerungsmodell

Eingabedaten: Verteilungskoeffizient k = cs/cL $k := 0.7$
Schmelztemperatur des Reinmetalls: $Tm := 660$
Liquidustemperatur der Legierung: $TL := 600$
Legierungszusammensetzung: $c0 := 0.1$

a) Gleichgewichtserstarrung (Hebelgesetz) $i := 0..100$ $fs_i := \dfrac{i}{100}$ $fl_i := 1 - fs_i$

$$T_i := \frac{TL - Tm \cdot (1-k) \cdot fs_i}{1 - fs_i \cdot (1-k)} \qquad cs_i := \frac{k \cdot c0}{1 - (1-k) \cdot fs_i} \qquad cl_i := \frac{cs_i}{k}$$

$$= c_0$$

Solidustemperatur: $c_i := \text{if}\left(fs_i < 0.6, cs_{60}, cl_{60}\right)$ Kontrolle: $cs_{60} \cdot fs_{60} + cl_{60} \cdot fl_{60} = 0.1$

$Tsol := T_{100}$ $Tsol = 574.286$

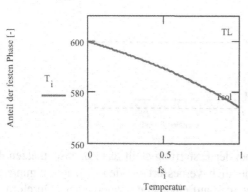

Anteil der festen Phase [-]

Temperatur

Konzentrationen cs, cL und Konz.Profil

Anteil der festen Phase [-]

– – – c(feste Phase)
· · · · c(Schmelze)
—— Konz.Profil bei fs = 60%

b) Modell nach Scheil $i := 0..99$ $fs_i := \dfrac{i}{100}$ $fl_i := 1 - fs_i$

$$T\_s_i := Tm - \left(1 - fs_i\right)^{k-1} \cdot (Tm - TL) \qquad cs\_s_i := k \cdot c0 \cdot \left(1 - fs_i\right)^{k-1} \qquad cl\_s_i := c0 \cdot \left(1 - fs_i\right)^{k-1}$$

$Ts\_s := T\_s_{99}$ $Ts\_s = 421.136$ $c\_s_i := \text{if}\left(fs_i < 0.6, cs\_s_i, cl\_s_{60}\right)$

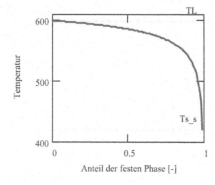

Temperatur

Anteil der festen Phase [-]

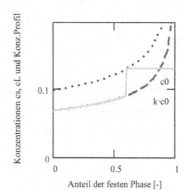

Konzentrationen cs, cL und Konz.Profil

Anteil der festen Phase [-]

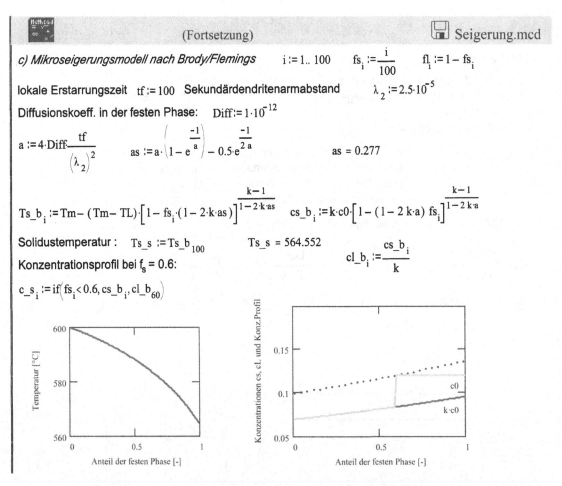

(Fortsetzung)   Seigerung.mcd

c) Mikroseigerungsmodell nach Brody/Flemings $i := 1..\,100$ $fs_i := \dfrac{i}{100}$ $fl_i := 1 - fs_i$

lokale Erstarrungszeit $tf := 100$ Sekundärdendritenarmabstand $\lambda_2 := 2.5 \cdot 10^{-5}$

Diffusionskoeff. in der festen Phase: $Diff := 1 \cdot 10^{-12}$

$a := 4 \cdot Diff \dfrac{tf}{\left(\lambda_2\right)^2}$ $as := a \cdot \left(1 - e^{\frac{-1}{a}}\right) - 0.5 \cdot e^{\frac{-1}{2\,a}}$ $as = 0.277$

$Ts\_b_i := Tm - (Tm - TL) \cdot \left[1 - fs_i \cdot (1 - 2 \cdot k \cdot as)\right]^{\frac{k-1}{1 - 2 \cdot k \cdot as}}$ $cs\_b_i := k \cdot c0 \cdot \left[1 - (1 - 2\,k \cdot a)\,fs_i\right]^{\frac{k-1}{1 - 2\,k \cdot a}}$

Solidustemperatur : $Ts\_s := Ts\_b_{100}$ $Ts\_s = 564.552$

Konzentrationsprofil bei $f_s = 0.6$: $cl\_b_i := \dfrac{cs\_b_i}{k}$

$c\_s_i := if\left(fs_i < 0.6, cs\_b_i, cl\_b_{60}\right)$

Eine gezielte Nutzung der Entmischungsvorgänge bei der Erstarrung stellt das Zonenschmelzen dar. Damit kann der Reinheitsgrad von Legierungen deutlich verbessert werden. Verunreinigungselemente sammeln sich vor der Erstarrungsfront und werden auf einer Seite angereichert. Durch mehrmaliges Wiederholen kann der Reinheitsgrad zunehmend verbessert werden, s. Bild 7.4.1.

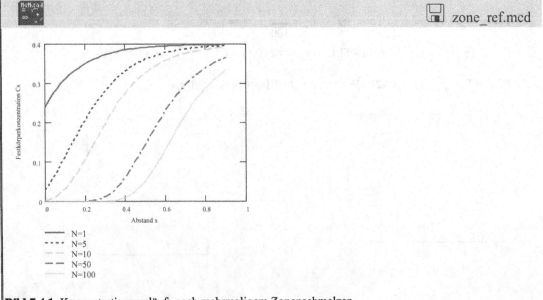

zone_ref.mcd

Bild 7.4.1. Konzentrationsverläufe nach mehrmaligem Zonenschmelzen

7.7 Konstitutionelle Unterkühlung und Gefügemorphologie

Die Erstarrungsmorphologie einer Legierung wird nicht nur durch den lokalen Temperaturgradienten und die Abkühlgeschwindigkeit bestimmt, sondern auch durch die Konzentrationsverhältnisse an der Erstarrungsfront. Die konstitutionelle Unterkühlung ist ein spezieller Fall der Unterkühlung, die nur in Legierungssystemen auftritt und darauf beruht, dass aufgrund eines Konzentrationsaufstaus vor der Erstarrungsfront trotz eines ansteigenden Temperaturgradienten die Temperatur lokal unter die Liquidustemperatur fällt. Dies führt dazu, dass vorwachsende Grenzflächenstörungen verbesserte Wachstumsbedingungen vorfinden. Allgemein wird dadurch ein dendritisches Wachstum erreicht. Für die dendritische Erstarrung ist der Dendritenarmabstand λ eine wichtige Gefügegröße, da damit das Festigkeitsverhalten verbunden ist (Festigkeitszuwachs $\Delta\sigma \sim \lambda^{-1/2}$). Die wichtigsten Einflussgrößen sind:

- *lokale Erstarrungszeit t_f* $\lambda \sim t_f^{1/3}$ bzw.
- *Abkühlrate dT/dt* $\lambda \sim (dT/dt)^{-1/4}$
- *Erstarrungsgeschwindigkeit v* $\lambda \sim v^{-1/4}$
- *Temperaturgradient G* $\lambda \sim G^{-1/2}$

Diese Größen sind mit der Beziehung $dT/dt = G \cdot v$ miteinander verknüpft.

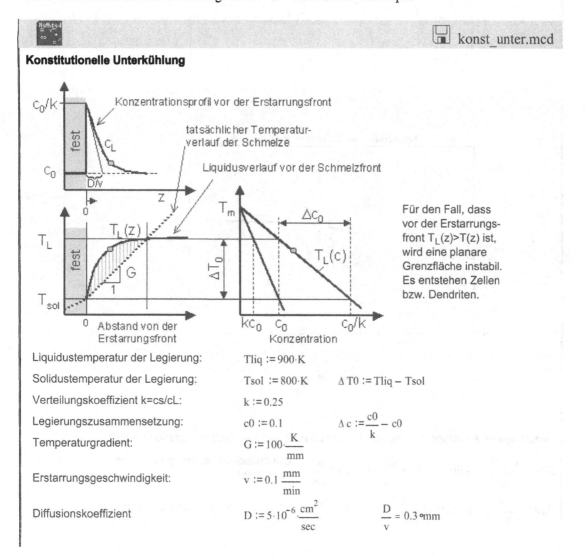

konst_unter.mcd

Konstitutionelle Unterkühlung

Für den Fall, dass vor der Erstarrungsfront $T_L(z) > T(z)$ ist, wird eine planare Grenzfläche instabil. Es entstehen Zellen bzw. Dendriten.

Liquidustemperatur der Legierung:	Tliq := 900·K	
Solidustemperatur der Legierung:	Tsol := 800·K	$\Delta T0 := Tliq - Tsol$
Verteilungskoeffizient k=cs/cL:	k := 0.25	
Legierungszusammensetzung:	c0 := 0.1	$\Delta c := \dfrac{c0}{k} - c0$
Temperaturgradient:	$G := 100 \cdot \dfrac{K}{mm}$	
Erstarrungsgeschwindigkeit:	$v := 0.1 \dfrac{mm}{min}$	
Diffusionskoeffizient	$D := 5 \cdot 10^{-6} \cdot \dfrac{cm^2}{sec}$	$\dfrac{D}{v} = 0.3 \, ^\circ mm$

(Fortsetzung)   konst_unter.mcd

Berechnungsabschnitt:

$$i := 1.. 100 \qquad zl := \frac{-D}{v} \qquad zr := 6 \cdot \frac{D}{v} \qquad z_i := zl + i \cdot \frac{(zr - zl)}{100}$$

$$cL(x) := c0 + \Delta c \cdot \exp\left(\frac{-v}{D} \cdot x\right) \qquad TL(x) := Tliq - \frac{cL(x) - c0}{\frac{c0}{k} - c0} \cdot \Delta T0 \qquad TG_i := Tsol + G \cdot z_i$$

$$c_i := if\left(z_i < 0, c0, cL\left(z_i\right)\right) \qquad\qquad\qquad\qquad\qquad T_i := if\left(z_i < 0, Tsol, TL\left(z_i\right)\right)$$

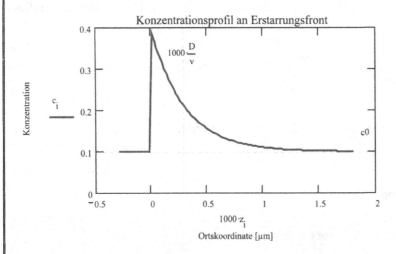

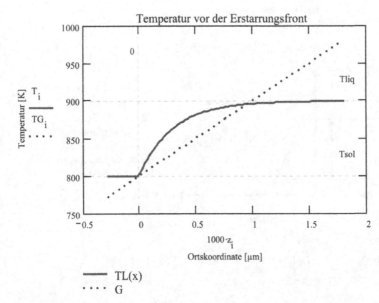

Ermittlung des kritischen Temperaturgradienten bzw. der krit. Erstarrunggeschwindigkeit

$$Gkrit := \frac{v \cdot \Delta T0}{D} \qquad Gkrit = 333.333 \cdot \frac{K}{mm} \qquad G = 100 \cdot \frac{K}{mm}$$

Dendritische Erstarrung nur wenn G < Gkrit !

$$vkrit := \frac{G \cdot D}{\Delta T0} \qquad vkrit = 0.03 \cdot \frac{mm}{min} \qquad v = 0.1 \cdot \frac{mm}{min}$$

ist v < v_{krit}, so tritt planare Erstarrung auf.

(Fortsetzung) konst_unter.mcd

$\text{Kühlrate} := G \cdot v$ $\text{Kühlrate} = 0.167 \bullet \dfrac{K}{s}$ $\text{Erstarrungszeit} := \dfrac{\Delta T0}{\text{Kühlrate}}$

$\text{Erstarrungszeit} = 10 \bullet \text{min}$

Gefügecharakteristika für gerichtete Erstarrung:

Gibbs-Thomson-Koeffizient: $\Gamma := 1.9 \cdot K \cdot m$ Einfluss der Krümmung auf die Senkung des Schmelzpunktes im Vergleich zu einer ebenen Grenzfläche. $\Delta Tm = \Gamma \cdot \text{Krümmung}$

Diffusionskoeffizient $D := 5 \cdot 10^{-12} \cdot \dfrac{m^2}{sec}$ $\Delta T0 := 30 \cdot K$

Temperaturgradient $G := 10 \dfrac{K}{cm}$ $k := 0.1$

$i := 0.. \ 4$ $vv_i := 10^{-i} \cdot \dfrac{cm}{sec}$

Primärabstand der Dendriten λ nach Hunt-Formel: nach Kurz-Fisher:

$$\lambda H_i := \left(64 \cdot k \cdot D \cdot \Gamma \cdot \Delta T0\right)^{\frac{1}{4}} \cdot G^{\frac{-1}{2}} \cdot \left(vv_i\right)^{\frac{-1}{4}}$$ $$\lambda KF_i := 4.3 \cdot \left(\dfrac{D \cdot \Gamma \cdot \Delta T0}{k}\right)^{\frac{1}{4}} \cdot G^{\frac{-1}{2}} \cdot \left(vv_i\right)^{\frac{-1}{4}}$$

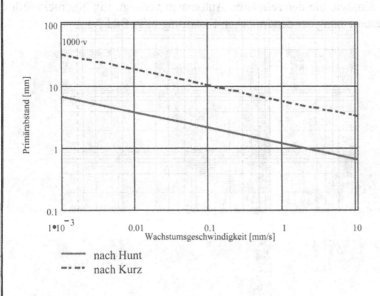

nach Hunt
nach Kurz

Die Auswirkung der drei Hauptparameter G, v und $\dot{I}$ auf die Morphologie und die Feinheit des Erstarrungsgefüges zeigt Bild 7.5.1. Wie man sieht, kann ein feinkörniges Gefüge nur mit hoher Erstarrungsgeschwindigkeit und einem hohen Temperaturgradienten erreicht werden. Ein anderes Maß für die Feinheit ist die lokale Erstarrungszeit. In der Praxis wird dieser Einfluss gezielt durch den Einbau von Kühleisen (= gelenkte Erstarrung) genutzt. Außerdem kann mit diesem Diagramm auch der Unterschied in der Qualität zwischen Sand- und Kokillenguss erklärt werden.

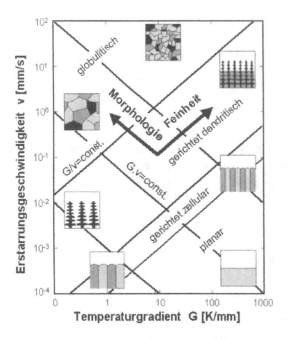

Bild 7.5.1. Einfluss der Erstarrungsparameter auf die Gefügemorphologie und -feinheit (nach W.Kurz, EPFL)

Moderne FE-Simulationen mit Berücksichtigung der Gefügemorphologie werden zur Zeit entwickelt. Zusätzlich werden neue Methoden, wie die der zellulären Automaten verfolgt. Ein eindrucksvolles Beispiel der Anwendung zur Beschreibung der dendritischen Erstarrung zeigt Bild 7.5.2.

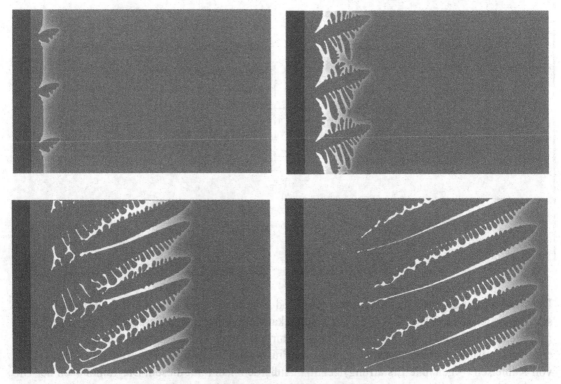

Bild 7.5.2. Erstarrungssimulation mittels zellulären Automaten, Zeitliche Entwicklung der dendritischen Morphologie eines Erstarrungsgefüges (Quelle: Pavlyk, RWTH Aachen)

7.6 Wärmeübergang bei der Erstarrung

 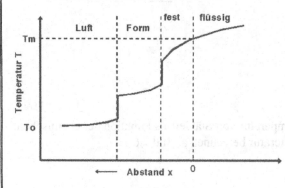 Alguss.mcd

Wärmeübergang bei Al-Sand- und Kokillenguss

Eingabe der Stoffwerte:

	Metall:			Sand:	
Schmelzpunkt von Al	$Tm := 923$	K	Wärmeleitfähigk.	$\lambda := 7 \cdot 10^{-4}$	kJ/mKs
Dichte	$\rho s := 2700$	kg/m³	Dichte	$\rho m := 1700$	kg/m³
Schmelzwärme	$Lf := 395$	kJ/kg	spez.Wärme	$cp := 1.3$	kJ/kgK
Umgebungstemperatur	$T0 := 298$	K			

Temperaturleitzahl $a := \dfrac{\lambda}{\rho m \cdot cp}$ $a = 3.167 \bullet 10^{-7}$

1.) Al-Sandguss

Erstarrungskinetik = f(therm.Eigenschaften des Sandes, d.h. Wärmeleitung im Sand)

$dT/dt = a \cdot d^2T/dT^2$ RB.: $T = T_m$ bei x=0, $T = T_0$ für alle x bei t=0, $a = \lambda/\rho \cdot cp$

Lösung für die Temperaturverteilung im Sand:

$i := 0..20$ $x_i := i \cdot .0005$ $j := 1..20$ $t_j := j \cdot 1$

$$T_{i,j} := Tm + (T0 - Tm) \cdot erf\left(\frac{x_i}{2 \cdot \sqrt{a \cdot t_j}}\right)$$

Der Wärmefluss in die Form ist

$q/A = -\lambda \cdot \delta T / \delta x$

$\quad = -SQRT[(\lambda \cdot \rho \cdot cp)/(\pi \cdot t)] \cdot (T_m - T_0)$

Wärmefluss durch Erstarrungswärme

$\quad = -\rho_s \cdot L_f \cdot \delta s / \delta t$

erstarrte Dicke s:

$$s_j := \frac{2}{\pi} \cdot \frac{Tm - T0}{\rho s \cdot Lf} \cdot \sqrt{\lambda \cdot \rho m \cdot cp \cdot t_j}$$

WÄRMEÜBERGANG BEI SANDGUSS

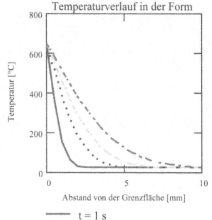

Temperaturverlauf in der Form

Abstand von der Grenzfläche [mm]

t = 1 s
t = 5 s
t = 10 s
t = 20 s

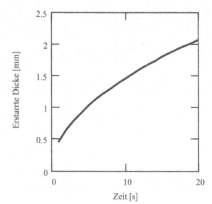

Zeit [s]

Bem: Der Dendritenarmabstand ist proportional zu $(d\,T/dt)^n$

(Fortsetzung)   Alguss.mcd

2.) Al-Kokillenguss

rasche Erstarrung, dominiert durch den Grenzflächenwiderstand

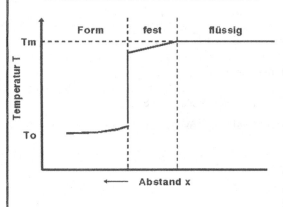

WÄRMEÜBERGANG BEI KOKILLENGUSS

Wärmefluss an der Grenzfläche

$$q/A = -h \cdot (T_m - T_0)$$

$$h := 40 \text{ kJ/m}^2\text{Ks}$$

erstarrte Dicke s:

$$s_j := \frac{h \cdot (T_m - T_0) \cdot t_j}{\rho s \cdot L_f}$$

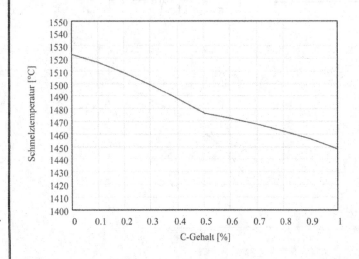

 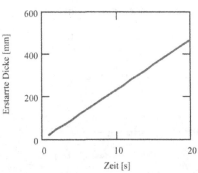 Liquid.mcd

In diesem kurzen Programm wird die Schmelztemperatur von Stählen als Funktion der chemischen Zusammensetzung nach einem Ansatz aus der Literatur berechnet, s. Bild 7.6.1.

Bild 7.6.1. Schmelztemperatur als Funktion der Legierungselemente

7.7 Übersicht über kommerzielle Erstarrungsprogramme

Für die Herstellung eines Gussteils ist es wichtig alle Erfordernisse für eine qualitätsgesicherte Fertigung zu kennen. Durch die Analyse der Simulationsergebnisse von Formfüllung und Erstarrung werden mit Optimierungsrechnungen alle für den Gießprozess benötigten Prozessparameter ermittelt.
Wesentliche Parameter sind hierbei:
- gießgerechte Konstruktion von Bauteil und Werkzeug
- Anschnitt- und Heiz- bzw. Kühlsystemauslegung (Wärmehaushalt)
- Positionierung und Dimensionierung der Speiser
- Festlegung der Prozesszeiten
- Definition der Temperaturführung

7.7.1 Ablauf der Gießsimulation

Die Arbeit mit Systemen zur Simulation des Formfüllungs- und Erstarrungsverhaltens gliedert sich wie bei anderen FE-Programmen in drei Abschnitten:
- PREPROCESSING
    - Geometrieerstellung (intern oder mit externem CAD- oder FE-Programm)
    - Import von Volumen- bzw. Flächenmodellen über genormte Schnittstellen, wie z.B. OLE, STEP, IGES, VDA, STL etc.
    - Für die einzelnen Materialien (z.B. Werkstoff, Formmaterial, Kerne, Isolierung, Speiser, Kühlung und Kokille) werden entsprechende Stoffnummern definiert und farblich zugeordnet. Sämtliche Gießparameter, wie Gießtemperatur, Gießzeit, Wärmeübergänge, Randbedingungen, etc. werden vorgeben.
- MAINPROCESSING - Berechnung von
    - Formfüllung
    - Erstarrung und Abkühlung
    - Prozess - Simulation
    - thermische Spannung
    - Verzug
    - Festigkeit
    - Gefügeausbildung
- POSTPROCESSING
    - farbige 3D-Darstellung der Ergebnisse
    - Auswertung spezieller Kriteriumsfunktionen
    - CAD/CAM, CAE, CAQ, CAP, FE-Schnittstellen

7.7.2 Simulation der Formfüllung

Bei der Simulation der Formfüllung müssen für jeden Knoten die beteiligten Einzelkräfte im Gleichgewicht stehen, d.h.

$$\sum F = F_T + F_V + F_R + F_D$$

mit Trägheitskräfte $F_T = a \cdot \Delta m$
Volumenkräfte $F_V = g \cdot \Delta m$
Druckkräfte $F_D = p \cdot \Delta A$
Reibungskräfte F_R

Zur Berechnung der Reibungskräfte werden die an einem Fluid-Element wirkenden Spannungen zugrundegelegt:

$$\sigma_{ij} = -\delta_{ij}\left(p + \frac{2}{3}\eta\frac{\partial v_k}{\partial x_k}\right) + \eta\left(\frac{\partial v_i}{\partial x_j} + \frac{\partial v_j}{\partial x_i}\right).$$

Ausgangspunkt einer Formfüllungsberechnung ist zum Beispiel ein vollständig gefüllter Anschnitt. Um den Berechnungsaufwand gering zu halten wird die Gleichgewichtsbetrachtung nur an der Fluid-front durchgeführt. Dies führt zu einer erheblichen Verringerung des Aufwandes, eine detaillierte Betrachtung des Füllverhaltens ist jedoch weiterhin gegeben. An der Füllfront erhält man aus der FEM-Berechnung damit für jeden Knotenpunkt der Front einen Geschwindigkeitsvektor, aus dem die neue Front berechnet werden kann.

7.7.3 Erstarrungssimulation

Dabei wird die *Fourier*'sche Wärmeleitungsgleichung unter Einbeziehung entsprechender Anfangs- und Randbedingungen gelöst. Meist wird ein explizites Zeitschrittverfahren gewählt. Als innerer Wärmequellterm muss die Schmelzenergie berücksichtigt werden.

7.7.4 Kriteriumsfunktionen

Parametrische Ansätze zur Abschätzung gießtechnischer Kriterien, wie z.B. die Neigung zur Lunker-bildung, Warmrissbildung, Porosität u.a.m. geben Hinweise für die Qualitätsplanung. Tabelle 7.7.1 zeigt eine Auflistung derartiger Kriteriumsfunktionen.

Tabelle 7.7.1. Kriteriumsfunktionen für die Formfüllungs- und Erstarrungssimulation nach Honsel und Weiß

Kriterium	Ansatz	Legende
Lunker	$\Delta V_i = V_{Form} - \Omega \cdot V_{form}$	ΔV_i ... Innendefizit
		V_{Form} ...Volumen der Form
		Ω... Erstarrungsfaktor = f(Gießzeit, Erstarrungszeit, Er-starrungsmorphologie)
	$G_{sol}/\dot{T} < K_{krit}$	Niyama-Kriterium
Warmrisse	$Kw = [(dT/dt)^2 \cdot L]/(G_s \cdot u)$	dT/dt ... Abkühlgeschwindigkeit
		G_s ... Temperaturgradient an der Erstarrungsfront
		L ... charakteristische Länge
		U ... Kontraktionsgeschwindigkeit
Gefüge	$v = f(dT/dt, Z_{leg}, B_w)$	v ... Gefügeanteil
		dT/dt ... Abkühlgeschwindigkeit
		Z_{leg} ... Legierungszusammensetzung
		B_w ... Bildungswahrscheinlichkeit
Spannung	$\sigma = f(E, v, dT/dt, T, \alpha)$	σ ... Spannung
		E ... Elastizitätsmodul
		v ... Poissonzahl
		α ... Wärmeausdehnungskoeffizient
Gefüge-morphologie	$G/v < \Delta T_{S,L}/D = m \cdot \Delta c/D$	Stabilitätskriterium für die Grenzflächen-Morphologie an der Erstarrungsfront
Dendriten-armabstand	$\lambda = K \cdot G^{-1/2} \cdot v^{-1/4}$	G ... Temperaturgradient
		v ... Wachstumsgeschwindigkeit
Erstarrungs-zeit	$t_E = C \cdot M^2 = C \cdot (Q/U)^2$	M... Gussstückmodul
		Q ... Querschnitt
		U ... Umfang
Porosität	$f = G \cdot \sqrt{\dot{T}}$	G ... Temperaturgradient
		$\dot{T}$ ... Abkühlgeschwindigkeit bei T_{sol}

7.7.5 Kommerzielle Simulationspakete

Tabelle 7.7.2 gibt einen Überblick der wichtigsten am Markt verfügbaren Programme für die Gießereitechnik. Neben einigen Anwendungsbeispielen (Bilder 7.7.1 bis 7.7.4) werden in Bild 7.7.2 die
wesentlichen Schritte bei Erstarrungssimulation erläutert.

Tabelle 7.7.2. Kommerzielle Simulationsprogramme für die Gießereitechnik

Programm	Hersteller	Berechnungs-ansatz	Bemerkung
SOLSTAR	Foseco, Borken	Modulmethode	
THEL	LIPA, Castrup-Rauxel	FDM	
MAGMASOFT	MAGMA, Alsdorf, BRD	FVM	Wärmeleitung nach Fourier, Gefügeberech-nung
FIDAP	FLUENT Inc.	FEM	Fluiddynamisches Programm
PHOENICS	CHAM, London	FVM	Fluiddynamisches Programm
PROCAST	UES Software Inc.	FEM	Temperatur-Fluiddynam.-Spannungs-Kopplung
SIMULOR	Pechiney, Voreppe	FEM	Vorgänger von PamCast
Calcosoft	CALCOM, Lausanne	FEM	Stranggusssimulation
SIMTEC	RWP, Roetgen, BRD	FEM	Berechnung der Eigenspannungen/Verzug
WinCast	RWP, Roetgen, BRD	FEM	Windows95/NT-Version von SIMTEC
PamCast	ESI, Fr	FDM	Formfüllung nach Navier Stokes, Berücksich-tigung der Sandpermeabilität
CastCAE	CT-Castech, Espoo, FI	FVM	auch für Windows NT

7.7.6 Anwendungsbeispiele der Erstarrungssimulation

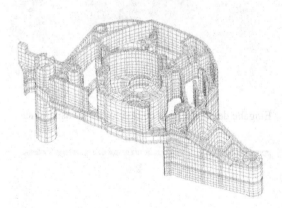

a) FE-Netz des Bauteils

b) FE-Netz mit Anschnitt- und Speisersystem

Bild 7.7.1. FE-Netzerstellung und Formfüllungssimulation mit dem Programm PROCAST

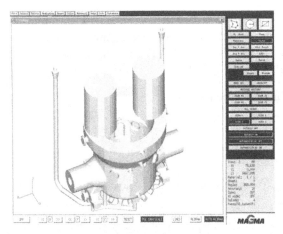

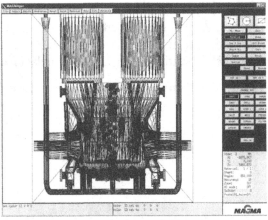

Preprocessing: Definition der Geometrie, bzw. Einlesen des *.stl Geometrie-Files; die Materialgruppen (Kern, Gussstück, Speiser...) werden definiert

Preprocessing: Darstellung aller Komponenten

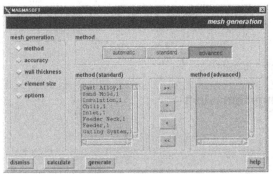

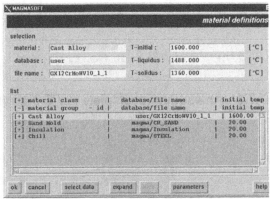

Vernetzung: Da MAGMAsoft ein FD-Programm ist und nur Quaderelemente vernetzt, ist die Vernetzung vom Preprocessing getrennt und automatisiert

Eingabe der Materialdaten und Simulationsparameter

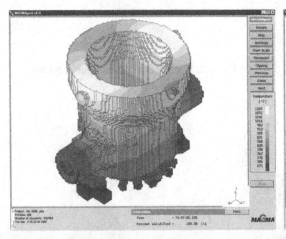

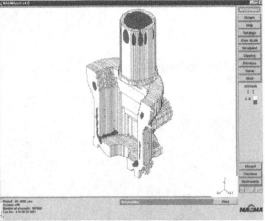

Postprocessing: Darstellung der Ergebnisse (z.B.: Temperaturfeld nach der Erstarrung)

Postprocessing: Schnitt durch das Gussstück und bspw. Darstellung des Niyama-Kriteriums

Bild 7.7.2. Ablauf einer Berechnung eines Turbinengehäuses mit dem Programm MAGMAsoft (IWS-TUG)

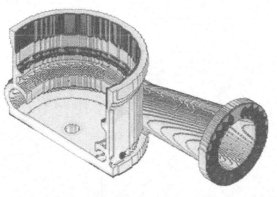
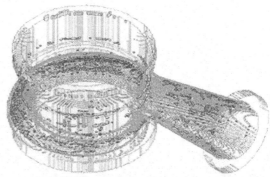

a) Lokale Erstarrungzeiten

b) Darstellung des Porenkriteriums („X-Ray-View")

Bild 7.7.3. MAGMAsoft-Berechnung der Erstarrungszeit und der Porenverteilung in einem Pumpengehäuse (Quelle: www.hegerguss.de)

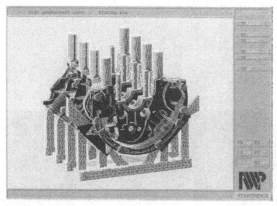

a) FEM-Modell mit Anschnittsystem, Speisersystem und Kokillen

b) Simulation von Formfüllung und Erstarrung des Niederdruck-Gießprozesses

Bild 7.7.4. RWP-SIMTEC-Simulation des Niederdruck-Sandgusses eines V6-Zylinder-Kurbelgehäuses (Quelle: www.rwp-simtec.de)

Weiterführende Literatur

C.Beckermann: Micro/Macro scale phenomena in solidification, ASME, 1992

M.C.Flemings: Solidification Processing, McGrawHill, New York, 1974

G.Funk: Modulare mathematische Modellbildung für das Stranggießen von Stahl, Höpner&Göllert, 1995

A.Harnisch: Numerische Simulation der zwei- und dreidimensionalen dendritischen Erstarrung, Shaker, Aachen, 1994

H.Jones: Rapid Solidification of Metals and Alloys, The Institution of Metallurgists, London, 1982

W.Kurz, D.J.Fischer: Fundamentals of Solidification, Trans Tech Publ. , Switzerland, 3rd ed., 1992

W.Kurz, P.R.Sahm: Gerichtet erstarrte eutektische Werkstoffe, Springer Verlag, Berlin, 1975

I.Minkoff: Solidification and Cast Structure, John Wiley, New York, 1986

P.R.Sahm, H.Jones, C.M.Adam: Science and Technology of the Undercooled Melt, Martinus Nijhoff, Dordrecht, 1986

P.R.Sahm, I.Egry, T.Volkmann: Schmelze, Erstarrung, Grenzflächen, Vieweg, Braunschweig/Wiesbaden, 1999

Solidification, American Society for Metals, Metals Park, Ohio, 1971

Solidification and Casting of Metals, The Metals Society, London, 1979

R.Wlodawer: Gelenkte Erstarrung von Gußeisen, Giesserei-Verlag GmbH, Düsseldorf, 1977

8 Anwendungen im Bereich Bauteilauslegung und Werkstoffauswahl

Kapitel-Übersicht

Übersicht der Mathcad-Programme in diesem Kapitel

Abschn.	Programm	Inhalt	Zusatzfile
8.1	Kerben	Formzahlen für symmetrische Kerbstäbe	
8.1	Vergleich	Vergleichsspannungen (Normalspg., Tresca, Mises)	
8.1	Knickung	Berechnung der kritischen Knicklänge	
8.1	Iy	Ermittlung des Flächenmomentes eines I-Trägers	I240.bmp
8.1	Biegebalken	Analytische Lösung für Durchbiegung und Spannung	
8.1	Angel	Angelrutenbiegung bei unterschiedlichen Werkstoffen	
8.1	E_Träger	Berechnung eines einseitig eingespannten Trägers	
8.1	Fachwerk	Lagerbelastung eines Auslegers mit var. Angriffswinkel	fachwerk.vsd
8.1	Composite	Berechnung des Verhaltens von Verbundwerkstoffen	Composite.bmp Compmech.bmp
8.2	FEM	Finite Elemente Berechnung mit Mathcad	Knoten.csv Elemente.csv
8.2	Hauptspg	Darstellung der Hauptnormalspannungen zu Progr.FEM	El_Spann.csv
8.3	DMS	Auswertung der Messwerte von Dehnmessstreifen	DMS.bmp
8.4	Poly1	Darstellung der Eigenschaften von Feinblechen	
8.4	Polygon	Polygondarstellung multipler Eigenschaften	Comp.csv Kera.csv Meta.csv Natu.csv Poly.csv
8.4	MPC	Materials Property Charts, analog zum Ashby-Konzept	Comp.csv Kera.csv Meta.csv Natu.csv Poly.csv

8.1 Festigkeitsberechnung von Bauteilen

8.1.1 Festigkeitsnachweis

Die Dimensionierung eines Bauteils erfolgt auf der Grundlage von *Tragfähigkeitsnachweisen*, am häufigsten mit dem *Nennspannungsnachweis*. Er beruht auf der Gegenüberstellung der aus der Belastung ableitbaren Nennspannung σ_N und einer vom Werkstoffverhalten bestimmten zulässigen Spannung σ_{zul} in der Form

$$\sigma_N \le \sigma_{zul} = \frac{Werkstoffkennwert}{Sicherheitsbeiwert}$$

wobei der Sicherheitsbeiwert größer als 1 ist.
Zur Festlegung der zulässigen Spannung dienen folgende Werkstoffkennwerte:
- Statische Beanspruchung (ohne Kriechen) → Dehngrenze $R_{p0,01}$, Streckgrenze R_e bzw. 0,2-Dehngrenze $R_{p0,2}$, Zugfestigkeit R_m
- Statische Belastung bei erhöhter Temperatur → Zeitstandfestigkeit bzw. Zeitdehngrenze
- Schwingende Belastung → Dauerschwingfestigkeit bzw. Zeitschwingfestigkeit

Die elastische Spannungsüberhöhung wird durch den *Spannungskonzentrationsfaktor* α berücksichtigt, der das Verhältnis aus der maximalen Kerbgrundspannung zur Nennspannung widerspiegelt.

                                                    🖫 Kerben.mcd

In diesem Programm werden Formzahlen an symmetrischen Kerbstäben mit der Gleichung

$$\alpha k(a,t,\rho) := 1 + \frac{1}{\sqrt{\dfrac{A}{\left(\dfrac{t}{\rho}\right)^k} + \left[B \cdot \dfrac{\left(1+\dfrac{a}{\rho}\right)^1}{\dfrac{a}{\rho} \cdot \sqrt{\dfrac{a}{\rho}}}\right] + C \cdot \dfrac{\dfrac{a}{\rho}}{\left(\dfrac{a}{\rho}+\dfrac{t}{\rho}\right) \cdot \left(\dfrac{t}{\rho}\right)^m}}}$$

berechnet.

                                                    🖫 Vergleich.mcd

Der Einfluss eines mehrachsigen Spannungszustandes wird durch die *Vergleichsspannung* σ_v beschrieben. Meist wird die von-Mises-Spannung (Gestaltänderungsenergiehypothese) verwendet:

$$\sigma_V = \sqrt{0,5 \cdot (\sigma_1 - \sigma_2)^2 + (\sigma_2 - \sigma_3)^2 + (\sigma_3 - \sigma_1)^2}$$

wobei σ_i die drei Hauptspannungen sind, die sich für einen dreiachsigen Belastungsfall aus dem Mohr'schen Spannungskreis ermitteln lassen. Im Mathcad-Programm werden die Vergleichsspannungen der unterschiedlichen Festigkeitshypothesen verglichen.

                                                    🖫 Knickung.mcd

Neben diesen klassischen Versagensarten gibt es noch *Instabilitätserscheinungen* wie das Knicken von schlanken Stäben unter Druckbelastung, sowie das Beulen von Platten und Schalen. Für den Fall des Knickens im elastischen Bereich (= Euler-Fall) wird ein Beispiel behandelt.

Bei wiederholten, zeitlich veränderlichen Beanspruchungen (bauteilspezifisches Belastungskollektiv) wird eine Schadensakkumulationsregel (im einfachsten Fall die Palmgren-Miner-Regel, s. Abschnitt 3.12.5) angewandt, wobei man dann vom *Betriebsfestigkeitsnachweis* spricht. In allen Fällen geht man von einem homogenen Werkstoff aus, der rissfrei und ausreichend duktil ist, was jedoch nicht immer zutrifft.

8.1.2 Zähigkeitsnachweis

Die Art des Versagens eines Bauteils wird neben der Festigkeit auch von der Zähigkeit des Werkstoffs bestimmt. Insbesondere soll damit der *Gefahr eines Sprödbruches* entgegengewirkt werden.
Als sprödbruchfördernde Bedingungen gelten:
- *Konstruktive Gestaltung:* Dehnungsbehinderung und Kerben oder dickwandige Bauteile
- *Fertigung:* Oberflächenfehler und Anrisse infolge Schweißen, Härten etc., sowie komplexe Eigenspannungszustände
- *Beanspruchungsbedingungen:* schlagartige Belastung und mehrachsige Zugspannungszustände
- *Umgebungsbedingungen:* niedrige Temperaturen, Spannungsrisskorrosion, Neutronenversprödung
- *Gefüge:* grobkörniges Gefüge, Korngrenzenausscheidungen, nichtmetallische Einschlüsse

Der Zähigkeitsnachweis erfolgt durch:
- die Kerbschlagbiegeprüfung (Av-T-Diagramm, Übergangstemperatur),
- den instrumentierten Kerbschlagbiegeversuch (Kraft-Weg-Diagramm),
- die Ermittlung der Risseinleitungstemperatur (Fallgewichtsversuch nach Batelle – drop weight tear test (DWTT)),
- die Ermittlung der Rissauffangtemperatur (Pellini-Fallgewichtsversuch, crack arrest temperature (CAT)),
- das Bruchsicherheitsdiagramm (fracture analysis diagram – FAD) oder
- die bruchmechanische Bauteilanalyse (linear-elastisch oder elastisch-plastisch).

Einige dieser Konzepte wurden bereits im Abschnitt 3.9 ausführlich behandelt. Es soll hier noch betont werden, dass insbesondere für Bauteile mit erhöhtem Sicherheitsrisiko (Gefährdung von Leben), wie z.B. für Brücken, Druckbehälter, Seilbahnen, Flugzeuge u.a.m. branchenspezifische Auslegungsrichtlinien vorliegen, die unbedingt zu berücksichtigen sind.

8.1.3   Berechnungsbeispiele zur Festigkeitslehre

8.1.3.1   Ermittlung des Trägheitsmomentes

   Iy.mcd

In diesem Programm wird für einen beliebigen eingescannten Querschnitt pixelweise das Trägheitsmoment errechnet. Als Beispiel wurde ein I-Träger gewählt.

8.1.3.2   Elastischer Biegebalken

   Biegebalken.mcd

In diesem Programm wird der Verlauf der Biegespannung und der Durchbiegung mit analytischen Ansätzen berechnet.

8.1.3.3   Lösung der Differentialgleichung der Biegelinie

                                                    💾 Angel.mcd

In diesem Programm wird die Differentialgleichung der Biegelinie mit der Mathcad-Routine für das Runge-Kutta-Verfahren gelöst. Als Anwendungsfall wird eine Angelrute betrachtet, wobei der Rutendurchmesser sich kontinuierlich bzw. gestuft verjüngt und drei unterschiedliche Rutenwerkstoffe verglichen werden.

Biegelinienberechnung für Angelruten

Die Biegelinie einer Angelrute für unterschiedliche Werkstoffe soll ermittelt werden.

Rutendurchmesser am Ende Dl [mm]	$Dl := 3$
Rutenlänge L [mm]	$L := 2000$
variable Wandstärke t [mm]	$F := 10$
Belastung F [N]	
E-Modul Kohlefaserlaminat EK [N/mm²]	$EK := 220000$
E-Modul Bambus EB [N/mm²]	$EB := 84000$
E-Modul Glasfaserlaminat EG [N/mm²]	
Rutendurchmesser D0, D01, D02, D03 [mm]	$EG := 50000$

$$t(x) := 2 - \frac{1.35}{L}\cdot x$$

Fall 1: kontinuierliche Verjüngung $D0 := 17.5$ $i := 0..20$ $x := 0, 10.. L$

$$D(x) := \left[(Dl - D0)\cdot\frac{x}{L}\right] + D0 \qquad \text{Durchmesser als f(x)}$$

$$J(x) := \frac{\pi}{64}\cdot\left[D(x)^4 - (D(x) - 2\cdot t(x))^4\right] \qquad \text{Trägheitsmoment als f(x)}$$

$$GK(x,y) := \begin{bmatrix} y_1 \\ -\left[\dfrac{F\cdot(L-x)}{EK\cdot J(x)}\right] \end{bmatrix} \qquad ZK := rkfixed\left[\begin{bmatrix} 0 \\ 0 \end{bmatrix}, 0, L, 20, GK\right] \qquad \begin{array}{l}\text{Berechnung der Biegelinie}\\\text{für Kohlenfaserlaminat}\end{array}$$

$$GG(x,y) := \begin{bmatrix} y_1 \\ -\left[\dfrac{F\cdot(L-x)}{EG\cdot J(x)}\right] \end{bmatrix} \qquad ZG := rkfixed\left[\begin{bmatrix} 0 \\ 0 \end{bmatrix}, 0, L, 20, GG\right] \qquad \begin{array}{l}\text{Berechnung der Biegelinie}\\\text{für Glasfaserlaminat}\end{array}$$

$$GB(x,y) := \begin{bmatrix} y_1 \\ -\left[\dfrac{F\cdot(L-x)}{EB\cdot J(x)}\right] \end{bmatrix} \qquad ZB := rkfixed\left[\begin{bmatrix} 0 \\ 0 \end{bmatrix}, 0, L, 20, GB\right] \qquad \begin{array}{l}\text{Berechnung der Biegelinie}\\\text{für Bambusfaserrute}\end{array}$$

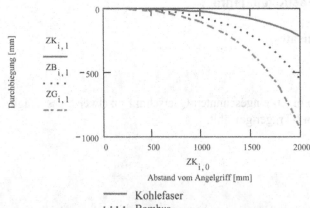

Fall 2: diskontinuierlicher Verjüngung   (siehe CD)

8.1.3.4   Berechnung der Biegelinie eines einseitig eingespannten Trägers

Nach Berechnung des Biege- und des Trägheitsmomentes als Funktion der Abstandes von der Einspannstelle kann die Durchbiegung durch numerische Lösung der Differentialgleichung der Biegelinie

$$\frac{\partial^2 y}{\partial x^2} = \frac{1}{E \cdot I(x)} M_b(x)$$

ermittelt werden.

                                                    E-Traeger.mcd

Für die Ermittlung der Durchbiegung eines einfachen Trägers werden zwei Berechnungsmethoden angewandt. Das Ergebnis ist in Bild 8.1.1 dargestellt.

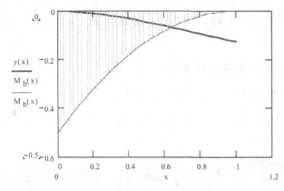

Bild 8.1.1. Verlauf des Biegemomentes und der Durchbiegung eines einseitig eingespannten Trägers mit Flächenlast

8.1.3.5   Fachwerksberechnung

Aus der Bedingung, dass unter Berücksichtigung der äußeren Kräfte und der Auflagerkräfte in jedem Knoten eines stabförmigen Fachwerkträgers Gleichgewicht herrschen muss, ergibt sich ein lineares Gleichungssystem, welches mit Mathcad sehr einfach gelöst werden kann.

                                                    Fachwerk.mcd

Für das in Bild 8.1.2 dargestellt Fachwerk ergeben sich die in Bild 8.1.3 dargestellten Auflagerkräfte (A = Festlager) in Abhängigkeit des Lastangriffswinkels α.

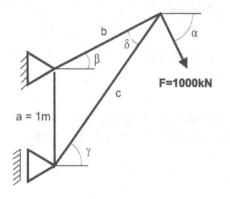

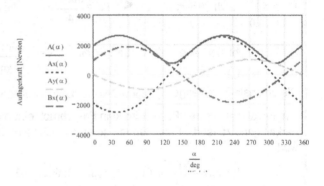

Bild 8.1.2. Fachwerk mit äußerer Kraft F, β=30°, γ=50°, α variabel zwischen 0 und 360°

Bild 8.1.3. Auflagerreaktionen für unterschiedliche Angriffswinkel der äußeren Kraft

Composite.mcd

Eigenschaften von Faserverbundwerkstoffen

Faserverbunde zeichnen sich durch extreme Anisotropie der mechanischen Eigenschaften aus. Sie werden aufgrund ihrer geringen Dichte vorwiegend im Leichtbau eingesetzt und zwar insbesondere dann, wenn hohe Festigkeit und/oder hohe Steifigkeit gefordert werden.

Als Beispiel wird ein Kevlar-Epoxy-Verbund betrachtet.

Übersicht über einige typische Werkstoffe

Werkstoff	Dichte [g/cm³]	E-Modul [GPa]	Festigkeit [MPa]
Fasern			
Kohlefaser	1.8	300	2500
Glasfaser	2.6	75	1800
Kevlar	1.45	125	2700
Matrix			
Epoxy	1.3	3	60
Polyester	1.2	2.5	60

Volumenanteil der Faser

$Vf := 0.30$

$MPa \equiv 10^6 \cdot Pa \qquad GPa \equiv 10^9 \cdot Pa$

$Em := 3 \cdot GPa \quad \sigma m := 60 \cdot MPa \quad \sigma ym := 40 \cdot MPa$

$Ef := 125 \cdot GPa \quad \sigma f := 2700 \cdot MPa \qquad$ Faserdurchmesser: $df := 15 \cdot 10^{-3} \cdot mm$

E-Modul in Faserrichtung: $\qquad Ecl := Vf \cdot Ef + (1 - Vf) \cdot Em \qquad Ecl = 39.6 \cdot GPa$

E-Modul quer zur Faserrichtung: $\quad Ecq := \left[\dfrac{Vf}{Ef} + \dfrac{(1 - Vf)}{Em} \right]^{-1} \qquad Ecq = 4.242 \cdot GPa$

Das mechanische Verhalten von **Langfaserverbunden** wird beeinflusst durch die Fließgrenze der Matrix und die Bruchfestigkeit der Faser.

Festigkeit des Faserverbunds:

$Rmlang := Vf \cdot \sigma f + (1 - Vf) \cdot \sigma ym$

$Rmlang = 838 \cdot MPa$

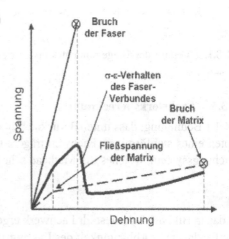

Im Falle von **Kurzfasern** kann an der Grenzfläche Faser/Matrix maximal die Schubfließspannung der Matrix übertragen werden. Damit steigt die Kraft linear bis zur Fasermitte an. Das Kraftmaximum ist begrenzt durch die Bruchfestigkeit der Faser, d.h.

$$F(x) := \int_0^x \pi \cdot df \cdot (0.5 \cdot \sigma ym) \, dx \quad < \quad Fc := \dfrac{df^2 \cdot \pi}{4} \cdot \sigma f \qquad Fc = 0.477 \cdot newton$$

Daraus ergibt sich eine kritische Länge mit $\qquad xc := \dfrac{df \cdot \sigma f}{4 \cdot \sigma ym} \qquad xc = 0.253 \cdot mm$

Die optimale Faserlänger $\quad Lopt := 2 \cdot xc \qquad Lopt = 0.506 \cdot mm$

d.h. bei einer kürzeren Faser wird kein Faserbruch eintreten, aber auch nicht die volle Lastübertragbarkeit genutzt. Ist die Faser länger, so ergibt sich keine Steigerung der Festigkeit, d.h. bei L>2xc wird

$$Rmkurz := \dfrac{Vf \sigma f}{2} + (1 - Vf) \cdot \sigma ym \qquad Rmkurz = 433 \cdot MPa$$

8.2 Zweidimensionale, elastische FE-Rechnung

Anstelle einer detaillierten Darstellung der Grundlagen der FE-Rechnung, wofür es bereits sehr viele Monografien gibt, werden hier nur die wesentlichen Berechnungsschritte betrachtet, die es erleichtern sollen, den internen Rechengang von größeren (Black box)-Systemen zu verstehen. Weiters sei hier auf das elektronischen Mathcad-Handbuch „Finite Elements for Beginners" von David Pintur verwiesen, in dem die wesentlichen Grundprinzipien der FE-Rechnung veranschaulicht werden. Die prinzipielle Vorgangsweise der FE-Rechnung umfasst im wesentlichen sieben Hauptschritte, die in Tabelle 8.2.1 wiedergegeben sind.

Tabelle 8.2.1. Berechnungsschritte bei einer elastischen FE-Rechnung

Schritt 1: Diskretisierung des Kontinuums 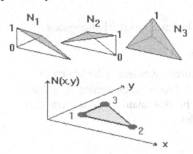	Bei eigener Programmentwicklung muss auf die richtige Nummerierung der Knoten und Elemente geachtet werden, weil damit die Bandbreite der Steifigkeitsmatrix und damit die Rechenzeit beeinflusst werden.
Schritt 2: Auswahl einer geeigneten Ansatz- bzw. Interpolationsfunktion 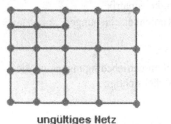 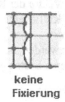	Damit werden die Feldwerte innerhalb eines Elementes über die Knotenwerte bestimmt: $$\phi_e(x, y) = \sum_i N(x, y)_i \cdot \phi_{e_i},$$ wobei i die Anzahl der Knoten je Element ist. Die einfachste Interpolation ist die lineare. Für höhere Genauigkeitsansprüche werden Ansätze höherer Ordnung mit internen sog. Gauss-Punkten gewählt.
Schritt 3: Eingabe der Elementeigenschaften und Ermittlung der Elementsteifigkeit $$C(i) = \frac{E_i}{1 - (v_i)^2} \cdot \begin{bmatrix} 1 & v_i & 0 \\ v_i & 1 & 0 \\ 0 & 0 & \frac{1 - v_i}{2} \end{bmatrix}$$ $$D(i) = \frac{1}{2 \cdot \Delta_i} \cdot \begin{bmatrix} b_{1_i} & 0 & b_{2_i} & 0 & b_{3_i} & 0 \\ 0 & c_{1_i} & 0 & c_{2_i} & 0 & c_{3_i} \\ c_{1_i} & b_{1_i} & c_{2_i} & b_{2_i} & c_{3_i} & b_{3_i} \end{bmatrix}$$ $$K_{el}(i) = D(i)^T \cdot C(i) \cdot D(i) \cdot \Delta_i \cdot t_i$$	Im Falle einer elastischen FE-Rechnung wird für jedes Element die Eingabe folgender Eigenschaften benötigt: - Elastizitätsmodul E - Querkontraktionszahl v - Dicke des Elements t Die einfache Hook'sche Gleichung muss verallgemeinert werden → Matrix C (konstitutives Werkstoffgesetz) Weiters muss eine Beziehung zwischen den Knotenverschiebungen und den Elementdehnungen definiert werden. Dies geschieht über die Matrix D, wobei Δ die Elementfläche ist. Schließlich muss für jedes Element die Elementsteifigkeitsmatrix K_{el} berechnet werden.

Tabelle 8.2.1. Fortsetzung

Schritt 4: Addition der Elementsteifigkeiten zur Gesamtsteifigkeitsmatrix [K]	Der Wert einer Feldvariablen in einem Knoten muss für alle Elemente gleich sein, die diesen Knoten teilen.

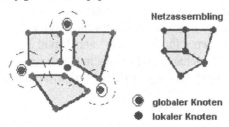

globaler Knoten
lokaler Knoten

Schritt 5: Einbringen der Randbedingungen

$$K \cdot \delta = F$$

$$\begin{bmatrix} K_{11} & K_{12} & K_{13} & K_{14} & K_{15} \\ K_{21} & K_{22} & K_{23} & K_{24} & K_{25} \\ K_{31} & K_{32} & K_{33} & K_{34} & K_{35} \\ K_{41} & K_{42} & K_{43} & K_{44} & K_{45} \\ K_{51} & K_{52} & K_{53} & K_{54} & K_{55} \end{bmatrix} \cdot \begin{bmatrix} \delta_1 \\ \delta_2 \\ \delta_3 \\ \delta_4 \\ \delta_5 \end{bmatrix} = \begin{bmatrix} f_1 \\ f_2 \\ f_3 \\ f_4 \\ f_5 \end{bmatrix}$$

Terme, die modifiziert werden   Unbekannte

K ... Gesamtsteifigkeitsmatrix
δ ... Vektor der Knotenverschiebungen
F ... Kräftevektor

Hier werden die Symmetriebedingungen und die äußeren Lasten berücksichtigt.

Beispiele:

Symmetriebedingung: $v_x\big|_{Mitte} = 0$, oder

Bedingung für Loslager $F_x = 0$

Schritt 6: Lösung des Gleichungssystems

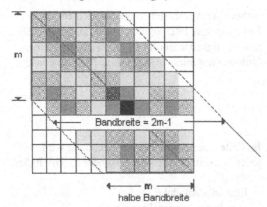

Bandbreite = 2m-1

m
halbe Bandbreite

Die Lösung des linearen Gleichungssystems

$$[K] \cdot (\delta) = (F)$$

erfolgt hier durch Invertierung der Matrix [K]. Bei großen FE-Programmen werden dazu schnellere, speziell für Bandmatrizen konzipierte „Löser" verwendet.

Ergebnis:
δ...Vektor der Knotenverschiebungen
bzw.
$$\delta = [K]^{-1} \cdot (F)$$

Schritt 7: Durchführung ergänzender Berechnungen Elementdehnungen und –spannungen

$$\begin{bmatrix} \varepsilon_x \\ \varepsilon_y \\ \gamma_{xy} \end{bmatrix} = B \cdot \delta \qquad \begin{bmatrix} \sigma_x \\ \sigma_y \\ \tau_{xy} \end{bmatrix} = D \cdot \varepsilon$$

Sowie Berechnung der Hauptspannungen, der Vergleichsspannungen und evtl. der Dehnungsenergie u.a.m., sowie grafische Darstellung der Ergebnisse

Im folgenden Beispiel wird ein gelochtes Blechteil (= ebener Spannungszustand, ESZ), das auf Zug beansprucht wird, betrachtet. Die Annahmen sind: homogener, isotroper Werkstoff, konstante Blechdicke, Raumtemperatur, keine anfänglich vorhandenen Eigenspannungen.

FEM.mcd

Berechnung eines Blechteils im ebenen Spannungszustand mit der Finiten Elemente Methode

Das Berechnungsbeispiel wurde so allgemein wie möglich gestaltet, sodass durch einfache Änderungen auch andere Modelle berechnet werden können. In den Schritten 1 bis 6 sind Modifikationen sehr leicht möglich, lediglich die Darstellung des Hauptspannungsverlaufes erfordert einen etwas größeren Aufwand.
Achtung: Die Dateien "Knoten.csv", "Elemente.csv" müssen sich im Stammverzeichnis befinden!

Elastizitätsmodul:

$E := 2.11 \cdot 10^{11}$ [Pa]

Blechmaße:

$t := 0.01$ [m] $L := 4.4$ [m]

Streckenlast:

$w := 1 \cdot 10^5$ [N/m]

Querkontraktionszahl:

$v := 0.3$

Der Werkstoff ist homogen, isotrop und keinen Anfangsspannungen und Dehnungen unterworfen.

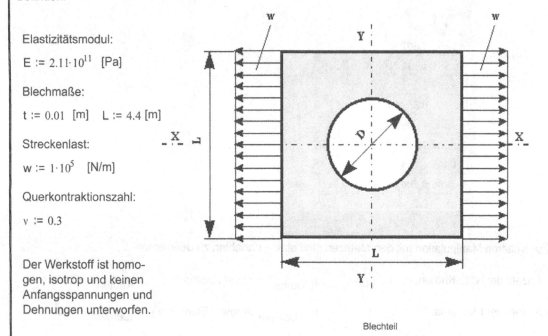

Blechteil

ORIGIN ≡ 1   Setzt den Ursprung aller Matrizen auf den Index 1

Schritt 1: Diskretisierung

Um die Symmetrieeigenschaften des Körpers auszunutzen, wird nur das obere rechte Viertel des Körpers berechnet. Das Modell wurde dabei in 60 Dreieckselemente, welche ein Netzwerk aus 42 Knoten ergeben, aufgeteilt. Die Knotennummerierung wurde mit dem Algorithmus von Cuthill-McKee durchgeführt und die Knoten der einzelnen Elemente durch die globalen Knotennummern entgegen dem Uhrzeigersinn in der Datei "Elemente.csv" (ASCII-Format) definiert. Diese Datei muss mit der Datei "Knoten.csv", welche die Koordinaten der Knotenpunkte beinhaltet, im Verzeichnis dieses Programms gespeichert werden.

Einlesen der Knotenkoordinaten:

Einlesen der Elemente, welche gegen den Uhrzeigersinn definiert werden müssen

Knoten := READPRN("Knoten.csv")

Elemente := READPRN("Elemente.csv")

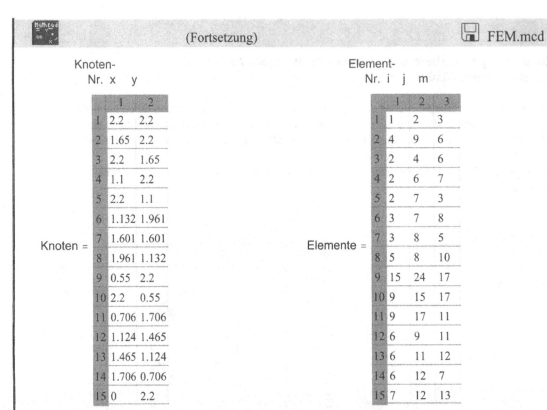

(Fortsetzung)   FEM.mcd

Knoten-
Nr. x   y

Knoten =	1	2
1	2.2	2.2
2	1.65	2.2
3	2.2	1.65
4	1.1	2.2
5	2.2	1.1
6	1.132	1.961
7	1.601	1.601
8	1.961	1.132
9	0.55	2.2
10	2.2	0.55
11	0.706	1.706
12	1.124	1.465
13	1.465	1.124
14	1.706	0.706
15	0	2.2

Element-
Nr. i   j   m

Elemente =	1	2	3
1	1	2	3
2	4	9	6
3	2	4	6
4	2	6	7
5	2	7	3
6	3	7	8
7	3	8	5
8	5	8	10
9	15	24	17
10	9	15	17
11	9	17	11
12	6	9	11
13	6	11	12
14	6	12	7
15	7	12	13

Zur weiteren Manipulation mit den Matrizen sind einige Variablen zu definieren:

- Anzahl der Netz-Knoten: $n_{Knoten} := rows(Knoten)$ $n_{Knoten} = 42$

- Anzahl der Elemente: $n_{Elemente} := rows(Elemente)$ $n_{Elemente} = 60$

- Anzahl der Knoten je Element: $n_{KpE} := cols(Elemente)$ $n_{KpE} = 3$

- Anzahl der Freiheitsgrade je Knoten: $n_{FpK} := 2$

- Anzahl der Unbekannten je Element: $n_{FpE} := n_{KpE} \cdot n_{FpK}$ $n_{FpE} = 6$

Darstellung des finite Elemente-Netzes als Graph

Zuerst wird die Matrix "Elemente" mit ihrer eigenen ersten Spalte erweitert, um die Elemente darstellen zu können.

$Elem := augment(Elemente, Elemente^{<1>})$

Anschließend wird der Algorithmus zur Darstellung des Netzes gebildet.

$x_n := Knoten^{<1>}$ $y_n := Knoten^{<2>}$

$i := 1.. n_{Elemente}$ $j := 1.. n_{KpE} + 1$

$x_{Graph_{i,j}} := x_{n(Elem_{i,j})}$ $y_{Graph_{i,j}} := y_{n(Elem_{i,j})}$

(Fortsetzung)   ⊞ FEM.mcd

Bestimmen der oberen und unteren Grenzen des Graphen

$$\text{obere}(x) := \max(x) + \frac{\max(x) - \min(x)}{8} \qquad \text{untere}(x) := \min(x) - \frac{\max(x) - \min(x)}{8}$$

$$\begin{bmatrix} x_{min} & x_{max} \\ y_{min} & y_{max} \end{bmatrix} := \begin{bmatrix} \text{untere}(x_{Graph}) & \text{obere}(x_{Graph}) \\ \text{untere}(y_{Graph}) & \text{obere}(y_{Graph}) \end{bmatrix}$$

$$\text{Grösse}_i := 1000000 \qquad x_{Graph} := \text{augment}(x_{Graph}, \text{Grösse})$$

$$y_{Graph} := \text{augment}(y_{Graph}, \text{Grösse})$$

$$i := 1 .. n_{Elemente} \qquad j := 1 .. \text{cols}(x_{Graph}) \qquad k := 1 .. n_{Knoten}$$

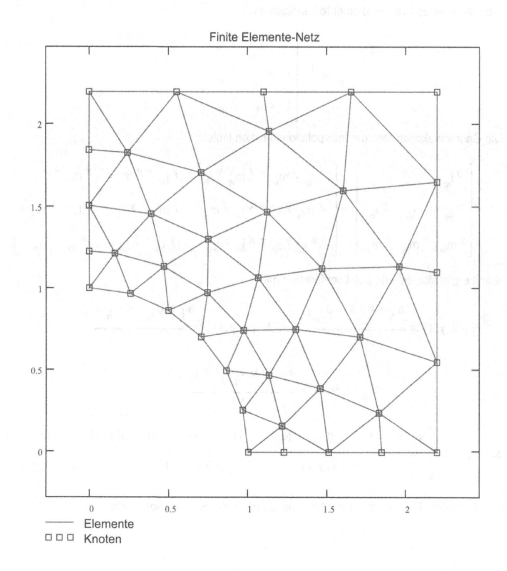

Finite Elemente-Netz

——— Elemente
□ □ □ Knoten

Schritt 2: Wahl der Interpolations- bzw. Ansatzfunktion

Mit der Ansatzfunktion N kann die Verschiebung eines beliebigen Punktes innerhalb eines Elementes aus den Verschiebungen u und v der Knotenpunkte berechnet werden. In diesem Fall wird für das Dreieckselement ein linearer Ansatz für die Interpolation verwendet.

Zunächst werden für jedes Element den jeweiligen Knoten i, j und m die x- und y-Koordinaten zugeordnet:

$$ie := 1 .. n \text{ Elemente}$$

$$\begin{bmatrix} x_{i_{ie}} & y_{i_{ie}} \\ x_{j_{ie}} & y_{j_{ie}} \\ x_{m_{ie}} & y_{m_{ie}} \end{bmatrix} := \begin{bmatrix} x_{n(Elem_{ie,1})} & y_{n(Elem_{ie,1})} \\ x_{n(Elem_{ie,2})} & y_{n(Elem_{ie,2})} \\ x_{n(Elem_{ie,3})} & y_{n(Elem_{ie,3})} \end{bmatrix}$$

Die Fläche jedes Dreieckselementes errechnet mit

$$\Delta_{ie} := \frac{1}{2} \cdot \begin{vmatrix} 1 & x_{i_{ie}} & y_{i_{ie}} \\ 1 & x_{j_{ie}} & y_{j_{ie}} \\ 1 & x_{m_{ie}} & y_{m_{ie}} \end{vmatrix}$$

Die Geometriekonstanten der Interpolationsfunktion lauten:

$$\begin{bmatrix} a_{i_{ie}} & b_{i_{ie}} & c_{i_{ie}} \\ a_{j_{ie}} & b_{j_{ie}} & c_{j_{ie}} \\ a_{m_{ie}} & b_{m_{ie}} & c_{m_{ie}} \end{bmatrix} := \begin{bmatrix} (x_{j_{ie}} \cdot y_{m_{ie}} - x_{m_{ie}} \cdot y_{j_{ie}}) & (y_{j_{ie}} - y_{m_{ie}}) & (x_{m_{ie}} - x_{j_{ie}}) \\ (x_{m_{ie}} \cdot y_{i_{ie}} - x_{i_{ie}} \cdot y_{m_{ie}}) & (y_{m_{ie}} - y_{i_{ie}}) & (x_{i_{ie}} - x_{m_{ie}}) \\ (x_{i_{ie}} \cdot y_{j_{ie}} - x_{j_{ie}} \cdot y_{i_{ie}}) & (y_{i_{ie}} - y_{j_{ie}}) & (x_{j_{ie}} - x_{i_{ie}}) \end{bmatrix}$$

Somit ergibt sich die Interpolationsfunktion mit

$$N_i(x,y,i) := \frac{a_{i_i} + b_{i_i} \cdot x + c_{i_i} \cdot y}{2 \cdot \Delta_i} \qquad N_j(x,y,i) := \frac{a_{j_i} + b_{j_i} \cdot x + c_{j_i} \cdot y}{2 \cdot \Delta_i}$$

$$N_m(x,y,i) := \frac{a_{m_i} + b_{m_i} \cdot x + c_{m_i} \cdot y}{2 \cdot \Delta_i}$$

$$N(x,y,i) := \begin{bmatrix} N_i(x,y,i) & 0 & N_j(x,y,i) & 0 & N_m(x,y,i) & 0 \\ 0 & N_i(x,y,i) & 0 & N_j(x,y,i) & 0 & N_m(x,y,i) \end{bmatrix}$$

Für die weitere Berechnungen sind nur die Geometriekonstanten notwendig.

(Fortsetzung)   FEM.mcd

Schritt 3: Definition der Elementeigenschaften

Mit den vorgegebenen Eigenschaften, wie dem Elastizitätsmodul, der Querkontraktionszahl, der Elementplattendicke und der Geometriekoeffizienten, werden nun die Matrix B, die Elastizitätsmatrix und die Einzelsteifigkeitsmatrix gebildet.
Wenn für die Elemente unterschiedliche Eigenschaften definieren werden sollen, so können den Elementen mit der Nummer i der E-Modul E_i , die Dicke t_i und die Querkontraktionszahl v_i direkt zugeordnet werden. Im konkreten Fall sind die Eigenschaften aller Elemente gleich angesetzt.

$i := 1 .. n$ Elemente

$E_i := E \quad t_i := t \quad v_i := v$

Bildung der Matrix B:

$$B(i) := \frac{1}{2 \cdot \Delta_i} \cdot \begin{bmatrix} b_{i_i} & 0 & b_{j_i} & 0 & b_{m_i} & 0 \\ 0 & c_{i_i} & 0 & c_{j_i} & 0 & c_{m_i} \\ c_{i_i} & b_{i_i} & c_{j_i} & b_{j_i} & c_{m_i} & b_{m_i} \end{bmatrix}$$

Elastizitätsmatrix:

$$D(i) := \frac{E_i}{\left[1 - \left(v_i\right)^2\right]} \cdot \begin{bmatrix} 1 & v_i & 0 \\ v_i & 1 & 0 \\ 0 & 0 & \dfrac{1 - v_i}{2} \end{bmatrix}$$

Einzelsteifigkeitsmatrix: $k(i) := B(i)^T \cdot D(i) \cdot B(i) \cdot \Delta_i \cdot t_i$

Schritt 4: Zusammensetzen der Elemente

Das Zusammensetzen der Einzelsteifigkeitsmatrizen zur Gesamtsteifigkeitsmatrix erfolgt mit der direkten Steifigkeitsmethode. Dabei werden die Koeffizienten der Einzelmatrizen mit ihren lokalen Spalten und Reihenbezeichnungen direkt in ihre Position in der Gesamtsteifigkeitsmatrix, deren Spalten und Reihen global bezeichnet sind, eingefügt.

Zuerst wird ein Feld KT durch Aneinanderreihen der einzelnen Elementsteifig-keitsmatrizen gebildet:

$n := n_{Knoten} \cdot n_{FpK} \qquad n = 84$

$K_{n,n} := 0 \qquad ie := 1 .. n_{Elemente} \qquad q := 1 .. n_{FpE}$

$KT^{< q + n_{FpE} \cdot (ie - 1) >} := k(ie)^{< q >}$

Nun erfolgt die Zusammensetzung der Gesamtsteifigkeitsmatrix, Element für Element, unter Benützung des oben definierten Feldes KT und des folgenden Algorithmus:

$$ie := 1 .. n_{Elemente} \qquad i := 1 .. n_{KpE} \qquad j := 1 .. n_{KpE}$$

$$p := 1 .. n_{FpK} \qquad q := 1 .. n_{FpK}$$

$$K_{\left[\left(Elem_{ie,i}-1\right)\cdot n_{FpK}+p\right],\left[\left(Elem_{ie,j}-1\right)\cdot n_{FpK}+q\right]} := K_{\left[\left(Elem_{ie,i}-1\right)\cdot 2+p\right],\left[\left(Elem_{ie,j}-1\right)\cdot 2+q\right]} \cdots$$
$$+ KT_{(i-1)\cdot n_{FpK}+p,\, n_{FpE}\cdot(ie-1)+\left[(j-1)\cdot n_{FpK}+q\right]}$$

Im Bild ist der typische Bandcharakter der symmetrischen Gesamtsteifigkeitsmatrix ersichtlich. Die Bandbreite wurde durch Knotennummerierung mit dem Algorithmus von Cuthill-McKee möglichst gering gehalten.

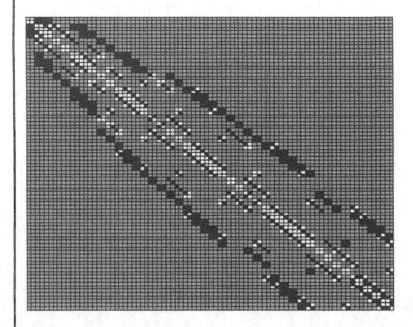

K

Gesamtsteifigkeitsmatrix

Berechnung der Bandbreite

Die Bandbreite einer Diagonalmatrix mit Bandstruktur ist die Anzahl der Nebendiagonalen ober-bzw. unterhalb der Hauptdiagonalen, welche von Null verschiedene Matrixelemente enthalten. Sie hängt von der Numerierung der Knotenvariablen ab und bestimmt ganz wesentlich die Rechenzeit.

$$dopm_{ie} := \left[max\left[\left(Elem^{T}\right)^{<ie>}\right] - min\left[\left(Elem^{T}\right)^{<ie>}\right]\right] + 1$$

$$m := max(dopm)\cdot n_{FpK}$$

Die Bandbreite beträgt: $m = 22$

(Fortsetzung)   FEM.mcd

Schritt 5: Einsetzen der Belastungen und der Randbedingungen

Knoten-Belastungen

Die Belastung des Netzes wird durch die Last-Matrix festgelegt, in der jede Zeile einem Knoten, welcher unter einer Belastung steht, entspricht. Die erste Spalte bezeichnet den Knoten, und die Spalten zwei und drei geben die jeweilige x- und y-Komponente der angreifenden Kraft an.

$$Q := \frac{L}{2} \cdot \frac{w}{5} \qquad Last := \begin{bmatrix} 1 & Q & 0 \\ 3 & Q & 0 \\ 5 & Q & 0 \\ 10 & Q & 0 \\ 16 & Q & 0 \end{bmatrix}$$

Einfachheitshalber wird eine Funktion "Position" definiert, welche die Position eines beliebigen Koeffizienten des Knotens i mit dem Freiheitsgrad j in der Gesamtsteifigkeitsmatrix berechnet.

$$Position(i,j) := (i-1) \cdot n_{FpK} + j$$

Mit der Lastmatrix wird nun der Kraftvektor F gebildet:

$$F_n := 0 \qquad i := 1 .. \; rows(Last) \qquad j := 1 .. \; n_{FpK}$$

$$F_{Position\left[\left(Last_{i,1}\right),j\right]} := Last_{i,1+j}$$

Im folgenden transponierten Vektor ist zu beachten, dass für einen Knoten, entsprechend seiner zwei Kraftkomponenten, immer zwei Spalten zur Verfügung stehen. Für den Knoten 1 also die Spalten 1 und 2, für den Knoten 2 die Spalten 3 und 4, usw. Diese Darstellung wird im weiteren Verlauf der Berechnung noch öfters auftreten.

$$F^T = \begin{array}{c|cccccccccc} & 1 & 2 & 3 & 4 & 5 & 6 & 7 & 8 & 9 & 10 \\ \hline 1 & 4.4 \bullet 10^4 & 0 & 0 & 0 & 4.4 \bullet 10^4 & 0 & 0 & 0 & 4.4 \bullet 10^4 & 0 \end{array}$$

Randbedingungen

Diese werden durch die "Randbed"-Matrix festgelegt. Die erste Spalte beinhaltet die Knotennummer, die zweite Spalte dient der Kennzeichnung bzw. als "Flagge", ob ein Knoten in x-Richtung fixiert (Flagge "1") ist, oder ob er in diese Richtung frei beweglich ist (Flagge "0"), und in der dritten Spalte steht die auferlegte Verschiebung (z.B. der Betrag Null für fixierte Knoten). Die beiden letzten Spalten dienen analog zur Definition der Verschiebungen in y-Richtung. Die Randbedingungen für die Punkte A, H, P, W und AE (bzw. 36, 34, 26, 24, 15) lauten: Verschiebungen in x-Richtung betragen Null; die für die Punkte G, O, V, AD und AK (bzw. 37, 35 , 27, 25, 16): Verschiebungen in y-Richtung betragen Null.

Knoten-
Nr. ⌐u x ⌐u y

$$Randbed := \begin{bmatrix} 15 & 1 & 0 & 0 & 0 \\ 16 & 0 & 0 & 1 & 0 \\ 24 & 1 & 0 & 0 & 0 \\ 25 & 0 & 0 & 1 & 0 \\ 26 & 1 & 0 & 0 & 0 \\ 27 & 0 & 0 & 1 & 0 \\ 34 & 1 & 0 & 0 & 0 \\ 35 & 0 & 0 & 1 & 0 \\ 36 & 1 & 0 & 0 & 0 \\ 37 & 0 & 0 & 1 & 0 \end{bmatrix}$$

(Fortsetzung)   FEM.mcd

Die Gesamtzahl der durch die Randbedingungen eingeschränkten Freiheitsgrade ist:

$$j := 1 .. n_{FpK} \qquad n_{Rb} := \sum_{j} \Sigma Randbed^{<j \cdot 2>} \qquad n_{Rb} = 10$$

Um mit den Randbedingungen die Gesamtsteifigkeitsmatrix modifizieren zu können, wird ein neues Feld Rb gebildet. Für jeden Knoten sollen je Freiheitsgrad eine Zeile zur Verfügung stehen. Spalte eins dient wieder zur Kennzeichnung mit den Flaggen "1" (Verschiebung bekannt) oder "0" (Verschiebung unbekannt). In der zweiten Spalte steht der Betrag der Verschiebung, in der dritten die Knotennummer und in der letzten der Freiheitsgrad, der eingeschränkt wird.

$$Rb_{n,4} := 0 \qquad i := 1 .. rows(Randbed) \qquad j := 1 .. n_{FpK}$$

$$
\begin{bmatrix}
Rb_{Position\left(Randbed_{i,1}, j\right),1} \\
Rb_{Position\left(Randbed_{i,1}, j\right),2} \\
Rb_{Position\left(Randbed_{i,1}, j\right),3} \\
Rb_{Position\left(Randbed_{i,1}, j\right),4}
\end{bmatrix}
:=
\begin{bmatrix}
if\left(Randbed_{,j\cdot2}, 1, 0\right) \\
Randbed_{,j\cdot2+1} \\
if\left(Randbed_{,j\cdot2}, Randbed_{,1}, 0\right) \\
if\left(Randbed_{,j\cdot2}, j, 0\right)
\end{bmatrix}
$$

$$Rb^T = $$

	1	2	3	4	5	6	7
1	0	0	0	0	0	0	0
2	0	0	0	0	0	0	0
3	0	0	0	0	0	0	0
4	0	0	0	0	0	0	0

Fü
Verschiebung
Knoten-Nr.
Freiheitsgrad

Zu beachten ist, daß es sich bei dieser Darstellung um einen Ausschnitt aus der transponierten Rb-Matrix handelt!

Mit dieser Randbedingungs-Matrix werden nun die Steifigkeitsmatrix und der Kraftvektor modifiziert.

$$i := 1 .. n \qquad j := 1 .. n$$

Modifizieren der Steifigkeitsmatrix

$$Kmod := K$$

$$
\begin{bmatrix}
Kmod_{i,j} \\
Kmod_{j,i} \\
Kmod_{i,i}
\end{bmatrix}
:=
\begin{bmatrix}
if\left(Rb_{i,1}, 0, Kmod_{i,j}\right) \\
if\left(Rb_{i,1}, 0, Kmod_{j,i}\right) \\
if\left(Rb_{i,1}, 1, Kmod_{i,i}\right)
\end{bmatrix}
$$

Modifizieren des Kraftvektors

$$Fmod := F$$

$$Fmod_i := if\left(Rb_{i,1}, Rb_{i,2}, Fmod_i - \sum_j Rb_{j,2} \cdot K_{i,j}\right)$$

Während die ursprüngliche Gesamtsteifigkeitsmatrix singulär und daher nicht invertierbar ist, ist Kmod nicht mehr singulär.

(Fortsetzung)   FEM.mcd

Schritt 6: Lösen des Gleichungssystems

Das Lösen des Finite-Elemente-Modells erfolgt durch Multiplikation des modifizierten Kraftvektors mit der inversen, modifizierten Gesamtsteifigkeitsmatrix.

Verschiebungsvektor $f_{Res} := Kmod^{-1} \cdot Fmod$

Resultierende Kräfte:

Hierfür wird wieder die ursprüngliche Gesamtsteifigkeitsmatrix verwendet.

$$R := K \cdot f_{Res}$$

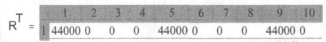

$R^T =$		1	2	3	4	5	6	7	8	9	10
	1	44000	0	0	0	44000	0	0	0	44000	0

Da es sich bei der Lösungsmethode um ein numerisches Näherungsverfahren handelt, sind einige Einträge in diesem Feld nicht gleich Null. Um die Anzeige anschaulicher zu gestalten, werden die Ergebnisse gerundet angezeigt. Intern arbeitet das Programm aber mit den nicht gerundeten Zahlenwerten weiter.

Nun erfolgt eine Kontrolle, ob das Gleichgewicht der Kräfte auch wirklich für jeden Knoten gewährleistet wird:

$i := 1 .. n_{Knoten}$

Gleichgewicht in x-Richtung: $\sum_i R_{i \cdot 2 - 1} = 0$ ✓

Gleichgewicht in y-Richtung: $\sum_i R_{i \cdot 2} = 0$ ✓

Die Abweichungen auf den Betrag Null lassen sich durch numerische Rundungsfehler erklären. Die statischen Gleichgewichtsbedingungen sind somit ausreichend erfüllt!

Reaktionskräfte

Es sollen jetzt die Reaktionskräfte der Knoten, für die die Randbedingungen definiert wurden, nochmals zusammengefasst dargestellt werden.

$Temp := csort(augment(Rb, R), 1)$

$i := 1 .. n_{Rb}$ $n := rows(K)$

$$\begin{bmatrix} Reaktion_{i,1} \\ Reaktion_{i,2} \\ Reaktion_{i,3} \end{bmatrix} := \begin{bmatrix} Temp_{n-i+1,3} \\ Temp_{n-i+1,4} \\ Temp_{n-i+1,5} \end{bmatrix}$$

$Reaktion := csort(Reaktion, 1)$

Die erste Spalte (bzw. Zeile der Transponierten) der folgenden "Reaktion"-Matrix bezeichnet den Knoten, die zweite Spalte den lokalen Freiheitsgrad und die dritte die Reaktionskraftkomponente [N].

$Reaktion^T =$		1	2	3	4	5	6
	1	15	16	24	25	26	27
	2	1	2	1	2	1	2
	3	-1842.5	-38604.1	-36376.9	-18254.9	-55325.8	3975.4

(Fortsetzung)   FEM.mcd

Schritt 7: Zusätzliche Berechnungen

Es werden die Spannungen und Dehnungen in jedem Element berechnet und die Verschiebungen grafisch dargestellt. Zunächst erfolgt die Berechnung einiger Elementeigenschaften.

Knoten des Elements: $\quad i := 1..\, n_{KpE} \qquad \text{Knoten}\, El_{i,ie} := Elem_{ie,i}$

Elementverschiebung: $\quad j := 1..\, n_{FpK}$

$$\delta El_{(i-1)\cdot n_{FpK}+j,\,ie} := f_{ResPosition}\left(Elem_{ie,i},j\right)$$

Elementkraft: $\quad F_{El}^{<ie>} := k(ie)\cdot \delta_{El}^{<ie>}$

Elementdehnung: $\quad \varepsilon_{El}^{<ie>} := B(ie)\cdot \delta_{El}^{<ie>}$

Elementspannung: $\quad \sigma_{El}^{<ie>} := D(ie)\cdot \varepsilon_{El}^{<ie>}$

Für die Resultatabfrage eines Elementes geben Sie hier die Elementnummer ein.

Eingabe: $\quad Element := 49$

$$Element\_Knoten := Knoten_{El}^{<Element>\,T}$$

Knoten dieses Elementes: $\quad Element\_Knoten = \begin{bmatrix} 28 & 36 & 38 \end{bmatrix}$

Elementdehnung [1]: $\quad \varepsilon_{El}^{<Element>} = \begin{bmatrix} 2.087{\cdot}10^{-4} \\ -4.203{\cdot}10^{-5} \\ -4.223{\cdot}10^{-5} \end{bmatrix} \quad \varepsilon_{El} := \begin{bmatrix} \varepsilon_x \\ \varepsilon_y \\ \tau_{xy} \end{bmatrix}$

Elementspannung [Pa]: $\quad \sigma_{El}^{<Element>} = \begin{bmatrix} 4.548{\cdot}10^{7} \\ 4.774{\cdot}10^{6} \\ -3.427{\cdot}10^{6} \end{bmatrix} \quad \sigma_{El} := \begin{bmatrix} \sigma_x \\ \sigma_y \\ \tau_{xy} \end{bmatrix}$

Knotenverschiebungen [m]: $\quad \delta_{El}^{<Element>} = \begin{bmatrix} 2.041{\cdot}10^{-5} \\ -1.384{\cdot}10^{-4} \\ 0 \\ -1.322{\cdot}10^{-4} \\ 5.608{\cdot}10^{-5} \\ -1.261{\cdot}10^{-4} \end{bmatrix} \quad \delta_{El} := \begin{bmatrix} \delta_{ix} \\ \delta_{iy} \\ \delta_{jx} \\ \delta_{jy} \\ \delta_{mx} \\ \delta_{my} \end{bmatrix}$

Knotenkräfte [N]: $\quad F_{El}^{<Element>} = \begin{bmatrix} 3.312{\cdot}10^{3} \\ 5.594{\cdot}10^{3} \\ -5.522{\cdot}10^{4} \\ 1.933{\cdot}10^{3} \\ 5.191{\cdot}10^{4} \\ -7.527{\cdot}10^{3} \end{bmatrix} \quad F_{El} := \begin{bmatrix} F_{ix} \\ F_{iy} \\ F_{jx} \\ F_{jy} \\ F_{mx} \\ F_{my} \end{bmatrix}$

(Fortsetzung)   FEM.mcd

Darstellung der Knotenverschiebungen $i := 1 .. n_{Knoten}$ $u_i := f_{Res_{i \cdot 2 - 1}}$ $v_i := f_{Res_{i \cdot 2}}$

Um die Knotenerschiebungen anschaulich darstellen zu können, soll der größte Wert der Verschiebungen 10% der größten x- bzw. y-Knotenkoordinate betragen. Rückgerechnet ergibt sich daraus ein Skalierfaktor "skal".

$$\delta_{max} := max\left(\left[max\left(\overrightarrow{|u|}\right) \quad max\left(\overrightarrow{|v|}\right) \right]\right) \qquad \qquad Versch_{Grösse} := 0.1$$

$$skal := \frac{max\left(\left[x_{max} \quad y_{max} \right]\right)}{\delta_{max}} \cdot Versch_{Grösse} \qquad skal = 828.522$$

$i := 1 .. n_{Knoten}$ Berechnen der Grenzen des Graphen:

$$\begin{bmatrix} u_{Knoten_i} \\ v_{Knoten_i} \end{bmatrix} := \begin{bmatrix} x_{n_i} + u_i \cdot skal \\ y_{n_i} + v_i \cdot skal \end{bmatrix} \qquad \begin{bmatrix} u_{min} & u_{max} \\ v_{min} & v_{max} \end{bmatrix} := \begin{bmatrix} min\left(u_{Knoten}\right) & max\left(u_{Knoten}\right) \\ min\left(v_{Knoten}\right) & max\left(v_{Knoten}\right) \end{bmatrix}$$

$j := 1 .. cols(Elem)$ Generierung der darzustellenden Felder:

$$\begin{bmatrix} U_{Graph_{ie,j}} \\ V_{Graph_{ie,j}} \end{bmatrix} := \begin{bmatrix} u_{Knoten\left(Elem_{ie,j}\right)} \\ v_{Knoten\left(Elem_{ie,j}\right)} \end{bmatrix} \qquad \begin{bmatrix} x_{min} & x_{max} \\ y_{min} & y_{max} \end{bmatrix} := \begin{bmatrix} untere\left(U_{Graph}\right) & obere\left(U_{Graph}\right) \\ untere\left(V_{Graph}\right) & obere\left(V_{Graph}\right) \end{bmatrix}$$

$$U_{Graph} := augment\left(U_{Graph}, Grösse\right) \qquad V_{Graph} := augment\left(V_{Graph}, Grösse\right)$$

$j := 1 .. cols\left(U_{Graph}\right) \qquad k := 1 .. n_{Knoten}$

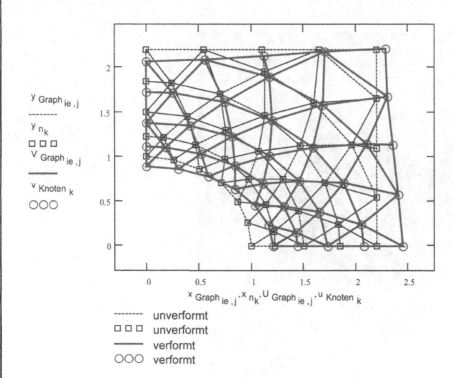

Verformung des Modells

WRITEPRN ("El_Spann.csv") := σ_{El} Abspeichern der resultierenden Spannungen:

Zur Darstellung der Hauptspannungen muß das Programm "Hauptsp.mcd" geladen werden!

Hauptspg.mcd

In diesem Zusatzprogramm werden die Hauptnormalspannungen ausgewertet.

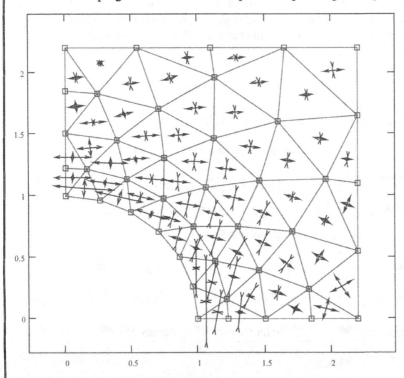

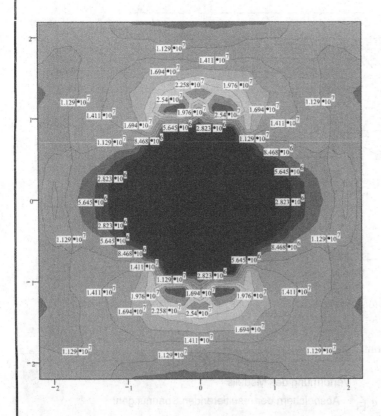

8.3 Messung und Auswertung von Bauteilbeanspruchungen

Bei komplizierten Bauteilen, Belastungen oder Querschnittsübergängen ist es mit der elementaren Festigkeitsberechnung meist nur überschlägig möglich, die lokalen Spannungen zu ermitteln. Eine genaue Vorhersage der lokalen Spannungs- und Dehnungsbedingungen ist nur mit Finite Elemente Rechnungen möglich. Dennoch existieren in manchen Fällen Unsicherheiten, die nicht sosehr in der numerischen Behandlung liegen, sondern vielmehr auf Ungenauigkeit der Annahmen über die tatsächlichen Beanspruchungen zurückzuführen sind. Aus diesem Grund werden nach wie vor experimentelle Methoden zur Überprüfung der Annahmen und zur Verifikation der Ergebnisse herangezogen.

8.3.1 Experimentelle Methoden zur Dehnungs- bzw. Spannungsmessung

Je nach Einsatzfall, Genauigkeitsanforderung, Zugänglichkeit etc. können zur Ermittlung der örtlichen Beanspruchungen (Spannungen, Dehnungen) folgende Methoden angewandt werden:
- Sprödlacktechnik
- mechanische Extensometer
- induktive Wegaufnehmer (LVDT-System)
- kapazitive Wegaufnehmer
- Wegaufnehmer mit Ausnutzung des Piezoeffektes
- Dehnmessstreifen (DMS)
- Verzerrungsmessung eines applizierten Messgitters
- Photoelastische Spannungsmessung mit Polarisator und Analysator
- Moire-Technik mit feinem Linienraster
- Speckle-Muster bei Verwendung von Laserlicht
- Holografie
- Röntgenbeugung u.a.m.

Im Folgenden wird nur die DMS-Messung genauer betrachtet und an einem Beispiel wird die Auswertung der Signale demonstriert.

8.3.2 Messen mit Dehnmessstreifen (DMS)

Die DMS-Technik beruht auf der, bei einer elastischen Verformung metallischer Dünnfolien auftretenden Änderung des Ohm'schen Widerstandes. Die auf den Widerstand R des unverformten DMS bezogene Widerstandsänderung dR ist zur relativen Längenänderung proportional:

$$\frac{dR}{R} = k \cdot \varepsilon$$

Der Faktor k wird als Dehnungsempfindlichkeit des DMS bezeichnet und liegt bei den konventionellen DMS-Typen im Bereich zwischen 2 und 2,2. Nachdem üblicherweise nur geringe Widerstandsänderungen zu erwarten sind, ist eine sehr sensible Messanordnung, meist eine *Wheatstone'sche Messbrücke* erforderlich. Diese kann entweder als Viertel- oder Halbbrückenschaltung mit Temperaturkompensation betrieben werden.

Nachdem die DMS an der Oberfläche appliziert werden, ist nur die Messung einer Dehnungshauptrichtung (falls bekannt) oder bei Verwendung einer DMS-Rosette mit sternförmig gekreuztem Messgitter die Messung des zweiachsigen Spannungszustandes möglich. Im folgenden Beispiel wird die Auswertung eines ebenen Spannungszustand mit den entsprechenden Spannungs-Dehnungs-Beziehungen nachvollzogen und das Ergebnis in Form des Mohr'schen Spannungskreises dargestellt.

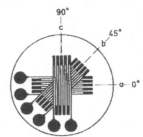

💾 DMS.mcd

Messung zweiachsiger Spannungszustände mit unbekannten Hauptrichtungen

Bei kompliziert gestalteten Bauteilen, bei Überlagerung verschiedener Beanspruchungsarten (Normal-, Biege- und Torsionsspannungen) oder an Querschnittsübergängen ist die Hauptspannungsrichtung nicht immer vorhersagbar. Zur Erfassung der Hauptspannungen und ihrer Richtungen werden DMS-Rosetten mit drei Messgittern verwendet, s. Bild, wobei man zwischen 0/45/90° und 0/60/120°-Rosetten unterscheidet.

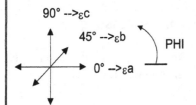

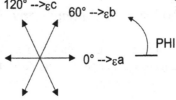

Eingabe der Werkstoffkenngrößen E-Modul und Querkontraktionszahl:

$$E := 210000 \frac{N}{mm^2} \qquad \nu := 0.3 \qquad MPa := 10^6 \cdot Pa$$

Eingabe der drei DMS-Dehnungen: DMS-Typ (0/45/90)=1; (0/60/120)=2

$$\varepsilon a := 117 \cdot 10^{-6} \qquad \varepsilon b := -25 \cdot 10^{-6} \qquad \varepsilon c := -202 \cdot 10^{-6} \qquad DMST := 1$$

Berechnung der Hauptdehnungen und -spannungen für 0/45/90°-Rosetten:

$$E11 := \frac{\varepsilon a + \varepsilon c}{2} \quad E12 := \frac{1}{\sqrt{2}} \cdot \sqrt{(\varepsilon a - \varepsilon b)^2 + (\varepsilon c - \varepsilon b)^2} \quad EPS11 := E11 + E12 \quad EPS12 := E11 - E12$$

$$\sigma11 := \frac{E}{(1 - \nu^2)} \cdot (EPS11 + \nu \cdot EPS12) \qquad \sigma12 := \frac{E}{(1 - \nu^2)} \cdot (EPS12 + \nu \cdot EPS11)$$

Berechnung der Hauptdehnungen und -spannungen für 0/60/120°-Rosetten:

$$E21 := \frac{\varepsilon a + \varepsilon b + \varepsilon c}{3} \quad E22 := \sqrt{\left(\frac{2 \cdot \varepsilon a - \varepsilon b - \varepsilon c}{3}\right)^2 + \frac{(\varepsilon b - \varepsilon c)^2}{3}} \quad \begin{array}{l} EPS21 := E21 + E22 \\ \\ EPS22 := E21 - E22 \end{array}$$

$$\sigma21 := \frac{E}{(1 - \nu^2)} \cdot (EPS21 + \nu \cdot EPS22) \qquad \sigma22 := \frac{E}{(1 - \nu^2)} \cdot (EPS22 + \nu \cdot EPS21)$$

Hauptnormalspannungen und Hauptdehnungen entsprechend des DMS-Typs:

$$\sigma1 := if(DMST = 1, \sigma11, \sigma21) \qquad \sigma1 = 13.17 \cdot MPa$$

$$\sigma2 := if(DMST = 1, \sigma12, \sigma22) \qquad \sigma2 = -38.67 \cdot MPa$$

$$E1 := if(DMST = 1, EPS11, EPS21) \qquad E1 = 117.957 \cdot 10^{-6}$$

$$E2 := if(DMST = 1, EPS12, EPS22) \qquad E2 = -202.957 \cdot 10^{-6}$$

(Fortsetzung) DMS.mcd

Berechnung der Hauptrichtungen

Hauptrichtung 1 im Winkel α zur Bezugsrichtung a im mathematisch positiven Sinne.
Hauptrichtung 2 senkrecht zur Hauptrichtung 1.

$$Z := \text{if}\left[DMST=1, 2\cdot\varepsilon b - \varepsilon a - \varepsilon c, \sqrt{3}\cdot(\varepsilon b - \varepsilon c)\right] \qquad Z = 3.5\cdot10^{-5}$$

$$N := \text{if}(DMST=1, \varepsilon a - \varepsilon c, 2\cdot\varepsilon a - \varepsilon b - \varepsilon c) \qquad N = 3.19\cdot10^{-4} \qquad TANG := \frac{Z}{N}$$

$$PSI := \text{atan}(TANG) \qquad PSI = 6.261\cdot deg \qquad PHI := 0$$

$$PHI := \text{if}\left[(Z>0)\cdot(N>0), \frac{PSI}{2}, PHI\right] \qquad PHI := \text{if}\left[(Z>0)\cdot(N<0), \frac{\pi - |PSI|}{2}, PHI\right]$$

$$PHI := \text{if}\left[(Z<0)\cdot(N<0), \frac{\pi + |PSI|}{2}, PHI\right] \qquad PHI := \text{if}\left[(Z<0)\cdot(N>0), \frac{(2\cdot\pi - |PSI|)}{2}, PHI\right]$$

$$PHI = 3.131\cdot deg$$

$$\sigma x := \frac{(\sigma 1 + \sigma 2)}{2} + \frac{(\sigma 1 - \sigma 2)}{2}\cdot\cos(2\cdot PHI) \qquad \sigma x = 13.015\cdot MPa$$

$$\sigma y := \frac{(\sigma 1 + \sigma 2)}{2} - \frac{(\sigma 1 - \sigma 2)}{2}\cdot\cos(2\cdot PHI) \qquad \sigma y = {}^-38.515\cdot MPa$$

$$\tau xy := \frac{(\sigma 1 - \sigma 2)}{2}\cdot\sin(2\cdot PHI) \qquad \tau xy = 2.827\cdot MPa$$

Zeichnen des Mohr'schen Spannungskreises $\qquad t := 0, 0.02 .. 2\cdot\pi$

$$\tau max := \frac{(\sigma 1 - \sigma 2)}{2} \qquad M := \frac{\sigma 1 + \sigma 2}{2} \qquad M = {}^-12.75\cdot MPa \qquad \tau max = 25.92\cdot MPa$$

$$x(t) := \tau max\cdot\cos(t) + M \qquad y(t) := \tau max\cdot\sin(t) \qquad x1 := x(2\cdot PHI) \quad y1 := y(2\cdot PHI)$$

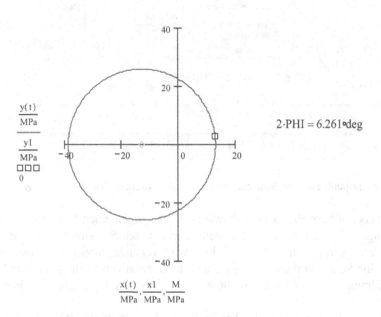

$$2\cdot PHI = 6.261\cdot deg$$

Lit.: K.Hoffmann: Eine Einführung in die Technik des Messens mit Dehnmeßstreifen,
Hrsg. Hottinger Baldwin Messtechnik GmbH, Darmstadt, 1987

8.4   Systematische Werkstoffauswahl

8.4.1   Bedeutung der Werkstoffauswahl

Die Auswahl geeigneter Werkstoffe gehört zu den wesentlichen Aufgaben des Konstrukteurs (evtl. unter Einbeziehung eines Werkstoffexperten) und bestimmt ganz entscheidend die Tragfähigkeit und Lebensdauer von Bauteilen sowie deren wirtschaftliche Herstellung. Anlässe für die Durchführung einer Werkstoffauswahl können sein:
- Entwicklung eines neuen Produktes,
- Verbesserung eines bestehenden Produktes,
- Maßnahme nach einem Schadensfall,
- Änderung der Konstruktion oder der Betriebsbedingungen,
- Änderung der Herstell- bzw. Fertigungsverfahren oder
- Änderung der Kostenstruktur.

Im Zuge des Auswahl- bzw. Entscheidungsprozesses müssen vielfältigste Gesichtspunkte beachtet werden, die wichtigsten sind im Bild 8.4.1 zusammengefasst.

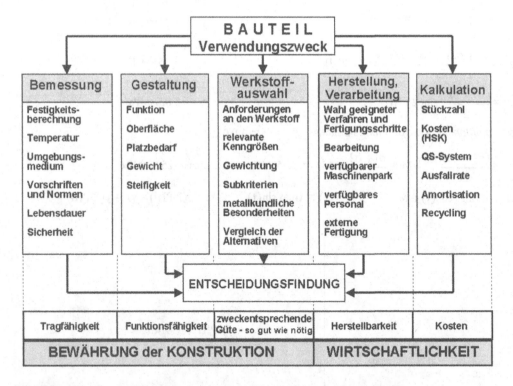

Bild 8.4.1. Wichtige Gesichtspunkte bei der Auswahl von Konstruktionswerkstoffen

Der Vorgang der Werkstoffauswahl ist eine Anwendung der allgemeinen Systemanalyse bzw. der Entscheidungsfindung, s. Tabelle 8.4.1. Den ersten Schritt dieses Systems bildet eine detaillierte Analyse des Anforderungsprofils. Im zweiten Schritt wird versucht, alternative Lösungen zusammenzustellen. Der dritte Schritt umfasst die Bewertung der alternativen Lösungen anhand objektiver und subjektiver, erfahrungsbasierter Kriterien, die erst eine Entscheidung zugunsten einer optimalen Lösung ermöglichen.

Voraussetzung für eine zufriedenstellende Werkstoffauswahl ist multidisziplinäres Wissen und Zusammenarbeit zwischen den Abteilungen. Insbesondere sind die in Bild 8.4.2 gezeigten Beziehungen zwischen Konstruktion, Werkstoff und Fertigungstechnik zu berücksichtigen.

Tabelle 8.4.1. Werkstoffauswahl nach der allgemeinen Problemlösungsmethode

Grundschritte	Methoden und Hilfsmittel zur Werkstoffauswahl
1. Aufgabe klären	Anforderungsliste/Pflichtenheft erstellen, QFD über Kundenwünsche, Marktanalyse, Auswertung von Schadensberichten, Analyse ähnlicher Produkte (Vorgänger-, Konkurrenzprodukte), Kostenrahmen festlegen, Erstellen des Werkstoffanforderungsprofils (notwendige und wünschenswerte Anforderungen)
2. Lösungssuche	Werkstoffkataloge, Regelwerke, Datenbanken, Brainstorming, Gespräche mit Fachleuten
3. Analyse	Berechnungen (nach Richtlinien, analytisch, numerisch), Bauteilversuche, Vergleich mit ähnlichen Produkten
4. Bewertung und Entscheidung	Anforderungs-/Eigenschaftsliste, House of Quality, gewichtete Punktebewertung, Nutzwertanalyse, Expertengespräche, Teamentscheidung

Bild 8.4.2. Gegenseitige Beeinflussung der drei Domänen Konstruktion - Werkstoff - Fertigung

Als Informationsquellen für die Werkstoffauswahl können dienen:
- Lehrbücher
- Tabellenbücher (Dubbel, Stahlschüssel etc.)
- Entscheidungstabellen (-bäume)
- Werkstoffnormen
- Spezielle Fachliteratur (Zeitschriften ...)
- Firmenprospekte (Produktinformationen, ...)
- Beratung durch Werkstoffhersteller
- Einschaltung von Informationsvermittler (Broker)
- Wissen über bereits bewährte Anwendungen
- Schadensstatistiken
- Werkstoffdatenbanken
- Expertensysteme zur Auswahl u.a.m.

Wie schwierig die Entscheidungsfindung sein kann, zeigt schon allein der Umstand, dass ein Konstrukteur aus einer Fülle von etwa 50.000 Werkstoffen wählen kann, wobei sich die Werkstoffhauptgruppen in Metalle, Kunststoffe, Keramik, Gummi, Holz, Glas und Verbundwerkstoffe gliedern. Aufgrund der Unterschiede in den atomaren Bindungskräften und der damit verbundenen Eigenschaftsmerkmale ist es sinnvoll, für eine erste grobe Abschätzung, die prinzipiellen Eigenschaften der Werkstoffhauptgruppen zu betrachten, s. Tabelle 8.4.2.

Tabelle 8.4.2. Prinzipielle Eigenschaften (Vor- und Nachteile) der Werkstoffhauptgruppen

Werkstoff-hauptgruppe	Vorteile	Nachteile
Metalle	zäh, steif, fest bis verschleißfest, leitfähig, gute Gieß-, Umform-, Schweißbarkeit, unproblematisches Konstruieren	z.T. hohe Dichte, z.T. korrosionsanfällig, schlechte Dämpfung, T_{max}<1000 °C
Polymerwerkstoffe	leicht, flexibel, relativ korrosionsbeständig, elektrisch isolierend, dämpfend, einfache und wirtschaftliche Fertigung komplizierter Massenteile, einfärbbar, teils durchsichtig, thermoschockbeständig, große konstruktive Gestaltungsfreiheit	geringe Festigkeit, geringe Warmfestigkeit, geringe Steifigkeit und Verschleißfestigkeit, T_{max}<200 °C, Brennbarkeit
Keramik	verschleißfest, warmfest, korrosionsbeständig, elektrisch isolierend, geringe Ausdehnung, z.T. gute Gleiteigenschaften, relativ niedrige Dichte	spröde, problematisch sind: Fertigung, Nachbearbeitung, Prüfbarkeit, thermische Wechselbeständigkeit, Fügen, konstruktive Gestaltung
Verbundwerkstoffe	hochfest, steif, leicht, relativ beständig, belastungsoptimierbar, flexible durch Wahl des Verstärkungsstoffes	relativ spröde, anisotrop, hohe Fertigungskosten bei großen und komplizierten Teilen problematisch: Verbindungstechnik, konstruktive Gestaltung, Recycling

Ebenso ist es sinnvoll, die Gliederung der Werkstoffe, aber auch das Spektrum der Werkstoffeigenschaften geordnet darzustellen, s. die Bilder 8.4.3 und 8.4.4. Ähnlichkeiten der Eigenschaftsprofile und mögliche Werkstoffalternativen werden dadurch sofort erkennbar. Diese Struktur lässt sich auch in Auswahlprogrammsystemen gut abbilden, s. Bild 8.4.5.

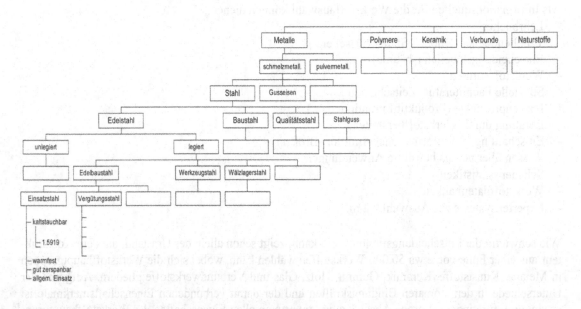

Bild 8.4.3. Baumartige Gliederung der Werkstoffe

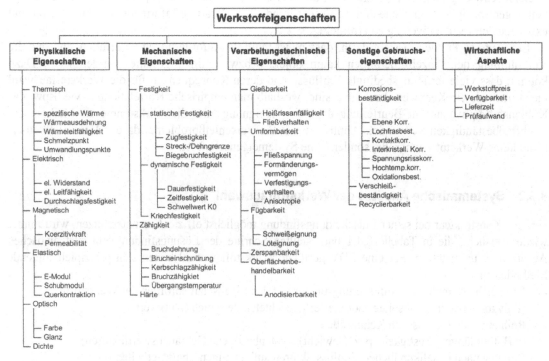

Bild 8.4.4. Baumartige Gliederung der Werkstoffeigenschaften

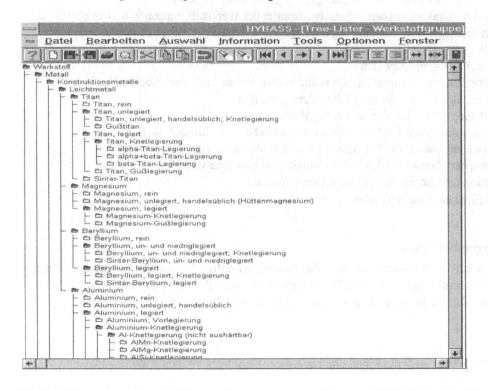

Bild 8.4.5. Baumdarstellung der Werkstoffgruppen im Auswahlsystem HYBASS (Quelle: IWS, TU Graz)

Ein sehr selektives Selektionskriterium stellt die Anwendungstemperatur dar, da sie eindeutig definierbar und sehr häufig in Datenbanken implementiert ist. Bei Tief- und Hochtemperturanwendungen reduziert sich die Anzahl möglicher Werkstoffkanditaten sehr drastisch.

Äußerst schwierig hingegen gestaltet sich die Werkstoffauswahl in Fällen, bei denen die Beständigkeit gegen spezielle Angriffsmedien im Vordergrund steht. Derartige Informationen sind sehr rar und experimentell recht aufwendig zu ermitteln.

Ein weiteres Problem besteht darin, dass meist multiple Anforderungen zu erfüllen sind und die Verknüpfung der Einzelforderungen kaum objektiv bzw. optimal gestaltet werden kann. Dazu kommt, dass viele fertigungsbedingte Einflüsse und deren Konsequenzen für die Werkstoffauswahl meist nicht als ein Kennwert darstellbar sind, weshalb man empirische Korrelationen, wie bspw. das Kohlenstoffäquivalent zur Beurteilung der Schweißeignung oder die Wirksumme als Maß für die Lochfraßbeständigkeit verwendet. Ähnliches gilt für Verschleißprobleme, da der Verschleißwiderstand keine Werkstoffkenngröße, sondern eine Systemeigenschaft ist.

8.4.2   Systematische Ansätze der Werkstoffauswahl

Um den Konstrukteur bei seiner Entscheidungsfindung möglichst effizient zu unterstützen, wird immer wieder versucht, die in Tabelle 8.4.1 dargestellten Schritte der Lösungsfindung mit systematischen Ansätzen zu unterstützen. Für eine EDV-gestützte Werkstoffauswahl bieten sich prinzipiell folgende Methoden an:

- Vergleich des multiplen Anforderungsprofils mit den Eigenschaftsprofilen der Werkstoffe (Polygondarstellung, absoluter/normierter/gewichteter Vergleich (Nutzwert))
- Reihung nach spezifischen Kenngrößen (z.B. Reißlänge (=Festigkeit/spez. Gewicht), kostenbezogene Gebrauchswertfaktoren)
- Reihung nach metallkundlichen Einflussfaktoren auf das Eigenschaftsverhalten (z.B. Wirksumme als Maß für die Anfälligkeit gegen Lochfraßkorrosion)
- Auswahl nach charakteristischen Eigenschaftsmuster der Werkstoffgruppen in Matrixform
- Top-down approach unter Ausnutzung der Eigenschaftscharakteristika übergeordneter Werkstoffklassen
- Auswahl nach Fertigungsaspekten (z.B. mit spezifischen Kenngrößen, wie r- und n-Wert für die Tief- und Streckziehbarkeit)
- Auswahl über Betrachtung der möglichen Versagensarten
- Modellrechnung (bspw. bei Verbundwerkstoffen)
- Nutzung der bisherigen Erfahrungen über Literaturrecherchen (Internet-Suche) (systematisch mit Thesaurus über Anwendungsfälle und bewährten Werkstoffen)
- Verwendung bestehender Werkstoffdatenbanken und Expertensysteme
- Kombination unterschiedlicher Betrachtungsweisen (mehrere Einstiegsmöglichkeiten in Auswahlsystemen)

8.4.2.1   Polygondarstellung

Häufig müssen bei der Auswahl mehrere Werkstoffeigenschaften betrachtet und bewertet werden, wozu gerne die übersichtliche grafische Darstellungsform eines Polygons gewählt wird. Die Anzahl der Achsen, die Skalierung und evtl. Gewichtung sind frei gestaltbar, s. Bild 8.4.6.

   🖫 Poly1.mcd

Dieses kurze Programm stellt die Eigenschaften einiger Feinbleche für den Automobilbau dar.

   🖫 Polygon.mcd

In diesem Programm wird ein großer Datensatz an Werkstoffen und Eigenschaftswerten verwaltet. Als Beispiel wird die Werkstoffauswahl für eine Ofenisolierung demonstriert.

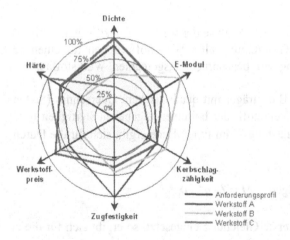

Bild 8.4.6. Übersichtliche Polygondarstellung als Hilfsmittel für die Bewertung von Kandidatwerkstoffen

8.4.2.2 Nutzwertanalyse

In Anlehnung an die Nutzwertanalyse bzw. auch an die Beurteilungsart bei der QFD können Lösungsalternativen mittels einer Benotungsskala inkl. Gewichtung bewertet werden, wie das in Bild 8.4.7 dargestellte Beispiel zur Auswahl von Gasturbinenschaufeln zeigt. Ein weiteres Optimierungskriterium, das bei Datenbanksystemen leicht anzuwenden ist, könnte in der Form

$$\frac{1}{Kilopreis_w} \cdot \sum_{i=1..E} \frac{Gew_i \cdot Eig_{w,i}}{\max\{Eig_{w,i}, w=1..N\}}$$

eine Reihung günstiger Werkstoffe nach normierten und gewichteten Eigenschaften ermöglichen. In der Gleichung steht der Index i für die betrachtete Werkstoffeigenschaft (Eig) und w als Index für die Werkstoffalternativen. N ist die Anzahl der Werkstoffkandidaten und E die Anzahl der betrachteten Eigenschaften. Derartige „Numbers of merits" sind jedoch mit großer Vorsicht zu verwenden, da die Gewichtung und die Verknüpfung der Eigenschaften eher willkürlich und subjektiv sind.

	Gewichtung (1-7)	M247	IN 100	IN738LC	ODS-Leg. MA 6000	Einkristall. CMSX2	Keramik SiC	Intermetallics (NiAl)	Punktebewertung						
Zeitstandfestigkeit /Dichte	7	1	2	2	3	4	5	4	7	14	14	21	28	35	28
Dichte	2	2	2	2	2	2	5	4	4	4	4	4	4	10	8
Verformungsreserve	5	5	5	5	3	4	1	2	25	25	25	15	20	5	10
Langzeitstabilität des Werkstoffs	4	2	2	3	5	4	5	4	8	8	12	20	16	20	16
Korrosions-/Oxidationsbeständigkeit	3	3	2	2	3	4	5	5	9	6	6	9	12	15	15
Herstellbarkeit	2	5	5	5	2	3	1	2	10	10	10	4	6	2	4
Kenntnis des Werkstoffverhaltens /Versagensmechanismus	2	5	5	5	4	3	1	2	10	10	10	8	6	2	4
Zuverlässigkeit/Prüfbarkeit	5	5	5	5	4	4	1	2	25	25	25	20	20	5	10
Herstellkosten	3	5	5	4	3	3	1	1	15	15	12	9	9	3	3

Gesamtbewertung	abs.	113	117	118	110	121	97	98	774
	%	14,6	15,1	15,2	14,2	15,6	12,5	12,7	100
Reihung		4	3	2	5	1	7	6	

Bild 8.4.7. QFD-artige Bewertung von Alternativwerkstoffen für Gasturbinenschaufeln

8.4.3 Auswahlkonzept nach Ashby

Ausgehend von einer belastungs- und formspezifischen Analyse der werkstoffspezifischen Einflüsse hat M.F.Ashby ein vorbildliches Konzept zur Grobreihung aller Werkstoffgruppen für einen bestimmten Einsatzfall entwickelt. Als Einführung zur beanspruchungsgerechten Werkstoffauswahl sollen kurz zwei Fälle näher betrachtet werden.

Fall 1: Gegeben sei ein einseitig eingespannter Biegeträger mit quadratischem Querschnitt (Seitenlänge a) und einer Länge L. Gesucht wird ein Werkstoff, der bei einer gegebener Steifigkeit (oder Durchbiegung δ) möglichst leicht ist. Mit der Belastung F am freien Ende ergibt sich für die Durchbiegung δ

$$\delta = \frac{4 \cdot L^3 \cdot F}{E \cdot a^4} \quad \text{und für die Masse des Trägers} \quad M = L \cdot a^2 \cdot \rho .$$

Wird für a^2 in der Gleichung für die Masse die erste Gleichung eingesetzt, so ergibt sich für die zu minimierende Masse

$$M = \sqrt{\frac{4 \cdot L^5 \cdot F}{\delta}} \cdot \sqrt{\frac{\rho^2}{E}}$$

Darin ist nur der zweite Term werkstoffabhängig. Nun können die verfügbaren Konstruktionswerkstoffe nach diesem Kriterium gereiht werden. Zusätzlich können durch Multiplikation mit dem Kilopreis P_{kg} die günstigsten Werkstoffe gefunden werden. An einigen ausgewählten Werkstoffen in Tabelle 8.4.3 sind diese Kennwerte dargestellt. Als bestens geeignete Werkstoffgruppe für diesen Anwendungsfall ergeben sich kohlefaserverstärkte Kunststoffe. Typische Anwendungsbeispiele für diesen Hochleistungswerkstoff sind im Sportbereich (Hochsprungstab, Tennisracket u.a.m.) und im Flugzeugbau zu finden. Die preisgünstigste Werkstoffgruppe unter primärer Biegebeanspruchung wäre allerdings Holz, weshalb dieser Werkstoff auch für Dachstühle, Tennishallen etc. gerne verwendet wird.

Tabelle 8.4.3. Spezifische Kennzahlen für die Auswahl eines Werkstoffs unter Biegebelastung

Werkstofftyp	$\sqrt{\dfrac{\rho^2}{E}}$	$P_{kg} \cdot \sqrt{\dfrac{\rho^2}{E}}$
Baustahl	17,4	105
Al-Legierung	10,3	330
Holz	5,5	30
CFK	2,9	7800

Tabelle 8.4.4. Spezifische Kennzahlen für die Auswahl eines Werkstoffs unter Innendruck

Werkstofftyp	$\rho / R_{p0,2} \cdot 10^6$	$P_{kg} \rho / R_{p0,2}$
Beton	13,0	5
Kesselstahl	7,8	12
unleg. Stahl	25,0	22
Al-Legierung	6,8	20
GFK	2,9	700

Fall 2: Für einen kugelförmigen Druckbehälter soll ein geeigneter Werkstoff gesucht werden, der bei gegebenen Volumen möglichst geringes Gewicht hat bzw. als zweite Variante möglichst kostengünstig ist. Die Betriebsspannung, die kleiner als die Streckgrenze sein muss, ergibt sich für einen Innendruck p, für einen Kugelradius R und für eine Wanddicke t mit

$$\sigma = \frac{p \cdot R}{2 \cdot t} < R_{p0,2} \text{ / Sicherheit} \quad \text{und die Masse errechnet sich aus} \quad M = 4\pi \cdot R^2 \cdot t \cdot \rho .$$

Durch Modifikation ergibt sich für die zu minimierende Masse

$$M = Konst \cdot p \cdot R^3 \cdot \frac{\rho}{R_{p0,2}} .$$

In Tabelle 8.4.4 sind die spezifischen Kennzahlen für einige Werkstoffgruppen angegeben. Für höchstbeanspruchte Teile, wie bspw. für Treibstofftanks, Flugzeugrümpfe etc., finden glasfaserverstärkte Kunststoffe Einsatz, während für einfache, kostengünstig herzustellende Konstruktionen, wie z.B. für Wassertürme nach wie vor Beton eine günstige Alternative darstellt, gefolgt vom häufig verwendeten Kesselbaustahl.

Aus diesen beiden Beispielen ist klar zu erkennen, dass je nach Belastungsfall spezifische, vom Werkstoff abhängige Kenngrößen zum Ziel führen. Ashby hat systematisch eine große Anzahl von Belastungsfällen untersucht und daraus festgestellt, dass für viele Fälle eine doppellogarithmische Darstellung der Werkstoffgruppen mit Wertebereichen (→ Ellipsen statt Punkte) für ihre Eigenschaften die günstigste Darstellungsform für die systematische Werkstoffauswahl ist. Dabei hat sich auch gezeigt, dass sich eine Clusterbildung für die Untergruppen einer Werkstoffhauptgruppe ergibt, die auf die Ähnlichkeit der Bindungskräfte bzw. des atomaren Aufbaus zurückzuführen ist.

In die sog. „Materials Property Charts" nach Ashby können auch die Auswahlkriterien eingezeichnet bzw. Grenzwerte vorgegeben werden, s. Bild 8.4.8, aus denen sich die Optimierungsrichtung bzw. geeignete Lösungsräume ergeben. Diese Vorgangsweise kann auch für mehrere Kriterien schrittweise angewandt werden, wobei das alte Problem einer optimalen Kopplung mehrerer Eigenschaften natürlich bestehen bleibt. Seit einigen Jahren gibt es dazu auch eine EDV-gestützte Version, die im nächsten Abschnitt auch kurz vorgestellt wird.

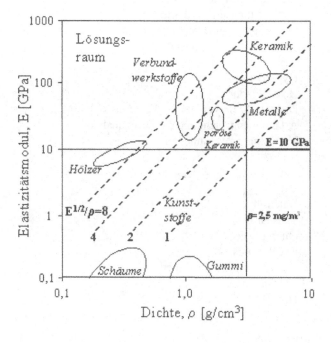

Bild 8.4.8. Schematische Karte der Werkstoffeigenschaften nach Ashby mit der typischen Clusterung der Werkstoffe und den Auswahlkriterien für einen bestimmten Belastungsfall

ASHBY.mcd

In diesem Programm werden mittels Mathcad die Grundzüge des Auswahlkonzeptes nach Ashby nachvollzogen, wofür Werkstoffdatenbanken für die Werkstoffe in den Hauptgruppen Metalle, Keramiken, Verbundwerkstoffe, Naturstoffe und Kunststoffe erstellt wurden. Als konkretes Beispiel wird die Werkstoffwahl für eine Ofenisolierung behandelt, wobei als spezifische Kennzahl für die thermische Isolation mit minimalem Wärmeverlust der Wert $\sqrt{a}\,/\,\lambda$ gewählt wird.

8.5 Werkstoffdatenbanken

8.5.1 Besonderheiten von Datenbanken für Werkstoffe

Die Voraussetzung für eine effiziente Werkstoffauswahl bilden Datensammlungen in Form von EDV-gestützten Werkstoffdatenbanken. In diesen werden die Daten strukturiert gespeichert und sind über eine geeignete Abfragesprache (z.B. SQL =standard query language) rasch verfügbar. Dies klingt sehr einfach, ist jedoch im Falle der Werkstoffdatenbanken nicht ganz so leicht zu verwirklichen. Will man selbst eine umfangreichere Werkstoffdatenbank aufbauen, so müssen zunächst einige Fakten berücksichtigt werden. So zeigt Tabelle 8.5.1 die typischen Merkmale von Datenbanken mit ihren zahlreichen, spezifischen Ausprägungen. Einige Probleme, wie man sie in der Praxis öfters findet, sind in Tabelle 8.5.2 zusammengefasst.

Tabelle 8.5.1. Unterscheidungsmerkmale von Datenbanken

Merkmal	Unterteilung	Beispiele
DB-Typ	Fakten-DB	numerisch/Volltext
	Referenz-DB	Referal-DB/bibliografische DB
Sachgebiet	Werkstoff-DB	nur eine oder mehrere Werkstoffgruppen
	(Wirtschafts-DB,	spezielle Werkstoffeigenschaften
	Technische-DB)	Verarbeitungseigenschaften
Datenformat	numerisch	Darstellung von Daten, Informationen, Dia-
	alphanumerisch	grammen in einem System
	Text-DB	Auswahlunterstützung
	Graphik	Hyperlinks
Zugriff	Online / Internet	Host /Vendor
	lokal (PC, Intranet)	Disk / CD / Server
Datenqualität	Rohdaten	Art der Kennzeichnung der Datenqualität
	harmonisierte Daten	Verwaltung der Einheiten
	Durchschnittswerte	
	typische Werte	
	abgeleitete Daten	
Datenstruktur	relational	Datensätze
	hierarchisch	Thesaurus
	vernetzt	Querverweise
Datenbank- management- system	Spreadsheets	Excel, Lotus
	kommerz. DB-System	Dbase, Fox, Oracle, Superbase
Datenträger	Diskette	Host (ORBIT, STN)
	CD-ROM	
Abfragesprache	systemspezifisch	
	menügesteuert	
	SQL	
Aktualität	sofort verfügbar	Online-Erfassung, wie bspw. bei Börsedaten
	zeitverzögert	bibliografische Daten
Hersteller	kommerzielle	METADEX, Metals Data File
	Informationsanbieter	
	Organisationen/Verbände	ASM, EG, TÜV
	Werkstoffhersteller	Campus, Aluselect
Zweck	Dienstleistung	Bauteilauslegung u. Kopplung an FE-Programme
	firmenintern	Werkstoffauswahl

Tabelle 8.5.2. Ursachen der mangelnden Akzeptanz von Datenbanken (Quelle:P.Büttner,VDI-Ber.Nr.936,1991)

Erwartung	Realität
- Speicherung großer Massen von Daten lässt Vollständigkeit erwarten	- Datensätze unvollständig - Fehlende Parameter - Fehlende Quellenangaben - unsichere Bewertung
- hohe Aktualität durch leichtes Update	- Datenbeschaffung und -bewertung zeitaufwendig - Rohdaten müssen formatiert werden
- schneller Zugriff auf die Inhalte	- umständliche Nutzeroberfläche - langwieriger Online-Zugriff - administrative Hemmnisse (Kosten, Zugriffsberechtigungen)
- hohe Genauigkeit	- fehlende Genauigkeitsangaben - unterschiedliche oder fehlende Standardisierung der Maßeinheiten oder Messverfahren - unsichere Terminologie, unterschiedliche Definitionen

Bei der Entwicklung eigener Werkstoffdatenbanken sollte man sich auch stets bewusst sein, dass bei der Dateneingabe Fehlerquoten von ca. 5% üblich sind. Daher sollte man stets Konsistenzprüfungen durchführen, wie z.B.

- Überprüfung mit oberen und unteren Bereichsgrenzen der Parameter
- Betrachtung der Clusterbildung der Werkstoffgruppen
- Statistische Analyse (Verteilungskurven und Ausreißertests, wie z.B. der Hotelling t^2-Test)
- Nutzung physikalischer Zusammenhänge (Berechnung theoretischen Dichte, s. auch Abschnitt 4.5)
- Anwendung der multiplen Regressionsrechnung und Darstellung der berechneten Werte über den gemessenen

Aus Sicht der Werkstoffauswahl können die Probleme, die sich bei der Erstellung und Nutzung von Werkstoffdatenbanken zeigen, wie folgt zusammengefasst werden:
- Kaum ein System bietet Unterstützung bei der Problemanalyse, wie bspw. durch QFD
- Keine Unterstützung bei der Zuordnung zwischen Beanspruchung und relevanter Werkstoffkenngröße (eine typische Frage: Welche Kenngröße ist bei Thermoschock relevant?)
- Behandlung von multiplen Werkstoffanforderungen (Optimierungsroutine)
- Behandlung von Systemeigenschaften, wie z.B. Verschleißwiderstand
- Quantifizierung von mehrschichtigen Fertigungseigenschaften (z.B. Schweißeignung)
- Vernünftige Integration unterschiedlicher Werkstoffhauptgruppen, die jeweils andere charakteristische Eigenschaften und Einflussgrößen aufweisen (z.B. Durchbruchspannung bei Kunststoffen)
- Vielzahl herstellungsspezifischer Daten (Zahl der Sonderdatenfelder explodiert)
- Mediumsabhängigkeit bei korrosiver Belastung (ergäbe eigene DB für nur einen Werkstoff)
- Berücksichtigung eigenschaftsbestimmender Randbedingungen, z.B. $k_f = f(T, \varphi, \text{Dehnrate})$
- Sicherstellung eines benutzerfreundlichen Zugriffs
- Flexibler Datentransfer, bspw. für die Eingabe in ein FE-Programm
- Umgang mit unvollständigen Datenfelder (Bleiben dadurch Werkstoffe unberücksichtigt?)
- Zeit- und personalintensive Wartung (neue Werkstoffe, Normenänderungen etc.)
- Umgang mit Datenschutz

Aus den o.g. Gründen wird klar, dass es zwar eine Vielzahl von Werkstoffdatenbanken gibt, die jedoch nicht allen Wünschen der Konstrukteure gerecht werden können. Im Folgenden werden einige interessante Beispiele verfügbarer Werkstoffdatenbanken näher vorgestellt.

8.5.2   Einige ausgewählte EDV-Systeme für die Werkstoffauswahl

8.5.2.1   Cambridge Engineering Selector (CES)

Dieses System bietet zur Zeit die umfassendste Unterstützung für die Werkstoffauswahl. Wie auch das Vorläuferprodukt CMS basiert das System auf den „Materials Property Charts" nach M.F.Ashby, s. Bild 8.5.1. Die Werkstoffgruppen werden entsprechend den Wertebereichen als Ellipsen dargestellt, wobei ihre Umrissfarbe auf die Werkstoffhauptklasse hinweist. Das System gibt Unterstützung für belastungsspezifische Kennzahlen, inkludiert Formfaktoren, erlaubt mehrschichtige Auswahlprozeduren und beinhaltet zahlreiche Informationen und Daten über Fertigungsprozesse. CES beinhaltet auch zahlreiche Fallbeispiele. Neben dem Standard-Datensatz gibt es noch einige spezielle Datensätze, die auch bis zu Einzelwerkstoffen reichen. Eigene Daten können ebenfalls inkludiert werden. Bild 8.5.2 zeigt am Beispiel eines niedriglegierten Stahles die Struktur der Datensätze.

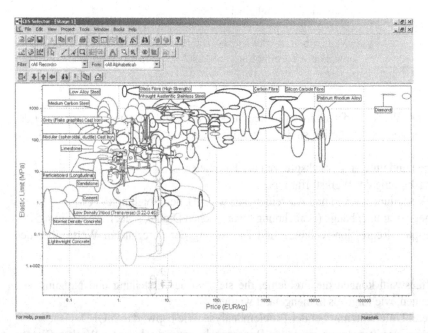

Bild 8.5.1. Logarithmierte X-Y-Darstellung der Werkstoffdaten im System CES

Low Alloy Steel			
General			
Designation			
Low alloy steel			
Composition			
Fe/<1.0C/<2.5Cr/<2.5Ni/<2.5Mo/<2.5V			
Density	7.8	- 7.9	Mg/m^3
Energy Content	* 60.	- 83	MJ/kg
Price	0.25	- 0.65	GBP/kg
Recycle Fraction	* 0.7	- 0.8	
Mechanical			
Ductility	0.03	- 0.38	
Elastic Limit	245.	- 2255.	MPa
Fracture Toughness	* 14	- 210.	MPa.m^1/2
Hardness	1.4e+003	- 6.925e+003	MPa
Poisson's Ratio	0.285	- 0.295	
Shape Factor	48.		
Young's Modulus	201.	- 217.	GPa
Thermal			
Glass Temperature	Not Applicable		K
Melting Point	1.655e+003	- 1.802e+003	K
Specific Heat	410.	- 530.	J/kg.K
Electrical			
Breakdown Potential	Not Applicable		10^6 V/m
Resistivity	* 15.	- 35.	10^-8 ohm.m

Environmental Resistance

Flammability	Very Good
Sea Water	Average
UV	Very Good
Wear	Very Good
Weak Acid	Average
Weak Alkalis	Good

Notes

Typical Uses

General construction; general mechanical engineering; automotive; Pressure vessels; pipework;

Warning

Some heat treatments of certain alloys may produce values for mechanical properties outside the given ranges, eg AISI 9255. tempered at 205C

Other Notes

Links

Application Areas
Process
Reference
Shape
Supplier
Uses

Bild 8.5.2. Typischer Datenrekord im System CES

8.5.2.2 Die Kunststoffdatenbank CAMPUS

Diese Werkstoffdatenbank wurde ursprünglich von vier großen Kunststoffherstellern erstellt, um eine Harmonisierung der Daten zu erreichen. Dies war deshalb notwendig, weil viele Kunststoffeigenschaften sehr sensibel von den Prüf- bzw. Rahmenbedingungen abhängen. Auch der Umstand, dass viele Konstrukteure einen Wissensmangel über die Vielzahl der Kunststoffarten haben, macht dieses System wertvoll. Als Beispiel zeigt Bild 8.5.3 Firmenprodukte von High-Density-Polyäthylen.

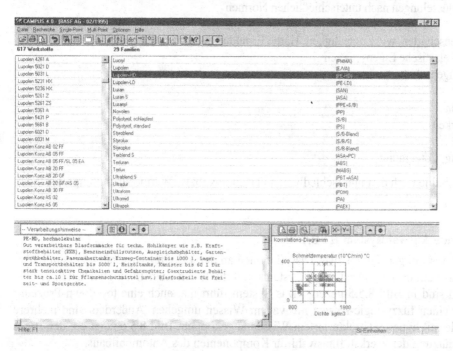

Bild 8.5.3. Oberfläche der Kunststoffdatenbank CAMPUS

8.5.2.3 Der Stahlschlüssel in EDV-Form

Bild 8.5.4 zeigt die EDV-Form des altbewährten Referenzbuches „Stahlschlüssel".

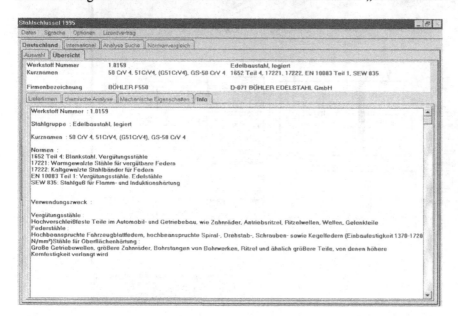

Bild 8.5.4. Eine Benutzeroberfläche des Stahlschlüssels auf CD

8.5.2.4   Die Aluminiumdatenbank ALUSELECT

Dieses Datenbanksystem mit über 128 Al-Legierungen wurde 1992 von der European Aluminium Association in Zusammenarbeit mit acht Aluminiumproduzenten entwickelt. Der Dateninhalt umfasst:
- typische Anwendungsbereiche und charakteristische Eigenschaften
- chemische Zusammensetzungen
- Werkstoff-Umschlüsselungen nach unterschiedlichen Normen
- Produktformen
- Mechanische Eigenschaften, wie Zugfestigkeit, Härte, Ermüdungs-, Kriechfestigkeit
- Physikalische und elastische Eigenschaften
- Technologische Eigenschaften, wie
    - Korrosion
    - Anodisierbarkeit
    - Kaltumformbarkeit
    - Zerspanbarkeit
    - Schweißeignung, Löteignung

Die Eigenschaften sind je nach den unterschiedlichen Fertigungs- bzw. Wärmebehandlungszuständen extra zugeordnet.

8.5.2.5   Das hybride Auswahlsystem HYBASS

Vom Autor wurden vor einigen Jahren zwei Dissertationen an der TU Graz zur Erstellung ein hybrides Auswahlsystems betreut. Die Struktur des Systems und die freien Zugriffsmöglichkeiten auf die Einzelkomponenten sind in Bild 8.5.5 gezeigt. Das System führt u.a. auch eine top-down-Prozedur aus und kann über einen fuzzy-logic-Ansatz mit vagem Wissen umgehen. Außerdem sind mehrere Anwendungsmodule mit hypertextstrukturiertem Wissen angekoppelt. Bild 8.5.6 zeigt ein derartiges Beispiel zur Unterstützung der Werkstoffauswahl für Komponenten des Automobilbaus.

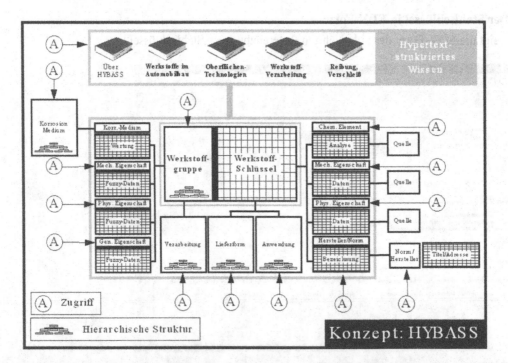

Bild 8.5.5. Systemaufbau des hybriden Auswahlsystems HYBASS (Quelle: W. Berger u. G. Posch, TU Graz)

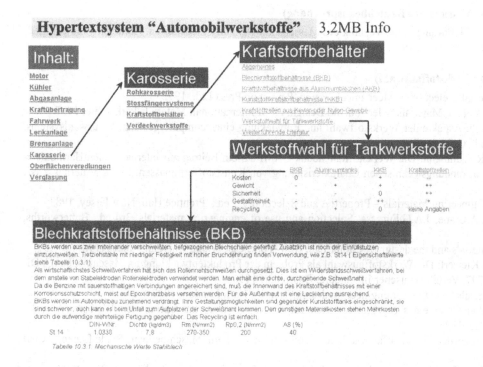

Bild 8.5.6. Ablaufschema des Hypertextmoduls „Automobilwerkstoffe" zur informellen Unterstützung bei der Werkstoffauswahl in diesem Bereich

Weiterführende Literatur

Allgemeine Literatur zu Kapitel 8

W.Beitz, K.-H.Grote: DUBBEL – Taschenbuch für den Maschinenbau, Springer-Verlag, Berlin/Heidelberg, 19.Auflage, 1997

E.H.Cornish: Materials and the Designer, Cambridge University Press, 1990

zu Abschnitt 8.1 (Bauteilauslegung)

J.Dankert: Numerische Methoden der Mechanik, Springer Verlag, Wien, New York, 1977

J.M.Gere, S.P.Timoshenko: Mechanics of Materials, PWS Publ. Company, Boston, 4th ed., 1997

E.J.Hearn: Mechanics of Materials 1 and 2, Butterworth/Heinemann, 3rd ed., 1997

L.Issler, H.Ruoss, P.Haefele: Festigkeitslehre Grundlagen, Springer Verlag, 1995

H.Neuber: Kerbspannungslehre, 3.Aufl., Springer Verlag, 1985

zu Abschnitt 8.2 (FEM)

K.-J.Bathe: Finite-Elemente-Methoden, Springer Verlag, Berlin, 1986

J.Betten: Finite Elemente für Ingenieure I, Springer-Verlag, Berlin/Heidelberg, 1997

P.Fröhlich: FEM-Leitfaden, Einführung und praktischer Einsatz von Finite-Elemente-Programmen, Springer 1995

R.H.Gallagher: Finite-Element-Analysis. Springer Verlag, Berlin, 1976

H.G.Hahn: Methode der finiten Elemente in der Festigkeitslehre, Akad. Verlagsges., Wiesbaden, 2.Aufl., 1982

E.Hinton, D.R.J.Owen: Finite Element Programming, Academic Press, London, 1977

B.Klein: FEM Grundlagen und Anwendungen der Finite-Elemente-Methoden, Vieweg, 3.Auflage, 1999

K.Knothe, H.Wessels: Finite Elemente – Eine Einführung für Ingenieure, Springer-Verlag, Berlin/Heidelberg, 2.Aufl., 1992

R.Steinbuch: Finite Elemente – Ein Einstieg, Springer-Verlag, 1998

zu Abschnitt 8.3 (Messung der Bauteilbeanspruchung)

K.Hoffmann: Eine Einführung in die Technik des Messens mit Dehnungsmeßstreifen, Hottinger Baldwin Meßtechnik GmbH, Darmstadt, 1987

zu Abschnitt 8.4 (Werkstoffauswahl)

M.F.Ashby: Materials Selection in Mechanical Design, Pergamon Press Ltd., 1992

ASM Handbook Vol.20, Materials Selection and Design, ASM International, Materials Park, Ohio, 1997

W.Berger, G.Posch: Aspekte der Werkstoffwahl und Entwicklung eines computergestützten Auswahlsystems, Dissertation TU Graz, 1997

E. Bornschlegl, R. Tüllmann: Die Werkstoffdatenbank CAMPUS-ein Beitrag zur internationalen Harmonisierung bei der anwendungstechnischen Charakterisierung von Kunststoffformmassen; Swiss Materials 2 Nr. 3a 1990

K.G.Budinski: Engineering Materials – Properties and Selection, 2nd ed., Prentice Hall, New Jersey, 1983

J.A.Charles, F.A.A.Crane, J.A.G.Furness: Selection and use of engineering materials, 3rd ed., Butterworths, London, 1997

E.H.Cornish: Materials and the designer, Cambridge; New-York: Cambridge University Press (1987)

K.Ehrlenspiel, A.Kiewert: Die Werkstoffauswahl als Problem der Produktentwicklung im Maschinenbau. VDI-Berichte Nr. 797, Verein Deutscher Ingenieure, Düsseldorf 1990

M.M.Farag: Materials Selection for engineering design, Prentice Hall, London, 1997

D.R.Fischer: Entwicklung eines objektorientierten Informationssystems zur optimierten Werkstoffauswahl, Springer Verlag, 1995

J.Grosch: Grundzüge der Werkstoffauswahl, in: Werkstoffauswahl im Maschinenbau, Sindelfingen, expert verlag 1986.

A.Hatzinasios: CORIS - Ein computerbasiertes Korrosions-Informationssystem, in Werkstofftag 1993, München, DVS-Berichte 1021, Düsseldorf: VDI-Verlag 1993

P.L.Mangonon: The Principles of Materials Selection for Engineering Design, Prentice Hall, New Jersey, 1999

C.J.McMahon, C.D.Graham: Introduction to Engineering Materials: The Bicycle and the Walkman, Merion Books, 1992

W.Schatt, E.Simmchen, G.Zouhar: Konstruktionswerkstoffe des Maschinen- und Anlagenbaues, Dt. Verlag für Grundstoffindustrie, Leipzig, 1998

P. Schönholzer: Aluselect-Werkstoffdaten für Aluminiumlegierungen; Swiss Materials 2, Nr. 3a, 1990

J.F.Shakelford, W.Alexander, J.S.Park: Practical Handbook of Materials Selection, CRC 1995

H. Wakonig: Expertensysteme und Datenbanken als Kern eines werkstoff- und schweißtechnischen Informations- und Kommunikationssystems, Dissertation TU Graz 1992

N.A.Waterman, M.F.Ashby: Elsevier Materials Selector, Vol.1-3, Elsevier Publ.Ltd., 1991

Werkstoffauswahl für metallische Bauteile, VDI-Berichte 410, VDI-Verlag, 1981

C. W. Wegst: Stahlschlüssel; 17. Auflage, Verlag Stahlschlüssel Wegst GmbH., Marbach 1995

zu Abschnitt 8.5 (Werkstoffdatenbanken)

CD-ROMs und PC-Programme:
CES, Cambridge Engineering Selector, www.granta.co.uk
Search Steel / Stahldatenbank: CD, 15000 Stahlsorten aus 30 Normenwerken, DIN, Beuth, 1996
MAPP, ASM International, www.asm-intl.org
Rover Electronic Databooks, ASM International
MVision von MSC(Patran)
Alloy Finder, ASM International
Lektor Werkstoffe, TIM Berlin, www.tm-online.de
Datenbank StahlRegression, StahlWissen, Dr.Sommer Werkstofftechnik, Issum-Sevelen, 1994
Werkstoff-Datenbank FEZEN, www.dvo.de
Eesy-mat, Materialdaten für die Umformtechnik (Fließkurven), www.cpmgmbh.de
Online Werkstoffdatenbank Matweb, www.matweb.com
POLYMAT, Kunststoffdatenbank, Dr.Herrlich, Karlsruhe
WIAM-Metallinfo, IMA Dresden, www.ima-dresden.de
Metals Infobase, WEKA Media GmbH
Werkstoffdatenbank Nichtmetall, WEKA Media GmbH

9 Anwendungen im Bereich der Prozessoptimierung

Kapitel-Übersicht

Übersicht der Mathcad-Programme in diesem Kapitel

Abschn.	Programm	Inhalt	Zusatzfile
9.3	QRK	Qualitätsregelkarten	
9.4	Druckguss	Druckgussoptimierung	druckguss.prn
9.5	NN_Ms	Neuronales Netzwerk (Ms-Bestimmung)	Mstart.txt
9.7	McIvor	Festigkeit von Stahldrähten	
9.7	Stelmor	Belegungsdichte u. Festigkeitsstreuung	HRC_1302.prn

9.1 Methoden zur Prozess- und Qualitätsplanung

Systematisches und qualitätsbewusstes Vorgehen ist insbesondere in der Phase der Produktentwicklung notwendig, da bereits hier ein Großteil der Fehler oder Qualitätsmängel initiiert werden und die Fehlerbehebung in einer späteren Phase mit hohen Kosten verbunden ist, s. Bild 9.1.1. Drastisch gesagt: Fehler vermeiden ist besser als Fehler beheben! Um die Qualität bereits in einer frühen Phase sicherzustellen, wurden spezielle Methoden zur präventiven Qualitätssicherung (QS) entwickelt. Eine Übersicht der üblicherweise angewandten QS-Methoden zeigt Bild 9.1.2. Besondere Bedeutung kommt hierbei der QFD-Methode zu, da sie eine ganzheitliche Qualitätsplanung ermöglicht. Die genannten Methoden werden im Weiteren kurz beschrieben.

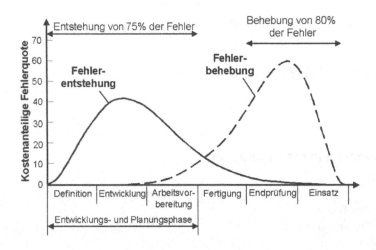

Bild 9.1.1. Fehlerentstehung und Fehlerbehebung im Produktzyklus

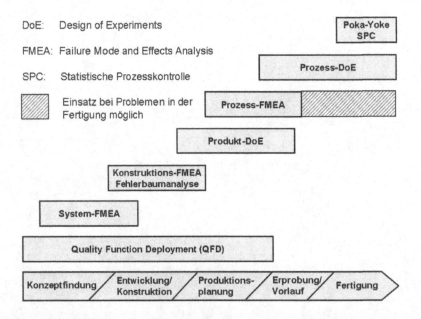

Bild 9.1.2. Einsatz unterschiedlicher QS-Methoden im Lebenszyklus

9.1.1 Quality Function Deployment (QFD)

QFD ist eine teamorientierte Methode zur systematischen und ganzheitlichen Qualitätsplanung, die auf einer Idee des Japaners Yoji Akao beruht. Dabei werden in interdisziplinären Teams die Bedürfnisse und Wünsche der Kunden analysiert (Pflichtenheft) und in klar definierte Qualitäts-, Zuverlässigkeits- und Kostenziele umgewandelt. Zielsetzung ist die wirtschaftliche Entwicklung und Herstellung eines Produktes, das genau die Bedürfnisse und Wünsche der Kunden erfüllt und sich durch höchste Gebrauchstauglichkeit auszeichnet. Die Zielsetzungen werden geordnet (klassifiziert), gewichtet und gereiht. Im Hinblick auf eine optimale Realisierung der Zielsetzungen werden geeignete Technologien und Konzepte ausgewählt. Zwischen den entwicklungs- und fertigungsverantwortlichen Personen wird so eine Zielkonvergenz erreicht. Die Methode kann durchgehend von der Konzeptfindung bis zur Fertigung angewandt werden. Die Maxime bei der Anwendung der QFD-Methode ist, den Bedürfnissen und Wünschen der Kunden in jeder Phase der Produktentwicklung einen höheren Stellenwert beizumessen als den Realisierungswünschen der Mitarbeiter.

9.1.1.1 House of Quality

Die bekannteste Qualitätstabelle und meistens Ausgangspunkt für den weiteren QFD-Prozess ist das „*House of Quality*". Darin werden die Wünsche und Bedürfnisse der Kunden sowie weitere Anforderungen klar definiert und in Zielsetzungen für das Produkt übersetzt. Der schematische Aufbau des House of Quality ist in Bild 9.1.3 dargestellt, wobei die Ausführung situationsbedingt veränderlich ist. Fixe Bestandteile sind die gewichteten Anforderungen (WAS?) und die konkreten Angaben, wie diese erfüllt werden können (WIE?). In einer Beziehungsmatrix wird quantifiziert, wie effektiv konkrete Maßnahmen zur Erfüllung der Anforderungen beitragen. Im Dach des Qualitätshauses werden Wechselwirkungen der „WIE-Argumente" vermerkt, wobei gegenseitig positive Beeinflussungen auf hohe Verbesserungspotenziale hinweisen. Hinsichtlich der Umsetzung der Maßnahmen ergeben sich durch Auswertung nach dem *Pareto-Prinzip* (→ das Wichtigste zuerst) klare Prioritäten. Zusätzlich können noch Wettbewerbsvergleiche, Umsetzungsschwierigkeiten, messbare Zielvorgaben, Erfüllungsgrade etc. angefügt werden.

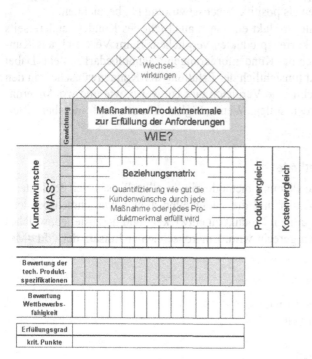

Bild 9.1.3. Grundsätzlicher Aufbau des "House of Quality"

9.1.1.2   Erstellung des House of Quality

Die Arbeitsschritte bei der Erstellung des Qualitätshauses sind:
- Ermittlung und Bearbeitung der (Kunden-)Forderungen
- Ableitung korrelierender Merkmale
- Festlegung von Optimierungsrichtungen für die Merkmale
- Prüfen auf Wechselwirkungen
- Leistungsvergleiche
- Festlegung von Zielgrößen für die Merkmale

Ausgangspunkt für die QFD-Erstellung sind die Ergebnisse der Marktforschung. Da die Bedürfnisse und Wünsche in der „Sprache des Kunden" meistens vage formuliert sind und einen unterschiedlichen Detaillierungsgrad haben, müssen diese zunächst interpretiert und strukturiert werden.

Die Bedeutungen der Forderungen für den Kunden werden gewichtet (z. B. 1 = niedrig, 10 = hoch). Bei der Interpretation, Strukturierung und Gewichtung der Kundenforderungen müssen sich die Teammitglieder in die Rolle des Kunden versetzen und versuchen eine Kundensichtweise einzunehmen.

Die Produktmerkmale, die zur Erfüllung der Kundenwünsche beitragen, werden zusammengetragen, geordnet und in das Qualitätshaus eingetragen. Die Produktmerkmale sollten keine Lösungen darstellen, sondern Merkmale, die die Kundenforderungen qualitativ beschreiben. In der Beziehungsmatrix wird durch Ziffern (z. B. 0 = nicht bis 3 = stark) oder Symbole gekennzeichnet, in welchem Maße die gefundenen Produktmerkmale die Kundenforderungen abdecken (Erfüllungsgrade). Durch Multiplikation der Kennwerte für die Bedeutung der Kundenforderungen und der Kennwerte für die Erfüllungsgrade sowie deren spaltenweise Aufsummierung, lassen sich zu den Produktmerkmalen absolute und relative Kennwerte ermitteln, die entsprechend ihrer Höhe die Wichtigkeit des jeweiligen Produktmerkmals aus Kundensicht angibt. Unter Betrachtung der Wechselwirkungen zu den einzelnen (Kunden-) Forderungen werden für die Produktmerkmale Optimierungsrichtungen festgelegt.

Im Dach des House of Quality wird vermerkt, in welcher Weise die Produktmerkmale mit ihren Optimierungsrichtungen in Wechselwirkung stehen. Gegenläufige Tendenzen werden als negative Wechselwirkung (-), gleichläufige Tendenzen als positive Wechselwirkung (+) bezeichnet.

In Leistungsvergleichen wird das geplante Produkt einerseits aus Sicht des Kunden, andererseits unter technischen Gesichtspunkten mit Konkurrenzprodukten verglichen. Beim Vergleich aus Kundensicht soll aufgezeigt werden, wo bezüglich der Kundenforderungen Nachholbedarf besteht. Dabei wird dargestellt, wie sich das eigene Produkt hinsichtlich der Erfüllung der Kundenwünsche von den Konkurrenzprodukten unterscheidet. Der technische Vergleich gibt Hinweise, wie und wo Änderungen am Produktkonzept vorgenommen werden sollen. Wenn möglich können noch messbare Zielwerte angegeben werden.

9.1.1.3   Vor- und Nachteile der QFD-Methode

QFD ist eine umfassende und systematische Planungsmethode, die in allen Phasen der Produktentwicklung angewandt werden kann. Das Wissen und die Fähigkeiten aller Unternehmensbereiche werden zusammengebracht und koordiniert, um ein Produkt zu entwickeln und herzustellen, welches den Bedürfnissen und Wünschen der Kunden gerecht wird. Ein konsequenter Einsatz der QFD-Methode ermöglicht:
- Kürzere Entwicklungszeiten
- Reduzierung der Anlaufkosten
- Fokussierung auf die wesentlichen Eigenschaften
- Reduzierung von Änderungen und Nacharbeit
- Frühzeitiges Aufzeigen von Problemen
- Wegfall zahlreicher Problembesprechungen

9.1.1.4 QFD-Anwendungsbeispiele

Zur Illustration der QFD-Analyse werden zwei Beispiele dargestellt. Im ersten Fall soll die Qualität und Eignung von stranggepressten AlMgSi-Profilen für den Einsatz als Karosserierahmen untersucht werden. Das entsprechende Qualitätshaus ist in Bild 9.1.4 dargestellt. Man erkennt daraus die primäre Bedeutung des Ausscheidungszustandes, der durch die Legierungsfeinabstimmung und Wärmebehandlung beeinflussbar ist.

Basierend auf diesen Erkenntnissen folgt dann eine genauere Analyse der vorliegenden Informationen oder die Planung eines Forschungsprojektes. Ein möglicher nächster Schritt kann die Modellierung der Ausscheidungskinetik in Abhängigkeit der chemischen Zusammensetzung und der Prozessparameter sein. Auch für die Modellierungsaufgabe kann die QFD-Methode den Startpunkt für weitere Aktivitäten bilden. Durch die gemeinsame Zielausrichtung ist sicherlich gewährleistet, dass die Modellbildung von mehreren Abteilungen gewünscht und unterstützt wird.

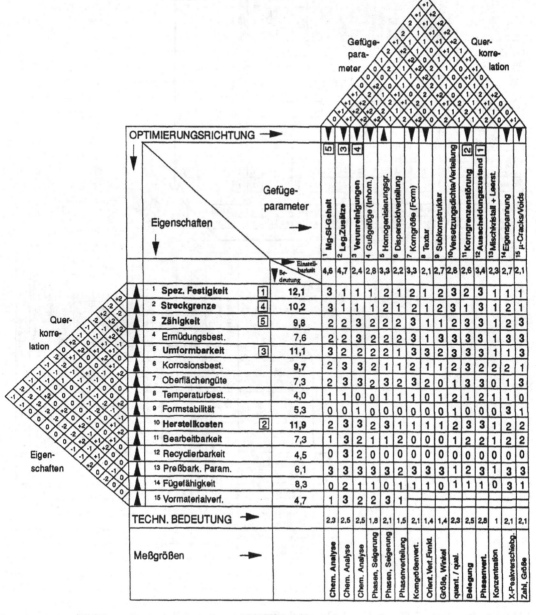

Bild 9.1.4. QFD-Analyse einer stranggepressten AlMgSi-Legierung

Im zweiten Beispiel werden die Qualitätsanforderungen von Wendeschneidplatten in zwei Stufen analysiert, zunächst bzgl. der generellen Produkteigenschaften und danach bzgl. der daraus folgenden technologischen Eigenschaften, s. Bild 9.1.5.

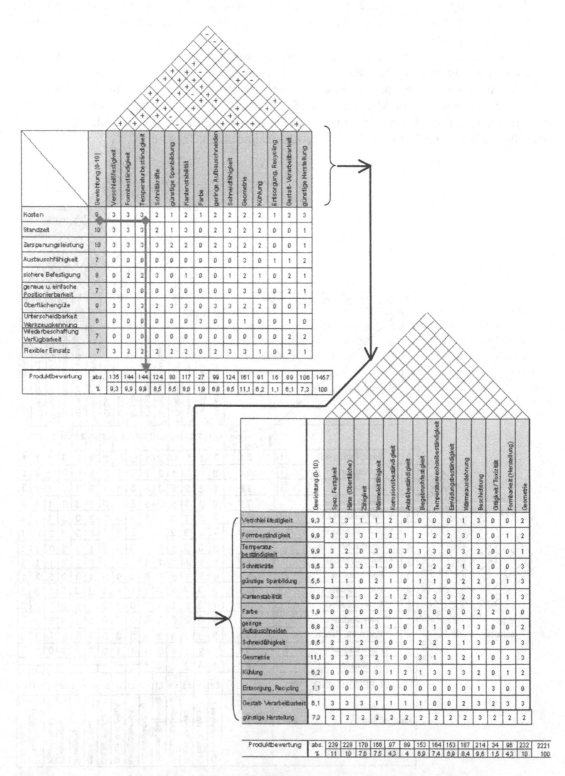

Bild 9.1.5. Zweistufige QFD-Analyse der Eigenschaftsanforderungen an Wendeschneidplatten

9.1.2 Statistische Versuchsplanung DoE (= Design of Experiments)

Die Methode des Design of Experiments basiert auf den Arbeiten des Engländers R. A. Fisher und wurde von E. P. Box und K. B. Wilson zur Lösung von Optimierungsproblemen weiter entwickelt. Das Ziel der Methode Design of Experiments (DoE, Statistische Versuchsplanung) ist es, die benötigten Informationen über produkt- und prozessspezifische Parameter, die Einfluss auf interessierende Qualitätsmerkmale haben, mit minimalem Aufwand zu beschaffen, statistisch abzusichern und optimale Parameterwerte zu finden. Die Verfahren des DoE lassen sich grob in die Gruppen

- *klassische Methoden*
  - einfaktorielle Versuchspläne
  - teilfaktorielle Versuchspläne
  - vollfaktorielle Versuchspläne
- *moderne Methoden*
  - DoE nach *Shainin*
  - DoE nach *Taguchi*
  - *Genetische Algorithmen*

einteilen.

Ein DoE-Projekt gliedert sich meist in sechs Phasen:

- *Problemdefinition*
  Hier wird das Optimierungskriterium festgelegt und – soweit möglich – durch eine messbare Größe definiert. Ferner sind die Randbedingungen des Projekts anzugeben (z.B. Parameter, die nur in gewissen Grenzen variiert werden können).
- *Problemanalyse*
  Das Ziel der Problemanalyse ist es, alle für das Problem maßgeblichen Einflussgrößen zu bestimmen. Der Analyseschritt kann durch andere Methoden wie *Ishikawa*- (Fischgräten-) Diagramme oder *FMEA* (failure mode effect analysis) unterstützt werden.
- *Parameterreduzierung* (Homing-In)
  Aus der Vielzahl möglicher Einflussgrößen werden nur die wichtigsten Parameter betrachtet.
- *Versuchsplanung und –durchführung*
  Die Versuchspläne sollen die Quantifizierung des Einflusses der einzelnen Faktoren und deren Wechselwirkungen ermöglichen.
- *Versuchsauswertung*
  Dabei werden die Effekte der Faktoren und Wechselwirkungen auf die Zielgrößen rechnerisch ermittelt und graphisch dargestellt. Danach können die optimalen Parameter eingestellt werden.
- *Statistischer Nachweis*
  Abschließend muss die Gültigkeit der für die einzelnen Faktoren festgelegten Einstellwerte statistisch abgesichert werden. Dazu wird geprüft, ob sich durch die geänderten Einstellungen tatsächlich bessere Zielwerte ergeben.

9.1.2.1 Klassische Versuchsplanung

Bei *einfaktoriellen Versuchsplänen* wird pro Versuchsreihe immer nur einer der Faktoren variiert, während die übrigen konstant gehalten werden. Man erhält auf diese Weise Versuchsergebnisse, die die Abhängigkeit der Zielgrößen von jeweils einer Einflussgröße erkennen lassen. Wechselwirkungen zwischen den Einflussgrößen werden nicht erkannt. Auch optimale Zustände sind kaum zu finden, da die konstant gehaltenen Größen eher nicht im optimalen Bereich liegen.

Mit *vollfaktoriellen Versuchsplänen* können neben den Auswirkungen der einzelnen Einflussgrößen auch alle Wechselwirkungen zwischen den Faktoren untersucht und beurteilt werden. Sind k Faktoren vorhanden, die auf jeweils n Stufen variiert werden, so sind dazu pro Versuchsreihe n^k Versuche durchzuführen. Damit ergibt sich der große Nachteil dieses Ansatzes, nämlich die hohe Anzahl der Versuche.

Mit den *teilfaktoriellen Versuchsplänen* wird versucht, die Anzahl der Versuche im Vergleich zur vollfaktoriellen Methode zu reduzieren, indem unwichtige bzw. vernachlässigbare Wechselwirkungen, wie bspw. die 3-fach Faktoren und höhere Wechselwirkungen, nicht untersucht werden.

9.1.2.2 Versuchsmethodik nach Shainin

Mit den *Homing-In-Techniken* von Shainin wird beabsichtigt, die Anzahl der Parameter über theoretische Überlegungen zu reduzieren. Die Werkzeuge dazu sind

- Streuungsanalysekarten,
- Komponentenbestimmung,
- Paarweiser Vergleich und
- Variablenvergleich.

Im Allgemeinen wird mit diesen Methoden eine Reduktion der Faktoren auf maximal 4 bis 5 Haupteinflussgrößen angestrebt. Auf diese Parameter wird dann ein vollfaktorieller Versuchplan angewandt.

9.1.2.3 Versuchsmethodik nach Taguchi

Das Konzept von Taguchi ist auf robuste Prozessgestaltung, d.h. geringe Einwirkung von Störgrößen, ausgelegt. Um die Einflüsse der Störgrößen besser beurteilen zu können, werden Einflussgrößen und Störgrößen unabhängig voneinander variiert. Die Einflussgrößen werden gemäß eines "inneren" (i.a. teilfaktoriellen) Versuchsplans eingestellt. Für jeden Versuch des inneren Planes werden dann die Störgrößen in einem „äußeren", teilfaktoriellen Versuchsplan verändert. Für die anzuwendenden Versuchspläne gibt es vorbereitete Design-Vorschläge. Als Beispiel ist in Bild 9.1.6 ein mit dem Statistikpaket Statistica erstellter Taguchi-Versuchplan dargestellt.

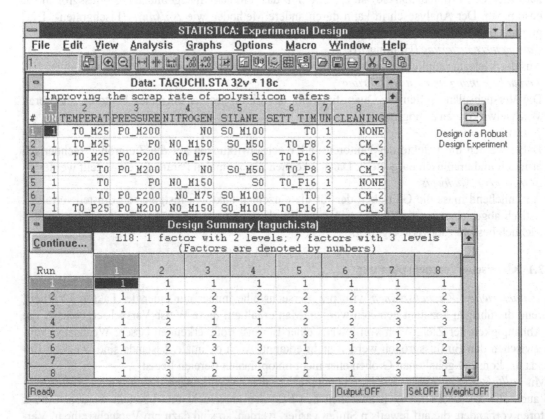

Bild 9.1.6. Taguchi-L18-Versuchsplan mit Variation eines Faktors auf 2 Stufen und Variation von sieben Faktoren auf 3 Stufen, erstellt mit der Software Statistica

9.2 Methoden zur Auswertung von Prozessdaten

Üblicherweise werden bei industriellen Prozessen zahlreiche Daten erfasst und analysiert. Das Erkennen von Zusammenhängen, Trends und nützlichen Informationen aus einer Fülle von Rohdaten wird meist mit dem Überbegriff „data mining" oder „knowledge discovery" bezeichnet und umfasst einige Methoden der künstlichen Intelligenz und der klassischen, statistischen Verfahren. Umfangreiche Data-Mining Systeme, die mehrere Analyse-Strategien zur Verfügung stellen sind:
- Intelligent Miner (IBM)
- Clementine (SPSS)
- MineSet (Silicon Graphics) und
- SAS.

Da die Datensituation von komplexen Vorgängen bzw. Prozessen meist unübersichtlich ist, macht es Sinn, sich zunächst einen allgemeinen Übersicht über die möglichen Analysemethoden zu verschaffen. Zu Beginn jeder Analyse steht die Frage, welche Datentypen und Skalen betrachtet werden. Prinzipiell unterscheidet man
- *nicht-metrische Skalen* mit den Untergruppen
    - Nominalskala (z.B. Geschlecht, Farbe, Religion ...) → nur Häufigkeitsanalyse möglich
    - Ordinalskala (Rangordnung, ohne Aussage über Abstand) und
- *metrische Skalen* mit den Untergruppen
    - Intervallskala (z.B. Temperaturskala mit konstanter Differenz) → Addition und Subtraktion möglich
    - Verhältnisskala (Länge, Gewicht, Dichte, etc., d.h. mit fixem Nullpunkt) → Addition, Subtraktion, Multiplikation und Division möglich.

Je nach Datentyp der abhängigen und unabhängigen Variablen können nun unterschiedliche multivariate Analysemethoden zugeordnet werden, s. Bild 9.2.1.

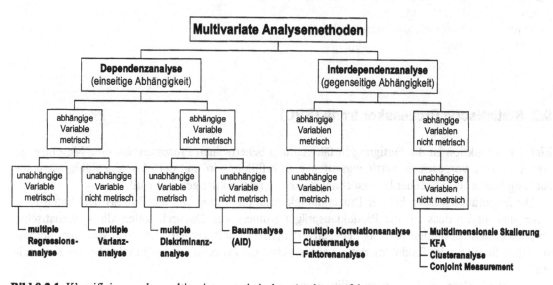

Bild 9.2.1. Klassifizierung der multivariaten statistischen Analyseverfahren

Eine weitere nützliche Einteilung orientiert sich nach dem Untersuchungsziel bzw. der Struktur der Daten. Dabei unterscheidet man
- *strukturprüfende Verfahren* und
- *strukturentdeckende Verfahren.*

Bei den strukturprüfenden Verfahren wird nach abhängigen und unabhängigen Variablen unterschieden und es werden Kausalzusammenhänge zwischen diesen betrachtet. In diese Gruppe fallen die Regressions-, Varianz-, Diskriminanz-, LISREL- und die Kontigenzanalyse.

Das primäre Ziel bei den strukturentdeckenden Verfahren ist die Entdeckung von Zusammenhängen zwischen den Variablen oder zwischen Objekten. Der Anwender besitzt zu Beginn der Analyse noch keine Vorstellung darüber, welche Beziehungszusammenhänge in einem Datensatz existieren. Typische Verfahren dieser Art sind die Faktoren- und Clusteranalyse, sowie die multidimensionale Skalierung.

Zahlreiche dieser Methoden sind in guten, kommerziellen Softwarepaketen (s. Tabelle 9.2.1) implementiert.

Tabelle 9.2.1. Softwarepakete für statistische Auswertungen

Programm	Hersteller
Statistica	Statsoft, Tulsa, USA
SAS	SAS Institute, Inc.Cary, NC, USA
BMDP	Biomedical Computer Programs
SPSS	SPSS Inc. Chicago
Statgraphics	Statistical Graphics Corporation
Sigmastat	SPSS, Jandel Scientific
Sigmaplot	SPSS
Systat 8.0	SPSS Inc.
Minitab	Minitab Inc.
SPCworks	FASTech, USA
SPC/PI+	Qualitran Professional Sercices, CAN
S-Plus	Mathsoft
MultiSPC	ddw Computersysteme, Lübeck
Statview	Abacus Concepts Inc.
Statit	Statware Inc., USA
Unistat	Unistat Ltd., USA
Winstat	Kalmia Co, Cambridge, USA
Genstat	NAG

9.3 Statistische Prozesskontrolle (SPC)

Ziel der Produktion ist die Fertigung in fähigen und beherrschten Prozessen. Ob eine Maschine geeignet ist, eine vorgesehene Fertigungsaufgabe zu erfüllen, wird mit der Maschinenfähigkeitsuntersuchung überprüft, wobei der Untersuchungszeitraum relativ kurz gewählt wird.

Demgegenüber werden bei der Prozessfähigkeitsuntersuchung alle am Prozess beteiligten Parameter und ihr Einfluss auf die Produktausprägung untersucht. Dadurch sollen alle systematischen Prozesseinflüsse eliminiert und das Langzeitverhalten ermittelt werden. Geht man von einer normalverteilten Streuung der Produktmerkmale aus, so kann die Prozessfähigkeit mit den beiden Kennzahlen

cp ..... *Prozessfähigkeit* (capability process) und

cp_K ... *Prozessfähigkeitskennwert,*

der die Prozesslage berücksichtigt, statistisch ermittelt werden. Beide Kenngrößen sind in Bild 9.3.1 definiert. Die Bezeichnung UGW steht dabei für den unteren Grenzwert, OGW für den oberen Grenzwert, T für die Toleranz und σ für die Standardabweichung. Z_{krit} ist der Abstand zum nächst gelegenen Grenzwert.

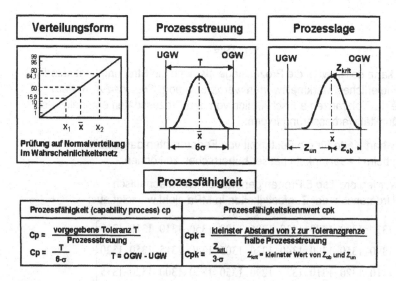

Bild 9.3.1. Grundlagen zur Ermittlung der Prozessfähigkeitskennwerte nach E. Hering

Aus den Erfahrungen der Großserienfertigung sind die in Bild 9.3.2 dargestellten Interpretationen in Abhängigkeit von den Werten für cp und cp_K eingeführt. Sollte die Toleranzbreite nur zu 75% von der Prozess-Streubreite ausgenutzt werden, so ergibt sich ein geforderter cp-Wert von 1,33.

Ist die Fähigkeit und Beherrschbarkeit eines Prozesses einmal nachgewiesen, so kann mit der Serienproduktion begonnen werden. Zur Überwachung und Prozessregelung werden sogenannte *Qualitätsregelkarten* (QRK) eingesetzt, mit denen systematische Abweichungen erkannt und entsprechende Abhilfemaßnahmen eingeleitet werden können. Neben den Toleranzgrenzen werden noch zusätzlich Warngrenzen (meist Mittelwert ± 2˙Standardabweichung σ) und Eingriffsgrenzen eingetragen.

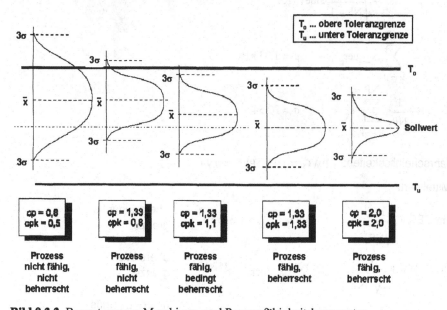

Bild 9.3.2. Bewertung von Maschinen- und Prozessfähigkeitskennwerten

Je nach Darstellungsweise gibt es unterschiedliche Regelkartentypen, wie
-   X/S-Karte   Mittelwert/Standardabweichungs-Karte
-   X/R-Karte   Mittelwert/Spannweiten-Karte
-   X-Karte   Urwert-Karte

QRK.mcd

Qualitätsregelkarten   ORIGIN := 1

Mit Hilfe einer Qualitätsregelkarte soll sowohl die Prozesslage als auch die Streuung kontinuierlich überwacht werden. Bei kontinuierlichen Merkmalswerten werden die sog. *Shewhart-Karten* am häufigsten verwendet, da sie die Toleranzen ausschließlich von den Prozessdaten ermitteln, also dem Prinzip der ständigen Qualitätsverbesserung folgen.

Im Folgenden wird eine Shewhart-Karte für die Festigkeit von Federdrähten dargestellt. Ziel ist es, die Rückfederung beim Federwinkeln besser beherrschen zu können.

Über zwei Wochen hinweg wurden pro Tag 5 Proben genommen und mechanisch im Zugversuch geprüft. Der Urdatensatz der Zugfestigkeiten in MPa sieht wie folgt aus:

$$R := \begin{bmatrix} 1350 & 1365 & 1350 & 1320 & 1370 & 1330 & 1370 & 1330 & 1295 & 1300 & 1350 & 1310 & 1310 & 1360 \\ 1345 & 1295 & 1355 & 1300 & 1390 & 1350 & 1390 & 1340 & 1320 & 1305 & 1340 & 1315 & 1350 & 1320 \\ 1290 & 1315 & 1330 & 1340 & 1310 & 1320 & 1310 & 1320 & 1290 & 1350 & 1370 & 1300 & 1320 & 1355 \\ 1315 & 1320 & 1320 & 1290 & 1330 & 1330 & 1350 & 1330 & 1335 & 1360 & 1330 & 1330 & 1365 & 1340 \\ 1290 & 1350 & 1345 & 1335 & 1310 & 1355 & 1320 & 1315 & 1350 & 1340 & 1325 & 1320 & 1355 & 1380 \end{bmatrix}$$

Stichprobenumfang $NS := 5$

Anzahl der Proben $NP := 14$

Berechnung der Mittelwerte und Standardabweichungen je Probe:

$i := 1 .. NP$

$$x\_quer_i := mean\left(R^{<i>}\right) \qquad s_i := \sqrt{\frac{NS}{NS-1}} \cdot stdev\left(R^{<i>}\right)$$

	1
1	28.853
2	28.151
3	14.577
4	21.679
5	36.332
6	14.832
7	33.466
8	9.747
9	25.642

$s =$

Prozesslage $\mu := \dfrac{1}{NP} \cdot \displaystyle\sum_{k=1}^{NP} x\_quer_k \qquad \mu = 1.333 \cdot 10^3$

Prozessstreuung $\sigma := \dfrac{1}{NP} \cdot \displaystyle\sum_{k=1}^{NP} s_k \qquad \sigma = 22.54$

Festlegung der Wahrscheinlichkeiten: $PWG := 0.97 \quad PEG := 0.99$

Grenzen für den Mittelwert:

$$OEG_{x\_quer} := qnorm\left(PEG, \mu, \frac{\sigma}{\sqrt{NS}}\right) \qquad OEG_{x\_quer} = 1.356 \cdot 10^3 \qquad \text{obere Eingriffs-grenze}$$

$$OWG_{x\_quer} := qnorm\left(PWG, \mu, \frac{\sigma}{\sqrt{NS}}\right) \qquad OWG_{x\_quer} = 1.352 \cdot 10^3 \qquad \text{obere Warn-grenze}$$

$$UEG_{x\_quer} := qnorm\left(1 - PEG, \mu, \frac{\sigma}{\sqrt{NS}}\right) \qquad UEG_{x\_quer} = 1.309 \cdot 10^3 \qquad \text{untere Eingriffs-grenze}$$

$$UWG_{x\_quer} := qnorm\left(1 - PWG, \mu, \frac{\sigma}{\sqrt{NS}}\right) \qquad UWG_{x\_quer} = 1.314 \cdot 10^3 \qquad \text{untere Warn-grenze}$$

(Fortsetzung) QRK.mcd

Grenzen für die Streuung

$$OEG_s := \sqrt{\frac{qchisq\,(PEG, NS-1)}{NS-1}} \cdot \sigma \qquad\qquad OEG_s = 41.064$$

$$OWG_s := \sqrt{\frac{qchisq\,(PWG, NS-1)}{NS-1}} \cdot \sigma \qquad\qquad OWG_s = 36.885$$

$$UEG_s := \sqrt{\frac{qchisq\,(1-PEG, NS-1)}{NS-1}} \cdot \sigma \qquad\qquad UEG_s = 6.143$$

$$UWG_s := \sqrt{\frac{qchisq\,(1-PWG, NS-1)}{NS-1}} \cdot \sigma \qquad\qquad UWG_s = 8.244$$

Mittelwertkarte mit Eingriffs- und Warngrenzen und den Stichprobenmittelwerten

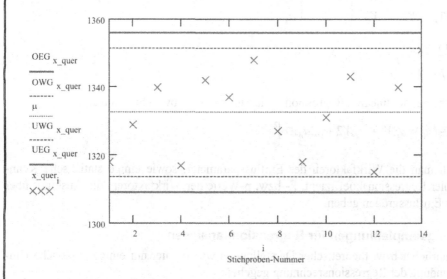

Streuungskarte mit Eingriffs- und Warngrenzen und den Stichprobenstreuungen

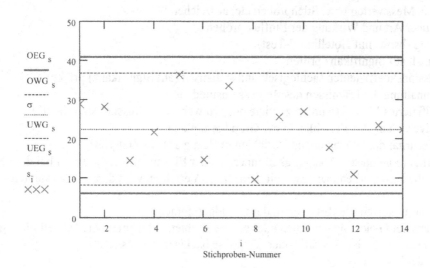

9.4 Multivariate Prozessanalyse mittels Regressionsrechnung

Von den strukturprüfenden multivariaten Methoden ist für das Erkennen der Zusammenhänge zwischen metrischen Einfluss- und Zielgrößen nur die multiple Regressionsrechnung von Bedeutung. Die multiple, lineare Regressionsanalyse ist eine Erweiterung der linearen Regressionsrechnung bezüglich der Berücksichtigung mehrerer Einflussgrößen X_i. Eine Zielgröße Y (ein Produktmerkmal, wie bspw. die Festigkeit) wird mit folgendem Modellansatz in linearer Abhängigkeit von den Einflussgrößen X_i (bspw. Gehalt an Legierungselementen) beschrieben:

$$Y_i = a_0 + a_1 \cdot X1_i + a_2 \cdot X2_i + ... + a_n \cdot Xn_i + \varepsilon_i$$

wobei der Vorhersagefehler ε_i normalverteilt ist. Wird der Ansatz in Matrixschreibweise dargestellt, so ergibt sich

$$X = \begin{bmatrix} 1 & X1_1 & X2_1 & X3_1 \\ 1 & X1_2 & X2_2 & X3_2 \\ . & . & . & . \\ 1 & X1_n & X2_n & X3_n \end{bmatrix} \qquad a = \begin{bmatrix} a_0 \\ a_1 \\ a_2 \\ a_3 \end{bmatrix}$$

bzw. in Normalform

$$X^T \cdot X \cdot b = X^T \cdot y$$

Minimiert wird – wie bei der linearen Regression – die Summe der Abweichungsquadrate

$$S = \sum_i [y_i - (a_0 + a_1 X1 + a_2 X2 + ... a_n Xn]^2$$

Als Ergebnis erhält man die Wirkfaktoren der Einflussparameter, sowie einige statistische Kenngrößen, wie multipler Regressionskoeffizient, F- bzw. p-Werte der Wirkfaktoren, die Auskunft über die Signifikanz der Einflussgrößen geben.

9.4.1 Anwendungsempfehlungen für Regressionsanalysen

Anstelle sehr ausführlicher bzw. theoretischer Darstellungen werden hier nur einige praktische Hinweise für die Anwendung der Regressionsrechnung gegeben:

1. Alle Variablen müssen metrisch sein.
2. Sind alle wichtigen Einflussgrößen erfasst?
3. Ist die Anzahl an Messwerten bzw. Stichproben etc. ausreichend?
4. Überlegungen über Art und Wirkung der Einflussgrößen
5. Ausreißerprüfung (bspw. mit Hotelling t^2-Test)
6. Bestimmtheitsmaß auf Signifikanz prüfen
7. einzelne Regressionskoeffizienten sachlogisch und statistisch (auf Signifikanz) prüfen
8. Prüfung der Einhaltung der Prämissen des Regressionsmodells
   - schlecht spezifiziertes Modell (wurden zu viele oder zu wenige Einflussgrößen erfasst?)
   - Nicht-Normalverteilung der Variablen in der Grundgesamtheit
   - starke Nichtlinearität der unabhängigen Variablen in Bezug auf die Zielgröße
   - Multikolinearität (eine lineare Abhängigkeit innerhalb der Einflussgrößen; diese ist bei der Berechnung der Varianzen erkennbar bzw. mit dem Ridge-Verfahren wird darauf Rücksicht genommen)
   - Autokorrelation (unkorrelierte Residuen in der Grundgesamtheit)
9. Variablen evtl. aus der Gleichung entfernen oder neue Variablen aufnehmen (die Modellbildung erfolgt meist iterativ, „stepwise forward" oder „stepwise backward regression")
10. Überprüfung an der Realität

Druckguss.mcd

Optimierung der Fertigung von Aluminium-Druckgussteilen

Ziel: Optimierung der Einstellgrößen zur Minimierung der Porosität von Bauteilen

Datenquelle: B.Gimpel, Qualitätsoptimierte Prozesse, VDI-Verlag, 1991

Eingabedaten: verschiedene Prozessparameter einer CNC-gesteuerten Druckgussmaschine

Einlesen der Daten vom ASCII-File:

indata $:=$ READPRN$($ "Druckguss.prn" $)$

	0	1	2	3	4	5
0	30	20	100	111	250	9
1	30	20	100	111	250	7
2	30	20	100	111	250	8
3	40	20	100	108	250	8
4	40	20	100	111	250	8
5	40	20	100	108	250	7
6	40	20	100	108	250	10
7	40	20	100	111	250	8
8	40	20	100	108	250	9
9	50	20	100	108	250	9
10	50	20	100	108	250	9
11	50	20	100	108	250	8

1.Phase Parashot $\qquad$ V1A $:=$ indata$^{\langle 0 \rangle}$

Geschw. 2.Phase $\qquad$ V2 $:=$ indata$^{\langle 1 \rangle}$

Weg-Parashot $\qquad$ S1A $:=$ indata$^{\langle 2 \rangle}$

Druck d. Nachdruckphase PI3 $:=$ indata$^{\langle 3 \rangle}$

indata $=$

Weg der 1.Phase $\qquad$ S1EFF $:=$ indata$^{\langle 4 \rangle}$

Porenkenngröße $\qquad$ NZIEL $:=$ indata$^{\langle 5 \rangle}$
(1=keine Poren bis
10=durchgehende Löcher)

$S := cols($indata$)$ Anzahl der Spalten $S = 6$

$N := length($NZIEL$)$
$N = 78$ Anzahl der Messdaten

$i := 0 .. N - 1$ Laufvariable für die Messdaten

$X := submatrix($indata$, 0, (N - 1), 0, (S - 2))$ $X1_i := 1$ $X := augment(X1, X)$

$Fak := \left(X^T \cdot X \right)^{-1} \cdot X^T \cdot NZIEL$

$$Fak = \begin{bmatrix} 5.14492 \\ 0.03952 \\ -0.14196 \\ 8.04673 \cdot 10^{-3} \\ -0.01968 \\ 0.0211 \end{bmatrix}$$

Lösungsvektor
der Wirkfaktoren

Konstante
1.Phase Parashot
Geschw. 2.Phase
Weg Parashot
Druck Nachdruckphase
Weg 1.Phase

Vergleich zwischen gemessenen und berechneten Qualitätskenngrößen

$K := cols($indata$) - 1$ $k := 0 .. K$ $L0 := (0 \quad 12)^T$

$Nber_i := \sum_k Fak_k \cdot X_{i,k}$

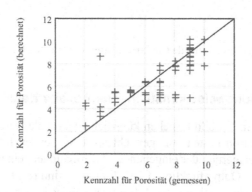

9.5 Neuronale Netzwerke

Neuronale Netze (NN) versuchen die besonderen Fähigkeiten des menschlichen Gehirns bzgl. Mustererkennung, Fehlertoleranz, Assoziation und Adaption auf den Computer zu übertragen, indem die Struktur und Wirkungsweise von Nervenzellen nachgebildet werden. Der technische Einsatz künstlicher Neuronaler Netzwerke konzentriert sich daher insbesondere auf folgende Problembereiche:
- Verarbeitung mehrdimensionaler Daten (Signalverarbeitung, Mustererkennung, Zeitreihenanalyse)
- Analyse komplexer, nichtlinearer Phänomene (Vorhersage des Verhaltens komplexer Fertigungsprozesse bzw. stark wechselwirkender Mechanismen)
- Aufgaben mit wiederholter Adaption (z.B. Drift-Steuerung von Maschinen)
- Behandlung von Problemen, die sich einer genauen mathematischen Beschreibung entziehen

9.5.1 Das biologische Vorbild

Nervenzellen oder *Neuronen* sind die Grundbausteine des Nervensystems. Sie bestehen aus bis zu 0,25 mm großen Zellkörpern, aus dem kurze verästelte Fortsätze, die *Dendriten*, hervorgehen, die Eingangssignale aufnehmen. Die Organellen, welche die Zelle mit Energie versorgen, produzieren auch die für die Weiterleitung der Nervensignale notwendigen synaptischen Vesikel, welche die Neurotransmitter enthalten. Im Gegensatz zu anderen Zellen bilden Nervenzellen Ausläufer aus, die an den Enden Verdickungen, die sog. *Synapsen* haben, in denen die synaptischen Vesikel für die Übertragung der Reize an andere Nerven- oder Muskelzellen sorgen. Das *Axon*, die normalerweise viel dickere und längere Nervenfaser, dient der Weiterleitung von Nervenreizen an andere Zellen. Axone können sich an ihrem Ende verästeln und besitzen dort die Synapsen für die Reizweiterleitung. Das menschliche Gehirn besteht aus ca. 100 Milliarden Neuronen mit je ca. 1000 bis 10000 Synapsen. Eine schematische Darstellung einer Nervenzelle ist im linken Teilbild des Bildes 9.5.1 dargestellt.

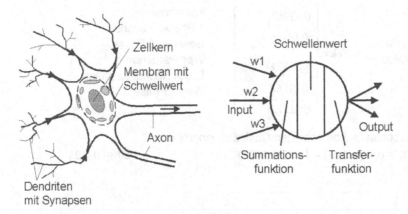

Bild 9.5.1. Schema der biologischen Nervenzelle (links) und eines künstlichen Neurons (rechts)

9.5.2 Aufbau und Funktionsweise künstlicher neuronaler Netze

Entsprechend dem biologischen Vorbild bestehen künstliche neuronale Netze aus vielen miteinander vernetzten *Neuronen*. Ein Neuron besteht aus gewichteten eingehenden Informationskanälen, einer Summationsfunktion zur Überlagerung der eingehenden Informationen, einer sog. *Aktivierungs- oder Schwellwertfunktion* und einer Outputfunktion. Diese Elemente sind rechts im Bild 9.5.1 dargestellt. Im Folgenden werden die einzelnen Schritte der Arbeitsweise eines Neurons erläutert.

9.5.2.1 Funktionsweise

Zunächst ermittelt das Neuron seinen Netto-Input, der sich aus den Eingabedaten (= Vektor p) oder dem Output der einzelnen Neuronen der vorigen Schicht durch Multiplikation mit den Gewichten w_i und Summation ergibt. Dem Produkt wird noch ein Schwellwert b (= Bias) addiert. Damit ist der Netto-Input n (= skalare Größe) gleich

$$n = \sum_i w_i \cdot p_i + b.$$

Die Gewichte entsprechen dabei im Wesentlichen den Wirkfaktoren der Einflussgrößen. Mit dem Schwellwert b kann sichergestellt werden, dass sich eine positive Wirkung erst ab einem gewissen Schwellwert einstellt. Mit dem Nettoinput wird nun der Aktivierungswert oder Output a des Neurons mit Hilfe der *Aktivierungsfunktion f(n)* ermittelt. Als Aktivierungsfunktion können unterschiedliche Funktionstypen, wie bspw. eine Sprungfunktion, eine lineare Funktion oder andere verwendet werden. Am häufigsten werden aber die Sigmoide-Funktion

$$f(n) = \frac{1}{1 + e^{-b \cdot n}}$$

oder die Tangens-Hyperbolicus-Funktion

$$f(n) = \tanh(b \cdot n) = \frac{e^{bn} - e^{-bn}}{e^{bn} + e^{-bn}}$$

verwendet, weil diese Funktionen ein kontinuierliches Ausgangssignal liefern und differenzierbar sind; eine Eigenschaft die für die Anwendbarkeit der weiter unten beschriebenen Lernverfahren wichtig ist. In Bild 9.5.2 sind die wesentlichen Berechnungsschritte nochmals übersichtlich zusammengefasst. Mit der Aktivierungs- oder Transferfunktion wird außerdem der Ausgabewert normiert, entweder zwischen -1 und +1 (bei tanh) oder zwischen 0 und 1 (bei der Sigmoide-Funktion).

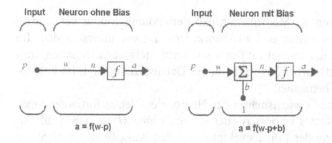

Bild 9.5.2. Darstellung der Vorgangsweise bei künstlichen Neuronalen Netzen

9.5.2.2 Vom Neuron zum neuronalen Netzwerk

Um beliebig komplexe Zusammenhänge modellieren zu können, werden viele Neuronen zu einem sog. *Neuronalen Netzwerk* zusammengefasst. Je nach Topologie der Vernetzung gibt es unterschiedliche Netzarchitekturen, s. Bild 9.5.3, wobei die einfachen Netztopologien bestimmten statistischen Methoden entsprechen, wie

- einfaches lineares Perceptron ⇔ lineare Regression
- lineares Perceptron ⇔ multivariate lineare Regression
- nichtlineares Perceptron ⇔ logistische Regression
- multilayer-Perceptron ⇔ multivariate nichtlineare Regression.

In vielen Fällen wird das sog. *Feed-Forward Multi-Layer-Perceptron* (FF MLP) angewandt. Bei dieser Netztopologie sind die Neuronen in mehreren Schichten (Layers) angeordnet, bei der der Output einer Schicht der jeweils nächsten Schicht als Input dient. Der Informationsfluss ist also von Schicht zu Schicht streng linear (Feed-Forward).

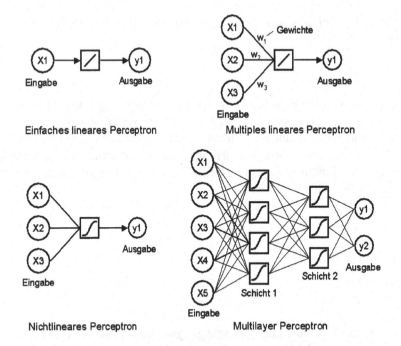

Bild 9.5.3. Unterschiedliche Netzwerktopologien mit sog. Feed-Forward-Informationsfluss

9.5.3 Training neuronaler Netze

Nach der sog. Hebb-Regel wird das Lernen als Modifikation der Verbindungsstruktur verstanden. Grundsätzlich wird dabei zwischen *überwachtem* und *unüberwachtem Lernen* unterschieden. Im ersten Fall wird das Netz an Datensätzen, die sowohl Einfluss- wie auch Zielgrößen enthalten, trainiert, während im zweiten Fall eine eigenständige Klassifikation des Datensatzes erfolgt. Im Folgenden wird nur mehr das überwachte Lernen betrachtet.

Beim sogenannten *Netztraining* wird die Gewichtsmatrix des Neuronalen Netzes fortlaufend modifiziert, solange sich der Testfehler des Netzes verbessert oder bis ein *Abbruchkriterium* erfüllt ist. Als Maß für die Genauigkeit der Abbildung der Eingabevektoren auf den Ausgabevektor dient die Summe der Abweichungsquadrate des NN-Ausgabewertes und des Zielvektors. Zur Minimierung der Fehlerquadratsumme gibt es verschiedene Algorithmen; der bekannteste ist wohl der *„Backpropagation"-Algorithmus*.

9.5.3.1 Lernalgorithmus

Der Backpropagation-Algorithmus ist ein sogenanntes Gradientenabstiegsverfahren, d.h. die Minimierung des Fehlers wird durch Änderung aller Gewichte um einen Bruchteil des negativen Gradienten der Fehlerquadratsumme E realisiert. Der Berechnungsablauf umfasst folgende Schritte:

1. Initialisierung jeder Schicht l des Netzes mit zufällig gewählten Gewichten

2. Berechnung der Fehlergradienten $\nabla E = \dfrac{\partial E}{\partial w_i(l)}$

3. Ermittlung der Schrittweiten der Gewichtsänderung $\Delta w_i(l) = -\eta \dfrac{\partial E}{\partial w_i(l)}$

4. Änderung der Gewichte und Neuberechnung der Fehlerquadratsumme
5. Ist der Fehler größer als eine vorgegebene Fehlergrenze, dann Sprung zu Punkt 2, sonst
6. ist das Berechnungsende erreicht.

Eine Eigenheit des Backpropagation-Algorithmus ist es, dass die *Generalisierungsfähigkeit* des Netzes mit der Anzahl der Trainingsdaten abfällt. Aus diesem Grund werden üblicherweise Datensätze in eine Trainingsmenge und eine Testmenge aufgeteilt. Mit dem ersten Datensatz werden die Gewichte bestimmt, während mit dem Testdatensatz die Generalisierungsfähigkeit des Netzes überprüft wird. Die Generalisierungsfähigkeit kann am Wiederanstieg des Fehlers für die Testmenge beobachtet werden. Das Netz lernt dann die Trainingsdaten auswendig und das Erkennen der Wirkungszusammenhänge geht verloren. Spätestens ab diesem Zeitpunkt solle das Training abgebrochen werden.

9.5.4 Mathcad-Umsetzung des Backpropagation-Algorithmus

Im folgenden Mathcad-Beispiel wird mit dem Backpropagation-Algorithmus ein Zusammenhang zwischen der Martensitstarttemperatur und der chemischen Zusammensetzung von Vergütungsstählen hergestellt. Zur leichteren Verfolgung des Mathcad-Programmes wird hier ein Pseudocode formuliert.

Berechnung der Ausgabe
   $\forall$ Schichten l=1...L
      $\forall$ Neuronen n= 1...N_l
         $\forall$ Eingabemuster p=1...P
         $s_n^{(p)}(l)=f(s^{(p)}(l-1)^T \cdot w^{(n)}(l)+b_n(l))$

Berechnung des Fehlers
   $\forall$ Neuronen in der Ausgabeschicht n=1...N_L
      $\forall$ Eingabemuster p=1...P

$$\delta_n^{(p)}(L) = \frac{2}{P \cdot N_l}\left(t_n^{(p)} - s_n^{(p)(L)}\right)\left(1 - \left[s_n^{(p)}(L)\right]\right)$$

Backpropagation
   $\forall$ Schichten l=L-1...1
      $\forall$ Neuronen n=1...N_l
         $\forall$ Eingabemuster p=1...P

$$\delta_n^{(p)}(L) = \left(1 - \left[s_n^{(p)}(L)\right]^2\right) \cdot \sum_{j=1}^{N_l+1}\left[\delta_j^{(p)}(l+1) \cdot w_n^{(j)}(l+1)\right]$$

Schrittberechnung
   $\forall$ Schichten l=1...L
      $\forall$ Neuronen n=1...N_l

$$\Delta b_n(l) = \eta \cdot \sum_{p=1}^{P}\delta_n^{(P)}(l)$$

      $\forall$ Gewichte i=1...N_{l-1}

$$\Delta w_i^{(n)}(l) = \eta \cdot \sum_{p=1}^{P}\delta_n^{(P)}(l) \cdot s_i^{(p)}(l-1)$$

Änderung der Gewichte
   $\forall$ Schichten l=1...L
      $\forall$ Neuronen n=1...N_l

$$b_n^{neu}(l) = b_n^{alt}(l) + \Delta b_n(l)$$

$\forall$ Gewichte i=1...N$_{l-1}$

$$w_i^{(n),neu}(l) = w_i^{(n),alt} + \Delta w_i^{(n)}(l)$$

Dieser Algorithmus ist noch relativ einfach und berücksichtigt keine Dämpfung falls es zu Zickzack-artigen Iterationen kommt. Mit Einführung der Faktoren η und α zur Schrittweitensteuerung der Bias-werte und der Gewichte kann ein stabileres Verhalten erwartet werden.

Mathcad ist leider nicht in der Lage, innerhalb von Programmkonstrukten globalen Variablen Werte zuzuweisen, daher muss das Training des Netzwerks in einer großen Schleife [0..Anzahl der Trainings-schritte] stattfinden. Diese Funktion soll als Rückgabewert die berechnete Antwort des NN liefern.

    NN_Ms.mcd

Mit dem Mathcad-Programm werden nach 1000 Lernschritten recht gute Übereinstimmungen mit dem Zielvektor (= gemessene Martensitstarttemperaturen) erreicht, s. Bild 9.5.4.

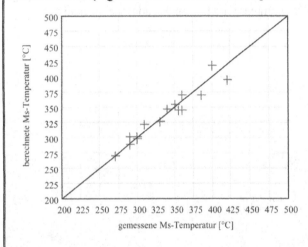

Bild 9.5.4. Vergleich der NN-Ergebnisse mit den gemessenen Daten

9.5.5 Industrielle Anwendungen der Neuronalen Netze

Der Vorteil bei der Optimierung von multivariaten, nichtlinearen Prozessen durch Neuronale Netze ist in der Werkstofftechnik für viele praktischen Fälle nutzbar. Selbstverständlich werden dazu übli-cherweise kommerzielle Softwareprodukte verwendet, die wesentlich ausgereifter sind als das zuvor beschriebene Mathcad-Programm. Beispiele für erfolgreiche Anwendungen im Bereich Werkstoff- und Produktionstechnik sind:
- Steuerung von Warmbreitbandstraßen
- Steuerung von Druckgussmaschinen
- Vorhersage der Langzeitkriechfestigkeit von neuen warmfesten Stählen
- Adaptive Regelung für Schweißroboter
- Qualitätsbeurteilung von Widerstandspunktschweißungen u.a.m.

Abschließend sei noch angeführt, dass für eine erfolgreiche Anwendung von Neuronalen Netzen die Güte der Eingabedaten ganz entscheidend ist und die Auswahl einer geeigneten Netztopologie einige Erfahrung benötigt.

9.6 Genetische Algorithmen

Genetische oder auch *Evolutionäre Algorithmen* haben ihre Wurzeln in der *Darwin'schen Evolutionstheorie* und werden in der Technik hauptsächlich für *Optimierungsaufgaben* eingesetzt. Nach ersten Ansätzen von Neumann wurde diese Methode in den 60er und 70er Jahren von John Holland entwickelt. Die Grundprinzipien können wie folgt charakterisiert werden:
- Individuen unterscheiden sich und tauglichere (fittere) überleben (→ Selektion),
- Durch Fortpflanzung (Rekombination) entstehen neue Individuen, die die Eigenschaften (Gene) von ihren Vorgängern wahlweise übernehmen.
- Durch äußere Einflüsse können die Gene leicht verändert werden (→ Mutation).

9.6.1 Funktionsweise eines genetischen Algorithmus

Der Pseudocode eines genetischen Algorithmus (GA) sieht wie folgt aus:
1. Wahl einer geeigneten Codierung des Problems
2. Erstellen einer Anfangspopulation
 - do
   3. Bewertung aller Individuen einer Generation und Berechnung ihrer Fitness
   4. Selektion von Paaren/Gruppen von Individuen und Erzeugung von Nachkommen durch Rekombination (Kreuzung)
   5. Mutation der Nachkommen
   6. Bildung einer neuen Generation durch Ersetzung von Individuen der aktuellen Generation durch die Nachkommen gemäß eines Ersetzungsschemas
 - while 7. Abbruchkriterium nicht erfüllt

Eine Menge von Lösungen wird also durch Selektion, Kreuzung und Mutation kontinuierlich so lange verändert, bis eine optimale Lösung gefunden ist. Ein vielzitiertes, gut vorstellbares Beispiel der GA ist das Rucksackproblem: Aus der Fülle möglicher Utensilien (Pullover, Taschenmesser, Wanderkarte, Jause....) sollen die wichtigsten gewählt werden, wobei ein bestimmtes Gesamtgewicht nicht überschritten werden soll.

9.6.2 Umsetzungsdetails

ad 1) Codierung:
Binär durch 0/1 oder schwarz/weiß oder durch Graustufen, s. Bild 9.6.1.

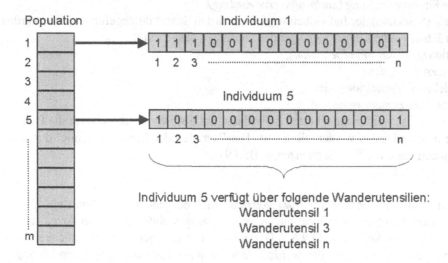

Bild 9.6.1. Datenstruktur des genetischen Algorithmus

ad 2) Anfangspopulation:

Diese wird zufällig erzeugt, d.h. für jedes Individuum einer Population wird jedes Element im Array zufällig mit Nullen und Einsern initialisiert.

ad 3) Bewertung:

Ermittlung eines Zahlenwertes für die Überlebensfähigkeit oder Fitness bzw. den Nutzen, s. Tabelle 9.6.1. Für das Rucksackproblem ergibt sich die Fitness aus der Summe der Nutzwerte der Utensilien. Individuen, die die Gewichtsgrenze überschreiten wird eine geringe Fitness zugeordnet.

Tabelle 9.6.1. Festlegung des Nutzwertes
(hoher Nutzwert = wichtiges Utensil)

Utensil	Gewicht [g]	Nutzwert
Taschenmesser	200	6
Wanderkarte	50	8
Proviant	350	5
Fernglas	1200	3
Fotoapparat	750	4
Thermoskanne	1200	7
Pullover	800	4
Regenjacke	900	6
Überhose	500	2
Schokolade	200	2
Kletterseil	2500	2
Notfallapotheke	400	10

ad 4) Selektion und Kreuzung:

Die Selektion entscheidet, welche Individuen für die Fortpflanzung ausgewählt werden und wie viele Nachkommen jedes der selektierten Individuen produziert. Der erste Schritt ist die Fitnesszuweisung für jedes Individuum durch eines der folgenden Verfahren:

- proportionale Fitnesszuweisung (*proportional fitness assignment*),
- reihenfolgebasierte Fitnesszuweisung (*rank-based fitness assignment*) oder
- mehrkriterielle Fitnesszuweisung (*multi-objective ranking*).

Die direkte Auswahl (Selektion) der Individuen wird im nächsten Schritt durchgeführt. Eltern werden entsprechend ihrer Fitness mittels eines der folgenden Verfahren ausgewählt:

- Rouletteselektion (*roulette-wheel selection*),
- *stochastic universal sampling*,
- Abschneideselektion (Truncation) oder
- Turnierselektion (*tournament selection*).

Im Fall der elitären Auslese werden die n besten Individuen (mit höchstem Nutzwert) für die Paarung herangezogen, die n schlechtesten werden eliminiert. Die Paarung oder Kreuzung erfolgt durch sequentielles Aneinanderreihen von Gen-Sequenzen, s. Bild 9.6.2.

ad 5) Mutation:

Mit einer gewissen Wahrscheinlichkeit (= *Mutationsrate*) wird bei jedem Individuum ein Eintrag verändert. Beim Rucksackproblem würde an einem zufällig ausgewählten Index im Array, eine 0 durch eine 1 ersetzt oder umgekehrt, s. Bild 9.6.3. Durch diese, mit geringer Wahrscheinlichkeit stattfindenden Bit-Flip-Operation soll vermieden werden, dass die Suche nach einer optimalen Lösung in einem lokalen Extremum endet. Die Mutation eröffnet also neue Lösungswege.

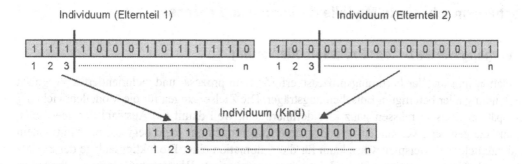

Bild 9.6.2. Kreuzung zweier Individuen (das zweite Kind setzt sich aus den anderen beiden Teilen zusammen)

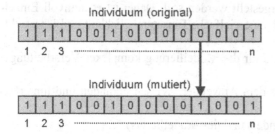

Bild 9.6.3. Mutation eines Individuums

ad 6) Bildung einer neuen Generation
Überspeichern der Inhalte der alten Generation und zurück zum Schleifenbeginn

ad 7) Abbruchkriterium:
Ein GA benötigt in der Regel ca. 50 bis mehrere hundert Generationen bis ein Optimum gefunden ist.

9.6.3 Unterschiede zwischen GA und anderen Optimierungsmethoden

Genetische oder evolutionäre Algorithmen unterscheiden sich in einigen Punkten von traditionellen Such- und Optimierungsverfahren. Die wichtigsten Unterschiede sind:
- Genetische Algorithmen suchen in einer Population von Punkten parallel, nicht nur von einem einzelnen Punkt aus.
- Genetische Algorithmen benötigen keine Ableitungen der Zielfunktion nach den unabhängigen Variablen. Nur der Zielfunktionswert wird als Grundlage für die Suche verwendet.
- Genetische Algorithmen verwenden Wahrscheinlichkeitsregeln, sind also stochastisch und nicht deterministisch.
- Genetische Algorithmen sind einfacher anzuwenden, da es für die Festlegung der Zielfunktion keine Einschränkungen gibt.
- Genetische Algorithmen können eine oder mehrere Lösungen für ein Problem anbieten.

9.6.4 Reale Optimierungsaufgaben

Genetische Algorithmen werden hauptsächlich in sehr komplexen Problemfeldern eingesetzt, wo es darum geht, aus einer extrem großen Menge möglicher Lösungen die beste oder zumindest eine gute Lösung zu finden. Typische Anwendungen sind:
- Stundenplanerstellung (Ziel: → wenige Freistunden)
- Optimale Beladung von Containerschiffen (→ Stabilität, schnelles Entladen in den Zielhäfen...)
- Einrichtung von Fertigungshallen mit mechanische Fertigungsmaschinen (→ kurze Laufzeiten)
- Optimierung komplexer Fertigungsprozesse mit zahlreichen Einstellgrößen

9.7 Mechanismenbasierte Modelle für komplexe Prozesse

9.7.1 Vorgangsweise bei der Prozessmodellierung

Die Simulation industrieller Fertigungsprozesse erfordert ein prozess- und zielorientiertes Vorgehen unter Einbindung aller beteiligten Entscheidungsträger. Die Zielsetzungen für die Modellentwicklung und den späteren Einsatz müssen ganz klar definiert sein, weil damit die Auswahl der geeigneten Lösungsansätze ganz eng verbunden ist und spätere Änderungen nur mehr begrenzt oder mit hohem Aufwand möglich sind. Beispielsweise kann für die Automation einer Produktionsanlage der Einsatz eines Neuronale Netzes genügen, während für eine wissensbasierte Weiterentwicklung des Prozesses ein grundlegender mechanistischer Ansatz notwendig wäre. Physikalische Ansätze sollten immer dann verwendet werden, wenn eine breite Anwendbarkeit bzw. Extrapolation oder eine zukünftige Vertiefungs- oder Erweiterungsmöglichkeit sichergestellt werden soll. Dabei ist es sinnvoll Einzelkomponenten als Module zu gestalten, da dadurch eine vielfache Einsatzmöglichkeit und Übersichtlichkeit gewahrt werden kann.

Die bisherigen Erfahrungen haben gezeigt, dass für die Modellierung komplexer Verarbeitungsprozesse folgende Schritte erforderlich sind:

1. Problemverständnis vertiefen (Diskussion mit dem Anwender, Wissen erkunden und hinterfragen, begleitendes Literaturstudium)
2. Zielsetzungen definieren (aus Sicht des Anwenders und des Modellierers)
3. Analyse der Möglichkeiten (Ressourcen, Wahl der Methodik)
4. Konzepterstellung für das Vorgehen
5. Detaillierte Systemanalyse
6. Zerlegung des Gesamtprozesses in Einzelschritte unter Berücksichtigung der maßgebenden Mechanismen
7. Analyse der Einflussgrößen
8. Festlegung und Fokussierung auf Kernpunkte
9. Entwicklung eines physikalischen Modells
10. Entwicklung eines mathematischen Prozessmodells
11. Interpretation und Verifikation der Modellergebnisse
12. Durchführung von Parameterstudien zur Prozessoptimierung
13. Umsetzung der Erkenntnisse in die Praxis

Die Fragen, mit denen ein Modellentwickler ständig konfrontiert ist, sehen meist so aus:
- Was sollte das Modell können?
- Sind die zu erwartenden Modellergebnisse umsetzbar?
- Welche Methode ist geeignet bzw. zielführend?
- Welche Modellbreite und -tiefe wird benötigt?
- Welche Eingabedaten sind erforderlich?
- Welche zusätzlichen Experimente sind notwendig?
- Wie können vorhandene Erfahrungen implementiert werden?
- Welche Verifikationsmöglichkeiten für das Modell gibt es?

In den weiteren Abschnitten sollen nun einige Beispiele für Prozessmodelle gezeigt werden, die aufgrund ihrer Komplexität und ihres Umfanges meist mit konventionellen Programmiersprachen, wie C++ etc., verwirklicht werden, bzw. die aus Gründen verkürzter Rechenzeiten auf Workstations installiert werden.

Obwohl die Leistungsfähigkeit von Mathcad in solchen Fällen meist an die Grenzen stößt, kann für einige Detailfragen durchaus zunächst mit Mathcad gearbeitet werden, um zu sehen, ob ein gedachter Ansatz für die Problemlösung geeignet ist. Auf diese Weise können Submodule eines größeren Programmsystems effizient entwickelt werden.

9.7.2 CAROLL - ein System zur mikrostrukturellen Modellierung des Warmwalzens

9.7.2.1 Problemstellung

Die Erfüllung der Anwenderwünsche bezüglich Festigkeit, Zähigkeit, Umformbarkeit und Schweißeignung von Baustählen bedingt, dass der Kohlenstoffgehalt und die festigkeitssteigernden Legierungselemente stark abgesenkt werden müssen. Um dennoch höherfeste und zähe Baustähle herstellen zu können werden gezielt Mikrolegierungselemente, wie Ti, Nb und V zugesetzt. Durch das thermo-mechanische Walzen wird eine gewünschte Kornfeinung und damit Festigkeit erreicht. Die technologische Umsetzung stellt jedoch für den Hersteller eine besondere Herausforderung dar, denn erstens müssen wesentlich kleinere Ferrit-Korngrößen erzielt werden und zweitens muss die Korngrößenverteilung wesentlich schmäler sein.

Diese erhöhten Anforderungen bedingen eine genaue Abstimmung der Temperaturführung, des Gehaltes an Mikrolegierungselementen und des Stichplanes. Aufgrund der zahlreichen Einflussgrößen und vielfältigen Wechselwirkungen in diesem System, s. Tabelle 9.7.1, ist es mit herkömmlichen Methoden sicherlich nur sehr mühsam möglich, optimale Einstellungen zu finden. Es bietet sich vielmehr der Einsatz der mikrostrukturellen Modellierung an.

Tabelle 9.7.1. Prozessschritte, mikrostrukturelle Vorgänge und Einflüsse beim thermo-mechanischen Walzen

Prozessschritt	Mikrostrukturelle Vorgänge	Einflussgrößen	Temperatur [°C] (Richtwerte)
Strangguss Dünnbrammenguss	Erstarrungskinetik	Strangkühlung Magnetisches Rühren	1500
Erwärmen im Stoßofen	Austenitkornwachstum Karbonitridauflösung	C, N, MLE, Temperatur, Zeit, Durchwärmung	1200
Vorwalzen	Kornfeinung durch statische Rekristallisation, Kornwachstum dazwischen	Legierungselemente Temp., Umformgrad, Umformgeschwindigkeit	1050
Fertigwalzen	Statische Rekristallisation	Leg.elemente in Lösung, Umformgrad, KG, Temp., Zeit zwischen den Stichen	900
Fertigwalzen	Dehnungsinduzierte Ausscheidung von Nb(C,N)	C, N, Nb-Übersättigung Zener-Hollomon-Parameter	900
Fertigwalzen	Dehnungsakkumulation, dynamische Rekristallisation	Zener-Hollomon-Parameter kritische Dehnung	900
Fertigwalzen	Kornstreckung ohne Rekristallisation	Umformgrad, Rekristall.Stop-Temperatur	850-900
Fertigwalzen	Verformung des Ferrits	Ar_3, Ar_1, Mn Endwalztemp., Umformgrad	800-850
Kühlstrecke	Heterogene Keimbildung des Ferrits	Austenitkorngröße Abkühlrate, Umformgrad	700
Kühlstrecke/ Haspel	Ausscheidung von Karbiden	Leg.elemente in Lösung	600
Werkstoffprüfung - Festigkeit - Zähigkeit	festigkeitssteigernde Mechanismen, Feingleitung	Gefügemengen, Korngröße, Matrixzusammensetzung, Versetzungsdichte	RT

Das Modell CAROLL behandelt alle relevanten werkstoffkundlichen Vorgänge, die im Zuge des Prozessablaufes (Stoßofen bis einschließlich Abkühlen nach dem Haspeln) stattfinden. Es trägt dazu bei, ein besseres Verständnis über die eigenschaftsbestimmenden Vorgänge zu erlangen, die Wirkung der zahlreichen Einflussgrößen quantitativ zu erfassen, sowie in weiterer Folge Prozesssteuerungssysteme hinsichtlich metallkundlicher Optimierungskriterien effizienter zu gestalten. Anwendungsziel ist die Optimierung der Stahlzusammensetzung und der verfahrensbedingten Parameter, um spezifizierte Werkstoffeigenschaften mit hoher Fertigungssicherheit zu gewährleisten.

9.7.2.2 Angewandte Methoden

Bild 9.7.1 zeigt den modularen Aufbau des mikrostrukturellen Walzmodells. Im unteren Teilbild sind die wesentlichen Prozessschritte und darüber jene Modellmodule dargestellt, welche die relevanten werkstoffkundlichen Vorgänge beschreiben, die im Zuge des Prozessablaufs stattfinden. Um eine möglichst breite Anwendbarkeit sicherzustellen und die vielfältigen Einflüsse ursachengerecht behandeln zu können, werden soweit wie möglich physikalische Ansätze verwendet.

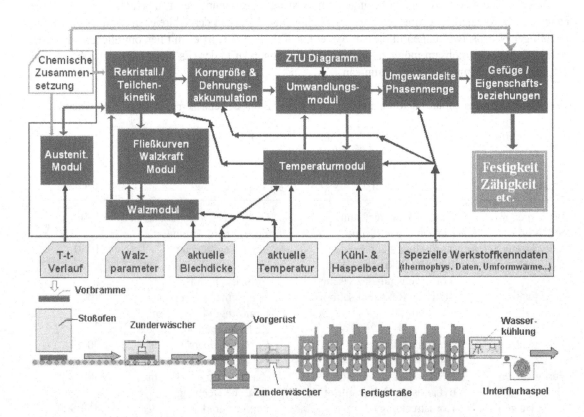

Bild 9.7.1. Modulare Struktur des mikrostrukturellen Walzmodells und darunter das Anlagenschema

Das Grundgerüst für das Gesamtmodell bildet der Temperaturmodul, in dem mittels Finite-Differenzen-Rechnung die instationäre Temperaturverteilung über dem Brammenquerschnitt beschrieben wird. Dabei wird berücksichtigt: Wärmefluss durch Konvektion und Strahlung, Wasserabkühlung bei den Zunderwäschern, Wärmeableitung an die Walzen, Temperaturerhöhung durch die Umformwärme und die speziellen Kühlbedingungen an der Kühlstrecke und beim Haspeln. Die Temperatur-Zeit-Verläufe werden für drei Positionen (Bandanfang, -mitte und -ende) berechnet. Als Beispiel der Temperaturfeldrechnung zeigt Bild 9.7.2 die Temperatur-Zeit-Geschichte für vier Positionen im Brammenquerschnitt. Im Modell können bis zu 100 Querschnittselemente erfasst werden.

Ganz wesentlich für die mechanischen Eigenschaften des Warmbreitbandes ist die Wirkung der Mikrolegierungselemente. Sie nehmen Einfluss auf
- die Behinderung des Austenit-Kornwachstums,
- die Kinetik der statischen Rekristallisation (insbesondere wirkt hier Nb),

- den Beginn dehnungsinduzierter Ausscheidungen und dadurch auf die Gefügeausbildung beim Fertigwalzen, sowie auf
- das verbleibende Ausscheidungspotenzial während der Abkühlung auf Haspeltemperatur.

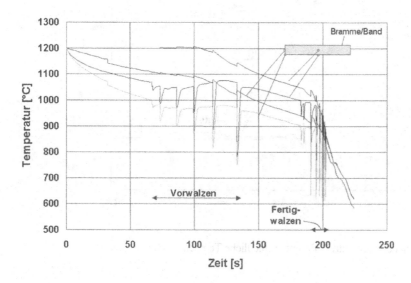

Bild 9.7.2. Temperatur-Zeit-Verlauf im Zuge des Warmbreitbandwalzens

Im TM-Modell wird zunächst die Stabilität, die Menge und die chemische Zusammensetzung der komplex und unstöchiometrisch zusammengesetzten Karbonitride der MLE Ti, Nb und V, sowie anderer Teilchen, wie MnS, TiCS und AlN berechnet, s. Bild 9.7.3. Diese thermodynamische Berechnung erfolgt nach dem sog. sublattice-modell nach Hillert unter Berücksichtigung der Massenbilanzen. Dazu muss ein System von nichtlinearen Gleichungen simultan gelöst werden. Als weiteres Ergebnis ergibt sich die chemische Zusammensetzung der komplexen Ti, Nb, V-Karbonitride und der austenitischen Matrix, s. Bild 9.7.4.

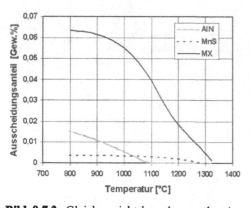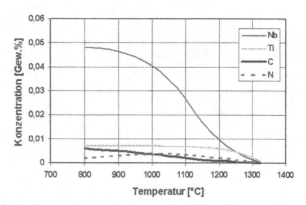

Bild 9.7.3. Gleichgewichtsberechnung der Ausscheidungsmengen als Funktion der Temperatur

Bild 9.7.4. Änderung der chemischen Zusammensetzung des Karbonitrids Ti,Nb(C,N) mit der Temperatur

Für die vollständige Beschreibung der Ausscheidungskinetik wird ein modifiziertes Wagner-Kampmann-Modell verwendet. Zur Verifikation des Modellverhaltens werden Vergleiche mit Messwerten aus der Literatur und Rückstandsanalysen durchgeführt. Bild 9.7.5 zeigt die berechnete Ausscheidungsdichte für Bandanfang, -mitte und –ende. Auch diese Entwicklungen werden begleitet von Mathcad-Studien, wie die Ergebnisse zum Einfluss der Kühlrate in Bild 9.7.6 zeigen.

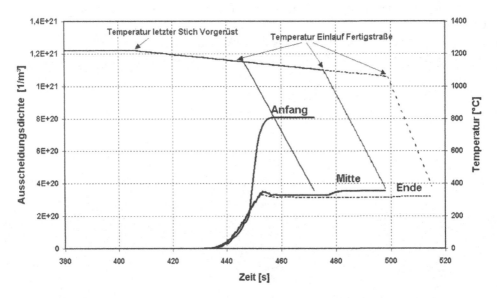

Bild 9.7.5. Ausscheidungskinetik der Karbonitride für unterschiedliche Temperatur-Zeit-Verläufe

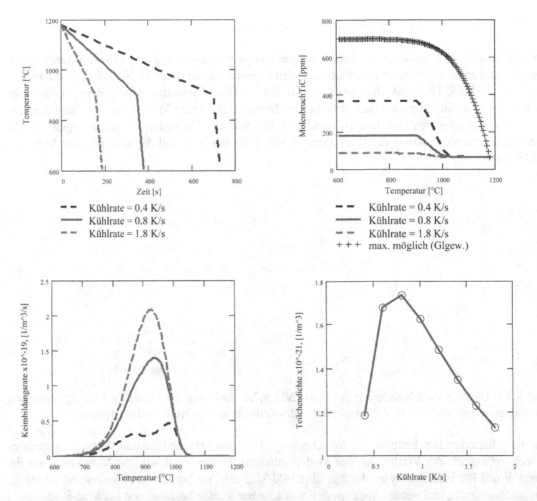

Bild 9.7.6. Mathcad-Ergebnisse über den Einfluss der Kühlrate auf die Kinetik und Ausscheidungsdichte von TiC

Zur Beschreibung der Korngrößenentwicklung des Austenits wird das Rekristallisationsverhalten als Funktion der Umformtemperatur, der Umformgeschwindigkeit, der Stichabnahme und der Pausezeiten zwischen den Stichen berechnet. Als mögliche metallkundliche Mechanismen müssen die Prozesse

- Erholung,
- statische Rekristallisation,
- dynamische Rekristallisation,
- Kornwachstum nach Rekristallisation,
- dehnungsinduzierte Ausscheidung von Karbonitriden, sowie
- Dehnungsakkumulation betrachtet werden.

In Abhängigkeit vom Stahltyp werden unterschiedliche Parameter in den kinetischen Gleichungen verwendet. Zur Beschreibung der Umwandlungsvorgänge vom verformten Austenit zu Ferrit, Perlit und Bainit werden die im Kapitel 3 beschriebenen thermodynamischen und kinetischen Module verwendet und derart modifiziert, sodass der Einfluss von gestreckten bzw. verformten Austenitkörnern erfasst werden kann. Die resultierende Ferritkorngröße wird als Funktion der chemischen Zusammensetzung, der Austenitkorngröße, der verbliebenen Austenitverformung und der Abkühlgeschwindigkeit an der Kühlstrecke beschrieben. Damit ist die Gefügeverteilung im fertigen Produkt vollständig vorhersagbar.

Schließlich können durch Auswertung zahlreicher Betriebsdaten zuverlässige Gefüge-Eigenschaftsbeziehungen abgeleitet werden, die eine genaue Vorhersage der mechanischen Eigenschaften ermöglichen. Einen Vergleich berechneter und gemessener Werte für die Streckgrenze und Zugfestigkeit zeigt Bild 9.7.7. Die ausgezeichnete Übereinstimmung zwischen gemessenen und berechneten Werten für einen weiten Bereich von Stahlsorten – zusammen mit Möglichkeit, für jeden beliebigen Punkt des Bandes das Gefüge und die mechanischen Eigenschaften zu berechnen – machen das System zu einem unentbehrlichen Werkzeug für Betriebs-, Forschungs- und Qualitätsingenieure.

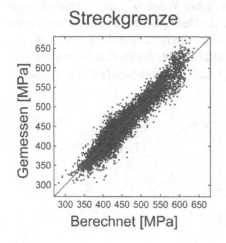
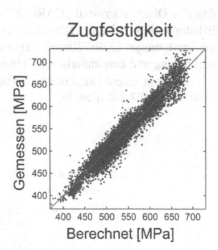

Bild 9.7.7. Vorhersage- und Messwerte mechanischer Eigenschaften für mikrolegierte Stähle (alle Proben stammen aus normaler Produktion) mit Standardabweichung σ von 17,5 MPa für die Streckgrenze $Rp_{0.2}$ und von 12,9 MPa für die Zugfestigkeit R_m

Der Nutzen dieser Modellbildung kann wie folgt zusammengefasst werden:
- Vollständige Beschreibung aller eigenschaftsbestimmenden Vorgänge vom Stoßofen bis zum Haspeln und damit ein vertieftes Verständnis und eine bessere Entscheidungsgrundlage
- Vollständige Kenntnis der Wirkungen und Wechselwirkungen der Prozessparameter
- Aufgrund der sehr guten Vorhersagegenauigkeit kann der Beprobungsaufwand deutlich reduziert und damit Prüfkosten eingespart werden.

- In Verbindung mit der Inline-Steuerung können unvermeidliche Abweichungen (z.B. durch Schwankungen der chemischen Zusammensetzung oder Unterschiede in der Temperatur nach dem Vorwalzen) rechtzeitig erkannt und gezielt gegengesteuert werden, wodurch die Streuung der Eigenschaften deutlich geringer wird, s. Bild 9.7.8. Das bedeutet für den Erzeuger ein Einsparungspotenzial durch Reduktion von festigkeitssteigernden Legierungselementen und für den Weiterverarbeiter ein gleichmäßigeres Ausgangsmaterial.

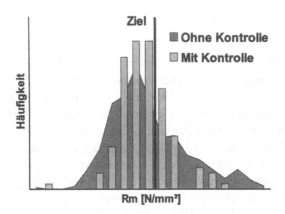

Bild 9.7.8. Reduktion der Streuung der Zugfestigkeit durch aktiven Inline-Einsatz des Prozessmodells

9.7.3   CAROD – ein mikrostrukturelles Modell für das Drahtwalzen

Das mikrostrukturelle Drahtwalzmodell „CAROD" ist in ähnlicher Weise wie das vorhin gezeigte Flachwalzmodell strukturiert und entsprechend der betrieblichen Bedingungen adaptiert. Ausgehend von den Knüppelabmessungen (230x230mm) werden durch Vor-, Zwischen- und Fertigwalzen, gefolgt von Wasserkühlung und kontinuierlicher Gebläseluftabkühlung am Stelmorband Drähte unterschiedlicher Stahlgüten mit einem Durchmesser zwischen 5,5 und 15 mm hergestellt. Ein typisches Anlagenschema ist in Bild 9.7.9 dargestellt.

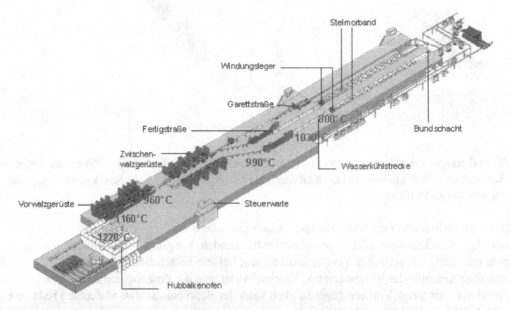

Bild 9.7.9. Anlagenschema einer zweiadrigen Drahtstraße

9.7.3.1   Beschreibung des Prozesses und der Haupteinflussgrößen

Die im Zuge der Herstellung (Drahtwalzen und Drahtziehen) wirkenden Haupteinflüsse auf die Gefügeentwicklung und damit auf die mechanischen Eigenschaften sind mit ihren Wechselwirkungen in Bild 9.7.10 dargestellt.

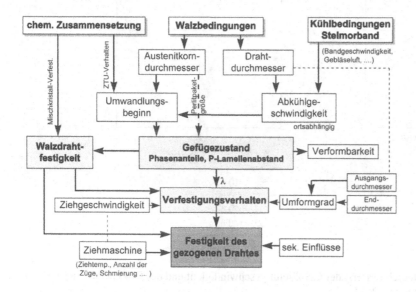

Bild 9.7.10. Grobplanung der wesentlichen Einflüsse auf die Festigkeit von gewalzten und gezogenen Drähten

Ein einfaches Modell zur Beschreibung der mechanischen Eigenschaften muss daher diese Haupteinflussgrößen berücksichtigen. Auf empirischer Basis haben Jaiswal und McIvor einen quantitativen Zusammenhang hergestellt.

Berechnung der Festigkeit von Stahldrähten in Abhängigkeit der chemischen Zusammensetzung und des Drahtdurchmessers, welcher die Abkühlrate im Zuge der Abkühlung am Stelmorband beeinflusst. Bild 9.7.11 zeigt diese Abhängigkeit.

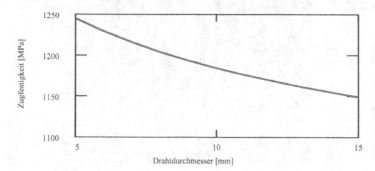

Bild 9.7.11. Zugfestigkeit eines perlitischen Walzdrahtes als Funktion des Drahtdurchmessers

Die gemeinsame Wirkung des Drahtdurchmessers und der Gebläseluftgeschwindigkeit auf die festigkeitsbestimmende Abkühlgeschwindigkeit des Drahtes zeigt Bild 9.7.12. Wie man sieht besteht bei doppellogarithmischer Darstellung ein linearer Zusammenhang zwischen dem Drahtdurchmesser und der Abkühlrate. Zusätzlich ist die Wirkung von Chrom zur Verzögerung der Umwandlungskinetik erfasst.

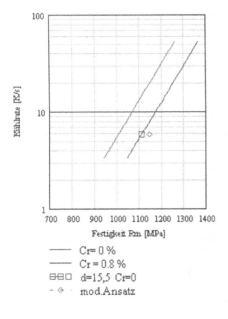

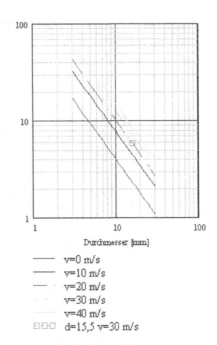

Bild 9.7.12. Einfluss des Drahtdurchmessers, der Gebläseluftgeschwindigkeit und des Cr-Gehaltes auf die Festigkeit von Spannstahldraht mit 0.8% C

Ein wichtiges Problem in der Praxis stellt das ungleichmäßige Abkühlen der Drahtwindungen am Stelmorband dar, wodurch es zu stärkeren Schwankungen der Festigkeit und in weiterer Folge zu unterschiedlichem Rückfederungsverhalten kommt. Der Grund liegt darin, dass die Belegungsdichte unterschiedlich ist und daher innerhalb einer Windung starke Unterschiede in der Abkühlrate des Drahtes auftreten. Ein Beispiel für die heterogene Abkühlung am Stelmorband zeigen die thermografischen Aufnahmen in Bild 9.7.13.

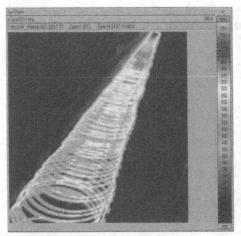

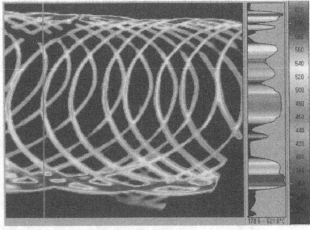

a) Aufnahme in Längsrichtung

b) IR-Aufnahme in Querrichtung, Bandbreite ca.1m

Bild 9.7.13. Thermografische Aufnahme der Temperaturverteilung am Stelmorband

Zur Erfassung der Belegungsdichte und der Gefüge- bzw. Festigkeitsunterschiede durch die lokal unterschiedlichen Kühlbedingungen wurde ebenfalls ein Mathcad-Programm geschrieben und für Analysen genutzt.

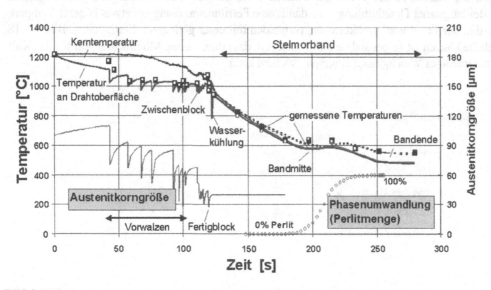

Stelmor.mcd

Berechnung der Windungsabstände und der Belegungsdichte am Stelmorband, sowie Darstellung der Härteverteilung eines Drahtumgehers, s. Bild 9.7.14.

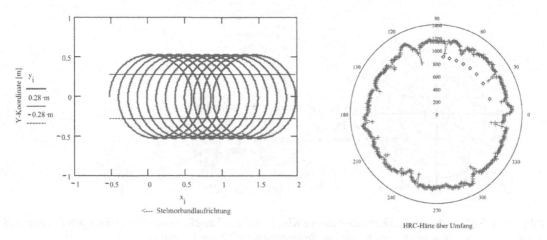

Bild 9.7.14. Darstellung der Belegungsdichte am Stelmorband und Auswertung von Härtemessungen am Umfang einer Drahtwindung

9.7.3.2 Modellergebnisse

Als Beispiel zeigt Bild 9.7.15 das Ergebnis einer CAROD-Berechnung für einen Spannstahl mit 0,8% C und einem Durchmesser von 15,5 mm. Dargestellt ist der Temperaturverlauf, die Austenitkorngrößenentwicklung und die Umwandlungskinetik von Austenit zu Perlit.

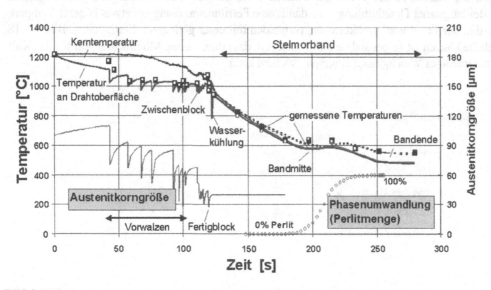

Bild 9.7.15. Temperatur- und Gefügeentwicklung beim Drahtwalzen eines Spanndrahtes mit 15,5 mm Durchmesser und einer Stelmorbandgeschwindigkeit von 0,5 m/s

Als weiteres Ergebnis zeigt Bild 9.7.16 den Einfluss der Austenitkorngröße auf die Umwandlungskinetik des Perlits und auf die resultierenden mechanischen Eigenschaften eines Spanndrahtes mit 12 mm Durchmesser.

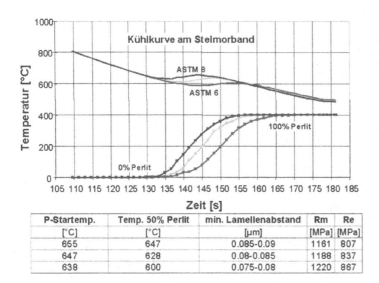

P-Startemp.	Temp. 50% Perlit	min. Lamellenabstand	Rm	Re
[°C]	[°C]	[µm]	[MPa]	[MPa]
655	647	0.085-0.09	1161	807
647	628	0.08-0.085	1188	837
638	600	0.075-0.08	1220	867

Bild 9.7.16. Einfluss der Austenitkorngröße auf die Kinetik und den Lamellenabstand des Perlits, sowie den daraus resultierenden mechanischen Eigenschaften eine Spanndrahtes mit 12 mm Durchmesser

Insgesamt ist es mit diesem Prozessmodell gelungen, für eine Vielzahl von Stahldrahtgüten eine gute Vorhersage der mechanischen Eigenschaften unter Beachtung aller relevanten Einflussgrößen zu erzielen, s. Bild 9.7.17, wobei der Festigkeitsbereich von 300 bis 1400 MPa reicht.

Aufgrund des besseren Verständnisses der thermomechanischen Walzung ist es auch möglich – im Gegensatz zum häufig verfolgten Ziel der Festigkeitssteigerung – eine Herabsetzung der Festigkeit für weiche Güten zu erreichen. Durch eine abgesenkte Endwalztemperatur wird der Austenit sehr feinkörnig, wodurch sich die Startkurve des Ferrits zu höheren Temperaturen und kürzeren Umwandlungszeiten verschiebt. Bei langsamer Drahtkühlung wird damit eine Ferritumwandlung bei etwas höherer Temperatur erreicht, d.h. der Ferrit wird grobkörniger, verbunden mit einer geringeren Festigkeit, s. Bild 9.7.18. Der betriebliche Nutzen ist insbesondere darin zu sehen, dass durch diese Modifikation ein für das Kaltumformen notwendiges Weichglühen eingespart werden kann.

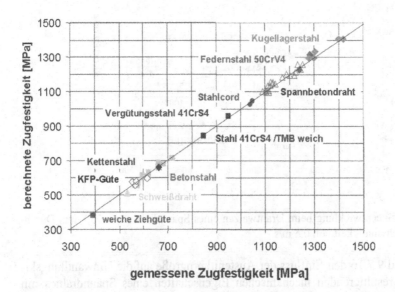

Bild 9.7.17. Genauigkeit der Festigkeitsvorhersage mit dem Prozessmodel CAROD

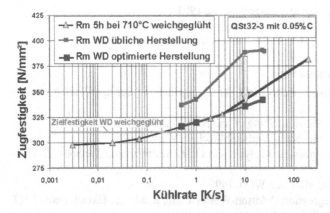

Bild 9.7.18. Einfluss einer abgesenkten Endwalztemperatur (optimierte Herstellung) auf die Festigkeit eines Kaltfließpress-Stahles zur Einsparung des Weichglühens mit langen Glühzeiten

9.7.4 Ein kurzes Schlusswort zur Prozessmodellierung

Obwohl noch zahlreiche andere und industriell genutzte Beispiele für erfolgreiche Prozessmodellierung angeführt werden könnten, ist es hoffentlich doch mit diesen wenigen Fällen gelungen, die Art und Weise der Modellerstellung und die zielorientierte Anpassung und Nutzung zu verdeutlichen.

Es gibt noch genügende Problemfälle zu lösen, also nur Mut und Freude, sowie Ausdauer beim Modellieren komplexer Phänomene. Noch ein gut gemeinter Rat zum Abschluss: Die numerische Modellierung ist sicherlich reizvoll bzw. fordernd, dennoch sollte die Herausforderung durch echte, physikalische Experimente nicht gescheut werden. Das Erfolgserlebnis ist der befriedigendste Lohn für jeden Forscher.

Weiterführende Literatur

zu Abschnitt 9.1 (Methoden der Prozess- und Qualitätsplanung)

Y. Akao: QFD - Quality Function Deployment - Wie die Japaner Kundenwünsche in Qualität umsetzen. Landsberg/Lech 1992

D.H.Besterfield: Quality Control, 3rd ed., Prentice Hall Int., London, 1990

H.-U.Frehr: Total Quality Management, 2.Aufl., Carl Hanser Verlag, München/Wien, 1993

W.Geiger: Qualitätslehre, Vieweg, Braunschweig, Wiesbaden, 2. Aufl., 1994

E.Hering, J.Triemel, H.-P.Blank (Hrsg.): Qualitätssicherung für Ingenieure, VDI-Verlag, Düsseldorf, 1993

W.Masing (Hrsg.): Handbuch Qualitätsmanagement, Carl Hanser Verlag, München/Wien, 3.Aufl., 1994

T.Pfeifer: Qualitätsmanagement: Strategien, Methoden, Techniken, Carl Hanser Verlag, München Wien, 1993

J. Saatweber: Kundenorientierung durch Quality Function Deployment. Carl Hanser Verlag München, 1997

zu Abschnitt 9.2 (Methoden zur Auswertung von Prozessdaten)

E.Dietrich, A.Schulze: Statistische Verfahren zur Maschinen- und Prozeßqualifikation, Carl Hanser Verlag, München/Wien, 1995

B.Gimpel: Qualitätsoptimierte Prozesse, VDI Verlag, Düsseldorf, 1991

H.Rinne, H.-J.Mittag: Statistische Methoden der Qualitätssicherung, 3.Aufl., Carl Hanser V., München, 1995

L.Sachs: Angewandte Statistik, 6.Aufl., Springer Verlag, Berlin, 1984

W.Timischl: Qualitätssicherung- Statistische Methoden, Carl Hanser Verlag, München/Wien, 2.Aufl., 1996

C.Weihs, J.Jessenberger: Statistische Methoden zur Qualitätssicherung und -optimierung in der Industrie, Wiley-VCH, 1998

zu Abschnitt 9.3 (SPC)

H.Füller: Prozeßbeherrschung – SPC in der Anwendung, QZ 33, 1988, H.4.,195-198

E.L.Grant, R.S.Leavenworth: Statistical Quality Control, 6th ed., McGraw-Hill, New York, 1988

H.-J.Mittag: Qualitätsregelkarten, Carl Hanser Verlag, München/Wien, 1993

D.C.Montgomery: Introduction to Statistical Quality Control, 2nd ed., John Wiley, New York, 1991

R.Stark: SPC für die Praxis, Teil 1: QZ 36, 1991, H.2, 87-89; Teil 2: QZ 36, 1991, H.3, 146-149

zu Abschnitt 9.4 (Multivariate Regressionsrechnung)

K.Backhaus, B.Erichson, W.Plinke, R.Weiber: Multivariate Analysemethoden, Springer-Verlag, Berlin-Heidelberg, 8.Aufl., 1996

B.Flury, H.Riedwyl: Angewandte multivariate Statistik, Stuttgart und New York 1983

J.Hartung, B.Elpelt: Multivariate Statistik, R.Oldenbourg Verlag, München, Wien, 1992

D.G. Kleinbaum und L.L.Kupper: Applied Regression Analysis and Other Multivariable Methods, Duxbury Press, Boston, 1978

G.Marinell: Multivariate Verfahren, 3. Auflage, München/Wien, 1990

F.Mosteller, J.W.Tukey: Data Analysis and Regression, Addison-Wesley Publ., Reading, Massachusetts, 1977

S.Sharma: Applied multivariate techniques, John Wiley & Sons, New York, 1996

H.M.Wadsworth: Handbook of Statistical Methods for Engineers and Scientists, McGraw-Hill Publ., New York, 1990

zu Abschnitt 9.5 (Neuronale Netzwerke)

H.Braun, J.Feulner, R.Malaka: Praktikum Neuronale Netze, Springer Verlag, Berlin, 1996

J.A.Freeman: Simulating Neural Networks with Mathematica, Addison-Wesley, 1994

A.Grauel: Neuronale Netze – Grundlagen und mathematische Modellierung, Spektrum Akad. Verlag, 1992

K.Gurney: An Introduction to Neural Networks, UCL Press, London, 1998

S.Haykin: Neural Networks, Macmillan Publ. Comp., 1994

N Hoffmann: Simulation neuronaler Netze: Grundlagen, Modelle, Programme in Turbo Pascal, 2.Auflage, Vieweg Verlagsges.mbH, Braunschweig/Wiesbaden, 1992

W.Kinnebrock: Neuronale Netze: Grundlagen, Anwendungen, Beispiele, Oldenbourg Verlag, München, 1992

K.P.Kratzer: Neuronale Netze, Hanser Verlag, 2.Aufl., 1993

S.Y.Kung: Digital Neural Networks, Prentice Hall Inc., 1993

B.Mechler: Neuronale Netze, Intelligente Informationssysteme, Addison-Wesley, 1994

H.Ritter, T.Martinetz, K.Schulten: Neuronale Netze, Addison-Wesley, 1994

R.Rojas: Theorie der neuronalen Netze, 6.Auflage, Springer Verlag, Berlin, 1996

A.Zell: Simulation neuronaler Netze, Addison-Wesley, 1994

H.-J.Zimmermann (Hrsg.): Datenanalyse – Anwendungen von DataEngine mit Fuzzy Technologien und Neuronalen Netzen, VDI Verlag, 1995

zu Abschnitt 9.6 (Genetische Algorithmen)

V.Nissen: Einführung in Evolutionäre Algorithmen, Vieweg Verlag, Braunschweig, 1997

E.Schöneburg, F.Heinzmann, S.Feddersen: Genetische Algorithmen und Evolutionsstrategien, Addison-Wesely, Bonn, 1994

zu Abschnitt 9.7 (Komplexere Modellrechnungen)

H.Beck: Beeinflussung der Werkstoffeigenschaften von Walzdraht und Stabstahl durch Wärmebehandlung aus der Walzhitze, Stahl u. Eisen 101, 1981, 541-551

J.R.Boehmer: Methodik computergestützter Prozeßmodellierung, R.Oldenbourg Verlag, München, Wien, 1997

K.Frommann, E.Kast: Draht aus Stahl, in Umformtechnik, Plastomechanik und Werkstoffkunde, Springer Verlag, 1993, S.541ff.

K.Frommann, E.Kast: Wärmebehandlung aus der Walzhitze, in Umformtechnik, Plastomechanik und Werkstoffkunde, Springer Verlag, 1993, S.560ff.

S.Jaiswal, I.D.McIvor: Microalloyed high carbon steel rod, Ironmaking and Steelmaking 16, 1989, 49-54

Übersicht und Hinweise zur beiliegenden CD

Verzeichnisstruktur

Das Verzeichnis der CD orientiert sich nach den Kapiteln des Buches. Im Root-Verzeichnis befinden sich:
- eine Kurzanleitung zur Bedienung von Mathcad
- dieses Dokument zur File-Übersicht

Die Unterverzeichnisse sind:
- mcd-files und
- videos

Der Ordner mcd-files gliedert sich nun kapitelweise in
- mcd_K1_Einführung
- mcd_K2_Numerik
- mcd_K3_Metallkunde (mit Unterverzeichnissen entsprechend der Abschnitte)
- mcd_K4_Temperaturfeld
- mcd_K5_Schweisstechnik
- mcd_K6_Umformtechnik
- mcd_K7_Giessereitechnik
- mcd_K8_Bauteil&Werkstoffauswahl
- mcd_K9_Prozessoptimierung

Hinweise zur Verwendung der Mathcad-Files

Die Mathcad-Programme wurden mit einer englischen Version von Mathcad 7 erstellt, um eine Aufwärtskompatibilität mit höheren Versionen, wie Mathcad 8, Mathcad 2000 und Mathcad 2001 zu erreichen. (Bem.: nicht alle User sind immer am aktuellsten Stand des Software-Angebotes).
Alle Programme laufen auch mit deutschen Mathcad-Versionen. Dabei werden die deutschen Ausdrucke für die Mathcad-internen Routinen verwendet.

Sämtliche Mathcad-Files sind offen, d.h. können beliebig vom Benutzer modifiziert werden und bilden daher eine gute Basis für Weiterentwicklungen.

Rechtliche Aspekte:
Bitte beachten Sie die Angaben des Springer Verlags auf der CD.

Anregungen und Kommentare:
Diese werden vom Autor gerne entgegengenommen.
Der Aufbau eines Mathcad-Programme-Pools ist geplant.
Bitte senden sie ihre Anregungen und Kommentare per EMAIL an:
Bruno.Buchmayr@iws.tugraz.at

Übersicht der Mathcad-Programme auf der beiliegende CD

Kap.	Programm	Inhalt	Zusatzfile
Verzeichnis mcd_K1_Einführung			
	tutorial	Mathcad-Einführung (von Mathsoft)	
	gallery	Übersicht der Darstellungsmöglichkeiten mit Mathcad	
Verzeichnis mcd_K2_Numerik			
2.5	Lin_Gl_Sys	lineares Gleichungssystem (Matrixinvertierung)	
2.5	Gauss.pas	Gauß-Elimination in Turbo-Pascal	
2.5	Gauss.for	Gauß-Elimination in Fortran	
2.6	Root	Nullstelle einer Funktion mit „root"-Funktion	
2.6	Inthalb	Intervallhalbierungsmethode	Inthalb.bmp
2.6	Fixpkt	Fixpunkt-Methode	Fixpkt.bmp
2.6	newt_r	Newton-Raphson-Methode	
2.6	newton_prog	Newton-Raphson-Methode (mit Programming Tool)	
2.6	Lin_sys	lineares Gleichungssystem (Fachwerkskräfte)	
2.6	nl_gls	nichtlineares Gleichungssystem (given-find-Prozedur)	
2.6	HV_Rm	lineare Regression und Spline Interpolation	HV_Rm.dat
2.6	Ms_Temp	Lineare multiple Regression (Martensit-Starttemperatur)	Ms_Temp.dat
2.6	HV_WEZ	nichtlineare Regression	HV_WEZ.dat
2.6	nlinreg	Nichtlineare Regression - Wirbelbildung an Flügelspitze	nlinreg.dat
2.6	Kurv_disk	Kurvendiskussion	
2.6	best_integral	Bestimmtes Integral (symbolisch und numerisch)	
2.6	Runge_Kutta	Lösung einer gewöhnlichen Differentialgleichung	
2.6	fftfilt	FFT-Analyse verrauschter Signale	
Verzeichnis mcd_K3_Metallkunde			
3.1.1	Atome	Anzahl der Atome, theoretische Dichte, Leerstellendichte	
3.1.1	Kristallo	Kristallographische Berechnungen	
3.1.2	Bragg	Bragg'sche Gleichung, Beugung	
3.1.2	Stereoproj	Stereographische Projektion	
3.2.3	CVD	Ermittlung der Reaktionstemperatur für TiN-Abscheidung	
3.2.6	Al-Energie	Energiebedarf zum Aufschmelzen von Aluminium	
3.2.6	Ph_dia1	Zustandsdiagramm mit vollständiger Mischbarkeit	
3.2.6	Ph_dia2	Eutektisches Zweistoffsystem	
3.2.6	Zementit	Löslichkeit von Kohlenstoff im Ferrit	
3.2.6	Fe_Fe3C	Eisen-Kohlenstoffsystem	
3.2.7	TiCN	Gleichgewichtskonzentration und -menge an TiCN	
3.3.1	Arrhenius	Ermittlung der Aktivierungsenergie	Diff_Cu_Ni.txt
3.3.2	Diffkoeff	Diffusionskoeffizienten unterschiedlicher Metalle	
3.3.2	Diffus	Diffusion zweier semi-infiniter Körper	
3.3.2	Diffgame	Grafische Darstellung der Platzwechselvorgänge	
3.3.4	aufkohl	Aufkohlungsprofil (analytische Berechnung)	
3.3.4	Einsatz	Aufkohlungsprofil (mit FDM berechnet)	
3.3.4	Zunderdicke	Zunderdicke beim Glühen	
3.3.4	homogen	Homogenisierungsglühen	
3.3.5	randwa	„Random-walk"-Simulation	
3.4.4	Al-Cu	Aushärtung der Al-Cu-Legierungen	Al_Cu.bmp
3.4.4	Nucleation	Keimbildung	
3.4.4	Zementitaussch.	Kinetik der Zementitausscheidung	
3.4.4	Alnitrid	Ausscheidungskinetik von AlN im Ferrit	
3.4.4	VC-Diss	Auflösung von VC-Ausscheidungen	

3.4.4	NbC_Aufl	Auflösung von NbC bei hohen Temperaturen	
3.4.4	Ostwald	Teilchenvergröberung / Ostwald-Reifung	Ostwald1.bmp Ostwald2.bmp
3.5.2	dilat	Auswertung von Dilatatometerversuchen	vadil03.txt
3.5.3	TTT_CCT	Vorhersage eines kontinuierlichen ZTU-Schaubildes ausgehend von einem isothermen Umwandlungsschaubild	TTT.dat
3.5.4	Umwtemp	Berechnung von Ac3, Ac1, Ps, Bs und Ms als Funktion der chemischen Zusammensetzung	
3.5.4	Mstemp	Berechnung der Martensit-Starttemperatur aus der chemischen Zusammensetzung	Ms_Temp.dat
3.5.4	Martvol	Berechnung der Martensitmenge als Funktion der Unterkühlung	
3.5.4	Avrami	Anpassung der Parameter k und n der Avrami-Gl. an Messdaten	avrami.dat
3.5.4	Perlit	Berechnung der Perlitumwandlung des Perlits	
3.5.4	Jominy	Härte als Funktion des Abstandes von der Stirnfläche	
3.6.1	Schmid	Schmid-Faktor der Gleitsysteme	
3.6.3	Recovfe	Kinetik der Erholung (Verbundmodell)	Fe_re300.500.prn
3.6.4	Rexx-Kinetik	Kinetik der Rekristallisation	FeMn595.prn
3.7.3	1Dim_CA	Eindimensionaler Automat (Mustergenerierung)	
3.7.3	CA	Wachstum von statistisch verteilten Keimen	
3.8.1	kfp	Bildbearbeitung eines Gefügebildes	kfp3.bmp lookup.txt
3.8.2	Qsinter	Porenanteil eines Sinterwerkstoffs	sintwkst.bmp
3.8.2	Qmetzw2	Phasenanteile einer groben und einer feinen Phase	zwphas2.bmp
3.8.2	KG_Best	Bestimmung der Korngröße eines einphasigen Gefüges	KG2.bmp
3.9.1	Zugversuch	Auswertung der Rohdaten eines Zugversuchs	
3.9.2	Festigk	Empirische Ansätze für mechanische Eigenschaften	
3.9.2	Verguet	Mechanische Eigenschaften der Vergütungsstähle	Verguet.prn
3.9.2	Streug	Darstellung der Streuung der Festigkeitswerte	Streug.prn
3.9.4	Iso_v	Auswertung von Kerbschlagbiegeversuchen	isov.dat
3.9.4	FATT	Auswertung der fracture appearance transition Temp.	Fatt.dat
3.10.2	Griffith	Energiekriterium für instabile Rissausbreitung	
3.10.2	bmwkst	Leck-vor-Bruch-Diagramm mehrerer Werkstoffe	
3.10.2	Rohr_IP	Innendruckbelastetes Rohr mit Anriss	Rohr_ip.bmp
3.10.2	Druckrohr	Bewertung von Fehlern in einer Druckrohrleitung	
3.10.6	ctprobe	Auswertung von CT- und Biegeproben	Ctprobe.bmp Last_v.bmp Drei_pkt.bmp
3.10.6	CTOD_da	Auswertung von Rissöffnungsdaten	
3.10.7	weibull	Auswertung mittels Weibull-Statistik	
3.11.4	Monkman	Monkman-Grant-Beziehung	Monkman.prn
3.11.4	Kriechrate	Ermittlung der min. Kriechrate	CRC850170.prn
3.11.4	thetaproj	Phänomenologische Kriechkurvenbeschreibung	CRC750450.prn
3.11.4	Zeitstk	Inter- und Extrapolation von Zeitstanddaten	C12crmo.prn
3.11.4	Spera	Inter- und Extrapolation nach Spera	ZIN738LC.prn
3.12.1	unislope	„Universal slope"-Methode	
3.12.1	LCF_4340	Ermüdungsverhalten eines Vergütungsstahles	
3.12.2	Einschluss	Einfluss innerer Kerben auf die Dauerfestigkeit	
3.12.2	Int_Paris	Integration des Paris-Gesetzes	
3.12.2	IN738	Integration der gesamten Rissfortschrittskurve	IN738LC.prn

6.3	Al_extrus	Strangpressen von Al-Legierungen	
6.4	Fliesspr	Voll-Vorwärts-Fließpressen	
6.5	Warmwalzen	Vereinfachte Walzkraftberechnung	
6.5	Walzkraft	Walzkraftberechnung nach Alexander	
6.6	Stossofen	Austenitkornwachstum und Zunderdicke	
6.6	Rexx_stat	Kinetik der statischen Rekristallisation	StatRexx.bmp
6.6	Rexx_dyn	Kinetik der dynamischen Rekristallisation	DynRexx.bmp
6.6	Dehnind	Dehnungsinduzierte Ausscheidung von Nb-Karbonitriden	
6.6	fergrain	Ferritkorngröße nach dem TM-Walzen	
6.7	Drahtzug	Ermittlung der Ziehkraft und Festlegung der Ziehfolge	drahtzug.bmp
6.7	dieless	Werkzeugfreies Ziehen	
6.8	Tiefzieh	Stempelkraft und Faltenvermeidung beim Tiefziehen	
6.8	Ziehteil	Festlegung der Anzahl der Züge beim Tiefziehen	
6.8	FLD	Berechnung der Grenzformänderungskurve	

Verzeichnis mcd_K7_Giessereitechnik

7.2	kritkeim	Kritischer Keimradius bei der Erstarrung	
7.3	Therm_Analyse	Kühlkurve bei langsamer Erstarrung einer AlSi-Legierung	
7.4	Seigerung	Makro- und Mikroseigerungsmodelle	
7.4	Zone_ref	Konzentrationsverlauf beim Zonenschmelzen	
7.5	Konst_unter	Konstitutionelle Unterkühlung und Dendritenarmabstand	
7.6	Alguss	Wärmeübergang bei Sand- und Kokillenguss	sandguss.bmp kokiguss.bmp
7.6	Liquid	Schmelztemperatur von Stählen als f(chem. Zusammensetzung	

Verzeichnis mcd_K8_Bauteil&Werkstoffauswahl

8.1	Kerben	Formzahlen für symmetrische Kerbstäbe	
8.1	Vergleich	Vergleichsspannungen (Normalspg., Tresca, Mises)	
8.1	Knickung	Berechnung der kritischen Knicklänge	
8.1	Iy	Ermittlung des Flächenmomentes eines I-Trägers	I240.bmp
8.1	Biegebalken	Analytische Lösung für Durchbiegung und Spannung	
8.1	Angel	Angelrutenbiegung bei unterschiedlichen Werkstoffen	
8.1	E_Träger	Berechnung eines einseitig eingespannten Trägers	
8.1	Fachwerk	Lagerbelastung eines Auslegers mit var. Angriffswinkel	fachwerk.vsd
8.1	Composite	Berechnung des Verhaltens von Verbundwerkstoffen	Composite.bmp Compmech.bmp
8.2	FEM	Finite Elemente Berechnung mit Mathcad	Knoten.csv Elemente.csv
8.2	Hauptspg	Darstellung der Hauptnormalspannungen zu Progr.FEM	El_Spann.csv
8.3	DMS	Auswertung der Messwerte von Dehnmessstreifen	DMS.bmp
8.4	Poly1	Darstellung der Eigenschaften von Feinblechen	
8.4	Polygon	Polygondarstellung multipler Eigenschaften	Comp.csv Kera.csv Meta.csv Natu.csv Poly.csv
8.4	MPC	Materials Property Charts, analog zum Ashby-Konzept	Comp.csv Kera.csv Meta.csv Natu.csv Poly.csv

Videos auf CD

Mathcad Bedienungsanleitung und Funktionsübersicht

Operator	Darstellung	Tastatureingabe	Bemerkung
Zuweisung	:=	:	
Auswerten	=	=	
Klammer	(X)	() oder ,	
Index	V_n oder $M_{i,j}$	[	
Hochstellen	$A^{<j>}$	Ctrl+6	
Faktorelle	N!	!	
Transponieren	A^T	Ctrl+1	
Hochzahl	2^5	^	Auch bei Matrizen anwendbar
Minus	-4	-	Multiplikation mit -1
Quadr.wurzel	$\sqrt{2}$	\	
n.te Wurzel	$\sqrt[n]{2}$	Ctrl+\	Liefert realen Wurzelwert, sofern möglich
Absolutwert	$|-1|$	| (senkr. Strich)	Auch bei komplexen Zahlen anwendbar
Determinante	$|M|$	| (senkr. Strich)	
Division	3/2	/	Auch Matrizendivision mit Skalar
Multiplikation	$3 \cdot 4$	*	
Addition	3 + 3	+	
Addition über Mehrere Zeilen	1 + 3...+ 4 + 2	Ctrl+Enter	bei langen Ausdrucken wird ein Zeilenumbruch erwirkt
Subtraktion	7-2	-	
Grenzwert	$\lim_{x\to\infty} f(x)$	Ctrl+L	
1.Ableitung	$\dfrac{d}{dx} x3$	?	
n-te Ableitung	$\dfrac{d^2}{dx^2} f(x)$	Ctrl+?	
Unbest. Integral	$\int \sin(x) dx$	Ctrl+I	für symbolische Berechnung
Bestimmtes Integral	$\int_0^\pi \cos(x) dx$	&	
Summe	$\sum_{i=1}^{10} i^2$	Ctrl+Shift+4	
Inneres Produkt	$u \cdot v$	*	
Kreuzprodukt	$u \times v$	Ctrl+8	
Vektorisierung	$\overrightarrow{\sin(M)}$	Ctrl+-	
Matrixinver-tierung	M^{-1}	^-1	

Implementierte Funktionen
Trigonometrische Funktionen: sin(x), cos(x), tan(x), csc(x), sec(x), cot(x)
Logarithmus und Exponentialfunktionen: ln(x), log(x), exp(x)

Vordefinierte Variablen   Systemkonstanten

Variable	Tastenkombination	Variable	Definition und Verwendung
$\pi = 3.1415$	[Ctrl] P	TOL=$1\cdot 10^{-3}$	Toleranzgrenze für numerische Näherungen
E = 2,71828	e	ORIGIN=0	Index der 1.Zeile/Spalte einer Matrix
$\infty = 10^{307}$	[Ctrl] Z		
%	%		

Vektor- und Matrizenoperationen

Operator	Bedeutung
Identity(n)	Generiert eine Einheitsmatrix
rref(A)	Zeilenreduktion einer Matrix
length(v)	Anzahl der Elemente im Vektor v
rows(A)	Anzahl der Zeilen in der Matrix A
cols(A)	Anzahl der Spalten in der Matrix A
augment(A,B)	Ergänzt rechtsseitig die Matrix A mit der Matrix B
stack(A,B)	Bildet neue Matrix, wobei B nach oben hin angehängt wird
diag(v)	Bildet quadrat. Matrix mit den Diagonalelementen des Vektors v
eigenvals(M)	Berechnet Eigenwerte der Matrix M
eigenvecs(M)	Berechnet die Eigenvektoren der Matrix M
eigenvec(M,z)	Berechnet den zum Eigenwert z gehörenden Eigenvektor
sort(v)	Sortiert die Vektorelemente in absteigender Folge
csort(A,n)	Sortiert in der Zeile n die Spalten in absteigender Folge
reverse(v)	Spiegelt die Elemente im Vektor v
rsort(A)	Umformen der Spalten bis Zeile n in absteigender Folge

Gleichungslöser

Funktion	Bedeutung
root(Funktion, Variable)	Berechnet die Nullstelle der Funktion bzgl. der geg. Variablen Zuvor muss ein Schätzwert für die Nullstelle definiert werden
polyroots(v)	Berechnet Nullstelle eines Polynoms n-ten Grades, wobei der Vektor v die n+1 Koeffizienten des Polynoms enthält
lsolve(A,b)	Berechnet den Lösungsvektor des linearen Gleichungssystems Ax = b
find(x,y,etc)	Berechnet den Lösungsvektor für ein zwischen *given* und *find* definiertes Gleichungssystem; Schätzwerte müssen vorher definiert werden

Andere Bedienungsfunktionen

Tastenkombination	Wirkung
F1	Hilfemenü
Shift + F1	Kontextbezogene Hilfe
F6	Speichern
F7	Neues Dokument
F9	Berechnung ausführen
Ctrl + F9	Leerzeile einfügen
Ctrl + F10	Leerzeile löschen
Insert	Einfügen eines Operators vor der Cursor-Position

Internet-Adressen zu den Fachbereichen

(geordnet nach Fachbereichen und Nationen, nicht vollständig)

Internet-Adresse http://	Institut/Organisation/Firma	Land	Leiter/Anmerkungen
Metall- / Werkstoffkunde			
iws.tugraz.at/	Institut für Werkstoffkunde, Schweiß-technik u. Spanlose Formgebungs-verfahren, TU Graz	A	Homepage des Autors Buchmayr Prof.Dr.H.Cerjak
www.unileoben.ac.at/~buero42/willkomm.htm	Inst. für Metallkunde und Werkstoff-prüfung, Montanuniversität Leoben	A	Prof.Dr.F.Jeglitsch
www.unileoben.ac.at/institute/~buero43.htm	Erich Schmid-Institut für Material-wissenschaften ÖAW, Inst. für Metall-physik, Montanuniversität .Leoben	A	Prof.Dr.P.Fratzl
Info.tuwien.ac.at/E308/	Inst .für Werkstoffkunde u. Material-prüfung der TU Wien	A	Prof.Dr.H.P.Degischer
www.arcs.ac.at	Österr.Forschungszentrum Seibersdorf	A	Nationales Forschungszentrum
www.mtm.kuleuven.ac.be	Dept.Metallurgy and Materials Engineering, KU Leuven	B	Prof.W.Bogaerts, Prof.E.Aernoudt
www.met.mat.ethz.ch/	Inst. für Metallforschung und Metallurgie; ETH Zürich,	CH	Prof.Dr.M.O.Speidel Prof.Dr.P.Uggowitzer
Mxsg3.epfl.ch/lmph/simul/index.htm	Simulationsgruppe, EPFL Lausanne	CH	Prof.M.Rappaz
Dmxwww.epfl.ch/lmph	Dept. des materiaux	CH	Prof.Dr.W.Kurz
Dmxwww.epfl.ch/lmm	EPFL Lausanne, Werkstoffmechanik	CH	Prof.A.Mortensen
www.iehk.rwth-aachen.de/	Institut für Eisenhüttenkunde der RWTH Aachen	D	Prof.Dr.W.Bleck, Prof.Dr.D.Senk
lx1.imm.rwth-aachen.de	Institut für Metallkunde und Metallphysik, RWTH Aachen	D	Prof.Dr.G.Gottstein
www.uni-karlsruhe.de/~iwk1	Inst. für Werkstoffkunde I, Univ. Karlsruhe	D	Prof.Dr.D.Löhe
www.wtm.uni-erlangen.de	LS Werkstoffkunde und Technologie der Metalle, Uni Erlangen	D	Prof.Dr.R.Singer
www.mpie-duesseldorf.mpg.de	Max-Planck-Institut für Eisenforschung, Düsseldorf	D	Prof.Dr.P.Neumann
www.ww.tu-freiberg.de/mk/	Inst.für Metallkunde, TU Freiberg Graduiertenkolleg Werkstoffphysikal. Modellierung	D	Prof.Dr.H.Oettel, Prof.Dr.P.Klimanek
www.lam.mw.tum.de	LS f. Mechanik, TUM + MPA München	D	Prof.Dr.E.Werner
www.ruhr-uni-bochum.de/iw	Institut für Werkstoffe, Ruhr-Universität Bochum	D	Profs. G.Eggeler, M.Pohl, W. Theissen, D.Stöver, M.Stratmann
www.uni-stuttgart.de/imtk/	Institut für Metallkunde 1.LS:Metallkunde 2.LS:Metallphysik	D	Prof.Dr.E.J.Mittermeijer Prof.Dr.E.Arzt
www.haw-hamburg.de/	FH Hamburg, Institut für	D	Prof.Dr.H.Horn

iws/iws.html	Werkstoffkunde und Schweißtechnik		
www.iw.uni-hannover.de	Institut für Werkstoffkunde	D	Prof.Dr.F.-W.Bach
www.tu-berlin.de/fb6/metallkunde/index.html	Institut für Werkstoffwissenschaften und –technologien, Fachgebiet Metallkunde, TU Berlin	D	Prof.Dr.W.Reif
www.iwm.fraunhofer.de	Fraunhofer Institut für Werkstoff-mechanik, Freiburg	D	Dr.T.Hollstein, Prof.Dr.H.Riedel
www.ifam.fhg.de/	Fraunhofer Institut für Angewandte Materialforschung, Bremen	D	Prof.Dr.B.Kieback, A.Burblies
www.bam.de/Kompetenzen/arbeitsgebiete/abteilung_5/	Bundesanstalt für Materialprüfung, Abt.V, Werkstofftechnik der Konstruktionswerkstoffe	D	Prof.Dr.P.Portella
www.dgm.de/	Deutsche Gesellschaft für Materialkunde	D	Fachorganisation, Fachaus-schüsse, Veranstaltungen
www.inpg.fr/LTPCM	Lab.f.Metallurg. Thermodynamik, INP Grenoble	F	Prof.Dr.Y.Brechet
www.nrim.go.jp:8080/public/kikaku/english/index.html	National Research Institute for Metals	J	
www.lmak.stm.tudelft.nl	Dept. Materials Science and Techno-logy, Delft University of Technology	NL	Prof.Dr.S.van der Zwaag
www.met.kth.se/	Dept.Materials Science and Engineering, KTH Stockholm	S	Prof.Dr.J.Agren, Prof.R. Sandström, B.Sundmann
www.msm.cam.ac.uk	Dept. Materials Science and Metallurgy, Cambridge University	UK	Prof.Harry Bhadeshia
www/steelweb.co.uk	SteelWeb	UK	Organisation
www.issb.co.uk	Iron&Steel Statistics Bureau	UK	Stahlstatistik
www.lme.co.uk	London Metal Exchange, LME	UK	Werkstoffpreise
www.yahoo.com/Science/Engineering/Materials_Science		USA	search engine world wide links
vims.ncsu.edu		USA	online Kurs in Werkstoffkunde
www.matweb.com	The Online Materials Info Resource	USA	Datenbank mit über 15000 Werkstoffen
www.copper.org	Weltweite Links zu Kupfer	USA	
www.aluminium.org	The Aluminium Association	USA	
www.nipera.org	The Nickel Page	USA	
tantalum.mit.edu/	MIT Dept. Materials Science and Engineering	USA	
arvind.coe.drexel.edu	Drexel University, Pennsylvania	USA	
www.mse.cornell.edu/	Dept. Materials Science and Engineering, Cornell University	USA	
www.columbia.edu/cu/matsci/	Mat. Science and Engineering, Columbia University	USA	
Neon.mems.cmu.edu/MSE/dept.html	Dept.Materials Science and Engineering, Carnegie Mellon Univ.	USA	A.D.Rollett, Center for Iron and Steelmaking Research, CISR
www.asm-intl.org	The American Society of Materials	USA	Organisation, Konferenzen
www.tms.org	The Mineral, Metals & Materials Soc.	USA	activities, Met.Trans.content
www.asme.org	American Society of Mechanical Eng.	USA	events, publ., links
www.astm.org	American Soc. for Testing and Materials	USA	Organisation
www.steel.org	The American Iron and Steel Institute	USA	AISI, Organisation, Info, Bücher
www.steelnet.org	USA Steel Manufactures Assoc.	USA	
www.mlc.lib.mi.us/~ste	STEELynx	USA	Guide to steelmaking and steel-

warca/			related technologies
www.mrs.org	Materials Research Society	USA	journals
www.msel.nist.gov	MSEL, Mat. Science and Eng. Lab	USA	NIST, Datengenerierungsprogramm, Standards

Schweißtechnik

iws.tugraz.at	Institut für Werkstoffkunde und Schweißtechnik, TU Graz	A	Homepage des Autors
www.wtia.com.au	Welding Technology Inst. of Australia	AUS	Services and products
www.schweissen.de	Deutscher Verband f. Schweißen	D	Organisation, Konf., Ausbildung
www.dvs-verlag.de	Deutscher Verlag für Schweißtechnik	D	Schweißen u. Schneiden
www.slv-halle.de	SLV-Halle	D	umfassende ST-Information DVS-Software-Angebot
www.isf-aachen.de/	Inst. Schweißtechn. Fertigungsverfahren, RWTH Aachen	D	Prof.Dr.U.Dilthey
www.slv-duisburg.de	SLV Duisburg	D	Prof.Thier
www.soc.nacsis.ac.jp/jws/index_e.html	Japan Welding Society	JAP	Jap. Welding Journal
www.nil.nl/index_e.htm#start	NIL - Netherlands Institute of Welding	NL	aktuelle EN-Normen auf dem Gebiete der Schweißtechnik
www.twi.co.uk	The Welding Institute	UK	research activities, links
www.cranfield.ac.uk/public/sims/weld/	Welding group of Cranfield Univ.	UK	research activities, faculties, courses, publ.
www.aws.org	American Welding Society AWS	USA	Organisation, Bücher, Info
www.welding.org	Hobart Inst. of Welding Technology	USA	
ewi.ewi.org	The Edison Welding Institute, Ohio	USA	WELDNET, activities, research

Umformtechnik

www.unileoben.ac.at/~servevkh/vkh.html	Inst.f. Verformungskunde und Hüttenmaschinen, Montanuniv. Leoben	A	Prof.Dr.W.Schwenzfeier
www.umformtechnik.de	Der Umformtechnische Online-Katalog	D	Firmen, Produkte, Vereinigungen, Forschungseinrichtungen
www.rwth-aachen.de/ibf/	Inst. für Bildsame Formgebung, RWTH Aachen	D	Prof.Dr.R.Kopp
www.ptu.tu-darmstadt.de	Inst. für Produktionstechnik und Umformmaschinen, TU Darmstadt	D	Prof.Dr.P.Groche
www.ifum.uni-hannover.de	Inst. für Umformtechnik u. Umformmaschinen, Uni Hannover	D	Prof.Doege
www.uni-stuttgart.de/ifu	Institut für Umformtechnik, IFU	D	Prof.Dr.Dr.K.Siegert
www-lfu.mb.uni-dortmund.de	Lehrstuhl für Umformtechnik	D	Prof.Dr.M.Kleiner
www.imf.tu-freiberg.de	Institut für Metallformung	D	Prof.Dr.R.Kawalla
mciron.mw.tu-dresden.de/lut/index.htm	Lehrstuhl für Umform- und Urformtechnik (LUT), TU Dresden	D	Prof.Dr.V.Thoms
www.fzs.tu-berlin.de	Forschungszentrum Strangpressen	D	
www-cemef.cma.fr/	CEMEF, Ecole des Mines de Paris	F	
www.bham.ac.uk/ManMechEng/	Univ. of Birmingham, School of Manufacturing and Mechan.Eng.	UK	
www.forging.org	Forging Industry Association. FIA	USA	
www.forgings.org	Forging Industry Educational and Research Foundation	USA	
www.sme.org	Society of Manufacturing Engineers	USA	

Erstarrung/Gießen

www.unileoben.ac.at/~buero33/welcome.html	Inst. für Gießereikunde MU Leoben	A	Prof.Dr.A.Bührig-Polaczek

www.vdg.de	Verein Deutscher Gießereifachleute	D	
www.dgv.de	Deutscher Giesserei Verband, Düsseld.	D	IfG
www.access.rwth-aachen.de oder www.gi.rwth-aachen.de/index.html	Gießerei-Institut der RWTH Aachen	D	Prof.Dr.P.R.Sahm
www.caef-eurofoundry.org	CAEF		Der europäische Gießereiverband
www.swan.ac.uk/civeng/research/casting/v1.html	Swansea University	UK	
www.bham.ac.uk	Inst. of Metallurgy and Mat. Science, Univ. of Birmingham	UK	Prof.Dr.J.Campbell
www.castech.fi/		FI	Simulationspaket CASTCAE
www.ctcms.nist.gov	Materials Science and Eng.Lab	USA	J.Warren, W.Boettinger

Computeralgebra

daisy.waterloo.ca		CAN	MAPLE Homepage
www.uni-karlsruhe.de/~CAIS/	Computeralgebragruppe	D	
math-www.uni-paderborn.de/~cube		D	MuPAD
www.wolfram.com	Wolfram Research Inc., Ill.	USA	Homepage of Mathematica
www.mathworks.com		USA	MATLAB homepage
www.xmission.com/mathware/mathware.html		USA	DERIVE homepage
nr.havard.edu/numerical-recipes		USA	Numerical Recipes homepage

MATHCAD

www.pablitos.co.at	Pablitos GmbH	A	Mathcad-Information u.Vertrieb
www.adeptscience.co.uk/as/products/mathsim/mathcad/		UK	Technical Support Files. Mathcad Files, Application Files
www.mathsoft.com	Mathsoft Inc.	USA	Homepage of MATHCAD
science.widener.edu/~svanbram/mathcad.html		USA	Mathcad applications in Chemistry
www.niagara.edu/~tjz/mathcad/	Niagara Univ.	USA	Chemistry Mathcad Documents.

Sachverzeichnis